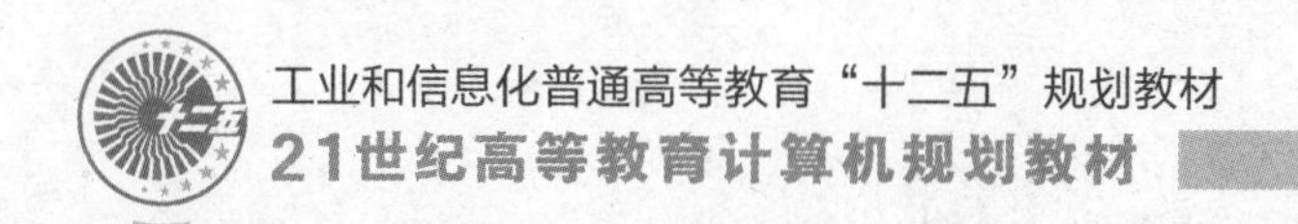

COMPUTER

MySQL数据库基础与实例教程

MySQL Fundamentals & Practices

孔祥盛 主编

人民邮电出版社

北京

图书在版编目（CIP）数据

MySQL数据库基础与实例教程 / 孔祥盛主编. -- 北京 : 人民邮电出版社, 2014.6（2021.6 重印）
21世纪高等教育计算机规划教材
ISBN 978-7-115-35338-2

Ⅰ. ①M… Ⅱ. ①孔… Ⅲ. ①关系数据库系统－高等学校－教材 Ⅳ. ①TP311.138

中国版本图书馆CIP数据核字(2014)第075998号

内容提要

作为世界上最受欢迎的开源数据库之一，MySQL 由于其性能优越、功能强大，受到了广大自由软件爱好者甚至是商业软件用户的青睐。本书以讲解 MySQL 基础知识为目标，以案例的实现为载体，以不同的章节完成不同的任务为理念，深入讲解关系数据库设计、MySQL 基础知识以及 MySQL 编程知识。

本书内容丰富、讲解深入，适用于初学者快速上手，特别适合用作各类院校相关专业的教材。本书入门门槛低，非常适合用作培训机构的培训教材，也适用于计算机二级考试 MySQL 数据库程序设计的培训教材，同时也是一本面向广大 MySQL 爱好者的实用参考书。

◆ 主　　编　孔祥盛
责任编辑　李海涛
责任印制　彭志环　杨林杰
◆ 人民邮电出版社出版发行　　北京市丰台区成寿寺路 11 号
邮编　100164　　电子邮件　315@ptpress.com.cn
网址　http://www.ptpress.com.cn
国铁印务有限公司印刷
◆ 开本：787×1092　1/16
印张：20.5　　2014 年 6 月第 1 版
字数：539 千字　　2021 年 6 月北京第 21 次印刷

定价：45.00 元

读者服务热线：(010)81055256　印装质量热线：(010)81055316
反盗版热线：(010)81055315

前言

教师教学好比导演拍摄电影，不仅需要演员（学生）的配合，还需要挑选好的剧本（书籍）。好的剧本可以让导演（教师）、演员（学生）更容易被剧情所吸引，以便更顺利地融入剧情，不仅可以节省导演（教师）的精力，缩短拍摄周期，节省拍摄成本，还可以让演员（学生）真正地成为“剧情”中的主角。曾经看到一种极端的说法：中国不缺好的导演、好的演员，而是缺少好的剧本，对于学习亦是如此。

数据库技术主要用于解决商业领域的商业问题。作为世界上最受欢迎的开源数据库之一，MySQL 由于其性能优越、功能强大，受到了广大自由软件爱好者甚至是商业软件用户的青睐。然而，面对繁而杂的 MySQL 知识，初学者学习 MySQL 往往感到束手无策。如果再将“商业知识”掺入其中，初学者学好 MySQL 往往只能望洋兴叹。

初学者学习 MySQL，需要一部这样的“剧本”：让教师、学生快速地融入“剧情”，变学生“被动学习”为“主动学习”，让学生成为学习的“主角”的一部“剧本”。不过，目前市场上讲述 MySQL 的教程还比较少。为了满足众多 MySQL 爱好者的使用需求，笔者根据多年数据库开发的经验编写了本书，奉献给广大读者。

为了便于初学者专心地学习 MySQL 核心知识，本书精心定制了简单易懂的案例，以便读者可以巧妙地避开商业领域商业知识的学习。本书所定制的案例，麻雀虽小五脏俱全，不仅可以巧妙地将 MySQL 所有核心知识融入其中，而且还可以培养读者使用 MySQL 知识解决商业问题的能力。

本书内容丰富、讲解深入，对各个知识点的讲解通俗易懂、步骤详细，读者只需按照步骤操作，就可以快速上手，轻松掌握关系数据库设计、索引、全文索引、事务、锁、函数、存储过程、触发器、游标等 MySQL 核心知识。本书以“坚持理论知识够用、专业知识实用、专业技能会用”为原则，在讲解具体案例的同时，融合了软件工程、WEB 开发等知识，真正做到了 MySQL 与项目实训的合二为一。

本书具有如下特色。

1. 入门门槛低，讲解细腻

本书尽量将抽象问题形象化、具体化，复杂问题图形化、简单化。即便读者没有任何数据库基础，也丝毫不会影响数据库知识的学习。为了向读者还原真实的开发环境，本书在内容组织上保留了一定数量的截图显示执行结果，有些截图至关重要，读者甚至可以从截图中得到一些结论。

2. 案例虽小，五脏俱全

本书精心定制的案例大小适中，且易于理解，非常适合教学。本书不仅将全文检索、存储过程、触发器、函数、事务、锁等 MySQL 核心知识融入其中，而且做到了商业问题与 MySQL 知识的完美融合，项目实训与 MySQL 知识的完美融合。读者无需太多技术基础，就可以非常轻松地掌握数据库设计、MySQL 知识以及 WEB 开发相关技术，不知不觉中掌握使用数据库技术解决商业问题的能力。

3. 选用尽可能少的数据库表讲解 MySQL 尽可能多的知识

本书选用尽可能少的数据库表讲解 MySQL 尽可能多的知识，以便读者能够将所有精力集中在 MySQL 知识点的学习上。本书所使用的数据库表不超过 10 张，经常使用的数据库表不超过 5 张，使用 5 张表讲解 MySQL 几乎所有的知识点，很大程度上可以减轻读者的负担。

4. 内容丰富、严谨

本书内容丰富，几乎囊括 MySQL 所有核心知识点。本书的内容编排一气呵成，且遵循知识的学习曲线，并尽量做到不留死角。本书对 MySQL 内容的选取非常严谨，一环扣一环，从一个知识点过渡到另一个知识点非常顺畅和自然，章节之间循序渐进，内容不冲突、不重复、不矛盾。本书不仅是一本介绍 MySQL 的书籍，更是一本介绍数据库技术的书籍。

5. 注重软件工程在数据库开发过程中的应用

数据库初学者通常存在致命的误区：重开发，轻设计。开发出来的数据库往往成了倒立的金字塔，头重脚轻。真正的数据库开发，首先强调的是设计，其次是开发。正因为如此，本书将软件工程的思想融入到数据库开发过程中，并对数据库设计的相关知识，在本书第 1 章中进行了详细讲解。

6. 强调实训环节与 MySQL 知识的完美融合

数据库技术用于解决商业领域的商业问题，本书提供的综合实训做到了项目实训与 MySQL 知识的完美融合。通过项目实训，读者可以更清楚地了解应用程序的开发流程以及数据库技术在应用程序中举足轻重的地位。

7. 配套资源丰富、完善

为方便教师教学、读者自学，本书提供的配套资源包括：PPT 电子教案、所有示例程序源代码以及本书涉及的所有软件安装程序。读者可以在“人民邮电出版社教学服务与资源网（http://www.ptpedu.com.cn/）”上免费下载本书配套资源。

鉴于上述特点，笔者相信：本书能够成为一本教师教学、学生自学的好“剧本”，是面向广大 MySQL 爱好者的实用参考书。

本书由孔祥盛任主编，张永华、王珍、侯国平、赵春霞、孙大鹏、刘炜和王重英任副主编。参加编写的人员还有孙婧和王娜。其中刘炜编写第 1 章和第 2 章，赵春霞编写第 3 章，王重英编写第 4 章和第 6 章，孙大鹏编写第 5 章，王珍编写第 7 章和第 8 章，张永华编写第 9 章，侯国平编写第 10 章，孙婧、王娜对本书综合实训的代码进行了编写，并对全书的代码进行了测试，孔祥盛对本书的案例以及组织架构进行了设计。全书由孙婧、王娜预审，孔祥盛统稿审定。

由于本书涉及面广，加之笔者经验有限，书中难免存在不妥之处，敬请广大读者批评指正。

编　者

2014 年 2 月

目　录

第一篇　关系数据库设计

第 1 章　数据库设计概述 2

1.1　数据库概述 2

1.1.1　关系数据库管理系统 2

1.1.2　关系数据库 3

1.1.3　结构化查询语言 SQL 4

1.2　数据库设计的相关知识 5

1.2.1　商业知识和沟通技能 5

1.2.2　数据库设计辅助工具 6

1.2.3　“选课系统”概述 7

1.2.4　定义问题域 8

1.2.5　编码规范 8

1.3　E-R 图 9

1.3.1　实体和属性 10

1.3.2　关系 10

1.3.3　E-R 图的设计原则 12

1.4　关系数据库设计 15

1.4.1　为每个实体建立一张数据库表 15

1.4.2　为每张表定义一个主键 16

1.4.3　增加外键表示一对多关系 17

1.4.4　建立新表表示多对多关系 19

1.4.5　为字段选择合适的数据类型 20

1.4.6　定义约束（constraint）条件 20

1.4.7　评价数据库表设计的质量 22

1.4.8　使用规范化减少数据冗余 22

1.4.9　避免数据经常发生变化 26

习题 28

第二篇　MySQL 基础

第 2 章　MySQL 基础知识 30

2.1　MySQL 概述 30

2.1.1　MySQL 的特点 30

2.1.2　MySQL 服务的安装 32

2.1.3　MySQL 服务的配置 35

2.1.4　启动与停止 MySQL 服务 40

2.1.5　MySQL 配置文件 41

2.1.6　MySQL 客户机 42

2.1.7　连接 MySQL 服务器 43

2.2　字符集以及字符序设置 45

2.2.1　字符集及字符序概念 45

2.2.2　MySQL 字符集与字符序 45

2.2.3　MySQL 字符集的转换过程 47

2.2.4　MySQL 字符集的设置 48

2.2.5　SQL 脚本文件 49

2.3　MySQL 数据库管理 50

2.3.1　创建数据库 50

2.3.2　查看数据库 51

2.3.3　显示数据库结构 52

2.3.4　选择当前操作的数据库 52

2.3.5　删除数据库 52

2.4　MySQL 表管理 53

2.4.1　MyISAM 和 InnoDB 存储引擎 53

2.4.2　设置默认的存储引擎 54

2.4.3　创建数据库表 54

2.4.4　显示表结构 55

2.4.5　表记录的管理 56

2.4.6　InnoDB 表空间 59

2.4.7　删除表 61

2.5　系统变量 61

2.5.1　全局系统变量与会话系统变量 61

2.5.2　查看系统变量的值 62

2.5.3　设置系统变量的值 64

2.6　MySQL 数据库备份和恢复 65

习题 ……………………………………………67

第 3 章　MySQL 表结构的管理 ………68

3.1　MySQL 数据类型……………………………68
3.1.1　MySQL 整数类型…………………………68
3.1.2　MySQL 小数类型…………………………69
3.1.3　MySQL 字符串类型………………………70
3.1.4　MySQL 日期类型…………………………71
3.1.5　MySQL 复合类型…………………………73
3.1.6　MySQL 二进制类型………………………75
3.1.7　选择合适的数据类型………………………75
3.2　创建表…………………………………………76
3.2.1　设置约束……………………………………77
3.2.2　设置自增型字段……………………………81
3.2.3　其他选项的设置……………………………81
3.2.4　创建“选课系统”数据库表………………82
3.2.5　复制一个表结构……………………………83
3.3　修改表结构……………………………………84
3.3.1　修改字段相关信息…………………………84
3.3.2　修改约束条件………………………………85
3.3.3　修改表的其他选项…………………………87
3.3.4　修改表名……………………………………87
3.4　删除表…………………………………………87
3.5　索引……………………………………………88
3.5.1　理解索引……………………………………88
3.5.2　索引关键字的选取原则……………………91
3.5.3　索引与约束…………………………………92
3.5.4　创建索引……………………………………93
3.5.5　删除索引……………………………………94
习题 ……………………………………………95

第 4 章　表记录的更新操作 ……………96

4.1　表记录的插入…………………………………96
4.1.1　使用 insert 语句插入新记录………………96
4.1.2　更新操作与字符集…………………………99
4.1.3　关于自增型字段……………………………100
4.1.4　批量插入多条记录…………………………100
4.1.5　使用 insert...select 插入结果集……………101
4.1.6　使用 replace 插入新记录……………………102
4.2　表记录的修改…………………………………103
4.3　表记录的删除…………………………………103
4.3.1　使用 delete 删除表记录……………………103
4.3.2　使用 truncate 清空表记录…………………104
4.4　MySQL 特殊字符序列………………………106
习题 ……………………………………………108

第 5 章　表记录的检索 ……………………109

5.1　select 语句概述………………………………109
5.1.1　使用 select 子句指定字段列表……………110
5.1.2　使用谓词过滤记录…………………………111
5.1.3　使用 from 子句指定数据源………………112
5.1.4　多表连接……………………………………115
5.2　使用 where 子句过滤结果集…………………116
5.2.1　使用单一的条件过滤结果集………………116
5.2.2　is NULL 运算符……………………………117
5.2.3　select 语句与字符集………………………118
5.2.4　使用逻辑运算符……………………………119
5.2.5　使用 like 进行模糊查询……………………121
5.3　使用 order by 子句对结果集排序……………122
5.4　使用聚合函数汇总结果集……………………123
5.5　使用 group by 子句对记录分组统计…………125
5.5.1　group by 子句与聚合函数…………………125
5.5.2　group by 子句与 having 子句………………126
5.5.3　group by 子句与 group_concat() 函数………127
5.5.4　group by 子句与 with rollup 选项…………127
5.6　合并结果集……………………………………128
5.7　子查询…………………………………………129
5.7.1　子查询与比较运算符………………………129
5.7.2　子查询与 in 运算符…………………………131
5.7.3　子查询与 exists 逻辑运算符………………132
5.7.4　子查询与 any 运算符………………………133
5.7.5　子查询与 all 运算符…………………………133
5.8　选课系统综合查询……………………………134
5.9　使用正则表达式模糊查询……………………138
5.10　全文检索……………………………………139
5.10.1　全文检索的简单应用……………………140
5.10.2　全文检索方式……………………………144

5.10.3 布尔检索模式的复杂应用…………144
5.10.4 MySQL 全文检索的注意事项……146
5.10.5 InnoDB 表的全文检索…………………146
习题 ……………………………………………147

第三篇 MySQL 编程

第 6 章 MySQL 编程基础…………………150
6.1 MySQL 编程基础知识…………………150
6.1.1 常量……………………………………150
6.1.2 用户自定义变量………………………152
6.1.3 运算符与表达式………………………157
6.1.4 begin-end 语句块………………………159
6.1.5 重置命令结束标记……………………160
6.2 自定义函数…………………………………160
6.2.1 创建自定义函数的语法格式…………160
6.2.2 函数的创建与调用……………………161
6.2.3 函数的维护……………………………163
6.2.4 条件控制语句…………………………165
6.2.5 循环语句………………………………167
6.3 系统函数……………………………………171
6.3.1 数学函数………………………………171
6.3.2 字符串函数……………………………173
6.3.3 数据类型转换函数……………………180
6.3.4 条件控制函数…………………………180
6.3.5 系统信息函数…………………………182
6.3.6 日期和时间函数………………………183
6.3.7 其他常用的 MySQL 函数……………189
6.4 中文全文检索的模拟实现…………………191
习题 ……………………………………………193
第 7 章 视图与触发器……………………195
7.1 视图…………………………………………195
7.1.1 创建视图………………………………195
7.1.2 查看视图的定义………………………196
7.1.3 视图在"选课系统"中的应用…………197
7.1.4 视图的作用……………………………198
7.1.5 删除视图………………………………199
7.1.6 检查视图………………………………199
7.1.7 local 与 cascade 检查视图……………200
7.2 触发器………………………………………201
7.2.1 准备工作………………………………202
7.2.2 使用触发器实现检查约束……………203
7.2.3 使用触发器维护冗余数据……………204
7.2.4 使用触发器模拟外键级联选项………205
7.2.5 查看触发器的定义……………………206
7.2.6 删除触发器……………………………207
7.2.7 使用触发器的注意事项………………207
7.3 临时表………………………………………208
7.3.1 临时表概述……………………………208
7.3.2 临时表的创建、查看与删除…………208
7.3.3 "选课系统"中临时表的使用…………209
7.3.4 使用临时表的注意事项………………210
7.4 派生表（derived table）…………………211
7.5 子查询、视图、临时表、派生表…………211
习题 ……………………………………………213
第 8 章 存储过程与游标…………………214
8.1 存储过程……………………………………214
8.1.1 创建存储过程的语法格式……………214
8.1.2 存储过程的调用………………………215
8.1.3 "选课系统"的存储过程………………216
8.1.4 查看存储过程的定义…………………220
8.1.5 删除存储过程…………………………221
8.1.6 存储过程与函数的比较………………222
8.2 错误触发条件和错误处理…………………223
8.2.1 自定义错误处理程序…………………223
8.2.2 自定义错误触发条件…………………225
8.2.3 自定义错误处理程序说明……………226
8.3 游标…………………………………………226
8.3.1 使用游标………………………………226
8.3.2 游标在"选课系统"中的使用…………227
8.4 预处理 SQL 语句…………………………229
8.4.1 预处理 SQL 语句使用步骤……………229
8.4.2 "选课系统"中预处理 SQL 语句的使用……………………………………230
8.4.3 预处理 SQL 语句的复杂应用…………231
8.4.4 静态 SQL 语句与预处理 SQL 语句……………………………………233
8.5 存储程序的说明……………………………234

习题 ······234

第 9 章 事务机制与锁机制 ······235

9.1 事务机制······235
9.1.1 事务机制的必要性······235
9.1.2 关闭 MySQL 自动提交······237
9.1.3 回滚 ······237
9.1.4 提交 ······239
9.1.5 事务 ······240
9.1.6 保存点 ······241
9.1.7 “选课系统”中的事务······243
9.2 锁机制······246
9.2.1 锁机制的必要性······246
9.2.2 MySQL 锁机制的基础知识······248
9.2.3 MyISAM 表的表级锁 ······250
9.2.4 InnoDB 表的行级锁······253
9.2.5 “选课系统”中的行级锁······255
9.2.6 InnoDB 表的意向锁······257
9.2.7 InnoDB 行级锁与索引之间的关系···258
9.2.8 间隙锁与死锁······261
9.2.9 死锁与锁等待······262
9.3 事务的 ACID 特性 ······264
9.3.1 事务的 ACID 特性······264
9.3.2 事务的隔离级别与并发问题······265
9.3.3 设置事务的隔离级别······266
9.3.4 使用间隙锁避免幻读现象······271
9.4 事务与锁机制注意事项 ······272
习题 ······273

第四篇 综合实训

第 10 章 网上选课系统的开发······276

10.1 PHP 预备知识······276
10.1.1 为何选用 B/S 结构以及 PHP 脚本语言 ······276
10.1.2 PHP 脚本语言概述 ······277
10.1.3 PHP 脚本程序的工作流程 ······278
10.1.4 Web 服务器的部署······280
10.1.5 注意事项······282
10.2 软件开发生命周期 SDLC······283
10.3 网上选课系统的系统规划 ······283
10.3.1 网上选课系统的目标······284
10.3.2 网上选课系统的可行性分析······284
10.3.3 网上选课系统的项目进度表 ······284
10.3.4 网上选课系统的人员分工······285
10.4 网上选课系统的系统分析 ······286
10.4.1 网上选课系统的功能需求分析·····286
10.4.2 网上选课系统的非功能需求分析······288
10.5 网上选课系统的系统设计 ······288
10.6 网上选课系统的系统实施 ······290
10.6.1 准备工作······290
10.6.2 制作 PHP 连接 MySQL 服务器函数······291
10.6.3 制作 PHP 权限系统函数······293
10.6.4 首页 index.php 的开发······294
10.6.5 教师注册模块的开发······295
10.6.6 登录模块的开发······298
10.6.7 注销模块的开发······300
10.6.8 添加班级模块的开发······300
10.6.9 学生注册模块的开发······301
10.6.10 密码重置模块······303
10.6.11 申报课程模块······304
10.6.12 课程列表显示模块······305
10.6.13 审核申报课程······307
10.6.14 取消已审核课程······308
10.6.15 浏览自己申报的课程······309
10.6.16 删除课程······310
10.6.17 学生选修或者调换已经审核的课程······310
10.6.18 查看自己选修的课程······311
10.6.19 取消选修课程······312
10.6.20 查看课程的学生信息列表······313
10.6.21 查看选修人数少于 30 人的课程信息······314
10.7 界面设计与 MVC 模式 ······315
10.8 网上选课系统的测试 ······317
习题 ······318

参考文献······319

第一篇 关系数据库设计

数据库设计概述
数据库概述
数据库设计的相关知识
E-R 图
关系数据库设计

第 1 章 数据库设计概述

数据库是信息系统的核心，在信息社会中占据着举足轻重的地位。数据库技术主要研究如何科学地组织、存储和管理数据库中的数据。采用科学的方法开发、设计一个结构良好的数据库，是所有数据库开发人员应该掌握的最基本技能。本章抛开 MySQL 讲解关系数据库设计的相关知识，以“选课系统”为例，讲解“选课系统”数据库的设计流程。通过本章的学习，读者将具备一定的数据库设计能力。

1.1 数据库概述

简单地说，数据库（Database，DB）是存储、管理数据的容器；严格地说，数据库是“按照某种数据结构对数据进行组织、存储和管理的容器”。无论哪一种说法，数据永远是数据库的核心。

1.1.1 关系数据库管理系统

数据是数据库的核心。数据库容器通常包含诸多数据库对象，如表、视图、索引、函数、存储过程、触发器、事件等，这些数据库对象最终都是以文件的形式存储在外存（例如硬盘）上。数据库用户如何能够访问到数据库容器中的数据库对象呢？事实上，通过“数据库管理系统”，数据库用户可以轻松地实现数据库容器中各种数据库对象的访问（增、删、改、查等操作），并可以轻松地完成数据库的维护工作（备份、恢复、修复等操作），如图 1-1 所示。

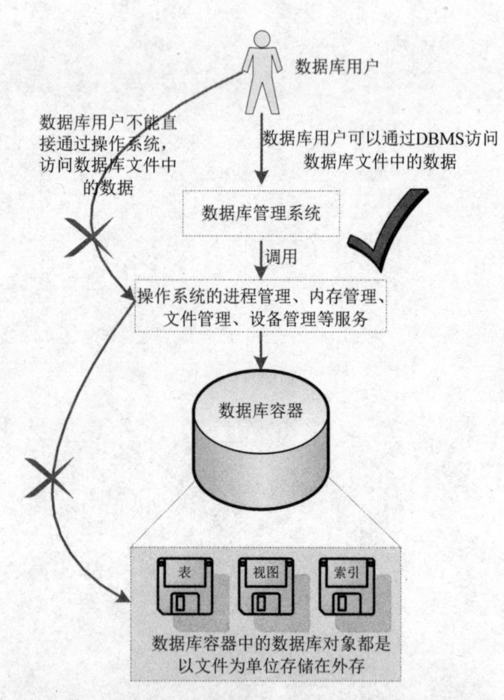

图 1-1 数据库管理系统与操作系统之间的关系

数据库管理系统（Database Management System，DBMS）安装于操作系统之上，是一个管理、控制数据库容器中各种数据库对象的系统软件。可以这样理解：数据库用户无法直接通过操作系统获取数据库文件中的具体内容；数据库管理系统通过调用操作系统的进程管理、内存管理、设备管理以及文件管理等服务，为数据库用户提供管理、控制数据库容器中各种数据库对象、数据库文件的接口。

数据库管理系统通常会选择某种“数学模型”存储、组织、管理数据库中的数据，常用的数学模型包括“层次模型”、“网状模型”、“关系模型”以及“面向对象模型”等。基于“关系模型”的数据库管理系统称为关系数据库管理系统（Relational Database Management System，RDBMS）。随着关系数据库管理系统的日臻完善，目前关系数据库管理系统已占据主导地位。

通过关系数据库管理系统，数据库开发人员可以轻而易举地创建关系数据库容器，并在该数据库容器中创建各种数据库对象（表、索引、视图、存储过程、触发器、函数等）以及维护各种数据库对象。目前成熟的关系数据库管理系统主要源自欧美数据库厂商，典型的有美国微软公司的 SQL Server、美国 IBM 公司的 DB2 和 Informix、德国 SAP 公司的 Sybase、美国甲骨文公司的 Oracle，然而这些数据库都是商业数据库，且价格昂贵。截至目前，国产数据库管理系统还不成熟，国内很多大型企业，也不乏核心部门（例如金融银行、移动通信、石油行业、12306 铁路订票等）不得不依赖进口，“享受着”国外数据库厂商提供服务的同时，不得不将核心部门的信息交由国外数据库管理，企业的核心数据、核心部门的机密数据的不安全因素剧增。

另外，2001 年中国加入世界贸易组织（WTO）以来，中美、中欧之间的贸易摩擦，尤其是软件版权纠纷不断加剧。考虑到国家信息安全战略因素以及知识产权保护因素，为了大力发展、培养自己的软件企业，中国政府、高校越来越重视数据安全、版权制度建设以及知识产权的保护。学习、使用、开发、研究开放源代码的软件（简称开源软件），不仅可以有效缩短国内软件与国外软件之间的差距，还可以减少经费的投入。大家所熟知的 Android 操作系统、Linux 操作系统、MySQL 数据库管理系统、Apache 服务器软件都是开源软件，有些开源软件（例如 Android 操作系统）不仅改变了人们的生活，而且改变了企业的命运。开源软件的学习，使用、开发、研究势在必行。

与上述商业化的数据库管理系统相比，MySQL 具有开源、免费、体积小、便于安装，而且功能强大等特点。很多企业将 MySQL 作为首选数据库管理系统，MySQL 成为了全球最受欢迎的数据库管理系统之一。目前，淘宝、百度、新浪微博已经将部分业务数据迁移到 MySQL 数据库中，MySQL 的应用前景可观。

考虑到 MySQL 成本低廉、开源、免费、易于安装、性能高效、功能齐全等特点，因此 MySQL 非常适合教学。从 2013 年下半年开始，全国计算机等级考试二级中新增了“MySQL 数据程序设计”考试科目，足以看到教育部门对开源软件学习、使用、开发、研究的重视程度。目前越来越多的高校相继开设了 MySQL 课程，然而相对 SQL Sever、Oracle 等商业数据库管理系统而言，市场上适合中国读者学习的 MySQL 书籍少之又少，这也是本书编写的初衷，希望本书能够为各类读者提供一条学习 MySQL 的捷径，更希望本书能够帮助更多的读者走进数据库开发的殿堂。

本章主要讲解关系数据库设计的相关知识，本书从第 2 章开始，才会讲解 MySQL 的相关知识。

1.1.2　关系数据库

目前主流的数据库使用的“数学模型”是“关系”数据模型（简称关系模型），使用关系模型对数据进行组织、存储和管理的数据库称为关系数据库。关系数据库中所谓的“关系”，实质上是一张二维表。

以“选课系统”为例，教师申报课程相关信息（其中包括课程名、人数上限、任课教师及课程描述等信息），并将课程信息录入到“选课系统”数据库的课程表（二维表）中，如表 1-1 所示。管理员从课程表（二维表）中获取课程信息，并对课程进行审核（修改课程表中课程的状态信息）；接着学生可以从课程表（二维表）中获取已经审核的课程信息进行浏览，然后选修自己感兴趣的课程，填入选课表中（二维表）；期末考试结束后，任课教师把学生的考试成绩录入到选课表（二维表）中……越来越多的二维表就构成了“选课系统”数据库。可以看出，一个数据库通常包含多个二维表（称为数据库表，或者简称为表），从而实现某个应用各类信息的存储和维护。

数据库表是由列和行构成的，表中的每一列（也叫字段）都由一个列名（也叫字段名）进行标记；除了字段名那一行，表中的每一行称为一条记录。表 1-1 所示的课程表共有 5 个字段以及 5 条记录。外观上，关系数据库中的一个数据库表和一个不存在“合并单元格”的电子表格（例如 Excel）相同。与电子表格不同的是：同一个数据库表的字段名不能重复。为了优化存储空间以及便于数据排序，数据库表的每一列必须指定某种数据类型。当然，数据库表与电子表格的区别并不局限于此，随着学习的深入，读者可以了解它们之间更多的区别。

表 1-1　　　　课程表（二维表）

课程名	人数上限	任课教师	课程描述	状态
java 语言程序设计	60	张老师	暂无	未审核
MySQL 数据库	150	李老师	暂无	未审核
C 语言程序设计	60	王老师	暂无	未审核
英语	230	马老师	暂无	未审核
数学	230	田老师	暂无	未审核

需要注意的是，作为数据库中最为重要的数据库对象，数据库表的设计过程并非一蹴而就，表 1-1 所示的课程表根本无法满足“选课系统”的功能需求（甚至该表就是一个设计失败的数据库表）。事实上，数据库表的设计过程并非如此简单，本章的重点就是讨论如何设计结构良好的数据库表。数据库中还包含其他数据库对象，如触发器、存储过程、视图、索引、函数等，这些知识将在后续章节进行详细讲解。

1.1.3　结构化查询语言 SQL

结构化查询语言（Structured Query Language，SQL）是一种应用最为广泛的关系数据库语言，该语言定义了操作关系数据库的标准语法，几乎所有的关系数据库管理系统都支持 SQL。使用 SQL 可以轻松地创建、管理关系数据库的各种数据库对象以及维护数据库中的各种数据，例如删除“选课系统”中课程表（course）的所有记录，使用结构化查询语言“delete from course”语句可以轻松地实现。

SQL 仅仅提供了一套标准语法，为了实现更为强大的功能，各个关系数据库管理系统都对 SQL 标准进行了扩展，典型的有 Oracle 的 PL/SQL，SQL Server 的 T-SQL。MySQL 也对 SQL 标准进行了扩展（虽然至今没有命名），例如，MySQL 命令“show databases;”用于查询当前 MySQL 服务实例所有的数据库名，该命令是 MySQL 的特有命令，并不是 SQL 标准中定义的 SQL 语句，该命令在其他数据库管理系统中运行时将报错，例如，在 SQL Server 中运行该命令时，显示“未能找到存储过程 'show'”错误信息。这些扩展命令导致了各个数据库产品之间的差异，这种差异为同一个数据库在不同数据库产品之间的移植带来诸多不便。

为了区分 SQL 扩展以及 SQL 标准，本书将符合 SQL 标准的代码称为“SQL 语句”，将 SQL 扩展部分的代码称为“MySQL 命令”或者“MySQL 语句”。例如“delete from course”是 SQL 语句；“show databases;”是 MySQL 命令或者 MySQL 语句。

SQL 并不是一种功能完善的程序设计语言，例如，不能使用 SQL 构建人性化的图形用户界面（Graphical User Interface，GUI），程序员需要借助 Java、VC++等面向对象程序设计语言或者 HTML 的 FORM 表单构建图形用户界面（GUI）。如果选用 FORM 表单构建 GUI，程序员还需要使用 JSP、PHP 或者.NET 编写 Web 应用程序，处理 FORM 表单中的数据以及数据库中的数据，这些知识将在“网上选课系统的开发”章节中进行详细讲解。

1.2 数据库设计的相关知识

数据库设计是一个“系统工程”，要求数据库开发人员：

- 熟悉“商业领域”的商业知识，甚至是该商业领域的专家。
- 利用“管理学”的知识与其他开发人员进行有效沟通。
- 掌握一些数据库设计辅助工具。

本书提到的数据库开发人员指的是能够从事各种应用系统的数据库开发工作的相关人员，主要包括能够从事需求分析、数据库建模、数据库设计、数据库实施及编写函数、存储过程或者触发器等数据库开发工作的相关人员。限于篇幅，本书将选择一个大小合适、认知度合适的案例展现数据库设计、开发的所有流程，并对该案例的应用程序使用软件工程的思想进行开发。

1.2.1 商业知识和沟通技能

数据库中存储的数据是“商业领域”的信息，使用数据库技术可以解决“商业领域”的“商业问题”。对于数据库开发人员而言，商业知识和沟通技巧永远是避不开的话题。数据库开发人员必须熟悉某种商业领域的商业知识，甚至是该商业领域的专家，才能使用数据库技术解决商业问题。试想一个不熟悉、不了解金融服务业（或者制造业、零售业等行业）运作流程的数据库开发人员，即便掌握了数据库开发的所有技能，也不可能设计一个结构良好的金融服务业（或者制造业、零售业等行业）数据库。

设计数据库时，数据库开发人员经常与其他开发人员（包括最终用户）一起工作，并且需要使用“管理学”的知识与其他开发人员进行有效沟通，获取所需商业信息，从而解决商业问题。因此，对于数据库开发人员而言，沟通的技巧也不能小觑。

熟悉一种“商业领域”的商业知识需要花费大量的时间，很多数据库开发人员用毕生精力研究某个特定行业，从而成为该“商业领域”的专家，继而可以成功地设计该“商业领域”的数据库。同样对于读者而言，必须了解某一“商业领域”的商业知识，才能将数据库技术应用到该“商业领域”，解决该“商业领域”的“商业问题”，进而才能更有效地学习数据库的相关知识。

鉴于多数读者有过“网上选课”的经历，限于篇幅，本书选用“选课系统”作为案例，尽量避开“商业领域”和“管理学”相关知识的讲解，着重讲解数据库设计、开发过程中使用到的各种数据库技术。通过该案例的讲解，读者能够在最短的时间内具备一定的数据库设计、开发能力，继而能够尽快地掌握使用数据库技术解决“商业问题”的能力。

1.2.2 数据库设计辅助工具

数据库开发是软件开发过程中一个非常重要的环节，甚至是一个核心环节。软件开发过程中，软件开发人员经常使用一些辅助工具提高软件开发的速度与质量，典型的辅助工具包括模型、工具和技术。这些辅助工具由软件开发专业人员根据自身经验提炼而成，且日益成熟。开发数据库时，数据库开发人员同样也需要使用一些数据库设计的辅助工具，从而提高数据库的开发速度与质量。

1. 模型

软件开发时经常使用到一些模型，模型是现实世界中事物特征与事物行为的抽象。模型包括数学模型（例如数学公式）、描述模型（例如报表、列表、备忘录等）和图形模型（例如 E-R 图、数据流程图 DFD、类图等）。对事物的特征进行抽象的过程称为数据建模。软件开发过程中通过数据建模，可以得到软件系统的 E-R 图或者类图等数据模型。对事物的行为进行抽象的过程称为业务建模。软件开发过程中通过业务建模，可以得到软件系统的程序流程图、数据流程图 DFD、时序图、状态图等业务模型。

一般而言，数据库设计更侧重于数据建模，程序设计更侧重于业务建模。然而在真实的软件开发环境中，数据建模与业务建模两者相辅相成，不可或缺。E-R 图是关系数据库数据建模过程中经常使用的数据模型。本章将对 E-R 图进行详细讲解，其他模型的相关知识请读者参考软件工程类的书籍，限于篇幅，本书不再赘述。

2. 工具

软件开发时经常使用到一些工具，这些工具为创建模型或其他组件提供了软件支持。例如在系统规划阶段①，需求分析人员经常使用软件项目管理工具为任务分配资源、跟踪进度以及管理预算，常用的软件项目管理工具是美国微软公司的 Project。在系统分析与设计阶段，需求分析人员经常使用计算机辅助系统工程工具（Computer Aided Software Engineering，CASE）进行数据建模以及业务建模，常用的 CASE 工具有 ERwin、PowerDesigner、Rational Rose 以及 Visio 等。在系统实施阶段，编程人员经常使用集成开发环境（Integrated Development Environment，简称 IDE 工具）进行软件编码、编译、调试等工作，常用的 IDE 工具有 VC++6.0、Visual Studio、Eclipse 以及 NetBeans 等。在测试阶段，测试人员经常使用测试工具进行单元测试、功能测试以及性能测试，常用测试工具有 Junit 单元测试工具、QuickTest Professional 功能测试工具以及 LoadRunner 性能测试工具等。

在关系数据库数据建模时，数据库开发人员经常使用 ERwin、PowerDesigner、Visio 等 CASE 工具创建 E-R 图，甚至使用 ERwin、PowerDesigner、Visio 等工具直接创建数据库（例如 MySQL 数据库）或者直接生成 SQL 脚本文件（例如 MySQL 的 SQL 脚本文件）。

3. 技术

软件开发时使用的技术是一组方法，常用的技术包括：面向对象分析和设计技术、结构化分析和设计技术、软件测试技术和关系数据库设计技术等。其中，关系数据库设计技术决定了关系数据库设计的质量，这也是本章着重讲解的内容。关系数据库设计技术包含 E-R 图绘制以及关系

① 软件的开发不是一蹴而就的，通常分为若干个开发阶段：系统规划、系统分析、系统设计、系统实施、运行维护阶段以及测试阶段，其中测试阶段应该贯穿其他几个阶段。这些开发阶段构成了软件开发生命周期（Systems Development Life Cycle，SDLC）。

数据库设计两方面的内容，这两方面的内容稍后进行详细讲解。

数据建模制作 E-R 图的过程中，本章使用的 CASE 工具是 PowerDesigner。部分读者可能没有使用过 PowerDesigner，但笔者认为软件开发（包括数据库开发）是一种高级脑力劳动，工具代替不了软件开发人员以及数据库开发人员的“智慧”及“思想”，掌握这些“智慧”、“思想”对于数据库开发人员至关重要，这也是本书着重阐述的内容。读者在学习本章内容时，可以使用笔、纸或者绘图工具（例如 Word 绘图）设计 E-R 图，掌握本章的知识后，有精力的读者可以学习一下 ERwin、PowerDesigner 或者 Visio 工具的使用。

1.2.3　“选课系统”概述

相信大多数读者有过网上选课的经历，熟悉“选课系统”的基本操作流程，多数读者可以称得上是“选课”领域的“专家”，这为设计一个结构良好的“选课系统”数据库奠定了坚实的基础。为了将“选课系统”案例融入到数据库设计以及 MySQL 的各个知识点，限于篇幅，本书在不影响“选课系统”核心功能的基础上，适当地对该系统进行“定制”、“扩展”以及“瘦身”，“选课系统”的操作流程如图 1-2 所示。“选课系统”操作流程的文字描述如下。本书后续所有章节的内容，全部围绕该“描述”设计，开发“选课系统”的数据库表、索引、视图、函数、存储过程、触发器等数据库对象。

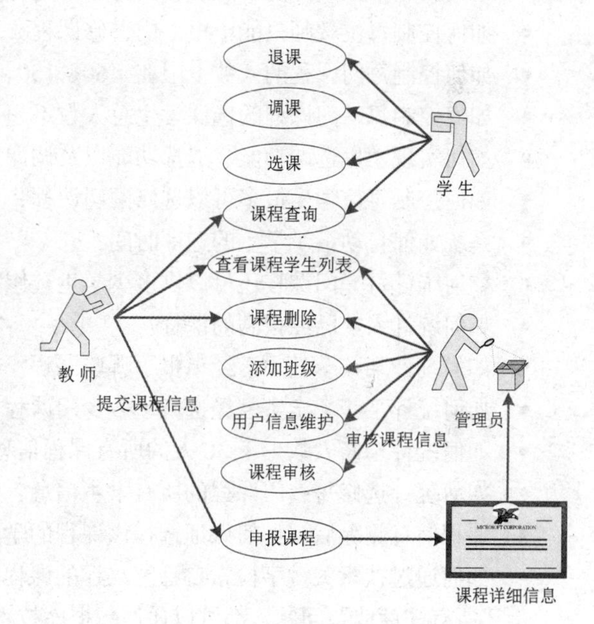

图 1-2　选课系统操作流程

- 游客用户只能浏览已经审核的课程信息，不能享受“选课系统”提供的其他服务。游客用户注册成为学生或者教师，成功登录“选课系统”后，才能享受“选课系统”提供的其他服务。
- 教师成功登录“选课系统”后，可以申报选修课程，要求选修课程面向全校学生。
- 为保证教学质量，每一位教师只能申报一门选修课程。由于很多课程需要在教室内完成教学，因此课程的人数上限受到教室座位数量的限制（共有 60 座位、150 座位和 230 座位 3 种教室）。教师申报选修课程时需提供课程的详细信息，其中包括课程名、工号、教师姓名、人数上限、教师联系方式以及课程详细描述等。
- 教师申报课程信息后，经管理员审核通过才能供学生选修。
- 学生成功登录“选课系统”后，才可以进行选课。学生选课时，每位学生可以浏览所有已审核的课程信息，并进行选修。为保证学习效果，限制每位学生最多选修两门课程。学生选课时需提供学号、姓名、班级名、所属院系名和联系方式等信息，由系统自动记录选择课程的时间。
- 选课结束前，学生可以退课、调课。
- 选课结束后，当某一门课程的选修人数少于 30 人时，为避免教师、教室资源浪费，管理员有权删除该课程信息。某一门的课程信息删除后，选择该课程的学生需要重新选修其他课程。

- 管理员负责审核课程，添加班级信息（且班级名不能重复），以及维护用户信息。
- 教师可以查看本人申报课程的学生信息列表，管理员可以查看所有申报课程的学生信息列表。

本书第 1～9 章介绍“选课系统”数据库开发流程，第 10 章介绍“选课系统”应用程序开发的相关知识，前 10 章内容循序渐进，章节之间知识衔接非常紧密，并且章节之间尽量避免知识重复和交叉，建议读者按照本书章节的顺序学习前 10 章的内容。

1.2.4 定义问题域

定义问题域是数据库设计过程中重要的活动，它的目标是准确定义要解决的商业问题。使用数据库技术可以解决“选课系统”存在的诸多“商业”问题，其中包括以下内容。

- 如何存储以及维护课程、学生、教师以及班级的详细信息？
- 不同教师申报的课程名能否相同？如果允许课程名相同，如何区分课程？
- 如何控制每位教师只能申报一门选修课程？
- 如何控制每门课程的人数上限在（60、150、230）中取值？
- 如何控制每一门课程的选课学生总人数不超过该课程的人数上限？
- 如何实现学生选课功能、退选功能以及调课功能？
- 如何控制每位学生最多可以选修两门课程，且两门课程不能相同？
- 系统如何自动记录学生的选课时间？
- 如何统计每一门课程还可以供多少学生选修？
- 如何统计人数已经报满的课程？
- 如何统计某一个教师已经申报了哪些课程？
- 如何统计某一个学生已经选修了多少门课程，是哪些课程？
- 如何统计选修人数少于 30 人的所有课程信息？
- 如何统计选修每一门课程的所有学生信息？
- 课程信息删除后，如何保证选择该课程的学生可以选修其他课程？
- 如何通过搜索关键字检索自己感兴趣的课程信息？

上述所有“商业”问题，都可以通过数据库技术找到答案，并可以在本书找到解决方案。有些“商业”问题可以使用数据库设计知识在本章进行解答；有些“商业”问题需借助具体的数据库管理系统（例如 MySQL）的知识，可以在其他章节中找到答案。

1.2.5 编码规范

结构化查询语言 SQL 是本书重点讲解的内容。一方面，数据库开发人员需要使用 SQL 编写部分业务逻辑代码（如触发器、存储过程、函数、事件等）完成部分业务功能。另一方面，程序开发人员需要在应用程序中构造 SQL 语句，实现应用程序与数据库的交互。为了保证数据库能够在不同的操作系统平台上进行移植，甚至为了保证应用程序能够在不同的数据库管理系统之间进行移植，数据库开发人员以及程序开发人员在书写 SQL 语句时需要遵循一些基本的编程原则，这些原则称为数据库编码规范。下面介绍一些常用的数据库编码规范，这些规范对任何一个追求高质量代码的人来说是必需的。

1. 命名规范

良好的命名方式是重要的编程习惯，描述性强的名称让代码更加容易阅读、理解和维护。命名遵循的基本原则是：以标准计算机英文为蓝本，杜绝一切拼音或拼音英文混杂的命名方式，建议使用语义化英语的方式命名。为了保证软件代码具有良好的可读性，一般要求在同一个软件系统中，命名原则必须统一。

常用的命名原则有两种。第一种：第一个单词首字母小写，其余单词首字母大写（驼峰标记法），如 studentNo、studentName。第二种：单词所有字母小写，单词间用下划线“_”分隔，如 student_no、student_name。本书使用第二种命名规则定义“选课系统”E-R 图中的实体名、属性名以及 MySQL 数据库中的数据库名、表名和字段名等各个数据库对象名称。本书使用的其他数据库命名原则包括：函数名使用“_fun”后缀；存储过程名使用“_proc”后缀；视图名使用“_view”后缀；触发器名使用“_trig”后缀；索引名使用“_index”后缀；外键约束名使用“_fk”后缀等。

在 MySQL 数据库中，命名时应尽量避免使用关键字，例如 table、database、limit 等。

2. 注释

软件开发是一种高级脑力劳动，精妙算法的背后往往伴随着难以理解的代码。对于不经常维护的代码，时过境迁，开发者本人也会忘记编写的初衷，因此，要为代码添加注释，增强代码的可读性和可维护性。有时添加注释和编写代码一样难，但养成这样的习惯是必要的。请记住：尽最大努力把方便留给别人和将来的自己。

MySQL 代码单行注释以“#”开始，或者以用两个短划线和一个空格（“-- ”）开始。多行注释以“/*”开始，以“*/”结束。

3. 书写规范

每个缩进的单位约定是一个 Tab（制表符）。MySQL 中 begin-end 语句块中的第一条语句需要缩进，同一个语句块内的所有语句上下对齐。

4. 其他

在 MySQL 数据库中，关键字是不区分大小写的，例如 SQL 语句“delete from course”中的“delete”与“from”为关键字，因此该 SQL 语句等效于“DELETE FROM course”。为了便于读者阅读，本书将涉及的 SQL 关键字书写为小写。

但这不意味着表名“course”等效于表名“COURSE”，“course”并不是 MySQL 的关键字。事实上，如果将 MySQL 部署在 Windows 操作系统中，表名以及数据库名是大小写不敏感的（不区分大小写的）；如果将 MySQL 部署在 Linux 操作系统中，表名以及数据库名是大小写敏感的（区分大小写的）。考虑到数据库可能在不同操作系统之间进行移植，数据库开发人员应该尽量规范数据库的命名。

1.3　E-R 图

关系数据库的设计一般要从数据模型 E-R 图（Entity-Relationship Diagram，E-R 图）设计开始。E-R 图设计的质量直接决定了表结构设计的质量，而表是数据库中最为重要的数据库对象，可以这样说：E-R 图设计的质量直接决定了关系数据库设计的质量。E-R 图既可以表示现实世界中的事物，又可以表示事物与事物之间的关系，它描述了软件系统的数据存储需求，其中 E 表示实体，R 表示关系，所以 E-R 图也称为实体-关系图。E-R 图由实体、属性和关系 3 个要素构成。

1.3.1 实体和属性

E-R 图中的实体用于表示现实世界具有相同属性描述的事物的集合，它不是某一个具体事物，而是某一种类别所有事物的统称。E-R 图中的实体通常使用矩形表示，如图 1-3 所示。数据库开发人员在设计 E-R 图时，一个 E-R 图中通常包含多个实体，每个实体由实体名唯一标记。开发数据库时，每个实体对应于数据库中的一张数据库表，每个实体的具体取值对应于数据库表中的一条记录。例如“选课系统”中，“课程”是一个实体，“课程”实体应该对应于“课程”数据库表；“课程名”为数学，“人数上限”为 230 的课程是课程实体的具体取值，对应于“课程”数据库表中的一条记录。

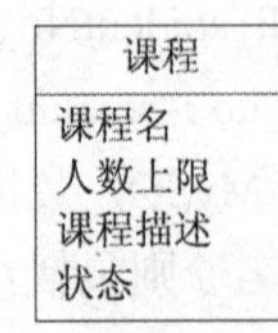

图 1-3　课程实体及属性

E-R 图中的属性通常用于表示实体的某种特征，也可以使用属性表示实体间关系的特征（稍后举例）。一个实体通常包含多个属性，每个属性由属性名唯一标记，所有属性画在实体矩形的内部，如图 1-3 所示。E-R 图中实体的属性对应于数据库表的字段。例如“选课系统”中课程实体具有课程名、人数上限等属性，这些属性对应于课程数据库表的课程名字段以及人数上限字段。

在 E-R 图中，属性是一个不可再分的最小单元，如果属性能够再分，则可以考虑将该属性进行细分，或者可以考虑将该属性“升格”为另一个实体。例如假设（注意这里仅仅是“假设”）学生实体中的联系方式属性可以细分为 Email、QQ、固定电话、手机等联系方式，则可以将联系方式属性拆分为 Email、QQ、固定电话、手机 4 个联系方式属性；也可以将联系方式属性“升格”成“联系方式”实体，该实体有 Email、QQ、固定电话、手机 4 个属性。这两种设计方案没有正确、错误之分，只有合适与不合适之分。

1.3.2 关系

E-R 图中的关系用于表示实体间存在的联系，在 E-R 图中，实体间的关系通常使用一条线段表示。需要注意的是，E-R 图中实体间的关系是双向的，例如，在班级实体与学生实体之间的双向关系中，“一个班级包含若干名学生”描述的是“班级→学生”的“单向”关系，“一个学生只能属于一个班级”描述的是“学生→班级”的“单向”关系，两个“单向”关系共同构成了班级实体与学生实体之间的双向关系，最终构成了班级实体与学生实体之间的一对多（1：m）关系（稍后介绍）。

理解关系的双向性至关重要，因为设计数据库时，有时“从一个方向记录关系”比“从另一个方向记录关系”容易得多。例如，在班级实体与学生实体之间的关系中，让学生记住所在班级，远比班级“记住”所有学生容易得多。这就好比“让学生记住校长，远比校长记住所有学生容易得多”。

在 E-R 图中，实体间的关系有 3 个重要概念：基数、元以及关联。

1. 基数

在 E-R 图中，基数表示一个实体到另一个实体之间关联的数目。基数是针对关系之间的某个方向提出的概念，基数可以是一个取值范围，也可以是某个具体数值。当基数的最小值为 1 时，表示一种强制关系（mandatory），强制关系对应于本章即将讲到的非空约束（Not NULL Constraint）。

例如，选修课程必须由一名教师申报后才存在，言外之意“对于选修课程而言，任课教师必须存在”，如图 1-4 所示。当基数的最小值为 0 时，表示一种可选关系（optional），例如，一名教师只能申报一门课程，言外之意，“对教师而言，无需必须申报课程”，如图 1-4 所示（注意强制关系与可选关系的表示方法不同）。

数据库开发人员为了区分各种关系，也可以为实体间的关系命名，如图 1-4 所示。

从基数的角度可以将关系分为一对一（1：1）、一对多（1：*m*）、多对多（*m*：*n*）关系。例如，在“选课系统”中，一名教师只能申报一门课程，而一门课程必须由一名教师申报，实体间双向关系的基数都是 1，此时教师实体和课程实体之间是一对一关系。一个班级包含若干名学生（基数为 *m*），而一名学生只能属于一个班级（基数为 1），此时班级实体与学生实体之间是一对多（1：*m*）关系。一名学生可以选修两门课程（基数为 *m*<=2），一门课程可以被多名学生选修（基数为 *n*<=课程的人数上限），此时学生实体与课程实体之间是多对多（*m*：*n*）关系。

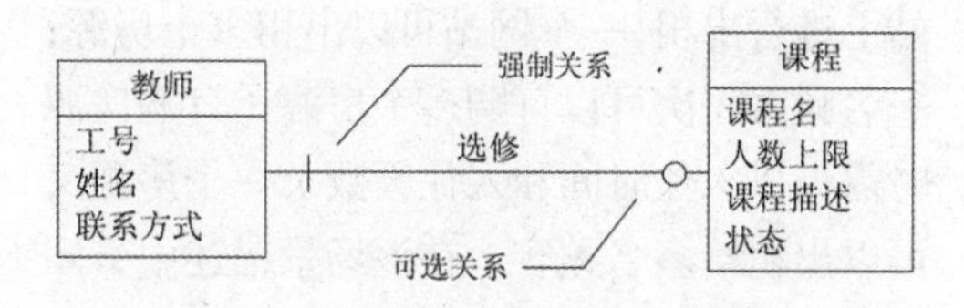

图 1-4　教师实体与课程实体之间的关系

2. 元

在 E-R 图中，元表示关系所关联的实体个数，上面叙述的每个关系都牵涉到两个实体，它们都是二元关系，E-R 图中二元关系最为常用。有时实体间可能存在一元关系（也称为回归关系），例如在“婚姻”关系中，人实体与人实体之间存在的“夫妻”关系就是典型的一元关系，表示方法如图 1-5 所示。实体间的多元关系（例如三元关系）稍后举例。

3. 关联

有时关系本身可能存在自身属性，例如“夫妻”关系中存在“登记时间”属性。使用一条线段可以表示人实体与人实体之间存在的“夫妻”关系，却无法表示“夫妻”关系中存在的“登记时间”属性。对于这种关系，不再使用一条线段表示，可以使用关联（association）表示实体间关系的属性，表示方法如图 1-6 所示（注意可选关系 optional 在图 1-5 以及图 1-6 中表示方法的区别）。

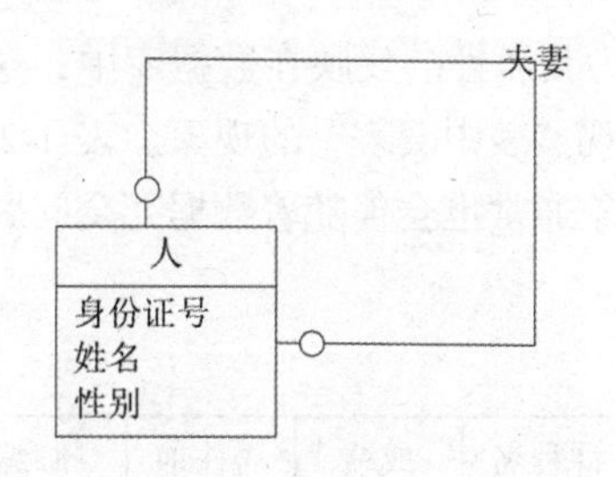

图 1-5　一元关系

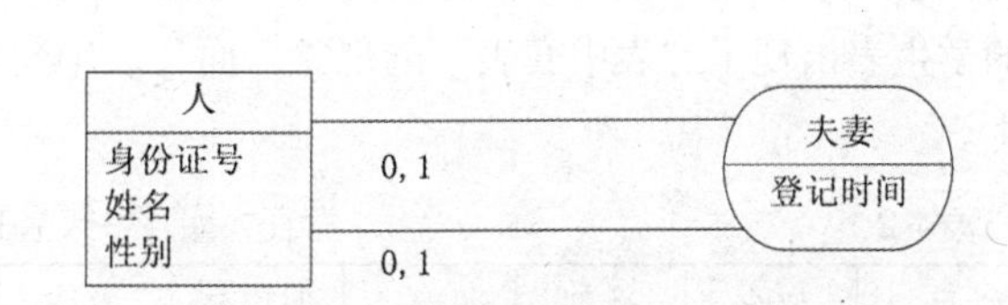

图 1-6　使用关联表示“夫妻”关系中存在的“登记时间”属性

关联（association）也是一种实体间的连接。在 Merise 模型①方法学理论中，关联经常用于表示两个实体间发生的某种“事件”，这种事件通过实体往往不能明确表达。伴随着事件的发生，通常还会产生“事件”的一些属性（例如事件的状态、事件发生的时间、地点等），此时可以使用

① 在信息系统开发、软件工程或者项目管理等领域，Merise 是一种通用的建模方法。

关联表示实体间发生的事件。

有时实体间可能存在多元关系（例如三元关系）。数据库开发人员经常使用关联表示多元关系。设想如下场景：很多团购网站在网上对房源进行出租。一名顾客可以在多个团购网站上寻找房源，一个网站可以为多名顾客提供房源；一个房源可以在多个团购网站上进行出租，一个网站可以出租多个房源；一名顾客每次可以订购多个房源（订购房源时需提供入住时间和入住天数），一个房源又可以出租给多名顾客。在该场景描述中，团购网站、顾客以及房源 3 者之间的关系为三元关系，可以使用关联表示这种多元关系，表示方法如图 1-7 所示。

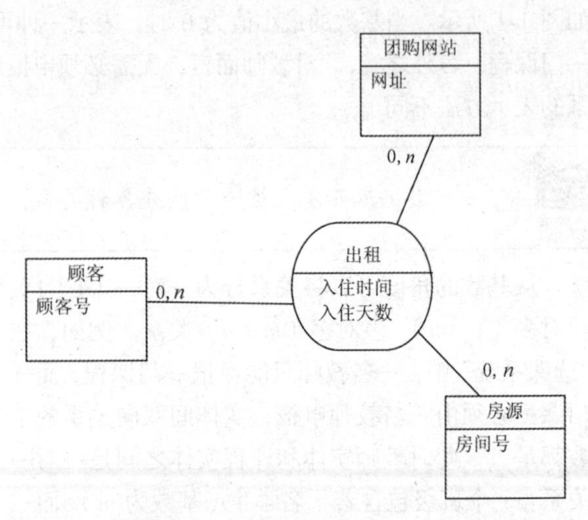

图 1-7 团购网站、顾客以及房源之间的三元关系表示方法

技巧

如果两个实体间的关系（relationship）存在自身的属性，可以使用关联（association）表示实体间的这种关系（relationship）。如果实体间存在多元关系（例如三元关系），同样可以使用关联表示实体间的多元关系。

1.3.3 E-R 图的设计原则

数据库开发人员设计的 E-R 图必须确保能够解决某个“商业领域”的所有“商业问题”，这样才能够保证由 E-R 图生成的数据库能够解决该商业领域的所有商业问题。数据库开发人员通常采用“一事一地”的原则从系统的功能描述中抽象出 E-R 图。所谓“一事一地”原则，可以从属性、实体两个方面进行解读。

- 属性应该存在于且只存在于某一个地方（实体或者关联），反映在数据库中，这句话确保了数据库中的某个数据只存储于某个数据库表中（避免同一数据存储于多个数据库表），避免了数据冗余。表 1-2 所示的学生表出现了大量的数据冗余，而数据冗余是导致插入异常、删除异常、修改复杂等一系列问题的罪魁祸首（稍后介绍）。
- 实体是一个单独的个体，不能存在于另一个实体中成为其属性。反映在数据库中，这句话确保了一个数据库表中不能包含另一个数据库表，即不能出现“表中套表”的现象。表 1-2 所示的学生表出现了“表中套表”的现象，而“表中套表”的现象通常也会伴随着数据冗余问题的发生。

表 1-2 存在大量冗余数据的学生表

学号	姓名	性别	课程号	课程名	成绩	课程号	课程名	成绩	居住地	邮编
2012001	张三	男	5	数学	88	4	英语	78	北京	100000
2012002	李四	女	5	数学	69	4	英语	83	上海	200000
2012003	王五	男	5	数学	52	4	英语	79	北京	100000
2012004	马六	女	5	数学	58	4	英语	81	上海	200000
2012005	田七	男	5	数学	92	4	英语	58	天津	300000

例如：在“选课系统”的功能描述中曾经提到，学生选课时，需要提供学号、姓名、班级名、所属院系名和联系方式等信息。学号、姓名以及联系方式理应作为学生实体的属性，那么，班级名和院系名是不是也可以作为学生实体的属性呢？事实上，如果将班级名和院系名也作为学生实体的属性，此时学生实体存在（学号、姓名、联系方式、班级名、院系名）5 个属性，学生实体中出现了“表中套表”的现象，反而违背了“一事一地”的原则。原因在于，班级名和院系名联系紧密（班级属于院系，院系通常包含多个班级），应该将“班级名属性”与“院系名属性”“抽取”出来放入“班级”实体中，将一个“大”实体分解成两个“小”实体，然后建立班级实体与学生实体之间的一对多关系，这样就得到了“选课系统”的“部分”E-R 图，如图 1-8 所示。

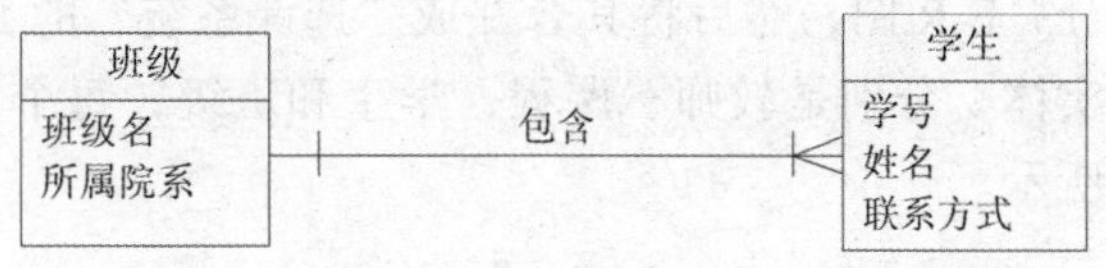

图 1-8　E-R 图中尽量避免“表中套表”的现象

- 同一个实体在同一个 E-R 图内仅出现一次。例如同一个 E-R 图内，两个实体间存在多种关系时，为了表示实体间的多种关系，尽量不要让同一个实体出现多次。

以中国移动提供的 10086 人工服务为例，移动用户拨打 10086 申请客服人员服务；客服人员为手机用户提供服务后，手机用户可以对该客服人员进行评价打分。那么客服人员与手机用户之间就存在“服务-被服务”、“评价-被评价”等多种关系。由于客服人员可以为多个手机用户提供服务，手机用户可以享受多个客服人员提供的服务；手机用户可以为多个客服人员进行评价，客服人员可以接受多个手机用户的评价。因此，客服人员与手机用户之间的关系可以使用图 1-9 所示的 E-R 图或者图 1-10 所示的 E-R 图进行描述。手机用户实体与客服人员实体仅仅在 E-R 图中出现一次。

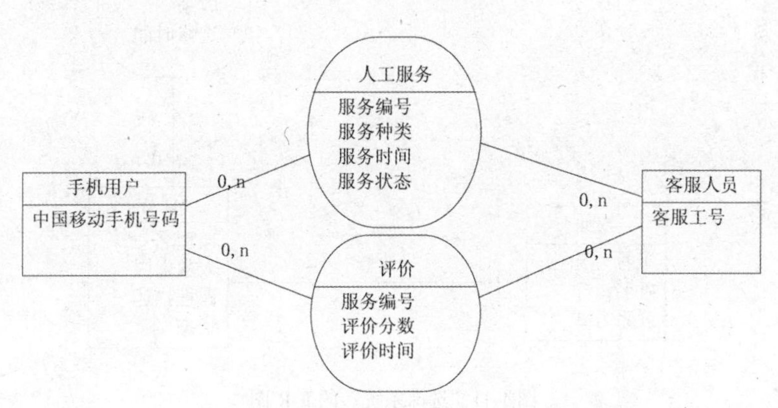

图 1-9　E-R 图：客服人员与手机用户之间的关系（1）

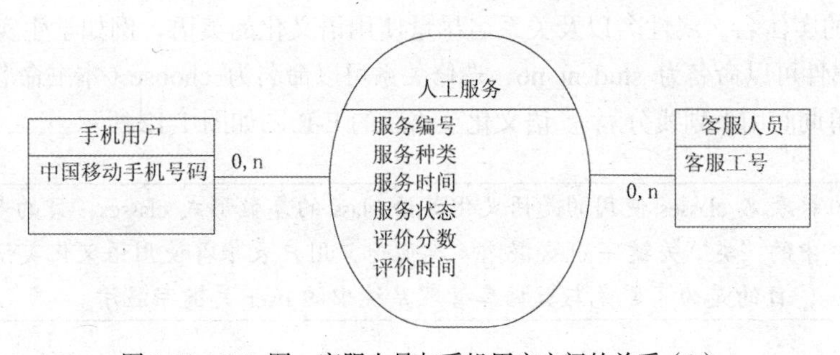

图 1-10　E-R 图：客服人员与手机用户之间的关系（2）

说明

上述两种 E–R 图都可以描述客服人员与手机用户之间的关系，数据库开发人员可以根据项目的具体要求，选择其中一种进行项目实施。如果每一次的人工服务必须伴随一次评价，那么数据库开发人员可以选择第二个 E–R 图描述客服人员与手机用户之间的关系；如果每一次的人工服务不一定有评价，那么数据库开发人员可以选择第一个 E–R 图描述客服人员与手机用户之间的关系。可以看出，E–R 图的设计没有正确、错误之分，只有合适与不合适之分，更多时候考验的是数据库开发人员的经验、智慧。

基于"一事一地"的原则，逐句分析"选课系统"的功能描述，可以得到所有的"部分"E-R 图，然后将其合并成"选课系统"的 E-R 图。"选课系统"的 E-R 图共抽象出 4 个实体，分别是教师、课程、学生和班级，每个实体包含的属性以及实体间的关系如图 1-11 所示。

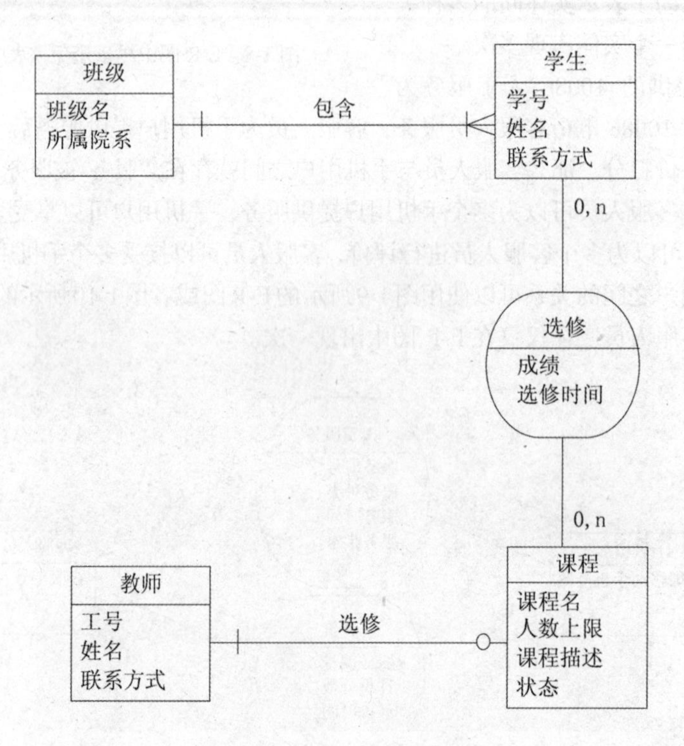

图 1-11 "选课系统"的 E-R 图

E-R 图中的实体名、属性名以及关系名尽量使用语义化的英语。例如学生实体可以命名为 student，学号属性可以命名为 student_no，选修关系可以命名为 choose（本书命名方法为所有单词字母小写，单词间用下划线分隔）。语义化英语后的 E-R 图如图 1-12 所示。

说明

班级表名 classes 使用的是语义化英语 class 的复数形式 classes，目的是避免与面向对象编程中的"类"关键字 class 混淆。类似地，用户表推荐使用语义化英语 user 的复数形式 users，目的是为了避免与数据库管理系统中的 user 关键字混淆。

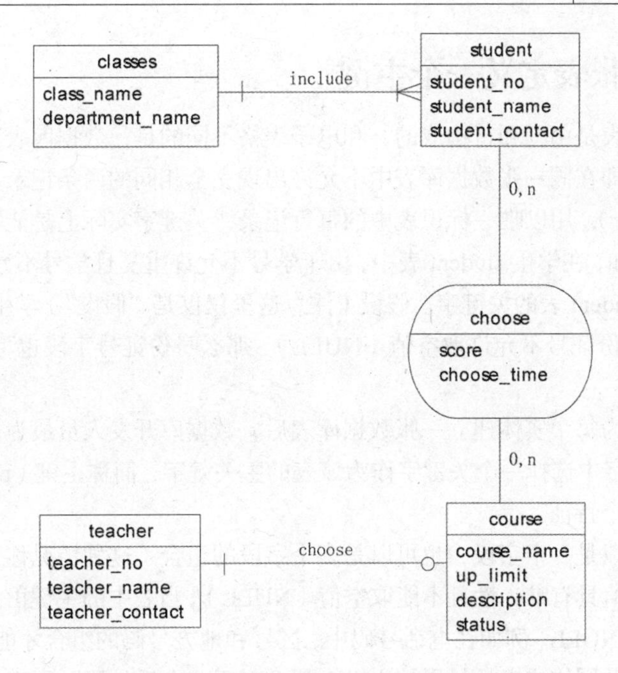

图 1-12　语义化英语后的“选课系统”E-R 图

1.4　关系数据库设计

数据库表是数据库中最为重要的数据库对象，采用“一事一地”的原则绘制出 E-R 图后，可以采用如下几个步骤由 E-R 图生成数据库表。

（1）为 E-R 图中的每个实体建立一张表。

（2）为每张表定义一个主键（如果需要，可以向表添加一个没有实际意义的字段作为该表的主键）。

（3）增加外键表示一对多关系。

（4）建立新表表示多对多关系。

（5）为字段选择合适的数据类型。

（6）定义约束条件（如果需要）。

（7）评价关系的质量，并进行必要的改进。

结合“选课系统”的 E-R 图，下面将详细讨论每个步骤并介绍关系数据库的相关知识。

1.4.1　为每个实体建立一张数据库表

“选课系统”的 E-R 图共涉及 4 个实体，每个实体将对应于数据库中的一张表，实体名对应于表名，属性名对应于字段名。经此步骤，得到“选课系统”的 4 张表如下。

```
student(student_no,student_name,student_contact)
course(course_name,up_limit,description,status)
teacher(teacher_no,teacher_name,teacher_contact)
classes(class_name,department_name)
```

1.4.2 为每张表定义一个主键

关系数据库中的表是由列和行构成的，和电子表格不同的是，数据库表要求表中的每一行记录都必须是唯一的，即在同一张数据库表中不允许出现完全相同的两条记录。关系数据库中的表必须存在关键字（key），用以唯一标识表中的每行记录，关键字实际上是能够唯一标识表记录的字段或字段组合。例如，在学生 student 表中，由于学号不允许重复且学号不允许取空值（NULL），学号可以作为学生 student 表的关键字。假设（注意这里仅仅是“假设”）学生 student 表中还存在身份证号字段，且身份证号不允许取空值（NULL），那么身份证号字段也可以作为学生 student 表的关键字。

设计数据库时，为每个实体建立一张数据库表后，数据库开发人员最为普遍、最为推荐的做法是：在所有的关键字中选择一个关键字作为该表的主关键字，简称主键（primary key）。数据库表中的主键有以下两个特征。

（1）表的主键可以是一个字段，也可以是多个字段的组合（这种情况称为复合主键）。

（2）表中主键的值具有唯一性且不能取空值（NULL）。当表中的主键由多个字段构成时，每个字段的值都不能取 NULL。例如在电话号码中，区号和地方号码的组合才能标识一个电话号码，如果区号和地方号码共同构成电话号码的主键，那么对于“电话号码”而言，区号和地方号码都不能取 NULL。

NULL 表示值不确定或者不存在。例如-∞（负无穷大）是一个不确定的值；除零操作的结果是 NULL；一个刚出生孩子的姓名是一个不确定的值（与空格字符“以及零长度的空字符”的意义不同）；学生选课后，只要课程没有考试，该生该门课程的成绩就是 NULL（与零的意义不同，与缺考、作弊的意义也不同）。

主键和关键字的不同之处在于，一张表可以有多个关键字，但一张表只能有一个主键，且主键肯定属于关键字。

为表定义主键时，有几个常用的技巧需要读者了解。

技巧 1：推荐取值简单的关键字为主键。例如，假设（注意这里仅仅是“假设”）学生 student 表存在学号以及身份证号两个字段，虽然学号或者身份证号都能够唯一标记一个学生，但数据库开发人员通常会选择学号作为学生表的主键，毕竟学号的取值要比身份证号的取值简单得多。另外，在“选课系统”中，由于班级名的取值不能为 NULL，也不允许重复，因此，班级 classes 表的班级名字段可以作为该表的关键字，但班级名字段不适合作为班级 classes 表的主键，原因在于，有些班级的班级名（例如“2012 级计算机科学与技术 1 班”）取值较为复杂。读者可以参看“技巧 3”为班级 classes 表添加主键。

技巧 2：在设计数据库表时，复合主键会给表的维护带来不便，因此不建议使用复合主键。对于存在复合主键的数据库表，读者可以参看“技巧 3”为该表添加主键。

技巧 3：数据库开发人员如果不能从已有的字段（或者字段组合）中选择一个主键，那么可以向数据库表中添加一个没有实际意义的字段作为该表的主键。例如，在课程 course 表中，考虑到课程名可能重复，课程 course 表没有关键字，此时数据库开发人员可以在课程 course 表中添加一个没有实际意义的字段（例如课程号 course_no）作为该表的主键。向表添加一个没有实际意义的字段作为该表的主键，这样做有以下两个优点。

● 可以避免“复合主键”情况的发生，同时可以确保数据库表满足第二范式的要求（范式的概念稍后介绍）。

● 可以避免“意义更改”导致主键数据被“业务逻辑”修改。这里举个反例，假设（注意这里仅仅是“假设”）课程名能够唯一标记课程（即课程名 course_name 是课程 course 表的关键字），并将课程名 course_name 选作课程 course 表的主键。如果某一门课程的课程名 course_name 因为某些特殊原因需要更正，那么选修该课程的所有学生选课信息将受到影响。一般而言，主键数据改动的概率很小（但却不可避免），主键数据一旦修改将会导致“牵一发而动全身”，不利于信息的维护。

技巧 4：数据库开发人员如果向数据库表中添加一个没有实际意义的字段作为该表的主键，建议该主键的值由数据库管理系统（例如 MySQL）或者应用程序自动生成，避免人工录入时人为操作产生的错误。

向“选课系统”中课程 course 表以及班级 classes 表中添加主键后，得到如下 4 张表，且每张表的第一个字段为主键（粗体字字段为主键），其中课程号 course_no 以及班级号 class_no 的值由数据库管理系统（例如 MySQL）自动生成。

```
student(student_no,student_name,student_contact)
course(course_no,course_name,up_limit,description,status)
teacher(teacher_no,teacher_name,teacher_contact)
classes(class_no,class_name,department_name)
```

1.4.3　增加外键表示一对多关系

如果表 A 中的一个字段 a 对应于表 B 的主键 b，则字段 a 称为表 A 的外键（foreign key），此时存储在表 A 中字段 a 的值，要么是 NULL，要么是来自于表 B 主键 b 的值。通过外键可以表示实体间的关系。

情形一：如果实体间的关系为一对多关系，则需要将“一”端实体的主键放到“多”端实体中，然后作为“多”端实体的外键，通过该外键即可表示实体间的一对多关系。以班级实体和学生实体之间的一对多关系为例，需要将班级 classes 表的主键 class_no 放到学生 student 表中，作为学生表的外键（灰色底纹的字段为外键）。修改后的学生表为：student(**student_no**,student_name, student_ contact,class_no)。

其中，学生 student 表中的 class_no 为外键，它的值要么为 NULL，要么来自于班级 classes 表中主键 class_no 的值，student 表与 classes 表之间的参照（reference）关系如图 1-13 所示。

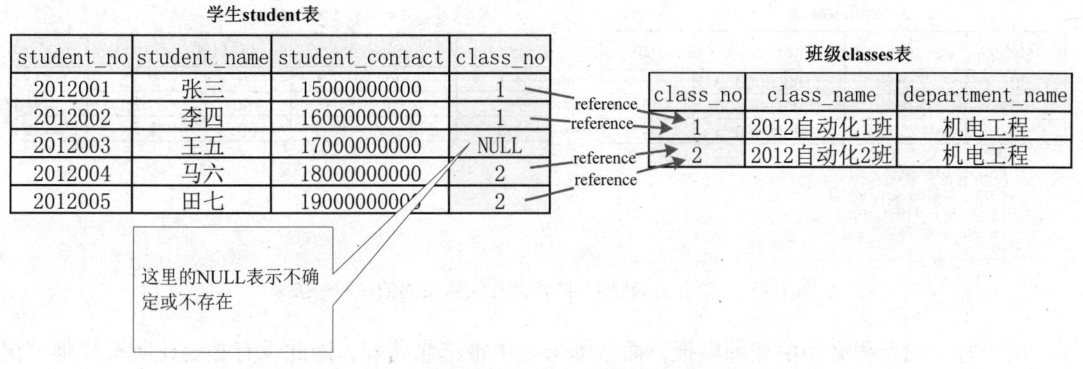

图 1-13　student 表与 classes 表之间的参照关系

前面曾经提到关系具有双向性，对于一个拥有几十名甚至上百名学生的班级而言，让学生记住所在班级，远比班级“记住”所有学生容易得多。在学生实体中添加班级 classes 表的主键 class_no，目的正是让每个学生记住所在的班级。

情形二：实体间的一对一关系可以看成一种特殊的一对多关系。将“一”端实体的主键放到另“一”端的实体中，并作为另“一”端实体的外键，**然后将外键定义为唯一性约束（unique constraint）**。以教师实体和课程实体之间的一对一关系为例，可以选择下面任何一种方案。

方案一：将教师 teacher 表的主键 teacher_no 放入到课程 course 表中作为课程 course 表的外键，然后将课程 course 表的 teacher_no 外键定义为唯一性约束。这种方案的目的在于让课程“记住”任课教师。经方案一后，修改后的课程 course 表如下（灰色底纹的字段为外键）。

```
course(course_no,course_name,up_limit,description,status,teacher_no)
```

其中，课程 course 表中的 teacher_no 为外键，teacher_no 外键的值来自于教师 teacher 表中主键 teacher_no 的值，如图 1-14 所示。除此之外，还需要将课程 course 表中的 teacher_no 外键定义为唯一性约束（唯一性约束的概念稍后讲解）。

课程course表

course_no	course_name	up_limit	description	status	teacher_no
1	java语言程序设计	60	暂无	已审核	001
2	MySQL数据库	150	暂无	已审核	002
3	c语言程序设计	60	暂无	已审核	003

教师teacher表

teacher_no	teacher_name	teacher_contact
001	张老师	11000000000
002	李老师	12000000000
003	王老师	13000000000

reference
reference
reference
为保证课程与教师之间的1:1关系，需要在teacher_no字段处定义唯一性约束，保证teacher_no的字段值不重复

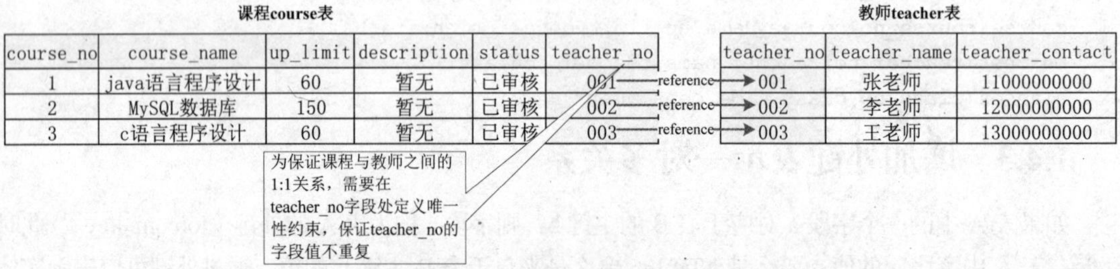

图 1-14　方案一：教师实体和课程实体之间的一对一关系

方案二：将课程 course 表的主键 course_no 放入到教师 teacher 表中，作为教师 teacher 表的外键，然后将教师 teacher 表的 course_no 外键定义为唯一性约束。这种方案的目的是让教师“记住”所教课程。经方案二后，修改后的教师 teacher 表如下（灰色底纹的字段为外键）。

```
teacher(teacher_no,teacher_name,teacher_contact,course_no)
```

其中，教师 teacher 表中的 course_no 为外键，course_no 外键的值来自于课程 course 表中主键 course_no 的值，如图 1-15 所示。除此之外，还需要将教师 teacher 表的 course_no 外键定义为唯一性约束（唯一性约束的概念稍后讲解）。

教师teacher表

teacher_no	teacher_name	teacher_contact	course_no
001	张老师	11000000000	1
002	李老师	12000000000	2
003	王老师	130000000[illegible]	3

课程course表

course_no	course_name	up_limit	description	status
1	java语言程序设计	60	暂无	已审核
2	MySQL数据库	150	暂无	已审核
3	c语言程序设计	60	暂无	已审核

reference
reference
reference
为保证课程与教师之间的1:1关系，需要在course_id字段处定义唯一性约束，保证course_id的字段值不重复

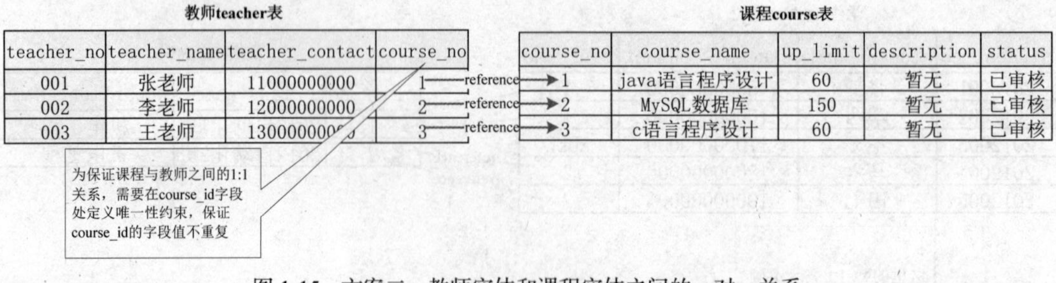

图 1-15　方案二：教师实体和课程实体之间的一对一关系

由于每一门课程必须由教师申报，而教师未必申报选修课程，因此没有必要让所有教师“记住”申报课程。本书选择第一种方案，让课程“记住”任课教师。经此步骤，得到“选课系统”

的如下 4 张表（粗体字字段为主键，灰色底纹字段为外键）。

```
student(student_no,student_name,student_contact,class_no)
course(course_no,course_name,up_limit,description,status,teacher_no)
teacher(teacher_no,teacher_name,teacher_contact)
classes(class_no,class_name,department_name)
```

1.4.4 建立新表表示多对多关系

情形三：如果两个实体间的关系为多对多关系，则需要添加新表表示该多对多关系，然后将该关系涉及的实体的“主键”分别放入到新表中（作为新表的外键），并将关系自身的属性放入到新表中作为新表的字段。以学生实体和课程实体之间的多对多关系为例，需要创建一个选课 choose 表（选课表的表名 choose 来源于关联名 choose），且选课 choose 表至少包含学生 student 表的主键 student_no 和课程 course 表的主键 course_no 两个字段。由于选修关系自身存在成绩 score 属性和选修时间 choose_time 属性，因此将这些属性一并放入到选课 choose 表中，此时新产生的选课 choose 表如下（粗体字字段为主键，灰色底纹字段为外键）。

```
choose(student_no,course_no,score,choose_time)
```

由于关系具有双向性，对于一个选修多门课程的学生而言，让学生记住所有选修课程实非易事；同样，对于一个拥有多名学生的课程而言，让课程记住所有学生也非易事。新建 choose 表的目的就是让 choose 表记录学生与课程之间的多对多关系。

选课 choose 表中(student_no,course_no)两个字段的组合构成了该表的关键字，即(student_no,course_no)两个字段的组合可以作为该表的主键。前面曾经提到：“在设计数据库表时，复合主键会给表的维护带来不便，不建议使用复合主键”。为了避免使用复合主键，这里给选课 choose 表添加一个没有实际意义的主键 choose_no（该字段的值由数据库管理系统自动生成）。经过这些步骤后，修改后的选课 choose 表如下（粗体字字段为主键，灰色底纹字段为外键）。

```
choose(choose_no,student_no,course_no,score,choose_time)
```

其中，student_no 和 course_no 是选课 choose 表中的两个外键，student_no 外键的值来自于 student 表中主键 student_no 的值，course_no 外键的值来自于 course 表中主键 course_no 的值。

经过数据库设计的前 4 个步骤，可以得到“选课系统”的如下 5 张表，每张表第一个字段为主键（粗体字字段），灰色底纹的字段为外键，5 张表之间的参照（reference）关系如图 1-16 所示。

```
teacher(teacher_no,teacher_name,teacher_contact)
classes(class_no,class_name,department_name)
course(course_no,course_name,up_limit,description,status,teacher_no)
student(student_no,student_name,student_contact,class_no)
choose(choose_no,student_no,course_no,score,choose_time)
```

如果实体间存在一对一关系，且一对一关系存在自身属性，此时也可以将一对一关系看成一种特殊的多对多关系。以图 1-6 所示的夫妻关系为例，该 E-R 图可以生成如下两张表，并将男方身份证号与女方身份证号设置为唯一性约束即可实现夫妻关系，具体步骤不再赘述（粗体字字段为主键，灰色底纹字段为外键）。

人（**身份证号**，姓名，性别）

夫妻（**登记证号**，男方身份证号，女方身份证号，登记时间）

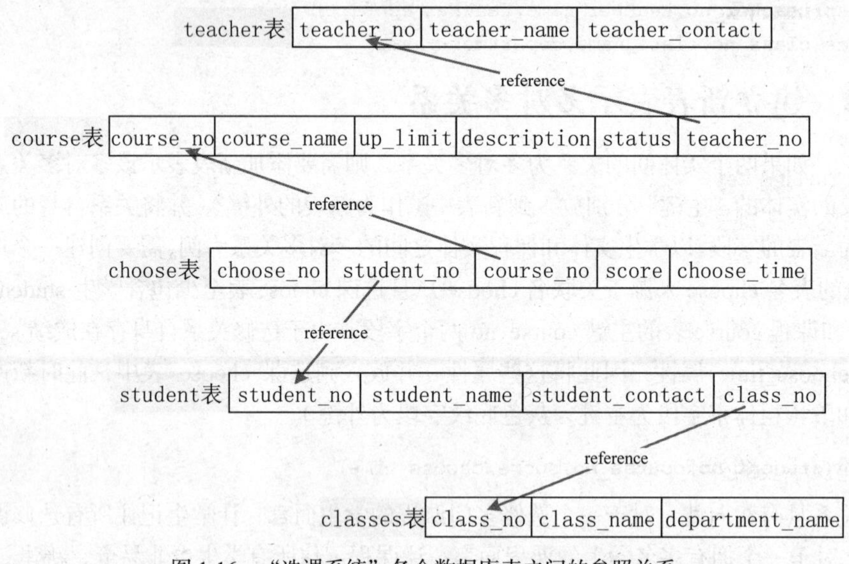

图 1-16 “选课系统”各个数据库表之间的参照关系

1.4.5 为字段选择合适的数据类型

为每张表的每个字段选择合适的数据类型是数据库设计过程中一个重要的步骤。合适的数据类型既可以有效地节省数据库的存储空间（包括内存和外存），同时也可以提升数据的计算性能，节省数据的检索时间。数据库管理系统中常用的数据类型包括数值类型、字符串类型和日期类型。

数值类型分为整数类型和小数类型。小数类型分为精确小数类型（小数点位数确定）和浮点数类型（小数点位数不确定）。如果数据需要参与算术运算，则经常把这些数据保存为数值类型的数据，例如学生某门课程的成绩设置为整数、员工的工资设置为浮点数等。

字符串类型分为定长字符串类型和变长字符串类型。字符串类型的数据外观上使用单引号括起来，例如学生姓名'张三'、课程名'java 程序设计'等。字符串类型的数据即便在外观上与数值类型的数据相同，通常也不会参与算术运算，例如手机号码'13000000000'、学号'2012001'等外观上虽然与整数相同，但由于无需参与算术运算，因此会将手机号码、学号设置为字符串类型。

日期类型分为日期类型和日期时间类型。外观上，日期类型的数据是一个符合“YYYY-MM-DD”格式的字符串，例如'2012-08-08'。日期时间类型的数据外观上是一个符合“YYYY-MM-DD hh:ii:ss”格式的字符串，例如'2012-08-08 08:08:08'。日期类型本质上是一个数值类型的数据，可以参与简单的加、减运算。例如日期类型数据'2012-08-31'执行加一操作后，产生的结果为日期类型数据'2012-09-01'；日期时间类型数据'2012-08-31 23:59:59'执行加一操作后，产生的结果为日期类型数据'2012-09-01 00:00:00'。

1.4.6 定义约束（constraint）条件

设计数据库时，可以对数据库表中的一些字段设置约束条件，由数据库管理系统（例如

MySQL）自动检测输入的数据是否满足约束条件，不满足约束条件的数据，数据库管理系统拒绝录入。常用的约束条件有 6 种：主键（primary key）约束、外键（foreign key）约束、唯一性（unique）约束、默认值（default）约束、非空（not NULL）约束以及检查（check）约束。

主键（primary key）约束：设计数据库时，建议为所有的数据库表都定义一个主键，用于保证数据库表中记录的唯一性。一张表中只允许设置一个主键，当然这个主键可以是一个字段，也可以是一个字段组合（不建议使用复合主键）。在录入数据的过程中，必须在所有主键字段中输入数据，即任何主键字段的值不允许为 NULL。

外键（foreign key）约束：用于保证外键字段值与主键字段值的一致性，外键字段值要么是 NULL，要么是主键字段值的“复制”。外键字段所在的表称为子表，主键字段所在的表称为父表。父表与子表通过外键字段建立起了外键约束关系。“选课系统”中 5 张表之间的父子关系如图 1-17 所示，父表与子表通过外键关联。

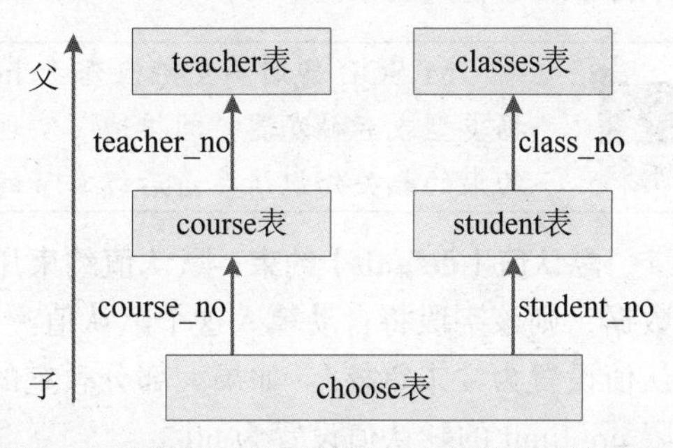

图 1-17　“选课系统”中各个表之间的父子关系

创建表时，建议先创建父表，然后再创建子表，并且建议子表的外键字段与父表的主键字段的数据类型（包括长度）相似或者可以相互转换（强烈建议外键字段与主键字段的数据类型相同）。例如，选课 choose 表中 student_no 字段的数据类型与学生 student 表中 student_no 字段的数据类型完全相同，选课 choose 表中 student_no 字段的值要么是 NULL，要么是来自于学生 student 表中 student_no 字段的值。选课 choose 表为学生 student 表的子表，学生 student 表为选课 choose 表的父表。

由于子表和父表之间的外键约束关系，如果子表的记录“参照”了父表的某条记录，那么父表这一条记录的删除（delete）或修改（update）操作可能以失败告终。言外之意：如果试图直接插入（insert）或者修改（update）子表的“外键值”，子表中的“外键值”必须要么是 NULL，要么是父表中的“主键值”，否则插入（insert）或者修改（update）操作将以失败告终。

MySQL 的 InnoDB 存储引擎支持外键（foreign key）约束；而 MySQL 的 MyISAM 存储引擎暂时不支持外键（foreign key）约束。对于 MyISAM 存储引擎的表而言，数据库开发人员可以使用触发器“间接地”实现外键（foreign key）约束，关于其具体实现，感兴趣的读者可以参看后续章节的内容。

唯一性（unique）约束：如果希望表中的某个字段值不重复，可以考虑为该字段添加唯一性约束。与主键约束不同，一张表中可以存在多个唯一性约束，并且满足唯一性约束的字段可以取 NULL 值。例如，班级 classes 表中的班级名不能重复，可以为班级名 class_name 字段添加唯一性约束。为了实现教师实体与课程实体之间的一对一关系，课程 course 表中的 teacher_no 字段不允许重复，可以为该字段添加唯一性约束。

非空（not NULL）约束：如果希望表中的字段值不能取 NULL 值，可以考虑为该字段添加非空约束。例如，课程 course 表中的课程名 course_name 字段不允许为 NULL 值，可以为该字段添加非空约束。课程必须由教师申报，课程 course 表中的 teacher_no 字段不允许为空值，可以为该字段添加非空约束。

同一个字段可以同时施加多种约束，例如，课程 course 表中的 teacher_no 字段在施加唯一性（unique）约束的同时，又可以施加非空（not NULL）约束。

检查（check）约束：检查约束用于检查字段的输入值是否满足指定的条件。输入（或者修改）数据时，若字段值不符合检查约束指定的条件，则数据不能写入该字段。例如，课程的人数上限 up_limit 必须在（60,150,230）整数集合中取值；一个人的性别必须在（'男', '女'）字符串集合中取值；选课 choose 表中的成绩 score 字段需要满足大于等于 0 且小于等于 100 的约束条件；课程 course 表的状态 status 字段必须在（'未审核', '已审核'）字符串集合中取值。这些约束条件都属于检查约束。

MySQL 暂时不支持检查（check）约束，数据库开发人员可以使用 MySQL 复合数据类型或者触发器“间接地”实现检查（check）约束。有关 MySQL 实现检查（check）约束的相关知识请参看后续章节的内容。

默认值（default）约束：默认值约束用于指定一个字段的默认值。如果没有在该字段填写数据，则该字段将自动填入这个默认值。例如，可以将课程 course 表的状态 status 字段的默认值设置为“未审核”。如果大部分教室的座位数是 60 个，可以将课程 course 表中的人数上限 up_limit 的默认值设置为 60。

1.4.7 评价数据库表设计的质量

基于“一事一地”的原则设计出来的 E-R 图，更多时候强调的是数据库开发人员的经验和直觉。对于经验丰富的数据库开发人员而言，使用该原则经上述步骤建立了一套数据库表，这些数据库表的质量基本上都可以得到保证。例如，经上述步骤得到的“选课系统”的 5 张表是一套结构良好的数据库表。

在设计数据库时，数据库开发人员的经验固然重要。然而，如果全凭数据库开发人员的经验、直觉，数据库表设计的人为因素等不确定因素剧增，甚至有些时候，数据库表的设计结果根本就是数据库开发人员的一厢情愿。如何避免人为因素、环境因素的影响？如何将数据库表设计的过程上升到一定的“理论高度”？

数据库开发人员有必要制定一套数据库表设计的“质量标准”。根据“质量标准”检测数据库表的质量，消除可能存在的任何问题，以免浪费后期所做的努力。不幸的是，现实情况中衡量数据库表“质量标准”的量化方法很少。不过，根据大多数数据库开发人员的以往经验，在设计数据库时，有两个不争的事实。

- 数据库中冗余的数据需要额外的维护，因此，质量好的一套表应该尽量“减少冗余数据”。
- 数据库中经常变化的数据需要额外的维护，因此，质量好的一套表应该尽量“避免数据经常发生变化”。

1.4.8 使用规范化减少数据冗余

冗余的数据需要额外的维护，并且容易导致“数据不一致”、“插入异常”以及“删除异常”等问题的发生。这里举一个反例：假设存在表 1-3 所示的一张数据库表，该表的主键为复合主键（学号，课程号），该表存在大量的“冗余”数据，考虑如下几种场景。

表 1-3　　存在大量冗余数据的学生表

学号	姓名	性别	课程号	课程名	成绩	课程号	课程名	成绩	居住地	邮编
2012001	张三	男	5	数学	88	4	英语	78	北京	100000
2012002	李四	女	5	数学	69	4	英语	83	上海	200000
2012003	王五	男	5	数学	52	4	英语	79	北京	100000
2012004	马六	女	5	数学	58	4	英语	81	上海	200000
2012005	田七	男	5	数学	92	4	英语	58	天津	300000

场景一：插入异常。假设需要添加一名学生信息（学号：2012006，姓名：张三丰，居住地：北京，邮编：100000），由于该生没有选择课程，课程号字段为 NULL，因此该生信息将无法录入到数据库表中，否则将违反“主键约束”规则（主键不能为 NULL）。

场景二：修改复杂。假设需要将课程号为 5 的课程名修改为“高等数学”，那么该表中所有课程号为 5 的课程名都需要修改为“高等数学”（维护工作量大），并且必须无一遗漏，否则将出现“数据不一致”问题。

场景三：删除异常。假设需要将学号为“2012005”的学生信息删除，但不希望删除居住地“天津”与邮编“300000”之间的对应关系，然而，在这种表结构中不可能实现。因为“居住地”与“邮编”之间的对应关系，依赖于学生信息以及课程信息。

上述异常问题可以看作是数据冗余的“并发症”，如何检测和消除表 1-3 所示的学生表中的冗余数据呢？检测和消除数据冗余最普遍的方法是数据库规范化。规范化是通过最小化数据冗余来提升数据库设计质量的过程，它是基于函数依赖以及一系列范式定义的，最为常用的是第一范式（1NF）、第二范式（2NF）和第三范式（3NF）。

函数依赖：在一张表内，两个字段值之间的一一对应关系称为函数依赖。通俗点儿讲，在一个数据库表内，如果字段 A 的值能够唯一确定字段 B 的值，那么字段 B 函数依赖于字段 A。

第一范式：如果一张表内同类字段不重复出现，则该表就满足第一范式的要求。不满足第一范式的数据库表将出现诸如插入异常、删除异常、修改复杂等数据冗余“并发症”。

前面得到的“选课系统”的一套表都满足第一范式的要求。这里举一个反例，表 1-3 不满足第一范式的要求，原因在于课程号、课程名、成绩字段重复出现。保留其中一个同类字段，删除其他同类字段，产生的新表即可满足第一范式的要求，如表 1-4 所示，该表的主键是复合主键（学号，课程号）。

表 1-4　　满足 1NF 的学生表

学号	姓名	性别	课程号	课程名	成绩	居住地	邮编
2012001	张三	男	5	数学	88	北京	100000
2012002	李四	女	5	数学	69	上海	200000
2012003	王五	男	5	数学	52	北京	100000
2012004	马六	女	5	数学	58	上海	200000
2012005	田七	男	5	数学	92	天津	300000
2012001	张三	男	4	英语	78	北京	100000
2012002	李四	女	4	英语	83	上海	200000
2012003	王五	男	4	英语	79	北京	100000

续表

学号	姓名	性别	课程号	课程名	成绩	居住地	邮编
2012004	马六	女	4	英语	81	上海	200000
2012005	田七	男	4	英语	58	天津	300000

第二范式：一张表在满足第一范式的基础上，如果每个“非关键字”字段仅仅函数依赖于主键，那么该表满足第二范式的要求。不满足第二范式的数据库表将出现诸如插入异常、删除异常、修改复杂等数据冗余“并发症”。

前面得到的“选课系统”的一套表都满足第二范式的要求。这里举一个反例，表 1-4 所示的数据库表不满足第二范式的要求，原因是该表的主键为复合主键（学号，课程号），并且“非关键字”姓名、性别字段不仅函数依赖于复合主键，而且还函数依赖于“学号”字段（注意该表中的学号字段是“非关键字”）。除此之外，“非关键字”字段“课程名”不仅函数依赖于复合主键，而且还函数依赖于“课程号”字段（注意该表中的课程号字段也是“非关键字”），因此，表 1-4 所示的表不满足第二范式的要求。为了将表 1-4 所示的表设计成满足第二范式要求的表，可以将该表分割成 3 张表，如表 1-5 所示。

表 1-5　　满足 2NF 的数据库表

学生表

学号	姓名	性别	居住地	邮编
2012001	张三	男	北京	100000
2012002	李四	女	上海	200000
2012003	王五	男	北京	100000
2012004	马六	女	上海	200000
2012005	田七	男	天津	300000

课程表

课程号	课程名
5	数学
4	英语

成绩表

学号	课程号	成绩
2012001	5	88
2012002	5	69
2012003	5	52
2012004	5	58
2012005	5	92
2012001	4	78
2012002	4	83
2012003	4	79
2012004	4	81
2012005	4	58

如果一张表的主键是一个字段（而不是一个字段组合）时，该表一般都满足第二范式的要求。前面得到的“选课系统”的 5 张表的主键仅仅包含一个字段，因此，5 张表都满足第二范式的要求。

第三范式：如果一张表满足第二范式的要求，并且不存在“非关键字”字段函数依赖于任何其他“非关键字”字段，那么该表满足第三范式的要求。不满足第三范式的数据库表将会出现诸如插入异常、删除异常、修改复杂等数据冗余“并发症”。

前面得到的“选课系统”的一套表都满足第三范式的要求。这里举一个反例，表 1-5 所示的学生表不满足第三范式的要求，原因是该表中存在“非关键字”字段“邮编”函数依赖于“非关键字”字段“居住地”。为了将表 1-5 所示的学生表设计成满足第三范式要求的表，可以把该表分割成两张表，如表 1-6 所示。

表 1-6　　满足 3NF 的数据库表（1）

学生表

学号	姓名	性别
2012001	张三	男
2012002	李四	女
2012003	王五	男
2012004	马六	女
2012005	田七	男

居住地表

居住地	邮编
北京	100000
上海	200000
天津	300000

经过 3NF 规范化后，将表 1-3 所示的学生表分割成了如下几张表（如表 1-7 所示），所有这些表都满足 3NF 要求。

表 1-7　　满足 3NF 的数据库表（2）

学生表

学号	姓名	性别
2012001	张三	男
2012002	李四	女
2012003	王五	男
2012004	马六	女
2012005	田七	男

课程表

课程号	课程名
5	数学
4	英语

续表

成绩表

学号	课程号	成绩
2012001	5	88
2012002	5	69
2012003	5	52
2012004	5	58
2012005	5	92
2012001	4	78
2012002	4	83
2012003	4	79
2012004	4	81
2012005	4	58

居住地表

居住地	邮编
北京	100000
上海	200000
天津	300000

基于“一事一地”的设计原则得到的“选课系统”的一套表满足 3NF 的要求。根据第一范式（1NF）、第二范式（2NF）和第三范式（3NF）的定义，通过规范化方法得到的表 1-7 所示的 4 张表也满足三种范式的要求。可以看出，基于“一事一地”的原则更多强调的是数据库开发人员的设计经验，而规范化则是为经验提供了理论支撑。基于“一事一地”的设计原则与数据库规范化理论并不矛盾，更多时候两者相辅相成。

1.4.9 避免数据经常发生变化

在设计数据库时，还有一个不争的事实，就是经常发生变化的数据需要额外的维护。例如，在统计学生的个人资料时，如果读者是一名数据库开发人员，是让学生上报年龄信息，还是让学生上报出生日期？问题虽然简单，但采用两种不同的处理方式，与之对应的数据维护工作量将会有天壤之别。原因很简单，一个人的年龄每隔一年应该执行“加一”操作，但是一个人的出生日期不会随着时间的推移而发生变化，并且年龄可以由出生日期推算得出。对于这个问题，读者似乎已经找到了“标准答案”，当然这个问题比较简单，诸如此类的问题还有很多，且更为复杂，甚至没有“标准答案”。

比如，在“新生报到系统”中，给学生分寝室时，由于每个寝室的床位数有限，如何标记一个寝室是否有空床位？比如在“选课系统”中，学生选课时，由于每一门课程受到教室座位数的限制，且每一门课程设置了人数上限，如何确保每一门课程选报学生的人数不超过人数上限？诸如此类的问题还有很多，这里仅以“选课系统”为例，下面提供了此类问题的两种可行的解决方案，希望能给读者带来一些启发。

方案一：

为了实现学生选课功能，避免学生选课人数超过课程人数上限，部分读者会认为需要在课程 course 表中添加一个字段 available，用于标记每一门课程“剩余的学生名额”，“剩余的学生名额”available 的初始值设置为课程的人数上限，第一个学生选择了这门课程后，“剩余的学生名额”available 的值减一，以此类推，当“剩余的学生名额”available 的值为零时，表示该课程已经报满，其他学生不能再选修该课程。增加了“剩余的学生名额”available 字段后，课程 course 表变为（粗体字字段为主键，灰色底纹字段为外键，斜体字字段为新增字段）：

```
course(course_no, course_no,course_name,up_limit,description,status,teacher_no, available)
```

不少读者可能觉得这一种设计方案比较符合人的正常思维习惯，当然也会觉得实现起来应该简单易行，但事实并非如此。使用这种设计方案实现学生选课功能时，会有诸多不便。原因在于，一门课程的“剩余的学生名额”有点儿像一个人的“年龄”，随着学生对该课程的选择、退选、调课，“剩余的学生名额”available 字段值时时刻刻发生变化，available 字段值难以维护，并且在数据维护过程中容易出现数据不一致的问题（剩余的学生名额+已选学生人数≠课程的人数上限）。

方案二：

部分读者会觉得之前得到的一套数据库表已经实现了学生的选课功能，数据库表无需进行任何更改。原因在于，某一门课程的“剩余的学生名额”可以由“课程的人数上限-已选学生人数”计算得出，而某一门课程的“已选学生人数”可以通过选课 choose 表统计得出。

并且，这一部分读者觉得方案一中课程 course 表的“剩余的学生名额”available 字段是冗余数据，因为“剩余的学生名额”available 字段的值可以通过计算得出（剩余的学生名额 = 人数上限-已选学生人数），根本没有必要把“剩余的学生名额”available 作为一个字段放入到课程 course 表中，更没有必要修改“选课系统”中的任何表。

两种方案究竟哪一种可行？

对于方案一，由于在 course 表中添加了“剩余的学生名额”available“冗余”字段，当几十名甚至几百名学生同时通过网络查询哪些课程是否“报满”时，只需要进行简单的查询即可，数据的“检索”时间大大节省。然而，如果几百名学生同时通过网络“选课”、“调课”、“退课”时，课程的“剩余的学生名额”available 字段值会时时刻刻发生变化，由冗余数据带来的额外维护工作量不可小觑，且容易发生数据不一致问题。因此，方案一更适用于数据的“检索”，不利于学生的“选课”、“调课”、“退课”等更新操作。

对于方案二，当有几十名甚至几百名学生同时通过网络“选课”、“调课”、“退课”时，无需维护冗余数据，也不用担心数据不一致问题的发生，数据“更新”的时间大大节省。然而，当几十名甚至几百名学生同时通过网络查询“未报满”的课程列表以及每一门课程的“剩余的学生名额”时，面对“检索”，方案二却有点儿力不从心。因此，方案二更适用于学生的“选课”、“调课”、“退课”等更新操作，不利于数据的“检索”。

可以看出，没有一种数据库的设计方法是完全的、绝对的。对于上述两种设计方案，数据库开发人员还要依据网络环境做出选择。对于“选课系统”，由于单位时间内可能有几十名甚至几百名学生同时通过网络“选课”、“调课”、“退课”，为了减少数据维护的工作量，同时为了避免数据不一致问题的发生，本书将采用方案二。然而为了讲解数据库中更为复杂的一些概念（例如触发器、存储过程、事务、锁机制等概念），**在这些章节中，**本书将采用方案一。而方案一与方案二之间的唯一区别就是：方案一中的 course 表比方案二中的 course 表多了一个 available“冗余”字段。

很多时候，数据库开发人员仅从范式等理论知识无法找到问题的“标准答案”，此时考验的是数据库开发人员经验的积累以及智慧的沉淀。同一个系统，不同经验的数据库开发人员，仁者见仁智者见智，设计结果往往大相径庭。但不管怎样，只要实现了相同的功能，所有的设计结果没有对错之分，只有合适与不合适之分。

因此，数据库设计像一门艺术，数据库开发人员更像一名艺术家，设计结果更像一件艺术品。数据库开发人员要依据系统的环境（网络环境、硬件环境、软件环境等）选择一种更为合适的方案。有时为了提升系统的检索性能、节省数据的查询时间，数据库开发人员不得不考虑使用冗余数据，不得不浪费一点儿存储空间。有时为了节省存储空间、避免数据冗余，又不得不考虑牺牲一点儿时间。设计数据库时，“时间”（效率或者性能）和“空间”（外存或内存）好比天生的一对儿“矛盾体”，这就要求数据库开发人员保持良好的数据库设计习惯，维持“时间”和“空间”之间的平衡关系。

习　题

1. 数据库管理系统中常用的数学模型有哪些？

2. 您听说过的关系数据库管理系统有哪些？数据库容器中通常包含哪些数据库对象？

3. 通过本章知识的讲解，SQL 与程序设计语言有什么关系？

4. 通过本章的学习，您了解的 MySQL 有哪些特点？

5. 通过本章的学习，您觉得数据库表与电子表格（例如 Excel）有哪些区别？

6. 您所熟知的数据库设计辅助工具有哪些？您所熟知的模型、工具、技术有哪些？

7. 请您罗列出“选课系统”需要实现哪些功能，使用数据库技术能够解决“选课系统”中的哪些商业问题？

8. 您所熟知的编码规范有哪些？

9. 您是如何理解“E-R 图中实体间的关系是双向的”？能不能举个例子？

10. E-R 图中，什么是基数？什么是元？什么是关联？

11. E-R 图的设计原则是什么？您是怎么理解 E-R 图的设计原则的？

12. 关系数据库的设计步骤是什么？为每张表定义一个主键有技巧可循吗？主键与关键字有什么关系？

13. 在关系数据库设计过程中，如何表示 E-R 图中的 1:1、1:m、m:n 关系？

14. 在数据库管理系统中，您所熟知的数据类型有哪些？每一种数据类型能不能各列举一些例子？

15. 您所熟知的约束条件有哪些？MySQL 支持哪些约束条件？

16. 数据库中数据冗余的“并发症”有哪些，能不能列举一些例子？

17. 如何避免数据冗余？什么是 1NF、2NF、3NF？

18. 根据本章的场景描述——“很多团购网站在网上对房源进行出租”的 E-R 图，请设计该场景描述的数据库表。

19. 如果将学生 student 表设计为如下表结构：

```
(student_no,student_no,student_name,student_contact,class_no,department_name)
```

请用数据库规范化的知识解释该表是否满足 3NF 范式的要求？该表是否存在数据冗余？是否会产生诸如插入异常、删除异常、修改复杂等数据冗余“并发症”？

20. 在“选课系统”中，学生选课时，由于每一门课程受到教室座位数的限制，每一门课程设置了人数上限，如何确保每一门课程选报学生的人数不超过人数上限？有几种设计方案？这些设计方案的区别在哪里？

21. “选课系统”有几张表，每个表有哪些字段？

22. 依据自己所掌握的知识，描述如何使用数据库技术解决“选课系统”问题域中的问题。

第二篇
MySQL 基础

MySQL 基础知识
MySQL 表结构的管理
表记录的更新操作
表记录的检索

第 2 章 MySQL 基础知识

本章将向读者展示一个完整的 MySQL 数据库开发流程，完整的 MySQL 数据库开发流程应该包括：设计数据库表（第一章已经讲过），安装、配置和启动 MySQL 服务，连接 MySQL 服务器，设置字符集，创建数据库，选择当前操作的数据库，在当前数据库中创建表（设置存储引擎）、索引、视图、存储过程、触发器等数据库对象，访问数据库表等数据库对象，备份数据库以及恢复数据库等内容。通过本章的学习，读者可以掌握一些常用的 MySQL 命令，通过这些命令，读者可以对 MySQL 数据库进行一些简单的管理。本章知识点较为繁杂，希望读者保持一份耐心，相信读者定有收获。

2.1 MySQL 概述

MySQL 是最受欢迎的开源关系数据库管理系统，由瑞典 MySQL AB 公司开发。MySQL 的命运可以说是一波三折，2008 年 1 月 MySQL 被美国的 SUN 公司收购，2009 年 4 月 SUN 公司又被美国的甲骨文（Oracle）公司收购。MySQL 进入 Oracle 产品体系后，将会获得甲骨文公司更多的研发投入，同时，甲骨文公司也会为 MySQL 的发展注入新的活力。

2.1.1 MySQL 的特点

MySQL 是一个单进程多线程、支持多用户、基于客户机/服务器（Client/Server，C/S）的关系数据库管理系统。与其他数据库管理系统（DBMS）相比，MySQL 具有体积小、易于安装、运行速度快、功能齐全、成本低廉以及开源等特点。目前，MySQL 已经得到了广泛的使用，并成为了很多企业首选的关系数据库管理系统。MySQL 拥有很多优势，其中包括以下几点。

- 性能高效：MySQL 被设计为一个单进程多线程架构的数据库管理系统，保证了 MySQL 使用较少的系统资源（例如 CPU、内存），且能为数据库用户提供高效的服务。
- 跨平台支持：MySQL 可运行在当前几乎所有的操作系统上，例如 Linux、Unix、Windows 以及 Mac 等操作系统。这意味着在某个操作系统上实现的 MySQL 数据库可以轻松地部署到其他操作系统上。
- 简单易用：MySQL 的结构体系简单易用、易于部署，且易于定制，其独特的插件式（pluggable）存储引擎结构为企业客户提供了广泛的灵活性，赋予了数据库管理系统以卓越的紧致性和稳定性。
- 开源：MySQL 是世界上最受欢迎的开源数据库，源代码随时可访问，开发人员可以根据自身需要量身定制 MySQL。MySQL 开源的特点吸引了很多高素质和有经验的开发团队完善 MySQL 数据库管理系统。

- 支持多用户：MySQL 是一个支持多用户的数据库管理系统，确保多用户下数据库资源的安全访问控制。MySQL 的安全管理实现了合法账户可以访问合法的数据库资源，并拒绝非法用户访问非法数据库资源。

MySQL 是一个基于客户机/服务器（Client/Server，C/S）的关系数据库管理系统，MySQL 的使用流程如图 2-1 所示，文字描述如下。

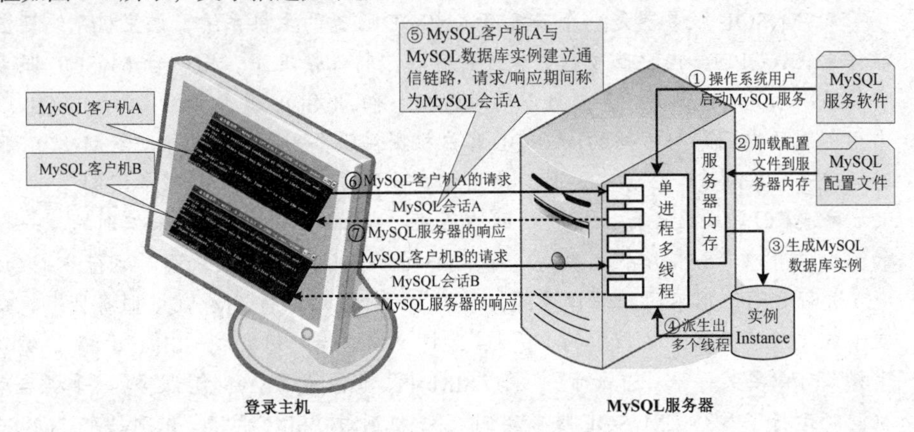

图 2-1　MySQL 的使用流程

① 操作系统用户启动 MySQL 服务。

② MySQL 服务启动期间，首先将 MySQL 配置文件中的参数信息读入 MySQL 服务器内存。

③ 根据 MySQL 配置文件的参数信息或者编译 MySQL 时参数的默认值生成一个 MySQL 服务实例进程。

④ MySQL 服务实例进程派生出多个线程为多个 MySQL 客户机提供服务。

⑤ 数据库用户访问 MySQL 服务器的数据时，首先需要选择一台登录主机，然后在该登录主机上开启 MySQL 客户机，输入正确的账户名、密码，建立一条 MySQL 客户机与 MySQL 服务器之间的“通信链路”。

⑥ 接着数据库用户就可以在 MySQL 客户机上“书写”MySQL 命令或 SQL 语句，这些 MySQL 命令或 SQL 语句沿着该通信链路传送给 MySQL 服务实例，这个过程称为 MySQL 客户机向 MySQL 服务器发送请求。

⑦ MySQL 服务实例负责解析这些 MySQL 命令或 SQL 语句，并选择一种执行计划运行这些 MySQL 命令或 SQL 语句，然后将执行结果沿着通信链路返回给 MySQL 客户机，这个过程称为 MySQL 服务器向 MySQL 客户机返回响应。

通信链路断开之前，MySQL 客户机可以向 MySQL 服务器发送多次“请求”，MySQL 服务器会对每一次请求做出“响应”，请求/响应期间称为 MySQL 会话。MySQL 会话（session）是某个 MySQL 客户机与 MySQL 服务器之间的不中断的请求/响应序列。

在一台登录主机上可以开启多个 MySQL 客户机，进行多个 MySQL 会话。

⑧ 数据库用户关闭 MySQL 客户机，通信链路被断开，该客户机对应的 MySQL 会话结束。

本书为了区分 MySQL 服务、MySQL 服务实例以及 MySQL 服务器，进行如下定义。

- MySQL 服务，也称为 MySQL 数据库服务，它是保存在 MySQL 服务器硬盘上的一个服务软件，实际上是静态的代码集合。
- MySQL 服务实例是一个正在运行的 MySQL 服务，其实质是一个进程，只有处于运行状态的 MySQL 服务实例才可以响应 MySQL 客户机的请求，提供数据库服务。同一个 MySQL 服务，如果 MySQL 配置文件的参数不同，启动 MySQL 服务后生成的 MySQL 服务实例也不相同。

- MySQL 服务器是一个安装有 MySQL 服务的主机系统，该主机系统还应该包括操作系统、CPU、内存及硬盘等软硬件资源。特殊情况下，同一台 MySQL 服务器可以安装多个 MySQL 服务，甚至可以同时运行多个 MySQL 服务实例，各 MySQL 服务实例占用不同的**端口号**为不同的 MySQL 客户机提供服务。简言之，同一台 MySQL 服务器同时运行多个 MySQL 服务实例时，使用端口号区分这些 MySQL 服务实例。
- **端口号**：服务器上运行的网络程序一般都是通过端口号来识别的，一台主机上的端口号可以有 65536 个之多。典型的端口号的例子是某台主机同时运行多个 QQ 进程，QQ 进程之间使用不同的端口号进行辨识。读者也可以将“MySQL 服务器”想象成一部双卡双待（甚至多卡多待）的“手机”，将“端口号”想象成“SIM 卡槽”，每个“SIM 卡槽”可以安装一张“SIM 卡”，将“SIM 卡”想象成“MySQL 服务”。手机启动后，手机同时运行了多个“MySQL 服务实例”，手机通过“SIM 卡槽”识别每个“MySQL 服务实例”。

2.1.2 MySQL 服务的安装

由于 Windows 操作系统更易使用，因此，在开发 MySQL 数据库时一般选择 Windows 操作系统作为开发平台。由于 MySQL 具备跨平台支持，因此，在布署 MySQL 数据库时，通常选用 Linux 操作系统作为发布平台。为了便于读者学习，本书选用 Windows 操作系统作为开发平台，选择 MySQL 图形化安装包“mysql-5.6.5-m8-win32.msi”安装和配置 MySQL 服务。该软件包的下载网址为：http://dev.mysql.com/downloads/mysql/5.6.html，单击图 2-2 所示的“Download”按钮后，在图 2-3 所示的界面中单击“No thanks, just start my download!”超链接即可下载 MySQL 图形化安装包。

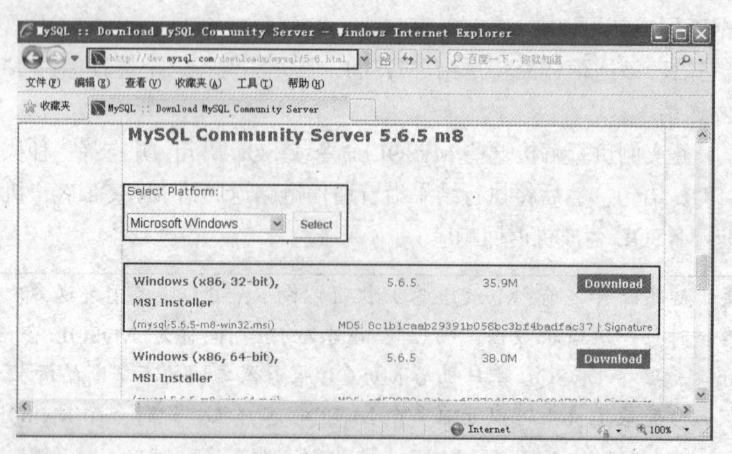

图 2-2 MySQL 下载界面

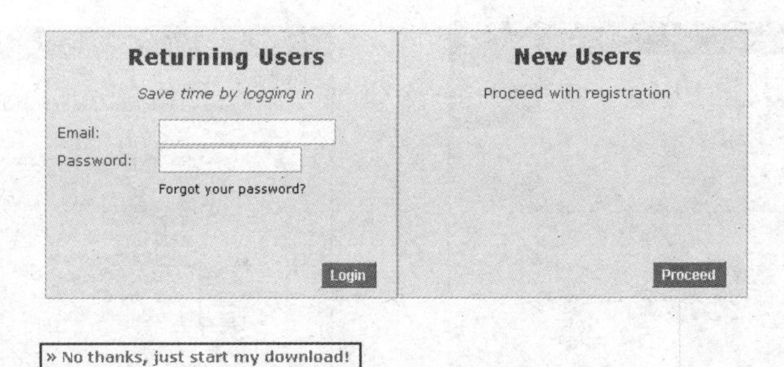

图 2-3　下载 MySQL 图形化安装包界面

为了便于学习，读者也可以到本书指定的网址下载 MySQL 图形化安装包 mysql-5.6.5-m8-win32.msi。

MySQL 图形化安装包下载完成后，MySQL 服务的具体安装过程如下。

① 双击“mysql-5.6.5-m8-win32.msi”安装文件，进入图 2-4 所示的“欢迎”界面。

② 单击“Next”按钮，进入“终端用户许可条款”界面，如图 2-5 所示，选中“I accept the terms in the License Agreement”复选框。

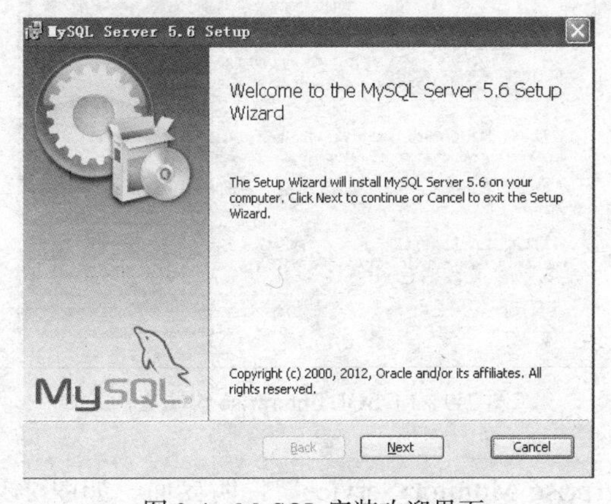

图 2-4　MySQL 安装欢迎界面

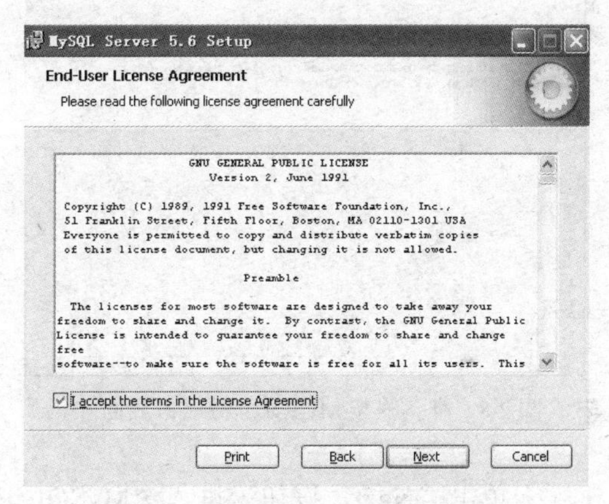

图 2-5　终端用户许可条款界面

③ 单击“Next”按钮，进入“选择安装类型”界面，如图 2-6 所示。安装类型分为典型安装（Typical）、自定义安装（Custom）以及完全安装（Complete）。

- Typical（典型）安装：只安装常用的 MySQL 组件。
- Custom（自定义）安装：用户可以根据需要选择要安装的 MySQL 组件，并可以选择安装路径。
- Complete（完全）安装：安装所有 MySQL 组件。

④ 单击自定义安装“Custom”按钮，进入“自定义安装”界面，如图 2-7 所示。在该界面中，可以根据需要选择合适的安装组件（例如服务器组件、客户机组件）以及安装路径。本书选择默认的安装组件和安装路径安装 MySQL 服务。

默认情况下，如果 MySQL 安装在 Windows 操作系统上，MySQL 自动在“C:\Program Files\MySQL\MySQL Server 5.6”目录中创建 MySQL 配置文件 my.ini；如果 MySQL 安装在 Linux 操作系统上，MySQL 自动在“/etc/my.cnf”目录中创建 MySQL 配置文件 my.cnf。该步骤影响的是 my.ini 配置文件的[mysqld]选项组中 basedir 参数的值。

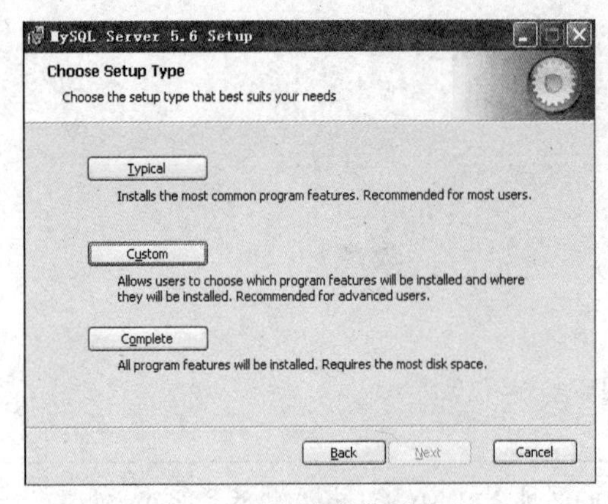

图 2-6　选择安装类型界面

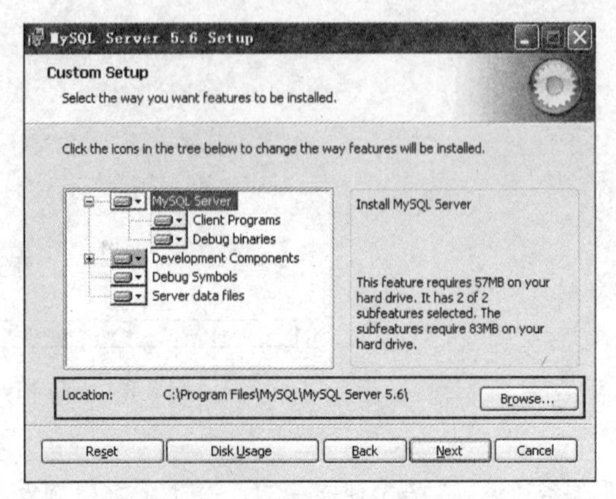

图 2-7　选择安装组件及安装路径界面

⑤ 单击“Next”按钮，进入“准备安装 MySQL 服务 5.6”界面，如图 2-8 所示。

⑥ 单击“Install”按钮，弹出“MySQL Enterprise”说明界面，如图 2-9 所示。

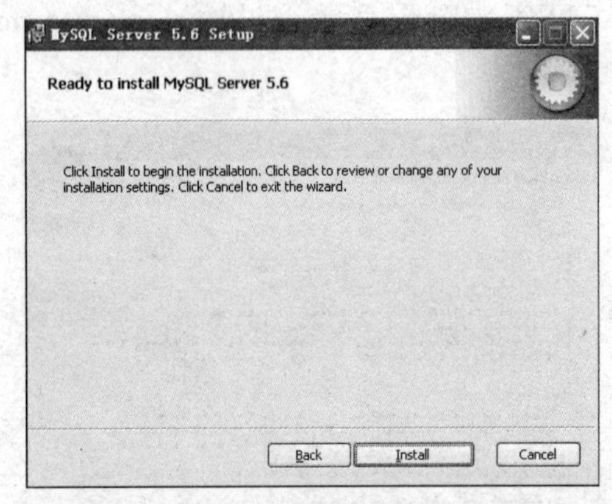

图 2-8　准备安装 MySQL 服务 5.6 界面

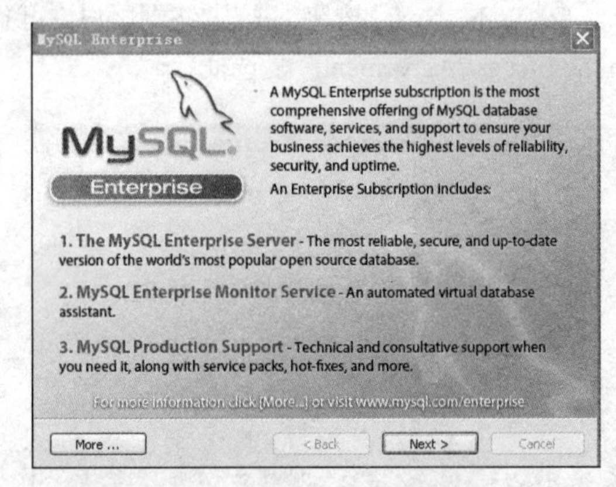

图 2-9　MySQL Enterprise 说明界面

⑦ 单击“Next”按钮，进入“MySQL Enterprise Monitor Service”说明界面，如图 2-10 所示。

⑧ 单击“Next”按钮，进入“完成安装 MySQL 服务 5.6 向导”界面，如图 2-11 所示。

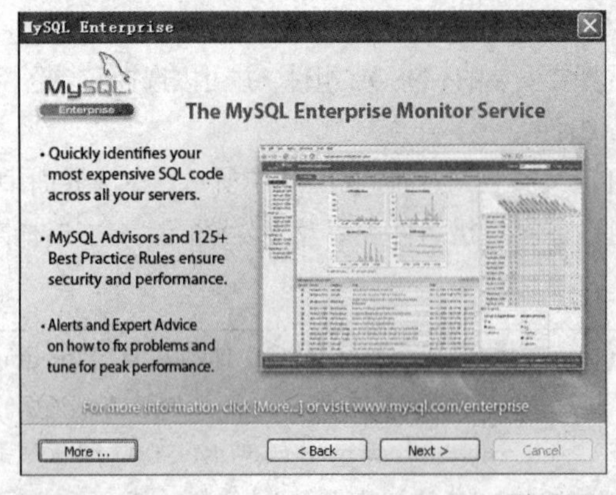

图 2-10　MySQL Enterprise Monitor Service 说明界面

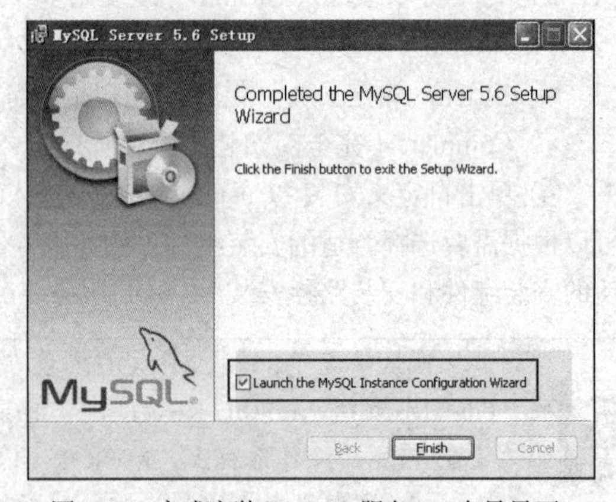

图 2-11　完成安装 MySQL 服务 5.6 向导界面

2.1.3　MySQL 服务的配置

在图 2-11 所示的界面中选中“Launch the MySQL Instance Configuration Wizard”复选框，单击“Finish”按钮将进入“MySQL 服务实例配置向导”界面，如图 2-12 所示。通过 MySQL 服务实例配置向导，MySQL 安装程序可以自动创建 my.ini 配置文件，并通过图形化方式将常用的配置信息写入 my.ini 配置文件中。

① 单击“Next”按钮，进入“MySQL 服务实例配置向导”界面，如图 2-13 所示。MySQL 服务实例配置提供了两种配置方案：详细配置（Detailed Configuration）和标准配置（Standard Configuration）。

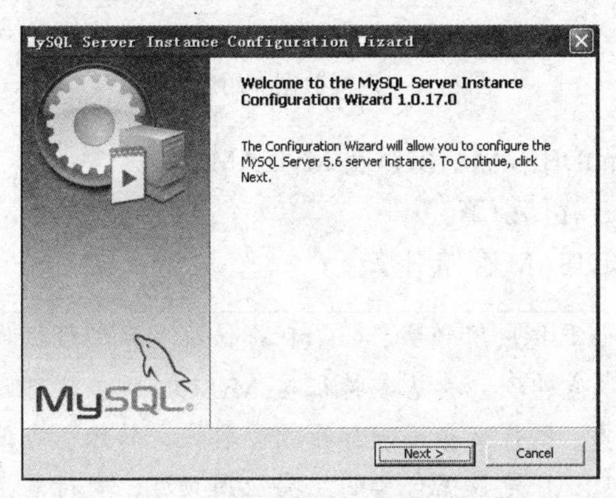

图 2-12　MySQL 服务实例配置向导界面

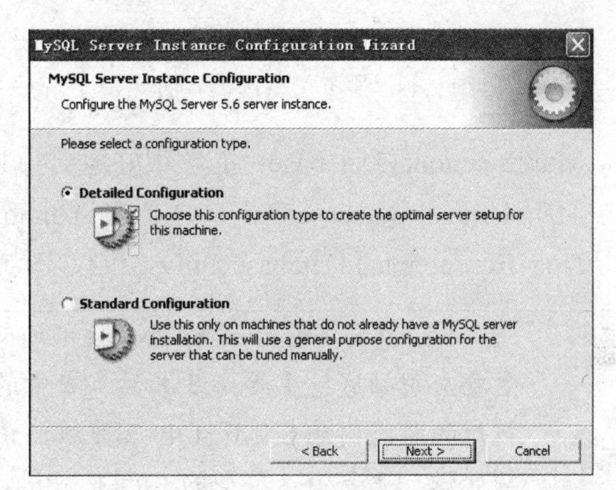

图 2-13　MySQL 服务实例配置向导界面

- Detailed Configuration（详细配置方案）：为 MySQL 用户提供最优的服务器配置方案。
- Standard Configuration（标准配置方案）：为 MySQL 用户提供通用的服务器配置方案。

② 选择“Detailed Configuration”单选按钮，单击“Next”按钮，进入“服务类型选择”界面，如图 2-14 所示。选择不同的服务类型，将直接影响 MySQL 服务器内存、硬盘以及 CPU 等服务器资源的使用情况。

Developer Machine：如果读者的主机有多种应用程序（例如 QQ、迅雷等）运行，建议使用 Developer Machine。选择该服务类型时，MySQL 服务实例运行期间占用的内存资源较少，数据库开发阶段推荐使用 Developer Machine 类型。

Server Machine：如果读者的主机不仅部署了 MySQL 服务，还部署了 FTP 服务、Web 服务（例如 Apache 或者 IIS 服务），建议使用 Server Machine。选择该服务类型时，MySQL 服务实例运行期间占用较多的内存资源。

Dedicated MySQL Server Machine：如果读者的主机专门用于提供 MySQL 服务，可以考虑使用 Dedicated MySQL Server Machine。选择该服务类型时，MySQL 服务实例运行期间占用尽可能多的内存资源。

③ 选择“Developer Machine”单选按钮，单击“Next”按钮，进入“选择数据库用途”界面，如图 2-15 所示。MySQL 提供了插件式（pluggable）的存储引擎，其中 InnoDB 存储引擎以及 MyISAM 存储引擎最为常用。InnoDB 存储引擎支持事务处理，主要面向在线事务处理（on-line transaction processing，简称 OLTP）方面的应用。MyISAM 存储引擎以高速而著称，主要面向在线分析处理（on-line analytical processing，简称 OLAP）方面的应用，MyISAM 暂不支持事务处理以及外键约

束。有关 Inno DB 与 My ISAM 存储引擎更详细的知识将在后面介绍。

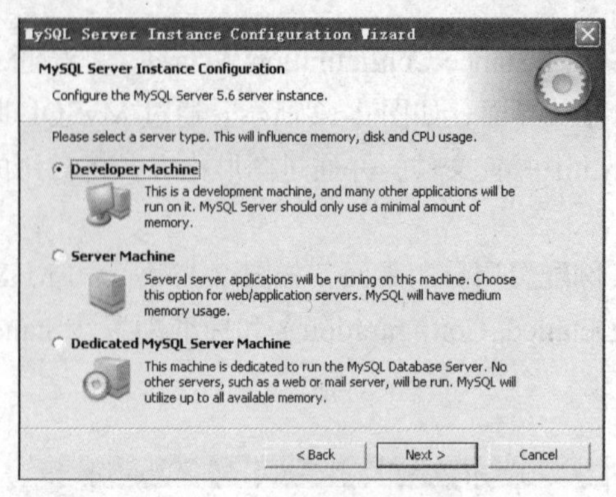

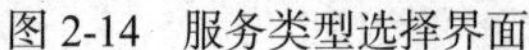
图 2-14　服务类型选择界面

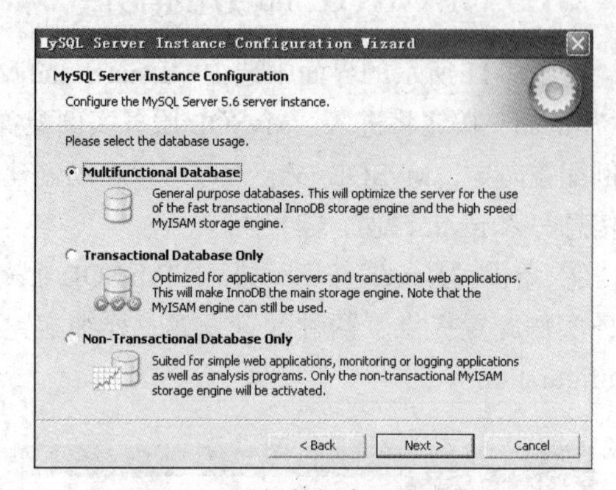

图 2-15　选择数据库用途界面

Multifunctional Database：能够很好地支持 InnoDB 存储引擎以及 MyISAM 存储引擎。

Transactional Database Only：主要支持 InnoDB 存储引擎。

Non-Transactional Database Only：仅仅支持 MyISAM 存储引擎。

OLAP 与 OLTP 是数据库技术的两个重要应用领域。OLTP 是传统关系型数据库的主要应用领域，主要是基本的、日常的事务处理，其基本特征是 MySQL 服务器可以在极短的时间内响应 MySQL 客户机的请求。银行交易（例如存款、取钱、转账、查询余额等银行业务）是典型的 OLTP 应用。OLAP 是数据仓库的主要应用领域，支持复杂的分析操作，侧重决策支持，并且提供直观易懂的查询结果，其基本特征是 MySQL 服务器通过多维的方式对数据进行分析、查询和报表。股票交易分析、天气预测分析是典型的 OLAP 应用。

该步骤影响的是 my.ini 配置文件的[mysqld]选项组中 default-storage-engine 参数的值。

④ 选择“Multifunctional Database”单选按钮，进入“InnoDB 表空间配置”界面，选择 MySQL 数据库的数据文件存放的位置，如图 2-16 所示，选择安装路径“Installation Path”存放表空间文件。

InnoDB 存储引擎的表存在表空间的概念，表空间分为独享表空间和共享表空间。InnoDB 表空间的概念稍后介绍。

⑤ 单击“Next”按钮，进入“设置合适的并发连接数”界面，如图 2-17 所示。这里并发连接数指的是单位时间内，MySQL 服务器可以同时响应 MySQL 客户机请求的数量。

Decision Support（DSS）/OLAP：提供了 100 左右的并发连接数。

Online Transaction Processing（OLTP）：提供了 321 左右的并发连接数。

Manual Setting：可以手动设置并发连接数。

该步骤影响的是 my.ini 配置文件的[mysqld]选项组中 max_connections 参数的值。

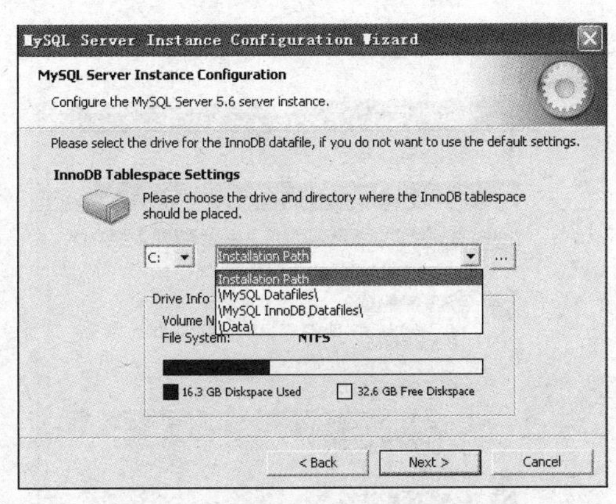

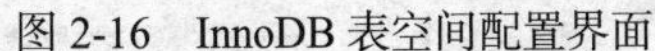

图 2-16 InnoDB 表空间配置界面

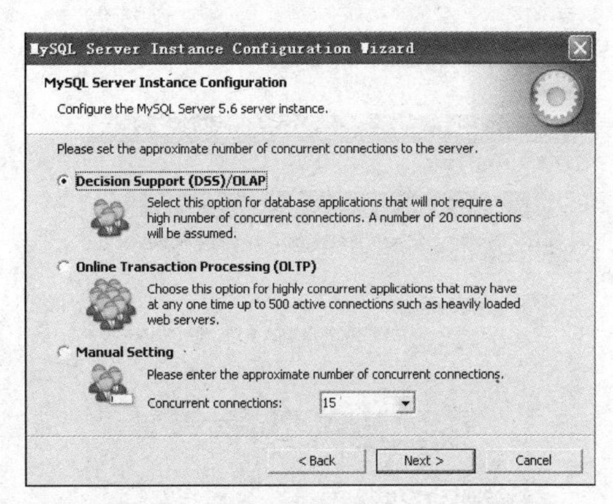

图 2-17 设置合适的并发连接数界面

⑥ 选择“Decision Support（DSS）/OLAP”单选按钮，单击“Next”按钮，进入“网络配置”界面，如图 2-18 所示。

Enable TCP/IP Networking：用于设置 MySQL 客户机，可以通过 TCP/IP 协议远程连接 MySQL 服务器。选中“Enable TCP/IP Networking”复选框后，还可以根据需要指定 MySQL 服务实例运行过程中占用的端口号。Port Number 的默认值为 3306，表明 MySQL 服务实例默认占用 3306 端口号为 MySQL 客户机提供服务。

勾选复选框“Add firewall exception for this port”，可以将 MySQL 服务设置到 Windows 防火墙例外列表中，如图 2-19 所示。防火墙可以最大程度地确保系统服务安全，如果开启了防火墙（控制面板→安全中心→Windows 防火墙），那么流入流出的所有网络通信的数据包均要经过防火墙。

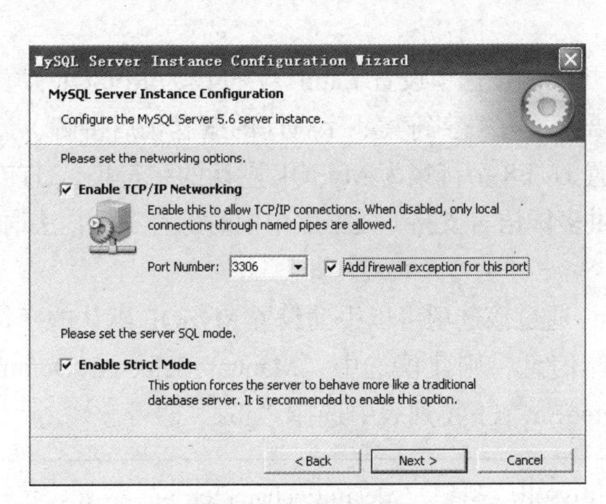

图 2-18 网络配置界面

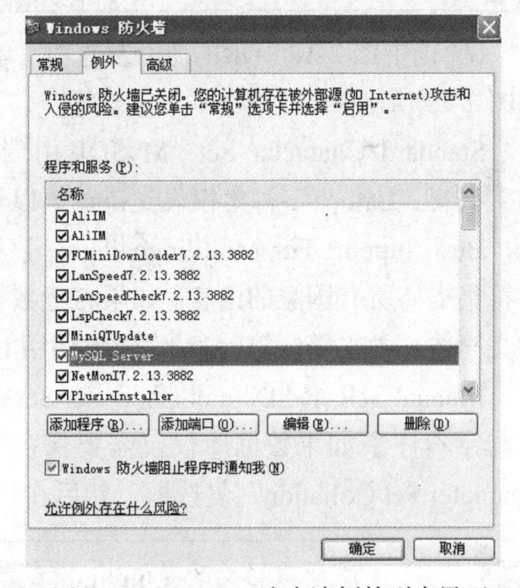

图 2-19 Windows 防火墙例外列表界面

如图 2-20 所示，如果 MySQL 服务器的防火墙关闭，复选框“Add firewall exception for this port”无论是否勾选，防火墙都无法屏蔽 MySQL 客户机与 MySQL 服务器之间的通信内容。

如图 2-21 所示，如果 MySQL 服务器的防火墙开启（但不勾选“不允许例外”复选框），并勾选图 2-18 所示的复选框“Add firewall exception for this port”，此时防火墙也不会屏蔽 MySQL 客户机与 MySQL 服务器之间的通信内容。其他情况，MySQL 服务器的防火墙将屏蔽 MySQL 客户机与 MySQL 服务器之间的通信内容，此时，当 MySQL 客户机远程访问 MySQL 服务器时，可能导致无法远程连接等问题。

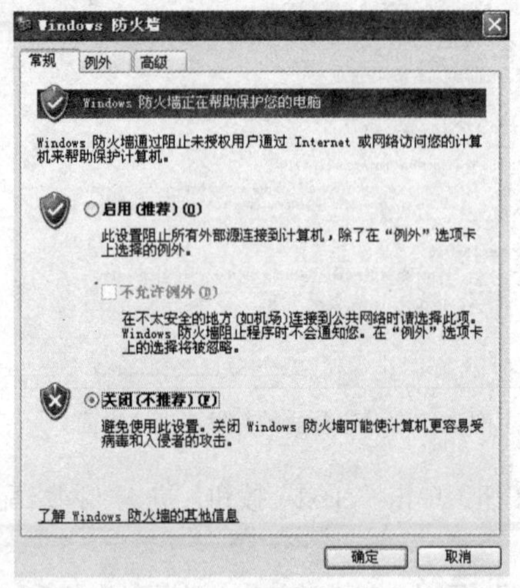

图 2-20　关闭防火墙界面

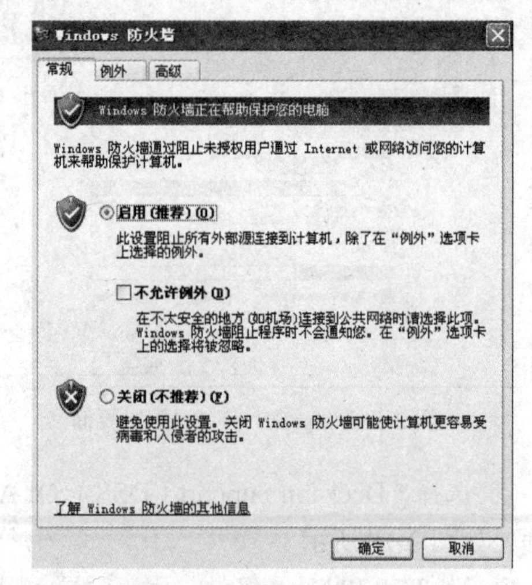

图 2-21　开启防火墙界面

Enable Strict Mode：将 MySQL 模式（sql_mode）设置为严格的 SQL 模式，这样可以尽量保证 MySQL 语法符合标准 SQL 语法，并与其他数据库管理系统（例如：Oracle、SQL Server 等）保持兼容，推荐选中该复选框。

该步骤影响的是 my.ini 配置文件的[mysqld]选项组中 port 参数以及 sql-mode 参数的值。

⑦ 选中图 2-18 所示的所有复选框，单击“Next”按钮，进入“选择默认字符集/字符序界面”，如图 2-22 所示。

Standard Character Set：MySQL 由瑞典公司开发，该选项设置 Latin1 字符集为 MySQL 默认的字符集，Latin1 字符集仅仅支持英语以及西欧语言（有关字符集、字符序的概念稍后讲解）。

Best Support For Multilingualism：该选项设置 UTF8 字符集为 MySQL 默认的字符集，UTF8 字符集支持所有国家的语言。如果希望数据库提供多国语言支持（数据库中同时保存英语、法语、中文简体、中文繁体等信息），建议使用 UTF8。

Manual Selected Default Character Set/Collation：通过该选项可以手动设置 MySQL 默认的字符集与字符序。如果数据库仅仅需要保存中文简体信息，则建议选中“Manual Selected Default Character Set/Collation”复选框，然后在“Character Set”下拉列表中选择“gbk”即可。

该步骤影响的是 my.ini 配置文件的[mysql]选项组中 default-character-set 参数的值以及[mysqld]选项组中 character-set-server 参数的值。

⑧ 选择“gbk”字符集，单击“Next”按钮，进入“Windows 操作系统选项配置”界面，如图 2-23 所示。

Install As Windows Service：用于将 MySQL 服务实例作为一个系统服务在 Windows 操作系统上运行。

Service Name：用于设置 MySQL 服务的名称（例如命名为 MySQL）。如果某台主机安装了多个 MySQL 服务，则 MySQL 服务的名称不能重名。

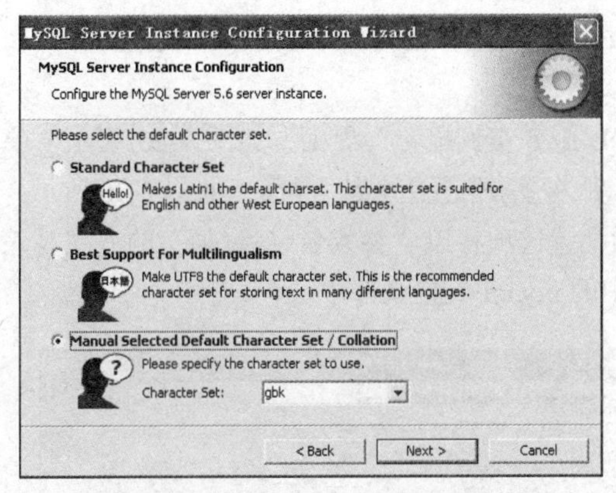

图 2-22　选择默认字符集/字符序界面

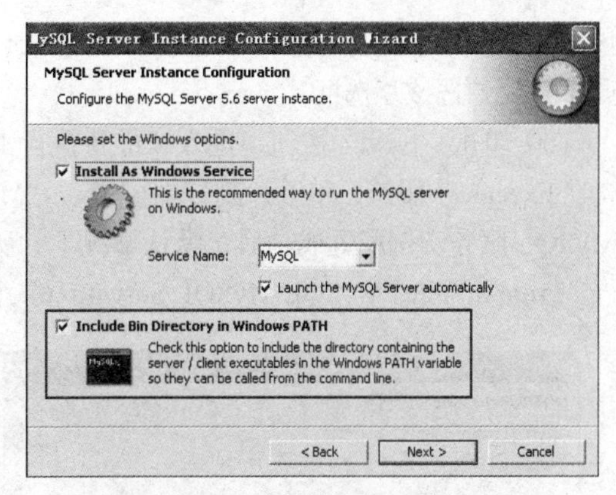

图 2-23　Windows 操作系统选项配置界面

Launch the MySQL Server automatically：用于设置 MySQL 服务在启动操作系统后是否自动启动。

Include Bin Directory in Windows PATH：用于将 MySQL 服务的 bin 目录添加到 Windows 操作系统环境变量中的 PATH 系统变量中，这样就可以直接通过 CMD 命令提示符窗口（开始→运行→cmd）打开 MySQL 客户机，继而连接 MySQL 服务器，并向 MySQL 服务器发送 MySQL 命令和 SQL 语句。

默认情况下，MySQL 服务的 bin 目录是 C:\Program Files\MySQL\MySQL Server 5.6\bin，该目录存放了 MySQL 客户机程序 mysql.exe、MySQL 服务程序 mysqld.exe，还存放了一些 perl 程序。

⑨ 选中图 2-23 所示的所有复选框，单击“Next”按钮，进入“安全配置”界面，如图 2-24 所示。

Modify Security Settings：用于设置 MySQL 超级管理员 root 账户的密码。为了便于记忆，在“New root password”密码框中输入密码“root”（注意不带双引号），在“confirm”密码框输入确认密码“root”。

当 MySQL 安装成功后，MySQL 会自动生成超级管理员账户 root，就像成功安装 Windows 操作系统后，操作系统会自动生成操作系统超级管理员 administrator 的道理一样。

Enable root access from remote machines：用于设置是否允许数据库超级管理员 root 账户远程访问 MySQL 服务器，如果选中该选项，那么 MySQL 会自动创建“root@%”账户，此时 root 账户可以通过任何 MySQL 客户机远程连接 MySQL 服务器。

Create An Anonymous Account：用于创建匿名账户。匿名账户的账户名为空字符串，表示可以使用任何账户名（例如 root1、root2、abcd 等账户名）连接 MySQL 服务器（该匿名账户的密码默认情况下为空字符串）。如果选中该复选框，

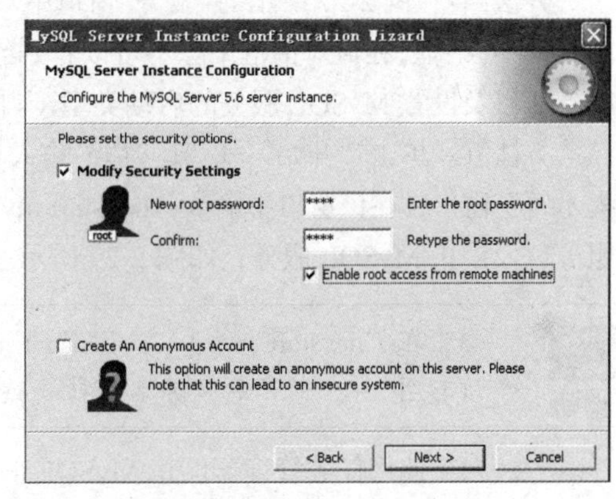

图 2-24　MySQL 安全配置界面

该匿名账户几乎拥有与数据库超级管理员 root 账户相同的权限，会为 MySQL 带来安全隐患，因此不建议勾选该复选框。

⑩ 单击“Next”按钮，进入“准备执行 MySQL 服务实例配置”界面，如图 2-25 所示。单击“Execute”按钮，稍等片刻，即可进入“MySQL 服务实例配置完成”界面，如图 2-26 所示。MySQL 服务实例配置成功后，默认情况下，所有的配置选项将以“参数名=参数值”的方式写入“C:\Program Files\MySQL\MySQL Server 5.6”目录中的 my.ini 配置文件中。

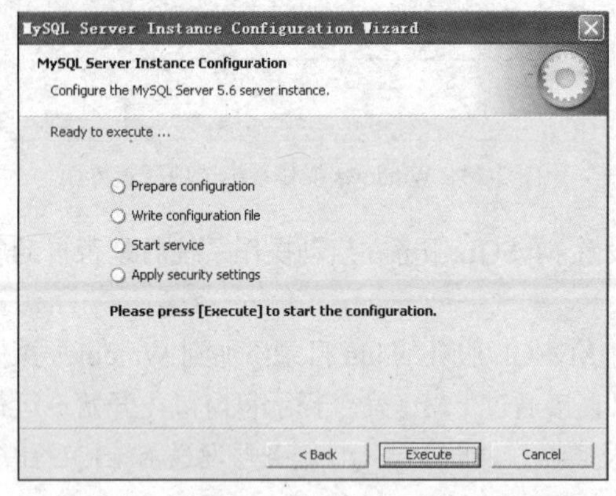

图 2-25　准备执行 MySQL 服务实例配置界面

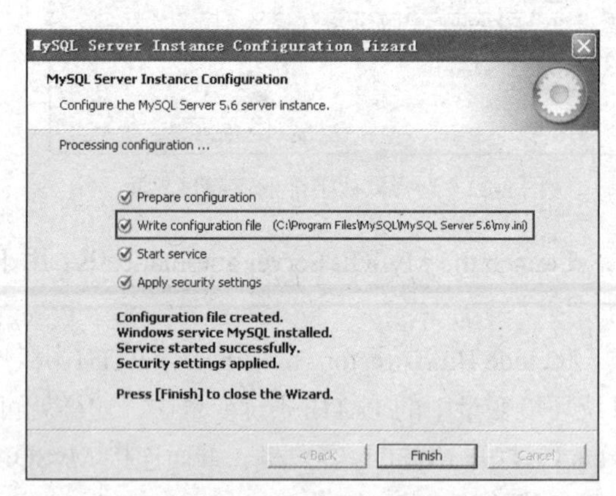

图 2-26　MySQL 服务实例配置完成界面

2.1.4　启动与停止 MySQL 服务

在 Windows 操作系统中，安装 MySQL 时，如果将 MySQL 服务注册为 Windows 操作系统的一个系统服务，则可以采取如下几种方法启动、停止 MySQL 服务。

方法一：单击“开始”→“运行”，输入“services.msc”，单击“确定”按钮，即可弹出图 2-27 所示的“服务”窗口，在“扩展”视图或“标准”视图中找到 MySQL 服务，按照图中标记部分的提示即可实现 MySQL 服务的启动、暂停、停止以及重启。

方法二：单击鼠标右键“我的电脑”，在弹出的菜单中单击“管理”，在弹出的“计算机管理”窗口中双击“服务和应用程序”，然后单击“服务”选项，也可弹出“服务”窗口，后面的步骤不再赘述。

方法三：使用 Windows 操作系统的控制面板也可以找到“服务”窗口，这里不再赘述。

方法四：在图 2-27 所示的“服务”窗口中双击“MySQL”服务，即可弹出图 2-28 所示的“MySQL 的属性”对话框，在该对话框中除了可以看到当前 MySQL 服务的状态，还可以启动与停止 MySQL 服务，以及设置 MySQL 服务的启动类型（自动、手动或者已禁用）。

方法五：单击“开始”→“运行”，输入“cmd”，单击“确定”按钮，即可弹出“CMD 命令提示符”窗口，在该窗口中输入“net start mysql”以及“net stop mysql”命令，即可启动 MySQL 服务以及停止 MySQL 服务，如图 2-29 所示。

在“net start mysql”以及“net stop mysql”命令中，“mysql”是服务名，该服务名应该与图 2-23 所示的服务名保持一致。

方法六：使用任务管理器停止 MySQL 服务。

默认情况下，MySQL 服务启动后，将在 Windows 操作系统中生成 mysqld.exe 进程，该进程与 MySQL 服务实例一一对应，结束该进程即可停止 MySQL 服务，如图 2-30 所示，图中 mysqld.exe 进程对应 MySQL 服务实例，两个 mysql.exe 进程分别对应两个 MySQL 客户机进程。可以看出，一个 MySQL 服务实例 mysqld.exe 可以同时为多个 MySQL 客户机进程 mysql.exe 提供 MySQL 服务。

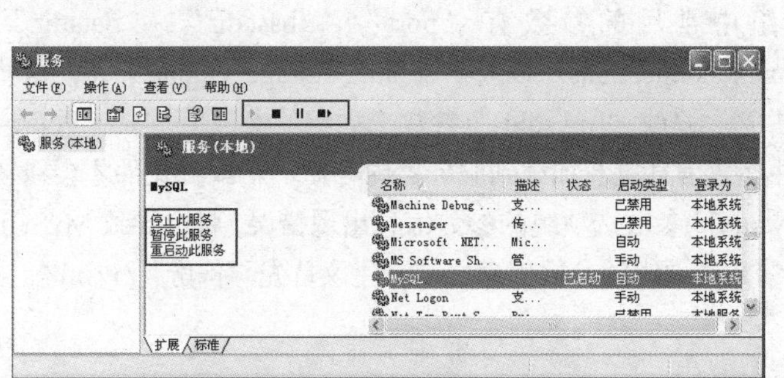

图 2-27　Windows 操作系统的服务窗口

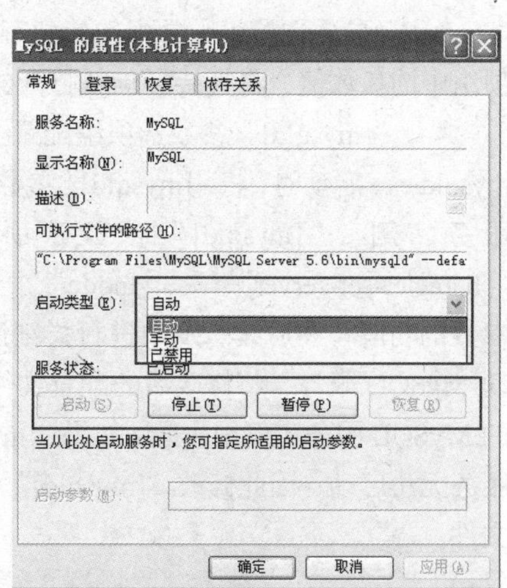

图 2-28　MySQL 的属性对话框

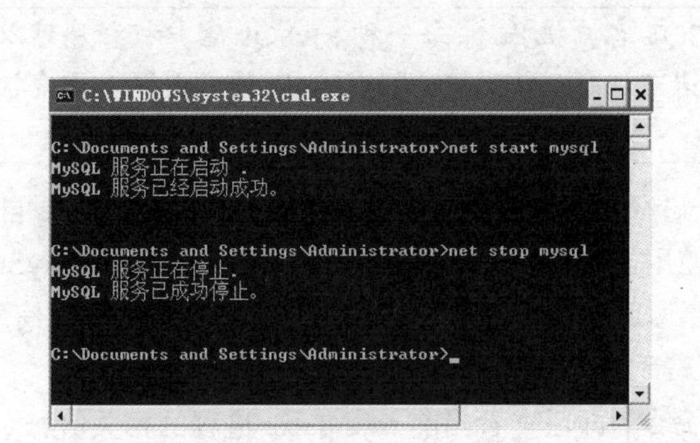

图 2-29　使用 CMD 命令提示符窗口开启、停止 MySQL 服务

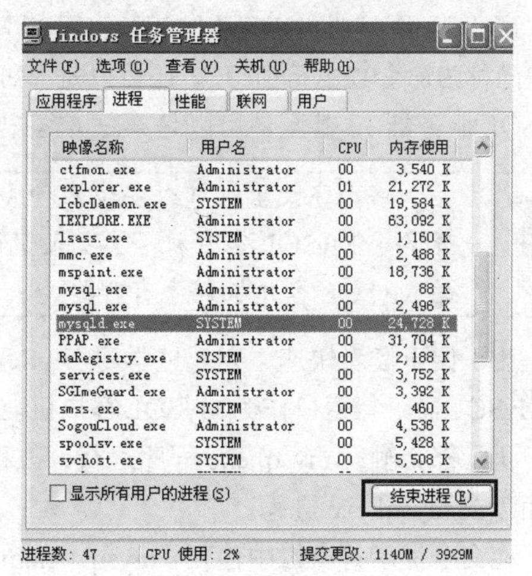

图 2-30　使用任务管理器停止 MySQL 服务

2.1.5　MySQL 配置文件

安装、配置 MySQL 服务后，默认情况下，MySQL 安装程序在 C:\Program Files\MySQL\MySQL Server 5.6 目录中自动创建 my.ini 配置文件，并将参数信息写入该文件。读者可以打开 my.ini 配置文件，简单了解一些常见的配置信息，当然也可以修改该配置文件的内容。

my.ini 配置文件包含了多种参数选项组，每个参数选项组通过“[ ]”指定，每个参数选项组可以配置多个参数信息。通常情况下，每个参数遵循“参数名=参数值”这种配置格式，参数名一般是小写字母，参数名大小写敏感。常用的参数选项组有“[client]”、“[mysql]”以及“[mysqld]”参数选项组。

- “[client]”参数选项组配置了 MySQL 自带的 MySQL 5.6 命令行窗口可以读取的参数信息。

MySQL 5.6 命令行窗口打开的方法是：单击开始→所有程序→MySQL→MySQL Server 5.6→MySQL 5.6 Command Line Client。“[client]”参数选项组中常用的参数是“port”（默认值是 3306），修改该 port 值会导致新打开的 MySQL 5.6 命令行窗口无法连接 MySQL 服务器。

- “[mysql]”参数选项组配置了 MySQL 客户机程序 mysql.exe 可以读取的参数信息。“[mysql]”参数选项组中常用的参数有“prompt”、“default-character-set”。修改“[mysql]”参数选项组中的参数值，将直接影响新打开的 MySQL 客户机。

- “[mysqld]”参数选项组配置了 MySQL 服务程序 mysqld.exe 可以读取的参数信息，当 mysqld.exe 启动时，将“[mysqld]”参数选项组的参数信息加载到服务器内存中，继而生成 MySQL 服务实例。“[mysqld]”参数选项组中常用的参数有“port”、“basedir”、“datadir”、“character-set-server”、“sql_mode”、“max_connections”以及“default_storage_engine”等，这些参数的功能将在后续章节中进行详细讲解。修改“[mysqld]”参数选项组的参数值，只有重新启动 MySQL 服务，将修改后的配置文件参数信息重新加载到服务器内存后，新配置文件才会在新的 MySQL 服务实例中生效。如果“[mysqld]”参数选项组的参数信息出现错误，将会导致 MySQL 服务无法启动。因此修改“[mysqld]”参数选项组的参数信息之前，建议首先“备份”my.ini 配置文件。

2.1.6 MySQL 客户机

MySQL 客户机可以是 MySQL 自带的 MySQL 5.6 命令行窗口，也可以是 CMD 命令提示符窗口（简称为命令提示符窗口），还可以是 Web 浏览器（例如使用 phpMyAdmin 通过 IE 浏览器访问 MySQL 服务器），甚至还可以是第三方客户机程序（如 mysqlfront、EMS MySQL Manager 等）。

一台登录主机可以安装多种 MySQL 客户机程序，每一种 MySQL 客户机程序可以打开多个 MySQL 客户机。感兴趣的读者可以通过 Google 或者 Baidu 搜索引擎，搜索常用的 MySQL 客户机程序有哪些。

为了便于读者快速、有效地学习 MySQL 知识，本书使用命令提示符窗口以及 MySQL 自带的 MySQL 命令行窗口作为 MySQL 客户机。在使用这两种 MySQL 客户机时，启动任意一种 MySQL 客户机，都会触发 mysql.exe 程序运行，该程序读取本地主机“[mysql]”参数选项组的配置信息，继而生成 mysql.exe 进程。

在命令提示符窗口中输入“mysql --help”命令，即可查看当前 mysql.exe 进程的相关信息（请注意查看命令结束标记 delimiter、端口号 port、命令提示符 prompt 参数的值）。如果在命令提示符窗口中输入“mysql --help”命令后，出现“'mysql' 不是内部或外部命令，也不是可运行的程序或批处理文件。”类似的信息，说明读者在安装 MySQL 时，可能没有选中图 2-23 所示的标记的复选框。使用下面的方法配置 Windows 操作系统环境变量中的 PATH 系统变量，即可让 Windows 操作系统识别 mysql、mysqldump 等命令。

右键单击“我的电脑”，在弹出的菜单中单击“属性”，弹出“系统属性”窗口后，选择“高级”选项卡，单击“环境变量”按钮，在“系统变量”区域找到“Path”变量后双击，打开图 2-31 所示的“编辑系统变量”对话框，将光标定位到变量值文本框的最后，输入“;”，然后将目录“C:\Program Files\MySQL\MySQL Server 5.6\bin”添加到“变量值”文本框末尾。打开新的命令提示符窗口，重新输

图 2-31 配置 PATH 系统变量

入“mysql --help”命令，验证 PATH 系统变量是否配置成功。

2.1.7　连接 MySQL 服务器

MySQL 服务启动后，数据库用户如果需要访问 MySQL 服务器上的数据，需要经历如下几个步骤。首先，数据库用户开启 MySQL 客户机（例如命令提示符窗口）；接着，数据库用户在 MySQL 客户机上输入“连接信息”；MySQL 服务器接收到“连接信息”后，需要对该“连接信息”进行身份认证；身份认证通过后，才可以建立 MySQL 客户机与 MySQL 服务器的“通信链路”，继而 MySQL 客户机才可以“享受”MySQL 服务。MySQL 客户机需要向 MySQL 服务器提供的“连接信息”包括以下内容。

- 合法的登录主机：解决“从哪里来”的问题。
- 合法的账户名以及与账户名对应的密码：解决“谁”的问题。
- MySQL 服务器主机名（或 IP 地址）：解决“到哪里去”的问题。当 MySQL 客户机与 MySQL 服务器是同一台主机时，主机名可以使用 localhost（或者 IP 地址 127.0.0.1）。
- 端口号：解决“多卡多待”的问题。如果 MySQL 服务器使用 3306 之外的端口号，在连接 MySQL 服务器时，MySQL 客户机需提供端口号。

localhost 是本地主机名，127.0.0.1 是本机 IP 地址，localhost 与 127.0.0.1 类似于第一人称“我”的含义。在 Windows 操作系统中，它们之间的对应关系定义在“C:\WINDOWS\system32\drivers\etc”目录下的 hosts 文件中。

当 MySQL 客户机与 MySQL 服务器是同一台主机时，打开命令提示符窗口，输入“mysql -h 127.0.0.1 -P 3306 -u root -proot”命令或者“mysql -h localhost -P 3306 -u root -proot”命令，然后回车（注意-p 后面紧跟密码 root），即可实现本地 MySQL 客户机与本地 MySQL 服务器之间的成功连接。

在 mysql.exe 客户机程序中，-h 后面跟的是 MySQL 服务器的主机名或 IP 地址。-P 后面跟的是 MySQL 服务的端口号，如果是默认端口号 3306，则-P 参数可以省略。-u 后面跟的是 MySQL 账户名。-p 后面“紧跟”MySQL 账户名对应的密码（-p 与密码之间没有空格）。

当 MySQL 客户机成功连接 MySQL 服务器后，“命令提示符窗口”中的提示符变成了“mysql>”，如图 2-32 所示。从图中可以看出，每条 MySQL 命令或者 SQL 语句应该以“;”或者“\g”结束；当前的 MySQL 连接 ID 为 1（实际上是会话系统变量 pseudo_thread_id 的值，稍后介绍）；当前使用的 MySQL 服务版本为 5.6.5-m8；键入“help;”或者“\h”命令，即可查看帮助信息。键入“help;”或者“\h”命令后，请注意查看命令结束标记 delimiter、端口号 port、命令提示符 prompt 参数的值。

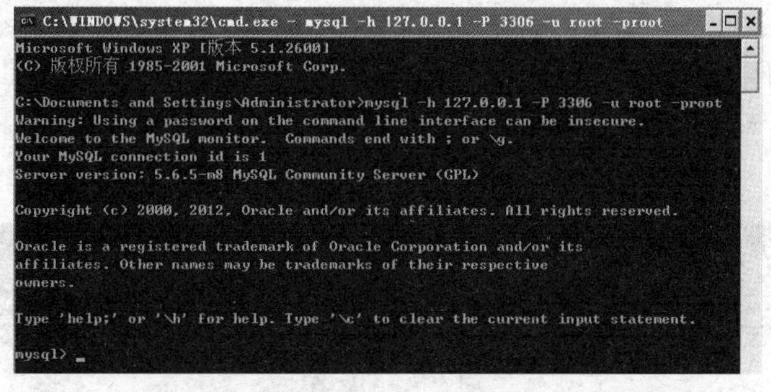

图 2-32　使用命令提示符窗口连接 MySQL 服务器

为了连接 MySQL 服务器，-p 后面“紧跟”密码并不是明智之举，建议使用命令“mysql -h 127.0.0.1 -u root -p”，然后输入 root 账户的密码连接 MySQL 服务器，如图 2-33 所示。读者也可以依次选择“开始→程序→MySQL→MySQL Server 5.6→MySQL 5.6 Command Line Client”直接打开 MySQL 5.6 命令行窗口，连接 MySQL 服务器，这里不再赘述。

```
C:\WINDOWS\system32\cmd.exe - mysql -h 127.0.0.1 -u root -p
Microsoft Windows XP [版本 5.1.2600]
(C) 版权所有 1985-2001 Microsoft Corp.

C:\Documents and Settings\Administrator>mysql -h 127.0.0.1 -u root -p
Enter password: ****
Welcome to the MySQL monitor.  Commands end with ; or \g.
Your MySQL connection id is 5
Server version: 5.6.5-m8 MySQL Community Server (GPL)

Copyright (c) 2000, 2012, Oracle and/or its affiliates. All rights reserved.

Oracle is a registered trademark of Oracle Corporation and/or its
affiliates. Other names may be trademarks of their respective
owners.

Type 'help;' or '\h' for help. Type '\c' to clear the current input statement.

mysql> _
```

图 2-33　使用命令提示符窗口连接 MySQL 服务器

当“命令提示符窗口”中的提示符变成了“mysql”后，即可输入 MySQL 命令或者 SQL 语句（注意 MySQL 命令或者 SQL 语句使用“;”或者“\g”作为结束标记）。例如输入“status;”命令，同样可以查看当前 MySQL 会话的简单状态信息，如图 2-34 所示。

```
C:\WINDOWS\system32\cmd.exe - mysql -h 127.0.0.1 -u root -proot
mysql> status;
--------------
mysql  Ver 14.14 Distrib 5.6.5-m8, for Win32 (x86)

Connection id:          1
Current database:       choose
Current user:           root@localhost
SSL:                    Not in use
Using delimiter:        ;
Server version:         5.6.5-m8 MySQL Community Server (GPL)
Protocol version:       10
Connection:             127.0.0.1 via TCP/IP
Server characterset:    gbk
Db     characterset:    latin1
Client characterset:    gbk
Conn.  characterset:    gbk
TCP port:               3306
Uptime:                 6 min 14 sec

Threads: 1  Questions: 9  Slow queries: 0  Opens: 68  Flush tables: 1  Open tables: 61  Qu
eries per second avg: 0.024
--------------
```

图 2-34　MySQL 服务实例的简单状态信息

启动 MySQL 服务，生成 MySQL 服务实例后，MySQL 服务实例将 mysqld.exe 进程 ID 号写入一个 PID 文件，该文件的文件名为 MySQL 服务器主机名（笔者的主机名为 mysql），扩展名为 pid。使用 MySQL 命令“show variables like 'pid_file';”即可查看该文件的保存路径，如图 2-35 所示。

```
mysql> show variables like 'pid_file';
+---------------+------------------------------------------------------------------------------+
| Variable_name | Value                                                                        |
+---------------+------------------------------------------------------------------------------+
| pid_file      | C:\Documents and Settings\All Users\Application Data\MySQL\MySQL Server 5.6\Data\mysql.pid |
+---------------+------------------------------------------------------------------------------+
1 row in set (0.00 sec)
```

图 2-35　PID 文件

默认情况下，当成功连接 MySQL 服务器后，MySQL 的提示符为“mysql>”，可以向 my.ini 配置文件[mysql]选项组添加“prompt=\\u@\\h:\\d>”定制 MySQL 提示符，其中 u 表示 MySQL 账户名，h 表示服务器主机名或者 IP 地址，d 表示当前操作的数据库名，如图 2-36 所示。

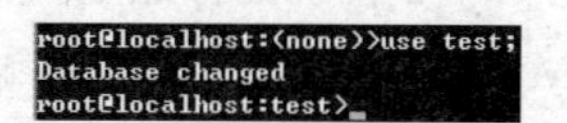

图 2-36　定制的 MySQL 的提示符

2.2　字符集以及字符序设置

MySQL 由瑞典 MySQL AB 公司开发，默认情况下，MySQL 使用的是 latin1 字符集(西欧 ISO_8859_1 字符集的别名)。由于 Latin1 字符集是单字节编码，而汉字是双字节编码，由此可能导致 MySQL 数据库不支持中文字符串查询或者发生中文字符串乱码等问题。为了避免此类问题的发生，读者有必要深入了解字符集、字符序的相关概念，并进行必要的字符集、字符序设置。

2.2.1　字符集及字符序概念

字符（character）是人类语言最小的表义符号，例如'A'、'B'等。给定一系列字符，并对每个字符赋予一个数值，用数值来代表对应的字符，这个数值就是字符的编码（character encoding）。例如，假设给字符'A'赋予整数 65，给字符'B'赋予整数 66，则 65 就是字符'A'的编码，66 就是字符'B'的编码。

给定一系列字符并赋予对应的编码后，所有这些“字符和编码对”组成的集合就是字符集(character set)。例如，{65=>'A', 66=>'B'}就是一个字符集。MySQL 提供了多种字符集，如 latin1、utf8、gbk、big5 等。

字符序(collation)是指在同一字符集内字符之间的比较规则。只有确定字符序后，才能在一个字符集上定义什么是等价的字符，以及字符之间的大小关系。一个字符集可以包含多种字符序，每个字符集有一个默认的字符序(default collation)，每个字符序唯一对应一种字符集。MySQL 字符序命名规则是：以字符序对应的字符集名称开头，以国家名居中（或以 general 居中），以 ci、cs 或 bin 结尾。以 ci 结尾的字符序表示大小写不敏感，以 cs 结尾的字符序表示大小写敏感，以 bin 结尾的字符序表示按二进制编码值比较。例如，latin1 字符集有 latin1_swedish_ci、latin1_general_cs、latin1_bin 等字符序，其中在字符序 latin1_swedish_ci 规则中，字符'a'和'A'是等价的。

2.2.2　MySQL 字符集与字符序

不同的字符集支持不同地区的字符，例如 latin1 支持西欧字符、希腊字符等，gbk 支持中文简体字符，big5 支持中文繁体字符，utf8 几乎支持世界上所有国家的字符。每种字符集占用的存储空间不相同。由于希腊字符数较少，占用一个字节（8 位）的存储空间即可表示所有的 latin1 字符；中文简体字符较多，占用两个字节（16 位）的存储空间才可以表示所有的 gbk 字符；utf8 字符数最多，通常需要占用三个字节（24 位）的存储空间才可以表示世界上所有国家的所有字符（例如中文简体、中文繁体、阿拉伯文、俄文等）。

字符集的单个字符占用的存储空间越多，就意味着该字符集能够表示越多的字符，但也会造成存储空间的浪费。MySQL 为了节省存储空间，在默认情况下，一个 gbk 英文字符通常仅占用一个字节（8 位）的存储空间；一个 utf8 英文字符仅占用一个字节（8 位）的存储空间。

MySQL 客户机成功连接 MySQL 服务器后，使用 MySQL 命令“show character set;”即可查看当前 MySQL 服务实例支持的字符集、字符集默认的字符序以及字符集占用的最大字节长度等信息，如图 2-37 所示，目前 MySQL 支持 40 种字符集。

```
C:\WINDOWS\system32\cmd.exe - mysql -h 127.0.0.1 -u root -proot
mysql> show character set;
+----------+-----------------------------+---------------------+--------+
| Charset  | Description                 | Default collation   | Maxlen |
+----------+-----------------------------+---------------------+--------+
| big5     | Big5 Traditional Chinese    | big5_chinese_ci     |      2 |
| dec8     | DEC West European           | dec8_swedish_ci     |      1 |
| cp850    | DOS West European           | cp850_general_ci    |      1 |
| hp8      | HP West European            | hp8_english_ci      |      1 |
| koi8r    | KOI8-R Relcom Russian       | koi8r_general_ci    |      1 |
| latin1   | cp1252 West European        | latin1_swedish_ci   |      1 |
| latin2   | ISO 8859-2 Central European | latin2_general_ci   |      1 |
| swe7     | 7bit Swedish                | swe7_swedish_ci     |      1 |
| ascii    | US ASCII                    | ascii_general_ci    |      1 |
| ujis     | EUC-JP Japanese             | ujis_japanese_ci    |      3 |
| sjis     | Shift-JIS Japanese          | sjis_japanese_ci    |      2 |
| hebrew   | ISO 8859-8 Hebrew           | hebrew_general_ci   |      1 |
| tis620   | TIS620 Thai                 | tis620_thai_ci      |      1 |
| euckr    | EUC-KR Korean               | euckr_korean_ci     |      2 |
| koi8u    | KOI8-U Ukrainian            | koi8u_general_ci    |      1 |
| gb2312   | GB2312 Simplified Chinese   | gb2312_chinese_ci   |      2 |
| greek    | ISO 8859-7 Greek            | greek_general_ci    |      1 |
| cp1250   | Windows Central European    | cp1250_general_ci   |      1 |
| gbk      | GBK Simplified Chinese      | gbk_chinese_ci      |      2 |
| latin5   | ISO 8859-9 Turkish          | latin5_turkish_ci   |      1 |
| armscii8 | ARMSCII-8 Armenian          | armscii8_general_ci |      1 |
| utf8     | UTF-8 Unicode               | utf8_general_ci     |      3 |
```

图 2-37　MySQL 支持的字符集

如果数据库仅仅存储中文简体字符，只需将字符集设置为 gbk 即可（gbk 字符集是 gb2312 字符集的超集），没有必要将字符集设置为 utf8，否则将导致存储空间的浪费。

使用 MySQL 命令“show variables like 'character%';”即可查看当前 MySQL 会话使用的字符集，如图 2-38 所示，其中 character_sets_dir 参数定义了 MySQL 字符集文件的保存路径“C:\Program Files\MySQL\MySQL Server 5.6\share\charsets”。其余各参数说明如下。

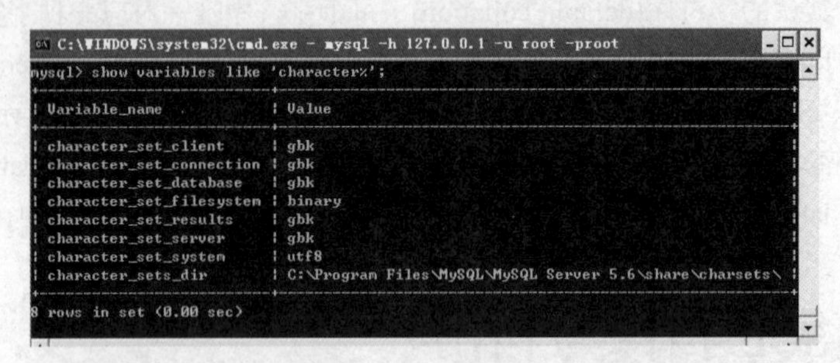

```
C:\WINDOWS\system32\cmd.exe - mysql -h 127.0.0.1 -u root -proot
mysql> show variables like 'character%';
+--------------------------+-------------------------------------------------+
| Variable_name            | Value                                           |
+--------------------------+-------------------------------------------------+
| character_set_client     | gbk                                             |
| character_set_connection | gbk                                             |
| character_set_database   | gbk                                             |
| character_set_filesystem | binary                                          |
| character_set_results    | gbk                                             |
| character_set_server     | gbk                                             |
| character_set_system     | utf8                                            |
| character_sets_dir       | C:\Program Files\MySQL\MySQL Server 5.6\share\charsets\ |
+--------------------------+-------------------------------------------------+
8 rows in set (0.00 sec)
```

图 2-38　查看当前 MySQL 服务实例使用的字符集

- character_set_client：MySQL 客户机的字符集，默认安装 MySQL 后，该值为 latin1。
- character_set_connection：数据通信链路的字符集，当 MySQL 客户机向服务器发送请求时，请求数据以该字符集进行编码。默认安装 MySQL 后，该值为 latin1。
- character_set_database：数据库字符集，默认安装 MySQL 后，该值为 latin1。
- character_set_filesystem：MySQL 服务器文件系统的字符集，该值是固定的 binary。
- character_set_results：结果集的字符集，MySQL 服务器向 MySQL 客户机返回执行结果时，执行结果以该字符集进行编码。默认安装 MySQL 后，该值为 latin1。

- character_set_server：MySQL 服务实例字符集，默认安装 MySQL 后，该值为 latin1。
- character_set_system：元数据（字段名、表名、数据库名等）的字符集，默认值为 utf8。

MySQL 还提供了一些字符序设置，这些字符序以字符序的英文单词 collation 开头。使用 MySQL 命令“show collation;”即可查看当前 MySQL 服务实例支持的字符序（目前支持 219 种字符序）。使用 MySQL 命令“show variables like 'collation%';”即可查看当前 MySQL 会话使用的字符序，如图 2-39 所示。

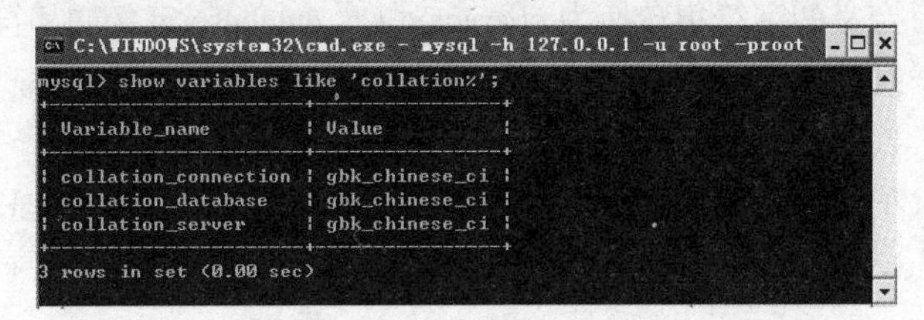

图 2-39　查看当前 MySQL 服务实例使用的字符序

2.2.3　MySQL 字符集的转换过程

了解 MySQL 的字符集转换过程，可以有效地解决 MySQL 不支持中文简体字符串查询或者中文简体字符乱码等问题。以命令提示符窗口连接 MySQL 服务器为例，MySQL 的字符集转换过程如下，如图 2-40 所示。

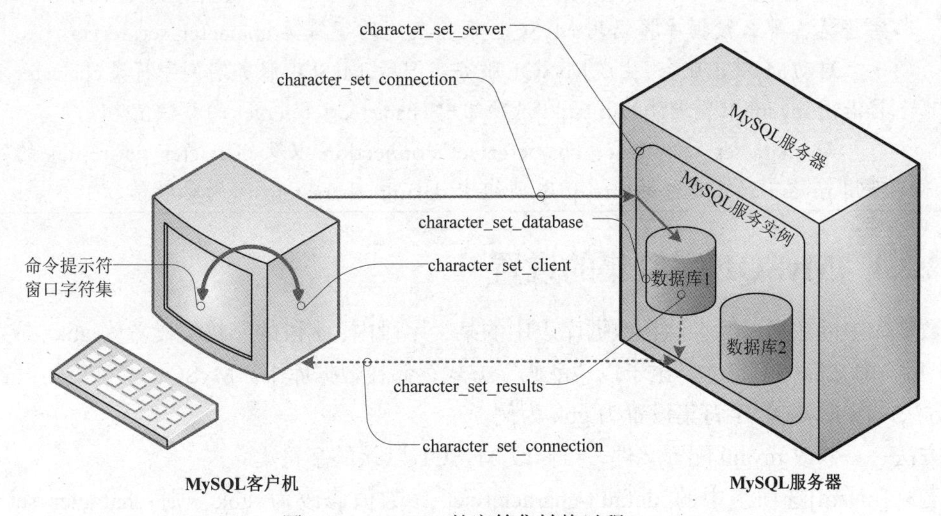

图 2-40　MySQL 的字符集转换过程

（1）打开命令提示符窗口，命令提示符窗口自身存在某一种字符集，该字符集的查看方法是：在命令提示符窗口的标题栏上右键单击，选择“默认值→选项→默认代码页”即可设置当前命令提示符窗口的字符集。

在简体中文操作系统中，命令提示符窗口的默认字符集为 gbk 简体中文字符集。

（2）在命令提示符窗口中输入 MySQL 命令或 SQL 语句，回车后，这些 MySQL 命令或 SQL

语句由“命令提示符窗口字符集”转换为 character_set_client 定义的字符集。

（3）使用命令提示符窗口成功连接 MySQL 服务器后，就建立了一条“数据通信链路”。MySQL 命令或 SQL 语句沿着“数据通信链路”传向 MySQL 服务器，由 character_set_client 定义的字符集转换为 character_set_connection 定义的字符集。

（4）MySQL 服务实例收到数据通信链路中的 MySQL 命令或 SQL 语句，将 MySQL 命令或 SQL 语句从 character_set_connection 定义的字符集转换为 character_set_server 定义的字符集。

（5）若 MySQL 命令或 SQL 语句针对某个数据库进行操作，此时将 MySQL 命令或 SQL 语句从 character_set_server 定义的字符集转换为 character_set_database 定义的字符集。

（6）MySQL 命令或 SQL 语句执行结束后，将执行结果设置为 character_set_results 定义的字符集。

（7）执行结果沿着已打开的数据通信链路原路返回，将执行结果由 character_set_results 定义的字符集转换为 character_set_client 定义的字符集，最终转换为命令提示符窗口字符集显示到命令提示符窗口中。

使用默认字符集 latin1 时，MySQL 服务器无法以中文简体字符为单位进行字符串查询。例如，进行中文简体字符串查询时可能导致查询失败，并且还有可能导致中文简体乱码问题的发生。为避免此类问题，有必要对 MySQL 的各个字符集进行重新设置。

MySQL 字符集的设置可以细化到表，甚至是表的各个字段。创建数据库表时，如果没有设置字段的字符集，那么字段将沿用表的字符集。如果没有指定表的字符集，那么表将沿用数据库的字符集 character_set_database。创建数据库时，如果没有指定数据库的字符集，那么数据库将沿用 MySQL 服务实例的字符集 character_set_server。

启动 MySQL 服务，生成 MySQL 服务实例后，MySQL 服务实例字符集 character_set_server 将沿用 my.ini 配置文件的[mysqld]选项组中 character_set_server 的参数值。

而 character_set_client、character_set_connection 以及 character_set_results 的字符集将沿用 my.ini 配置文件的[mysql]选项组中 default_character_set 的参数值。

2.2.4 MySQL 字符集的设置

数据库中的数据最终存储在数据库表中的某个字段内，字段的字符集设置为 gbk（或 gb2312、utf8）后，中文简体字符才不至于以“乱码”方式存储在数据库中。MySQL 字符集的设置有以下 4 种方法，以 MySQL 字符集设置为 gbk 为例。

方法一：修改 my.ini 配置文件，可修改 MySQL 默认的字符集。

若将[mysql]选项组中的 default-character-set 参数值修改为 gbk，则 character_set_client、character_set_connection 以及 character_set_results 参数的的默认值修改为 gbk，保存修改后的 my.ini 配置文件，这些字符集将在新的 MySQL 会话中生效。

若将[mysqld]选项组中的 character_set_server 参数值修改为 gbk，则 character_set_database 以及 character_set_server 参数的默认值修改为 gbk，保存修改后的 my.ini 配置文件，重启 MySQL 服务，这些字符集将在新的 MySQL 服务实例中生效。

字符集的修改影响的仅仅是数据库中的新数据，不能影响数据库的原有数据。

方法二：MySQL 提供下列 MySQL 命令，可以**“临时地”**修改 MySQL**“当前会话的”**字符集以及字符序。

```
set character_set_client = gbk;
set character_set_connection = gbk;
set character_set_database = gbk;
set character_set_results = gbk;
set character_set_server = gbk;
set collation_connection = gbk_chinese_ci ;
set collation_database = gbk_chinese_ci ;
set collation_server = gbk_chinese_ci ;
```

执行上述 MySQL 命令后，使用 MySQL 命令“show variables like 'character%';”以及使用 MySQL 命令“show variables like 'collation%';”即可查看 MySQL**“当前会话的”**字符集以及字符序。

所谓**“临时”**，是指使用该方法设置字符集（或者字符序）时，字符集（或者字符序）的设置仅对当前的 MySQL 会话有效（或者说仅对当前的 MySQL 服务器连接有效）；打开新的 MySQL 客户机时，字符集将恢复**“原状”**（与 my.ini 配置文件中的参数值或者默认值保持一致）。

上述 set 命令中的参数（例如 character_set_client 等）实际上对应于 MySQL 的“会话系统变量”。会话系统变量的特点在于，会话系统变量值的修改仅在当前的 MySQL 会话有效（或者仅在当前的 MySQL 服务器连接有效），会话系统变量的相关知识稍后讲解。

方法三：使用 MySQL 命令 “set names gbk;”可以**“临时一次性地”**设置 character_set_client、character_set_connection 以及 character_set_results 的字符集为 gbk，该命令等效于下面的 3 条命令。

```
set character_set_client = gbk;
set character_set_connection = gbk;
set character_set_results = gbk;
```

方法四：连接 MySQL 服务器时指定字符集。

使用命令提示符窗口连接 MySQL 服务器时，可以选择某种字符集连接 MySQL 服务器，语法格式如下。

```
mysql --default-character-set=字符集 -h 服务器 IP 地址 -u 账户名 -p 密码
```

使用这种方法连接 MySQL 服务器时可以**“临时一次性地”**设置 character_set_client、character_set_connection 和 character_set_results 的字符集。例如，使用“mysql --default-character-set=gbk -h 127.0.0.1 -u root -proot”命令连接 MySQL 服务器，等效于连接 MySQL 服务器后，执行 MySQL 命令“set names gbk;”。

2.2.5 SQL 脚本文件

在命令提示符窗口上编辑 MySQL 命令或者 SQL 语句有诸多不便，数据库开发人员通常将它们写入 SQL 脚本文件中（SQL 脚本文件的扩展名一般为 sql），然后在 MySQL 客户机上运行该 SQL 脚本文件中的所有 MySQL 命令。SQL 脚本文件的制作及使用步骤如下。

在某个目录（例如 C:\mysql\）中创建一个以 sql 为扩展名的 SQL 脚本文件（例如 init.sql），以记事本方式打开该文件后，写入“MySQL 字符集的设置”小节方法二中的 MySQL 命令，保存该 SQL 脚本文件。打开命令提示符窗口，成功连接 MySQL 服务器后，输入 MySQL 命令“\. C:\mysql\init.sql”或“source C:\mysql\init.sql”即可执行 init.sql 脚本文件中的所有命令。

MySQL 命令“\. C:\mysql\init.sql”后不能有分号，否则将执行“C:\mysql\init.sql;”脚本文件中的 SQL 语句，而“init.sql;”脚本文件是不存在的。

为了让 MySQL 更好地支持中文简体，建议读者随身携带 init.sql 脚本文件，执行其他 MySQL 命令或者 SQL 语句前，首先执行 init.sql 脚本中的 MySQL 命令，将 MySQL 的字符集设置为 gbk 中文简体字符集。

2.3 MySQL 数据库管理

数据库是存储数据库对象的容器。MySQL 数据库的管理主要包括数据库的创建、选择当前操作的数据库、显示数据库结构以及删除数据库等操作。

2.3.1 创建数据库

将字符集设置为 gbk 后，使用 SQL 语句“create database database_name;”即可创建新数据库，其中 database_name 是新建数据库名（注意新数据库名不能和已有数据库名重名）。例如，创建“选课系统”数据库 choose，使用“create database choose;”语句即可，如图 2-41 所示。

```
mysql> create database choose;
Query OK, 1 row affected (0.00 sec)
```

图 2-41 创建数据库

默认安装 MySQL，创建 choose 数据库后，MySQL 服务实例自动在“C:\Documents and Settings\All Users\Application Data\MySQL\MySQL Server 5.6\data\”目录中创建“choose”目录及相关数据库文件（如 db.opt），choose 目录称为 choose **数据库目录**，如图 2-42 所示。使用记事本打开 db.opt 文件后，内容如下。

```
default-character-set=gbk;
default-collation=gbk_chinese_ci。
```

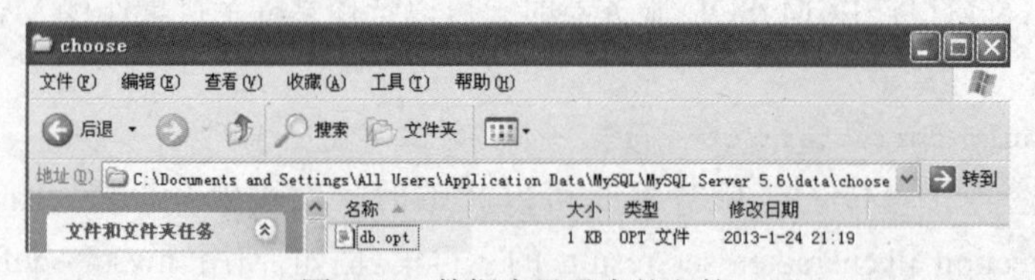

图 2-42 数据库目录中的文件

db.opt 文件的主要功能是记录当前数据库的默认字符集及字符序等信息。如果想修改某个数据库的字符集，直接编辑该数据库对应的 opt 文件即可。使用 MySQL 命令“alter database choose character set gbk;”也可设置数据库的字符集，该命令的修改结果将保存到 opt 文件中。

在 my.ini 配置文件的[mysqld]选项组中，参数 datadir 配置了 MySQL 数据库文件存放的路径，本书将该路径称为“**MySQL 数据库根目录**”，使用命令“show variables like 'datadir';”可以查看参数 datadir 的值，如图 2-43 所示。默认安装 MySQL 后，数据库根目录 datadir 的值为“C:/Documents and Settings/All Users/Application Data/MySQL/MySQL Server 5.6/Data/”。创建新数据库后，MySQL 服务实例会自动在**数据库根目录**中创建**数据库目录**及数据库文件。

图 2-43　数据库根目录

在 my.ini 配置文件的[mysqld]选项组中，参数 basedir 配置了 MySQL 的安装路径（一般情况下，与 MySQL 的 bin 目录所在的目录相同），本书将该安装路径称为“MySQL 服务的根目录”。

2.3.2　查看数据库

一个 MySQL 服务实例可以同时承载多个数据库，使用 MySQL 命令“show databases;”即可查看当前 MySQL 服务实例上所有的数据库，如图 2-44 所示。

图 2-44　查看 MySQL 服务实例上所有的数据库

在图 2-44 所示的几个数据库中，information_schema、performance_schema 以及 mysql 数据库为系统数据库，test 数据库为测试数据库，choose 数据库为刚刚新建的数据库。其中，mysql 系统数据库记录了 MySQL 的账户信息以及 MySQL 账户的访问权限，进而实现 MySQL 账户的身份认证以及权限验证，避免非法用户“越权”执行非法的操作，确保了数据安全。performance_schema 系统数据库用于收集 MySQL 服务器的性能参数，以便数据库管理员了解产生性能瓶颈的原因。information_schema 系统数据库定义了所有数据库对象的**元数据**信息，例如所有数据库、表、字段、索引、约束、权限、存储引擎、字符集和触发器等信息都存储在 information_schema 数据库中。系统数据库由 MySQL 服务实例进程自动维护，普通用户建议不要修改系统数据库的信息。

本书提到的数据库管理员指的是能够对数据库服务器进行安装、配置、变更、调优、备份、恢复、故障处理、监控等日常维护的数据库管理人员。

元数据是用于定义数据的数据（也叫数据字典），它的作用有点儿类似于《现代汉语词典》。例如，一本内容涉及几十万字的中文简体书籍，每一个汉字都可以在《现代汉语词典》中查到，若某个字查不到，则这个字有可能是“错别字”。同样的道理，元数据定义了数据库中使用的字段名、字段类型等信息，对数据库中的数据起到约束作用，避免数据库出现“错别字”现象。

2.3.3 显示数据库结构

使用 MySQL 命令 “show create database database_name;” 可以查看名为 database_name 数据库的结构，例如使用 MySQL 命令 “show create database choose;” 可以查看 choose 数据库的相关信息（例如 MySQL 版本 ID 号、默认字符集等信息），如图 2-45 所示。

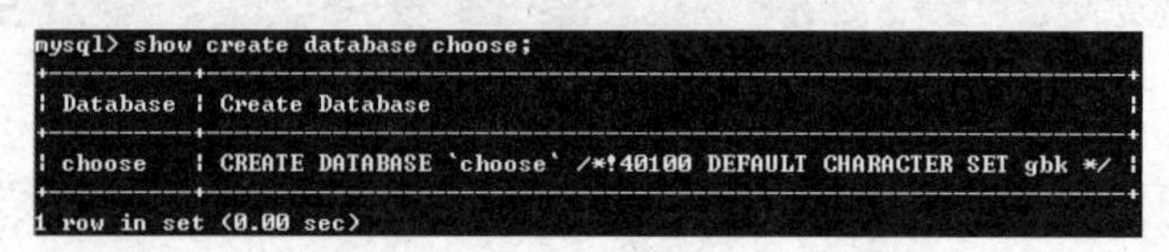

图 2-45 显示数据库结构

如果在数据库根目录中手动创建**数据库目录**(例如 student 目录)，或者将其他 MySQL 服务器上的数据库目录复制到本地 MySQL 服务器的**数据库根目录**，同样可以用 “show databases;” 命令查看到该数据库，如图 2-46 所示，这种方法是实现数据库备份、恢复的最简单方法。

图 2-46 手工创建 student 数据库

2.3.4 选择当前操作的数据库

在进行数据库操作前，必须指定操作的是哪个数据库，即需要指定哪一个数据库为当前操作的数据库。在 MySQL 命令提示符窗口中，使用 SQL 语句 “use database_name;” 即可将名为 database_name 的数据库修改为当前操作的数据库。例如，执行 “use choose;” 命令后（如图 2-47 所示），后续的 MySQL 命令以及 SQL 语句将默认操作 choose 数据库中的数据库对象。

```
mysql> use choose;
Database changed
```

图 2-47 选择当前操作的数据库

2.3.5 删除数据库

使用 SQL 语句 “drop database database_name;” 即可删除名为 database_name 的数据库。例如，删除 student 数据库，使用 SQL 语句 “drop database student;” 即可，如图 2-48 所示。删除 student 数据库后，MySQL 服务实例会自动删除 student 数据库目录及该目录中的所有文件，数据库一旦删除，保存在该数据库中的数据将全部丢失（该命令慎用！）。

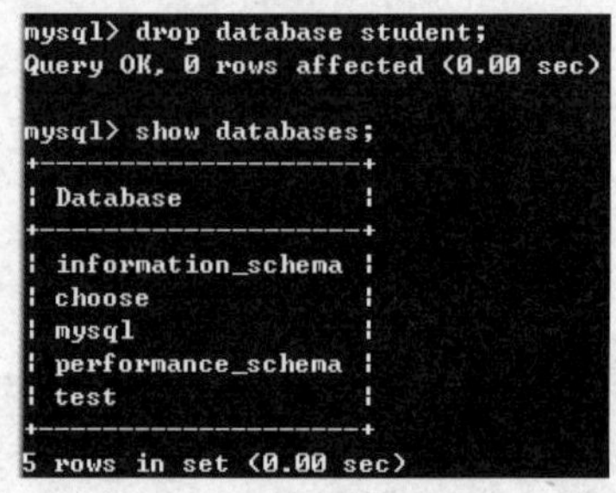

图 2-48 删除 MySQL 服务实例上的数据库

2.4　MySQL 表管理

MySQL 数据库中典型的数据库对象包括表、视图、索引、存储过程、函数、触发器等。其中，表是数据库中最为重要的数据库对象。使用 SQL 语句“create table 表名”即可创建一个数据库表。创建数据库表之前，必须首先明确该表的存储引擎。

2.4.1　MyISAM 和 InnoDB 存储引擎

与其他数据库管理系统不同，MySQL 提供了插件式（pluggable）的存储引擎，存储引擎是基于表的。同一个数据库，不同的表，存储引擎可以不同。甚至，同一个数据库表在不同的场合可以应用不同的存储引擎。

目前，MySQL 的存储引擎至少 10 种，使用 MySQL 命令“show engines;”即可查看 MySQL 服务实例支持的存储引擎，如图 2-49 所示。从图中可以看到，当前 MySQL 主要支持（Support=“YES”）8 种存储引擎，其中，InnoDB 是默认的（default）存储引擎。事实上，从 5.5 版本开始，MySQL 已将默认存储引擎从 MyISAM 更改为 InnoDB。

```
mysql> show engines;
+--------------------+---------+----------------------------------------------------------------+--------------+------+------------+
| Engine             | Support | Comment                                                        | Transactions | XA   | Savepoints |
+--------------------+---------+----------------------------------------------------------------+--------------+------+------------+
| FEDERATED          | NO      | Federated MySQL storage engine                                 | NULL         | NULL | NULL       |
| MRG_MYISAM         | YES     | Collection of identical MyISAM tables                          | NO           | NO   | NO         |
| MyISAM             | YES     | MyISAM storage engine                                          | NO           | NO   | NO         |
| BLACKHOLE          | YES     | /dev/null storage engine (anything you write to it disappears) | NO           | NO   | NO         |
| CSV                | YES     | CSV storage engine                                             | NO           | NO   | NO         |
| MEMORY             | YES     | Hash based, stored in memory, useful for temporary tables      | NO           | NO   | NO         |
| ARCHIVE            | YES     | Archive storage engine                                         | NO           | NO   | NO         |
| InnoDB             | DEFAULT | Supports transactions, row-level locking, and foreign keys     | YES          | YES  | YES        |
| PERFORMANCE_SCHEMA | YES     | Performance Schema                                             | NO           | NO   | NO         |
+--------------------+---------+----------------------------------------------------------------+--------------+------+------------+
9 rows in set (0.00 sec)
```

图 2-49　MySQL 支持的存储引擎

在 my.ini 配置文件的[mysqld]选项组中，参数 default_storage_engine 配置了 MySQL 服务实例的默认存储引擎。默认安装 MySQL 后，default_storage_engine 的参数值为 INNODB，这就意味着直接创建数据库表后，该表的存储引擎为 InnoDB 存储引擎。

MySQL 中的每一种存储引擎都有各自的特点。对于不同业务类型的表，为了提升性能，数据库开发人员应该选用更合适的存储引擎。MySQL 常用的存储引擎有 InnoDB 存储引擎以及 MyISAM 存储引擎。

1. InnoDB 存储引擎

与其他存储引擎相比，InnoDB 存储引擎是事务（transaction）安全的，并且支持外键（foreign key）。如果某张表主要提供 OLTP 支持，需要执行大量的增、删、改操作（即 insert、delete、update 语句），出于事务安全方面的考虑，InnoDB 存储引擎是更好的选择。对于支持事务的 InnoDB 表，影响速度的主要原因是打开了自动提交（autocommit）选项，或者程序没有显示调用“begin transaction;”（开始事务）和“commit;”（提交事务），导致每条 insert、delete 或者 update 语句都自动开始事务和提交事务，严重影响了更新语句（insert、delete、update 语句）的执行效率。让多条更新语句形成一个事务，可以大大提高更新操作的性能（有关事务的概念将在后续章节进行详细讲解）。

从 MySQL 5.6 版本开始，InnoDB 存储引擎的表已经支持全文索引，这将大幅提升 InnoDB 存储引擎的文本检索能力。对于大多数数据库表而言，InnoDB 存储引擎已经够用。由于“选课系统”的 5 张数据库表经常需要执行更新操作，因此有必要将这 5 张表设置为 InnoDB 存储引擎。本书所创建的数据库表，如果不作特殊声明，都将使用 InnoDB 存储引擎。

2. MyISAM 存储引擎

如果某张表主要提供 OLAP 支持，建议选用 MyISAM 存储引擎。MyISAM 具有检查和修复表的大多数工具。MyISAM 表可以被压缩，而且最早支持全文索引，但 MyISAM 表不是事务安全的，也不支持外键（foreign key）。如果某张表需要执行大量的 select 语句，出于性能方面的考虑，MyISAM 存储引擎是更好的选择。

当然任何一种存储引擎都不是万能的，不同业务类型的表需要选择不同的存储引擎，只有这样才能将 MySQL 的性能优势发挥至极致。

2.4.2 设置默认的存储引擎

由于当前 MySQL 服务实例默认的存储引擎是 InnoDB，使用“create table”语句创建新表时，如果没有“显示地”指定表的存储引擎，新表的存储引擎将是 InnoDB。使用 MySQL 命令“set default_storage_engine=MyISAM;”可以**“临时地”**将 MySQL**“当前会话的”**存储引擎设置为 MyISAM。使用 MySQL 命令“show engines;”可以查看当前 MySQL 服务实例默认的存储引擎。若要**“永久地”**设置默认存储引擎，需要修改 my.ini 配置文件中的[mysqld]选项组中 default-storage-engine 的参数值，并且需要重启 MySQL 服务，这里不再赘述。

2.4.3 创建数据库表

表是数据库中最为重要的数据库对象。创建表前，需要根据数据库设计的结果确定表名、字段名及数据类型、约束等信息，另外，还要为每张表选择一个合适的存储引擎。使用 SQL 语句“create table 表名”即可创建一个数据库表。注意：在同一个数据库中，新表名不能和已有表名重名。

例如，用下面的 SQL 语句在 choose 数据库中创建了一个名为 my_table 的表，该表有两个字段，字段“today”的数据类型为日期时间型，字段“name”的数据类型为字符串类型，且该表没有“显示地”指定主键。

```
use choose;
set default_storage_engine=InnoDB;
create table my_table(
today datetime,
name char(20)
);
```

上述 MySQL 语句首先设置默认的存储引擎为 InnoDB，因此，当成功创建 my_table 表后，my_table 表的存储引擎是 InnoDB。对于 InnoDB 存储引擎的表而言，MySQL 服务实例会在数据库目录 choose 中自动创建一个名为表名、后缀名为 frm 的表结构定义文件 my_table.frm。frm 文件记录了 **my_table** 表的表结构定义，如图 2-50 所示。

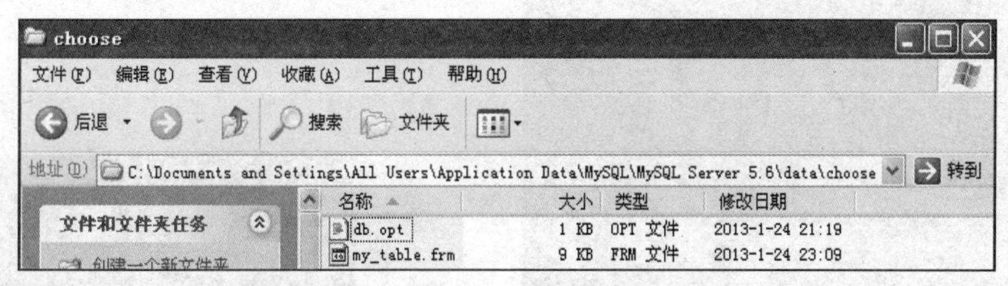

图 2-50　InnoDB 存储引擎的表文件

如果数据库表的存储引擎是 MyISAM，MySQL 服务实例除了会自动创建 frm 表结构定义文件外，还会自动创建一个文件名为表名、后缀名为 MYD（即 MYData 的简写）的数据文件以及文件名为表名、后缀名为 MYI（即 MYIndex 的简写）的索引文件，其中，MYD 文件用于存放数据，MYI 文件用于存放索引。

例如，用下面的 MySQL 命令将 my_table 表的存储引擎由 InnoDB 修改为 MyISAM，修改后，my_table 表产生的表文件如图 2-51 所示。

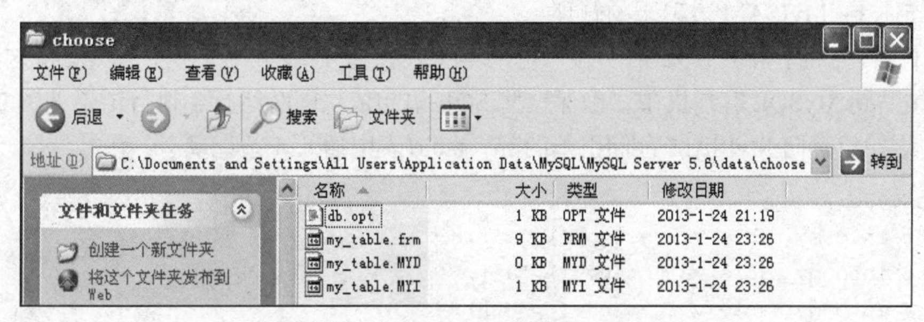

图 2-51　MyISAM 存储引擎的表文件

```
use choose;
alter table my_table engine=MyISAM;
```

说明：MySQL 中的数据库操作以及表操作最终会转换为操作系统的数据库目录操作以及表文件操作。由于 Windows 操作系统中文件名以及目录名不区分大小写，而 Linux 操作系统中文件名以及目录名区分大小写，因此，数据库开发人员以及应用程序开发人员应该尽量规范数据库、表的命名（包括大小写），以便于 SQL 代码能够在不同的操作系统之间进行移植。

2.4.4　显示表结构

使用 MySQL 命令"show tables;"即可查看当前操作的数据库中所有的表。使用 MySQL 命令"describe table_name;"即可查看表名为 table_name 的表结构（describe 也可以简写为 desc）。例如，可以使用 MySQL 命令"desc my_table;"，查看 my_table 表的结构，执行结果如图 2-52 所示。

也可以使用 MySQL 命令"show create table table_name;"查看名为 table_name 表的详细信息。例如，使用 MySQL 命令"show create table my_table;"可以查看 my_table 表的相关信息（例如字段名、数据类型、约束条件、存储引擎以及默认字符集等信息），如图 2-53 所示。注意，此时 my_table 表的存储引擎是 MyISAM。

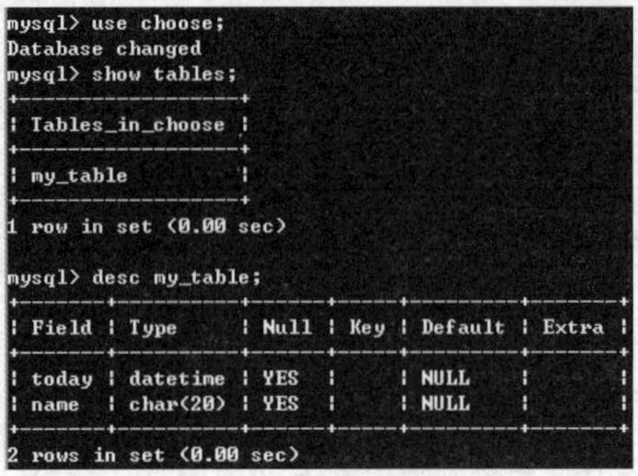

```
mysql> use choose;
Database changed
mysql> show tables;
+------------------+
| Tables_in_choose |
+------------------+
| my_table         |
+------------------+
1 row in set (0.00 sec)

mysql> desc my_table;
+-------+----------+------+-----+---------+-------+
| Field | Type     | Null | Key | Default | Extra |
+-------+----------+------+-----+---------+-------+
| today | datetime | YES  |     | NULL    |       |
| name  | char(20) | YES  |     | NULL    |       |
+-------+----------+------+-----+---------+-------+
2 rows in set (0.00 sec)
```

图 2-52　查看 my_table 表结构

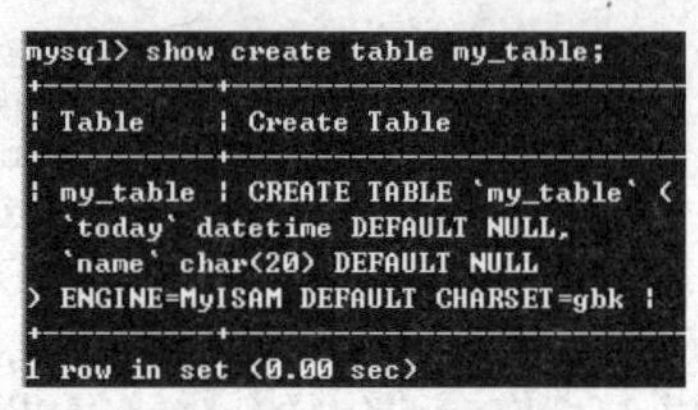

```
mysql> show create table my_table;
+----------+---------------------------------+
| Table    | Create Table                    |
+----------+---------------------------------+
| my_table | CREATE TABLE `my_table` (
  `today` datetime DEFAULT NULL,
  `name` char(20) DEFAULT NULL
) ENGINE=MyISAM DEFAULT CHARSET=gbk |
+----------+---------------------------------+
1 row in set (0.00 sec)
```

图 2-53　查看表结构

2.4.5　表记录的管理

表记录的管理包括表记录的更新操作以及表记录的查询操作（select），其中，表记录的更新操作包括表记录的插入（insert）、修改（update）以及删除（delete）。

场景描述 1：MyISAM 表记录的管理。

步骤 1：首先将下面的 SQL 语句写入记事本（或者 SQL 脚本文件）中，然后将这些 SQL 语句复制、粘贴到 MySQL 客户机中，确保这些 SQL 语句依次同时运行，执行结果如图 2-54 所示。4 条 insert 语句负责向 MyISAM 存储引擎的 my_table 表中插入 4 条记录。

```
use choose;
insert into my_table values(now(),'a');
insert into my_table values(now(),'a');
insert into my_table values(now(),NULL);
insert into my_table values(now(),'');
```

MySQL 中的 now()函数返回 MySQL 服务器的当前日期以及时间。

步骤 2：使用 SQL 语句"select * from my_table;"即可查看 my_table 表的所有记录，执行结果如图 2-54 所示。SQL 语句"select * from table_name"负责查询 table_name 表中的所有记录。

分析执行结果可以得到以下两点。

① NULL 与空字符串"''"是两个不同的概念。例如，查询 name 值为 NULL 的记录，需要使用"name is null"；而查询 name 值为空字符串"''"的记录，需要使用"name = ''"。类似地，NULL 与整数零以及空格字符"' '"的概念也不相同。

② my_table 表的前两条记录完全相同，这与之前讲的"同一张数据库表中不允许出现完全相同的两条记录"发生冲突。事实上，对于一个没有"显示地"指定主键的表而言，MySQL 会自动地选择或者创建一个主键，遵循的原则如下。

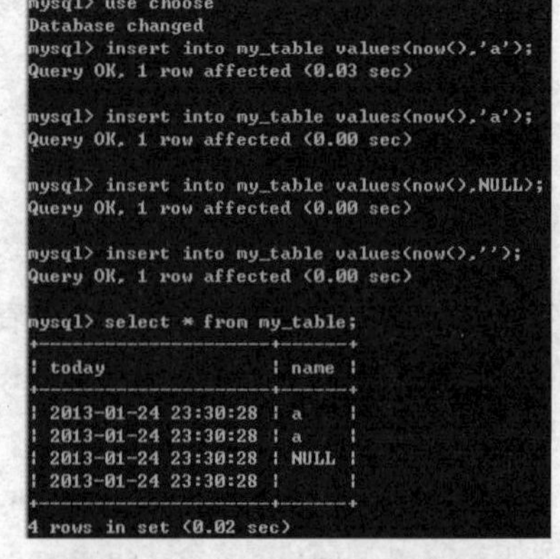

```
mysql> use choose
Database changed
mysql> insert into my_table values(now(),'a');
Query OK, 1 row affected (0.03 sec)

mysql> insert into my_table values(now(),'a');
Query OK, 1 row affected (0.00 sec)

mysql> insert into my_table values(now(),NULL);
Query OK, 1 row affected (0.00 sec)

mysql> insert into my_table values(now(),'');
Query OK, 1 row affected (0.00 sec)

mysql> select * from my_table;
+---------------------+------+
| today               | name |
+---------------------+------+
| 2013-01-24 23:30:28 | a    |
| 2013-01-24 23:30:28 | a    |
| 2013-01-24 23:30:28 | NULL |
| 2013-01-24 23:30:28 |      |
+---------------------+------+
4 rows in set (0.02 sec)
```

图 2-54　MyISAM 表记录的管理

如果表中的某个字段既存在非空（Not NULL）约束，又存在唯一性（Unique）约束，则 MySQL 将选择该字段为主键，否则，MySQL 自动创建一个主键，指向表中的每条记录，该主键本质上是一个唯一性的指针。即便如此，每个数据库表“显示地”指定一个主键是一个好习惯。

步骤 3：向 MyISAM 存储引擎的表 my_table 中添加 4 条记录后，再次打开 choose 数据库目录，如图 2-55 所示。

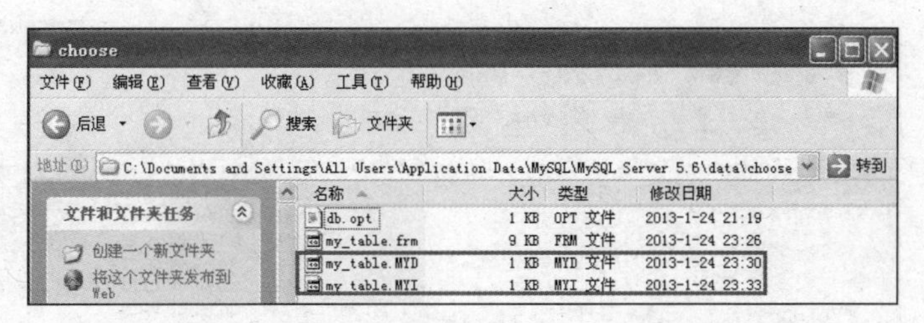

图 2-55　MyISAM 存储引擎的 my_table 表的文件结构

图 2-51 与图 2-55 对比得知以下几点（注意比较文件大小、文件的修改日期）

- 向 MyISAM 存储引擎的 my_table 表中添加 4 条记录后，my_table.MYD 文件的大小从 0 字节变成了 1KB，4 条记录被写入到 my_table.MYD 文件中，MYD 文件是表数据文件。my_table.MYI 文件的修改日期从 **2013-01-24 23:26** 变为 **2013-01-24 23:33**，因此，向 MyISAM 存储引擎的 my_table 表中添加 4 条记录后，将每条记录的索引信息写到 MYI 索引文件中。
- 向 MyISAM 存储引擎的 my_table 表中添加 4 条记录后，4 条记录的添加时间都是 **2013-01-24 23:30:28**（如图 2-54 所示），而 my_table.MYD 文件的修改时间为 **2013-01-24 23:30:29**（如图 2-56 所示），my_table.MYI 文件的修改时间为 **2013-01-24 23:33:01**（如图 2-57 所示）。产生的时间延迟可以解释为：4 条记录首先在 MySQL 服务器的内存中产生（时间是 **2013-01-24 23:30:28**），然后写入到外存硬盘上的 MYD 数据文件中（时间是 **2013-01-24 23:30:29**），最后再将索引信息写入到 MYI 索引文件中（时间是 **2013-01-24 23:33:01**）。产生时间延迟的主要原因在于“缓存”，通过“缓存”可以有效减少硬盘 I/O 请求次数，提高数据访问效率。

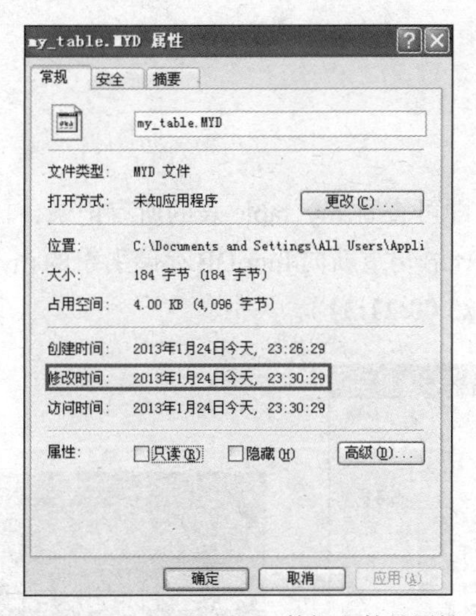

图 2-56　my_table.MYD 数据文件的属性

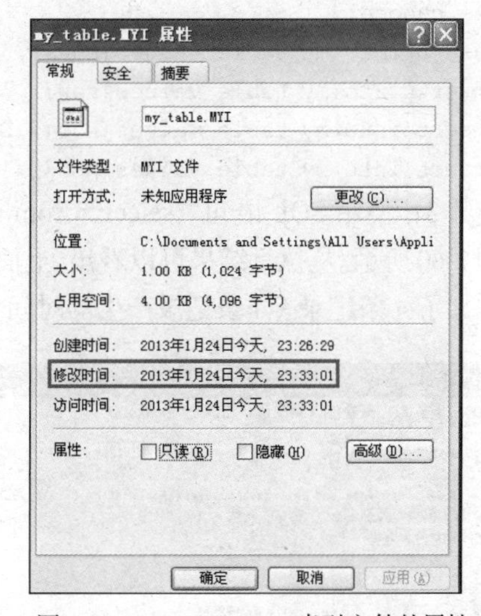

图 2-57　my_table.MYI 索引文件的属性

- MyISAM 表的备份较为简单，只需将整个数据库目录（例如 choose 目录）复制一份即可。

场景描述 2：InnoDB 表记录的管理。

步骤 1：使用下面的 MySQL 命令将 my_table 表的存储引擎由 MyISAM 修改为 InnoDB，此时，my_table 表的 MYD 数据文件以及 MYI 索引文件消失。难道刚刚产生的数据信息、索引信息丢失了？事实上，数据与索引并没有丢失，这些信息被写入到了数据库根目录的 ibdata1 文件中，如图 2-58 所示。

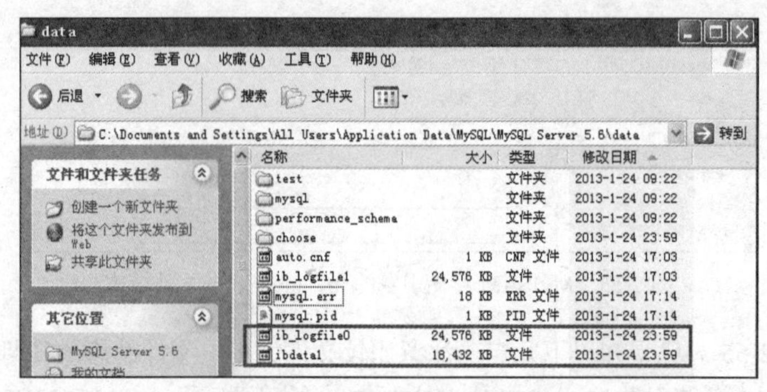

图 2-58　数据库根目录的重做日志文件及表空间文件

在图 2-58 所示的界面中：ibdata1 文件既保存了数据信息，又保存了索引信息。ibdata1 文件是 InnoDB 表空间文件，更准确地讲，ibdata1 文件是 InnoDB 共享表空间文件。ib_logfile0 及 ib_logfile1 是重做日志文件，重做日志主要记录已经全部完成的事务，即执行了 commit 的事务。有关表空间的相关知识稍后介绍，有关事务的概念请参看后续章节的内容。

```
use choose;
alter table my_table engine=InnoDB;
```

步骤 2：再次将这些 SQL 语句复制，并粘贴到 MySQL 客户机中，确保这些 SQL 语句依次同时运行。4 条 insert 语句负责向 InnoDB 存储引擎的 my_table 表中插入 4 条记录，此时数据库根目录中的重做日志文件及表空间文件的修改日期如图 2-59 所示。

```
use choose;
insert into my_table values(now(),'a');
insert into my_table values(now(),'a');
insert into my_table values(now(),NULL);
insert into my_table values(now(),'');
```

步骤 3：使用 SQL 语句“select * from my_table;”即可查看 my_table 表的所有记录，执行结果如图 2-60 所示。从执行结果可以看出，上面的 4 条 insert 语句重新向 InnoDB 存储引擎的 my_table 表中添加了 4 条记录（4 条记录产生的时间为 **2013-01-25 00:21:34**）。

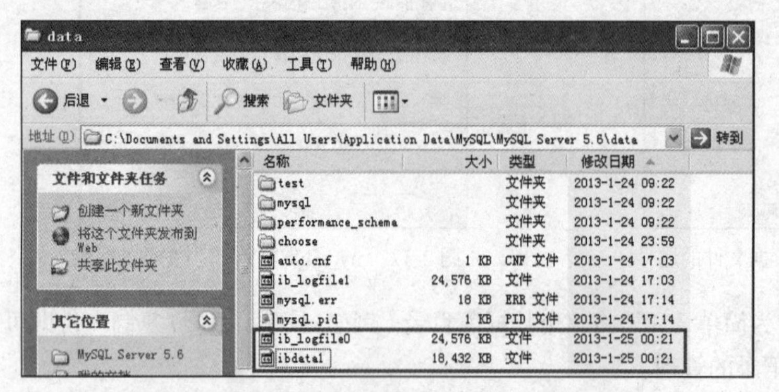

图 2-59　数据库根目录的重做日志文件及表空间文件

图 2-60　InnoDB 表记录的管理

图 2-60 所示的 4 条记录产生的时间为 2013-01-25 00:21:34，图 2-61 所示的数据库根目录中的 ibdata1 表空间文件的修改时间为 **2013-01-25 00:21:35**，图 2-62 所示的数据库根目录的 ib_logfile0 重做日志文件的修改时间为 **2013-01-25 00:21:36**。产生的时间延迟可以解释为：4 条记录首先在 MySQL 服务器的内存中产生（时间是 **2013-01-25 00:21:34**），然后写入到外存硬盘上的共享表空间文件 ibdata1 中（时间是 **2013-01-25 00:21:35**），最后将重做日志信息写入到重做日志文件 ib_logfile0 中（时间是 **2013-01-25 00:21:36**）。

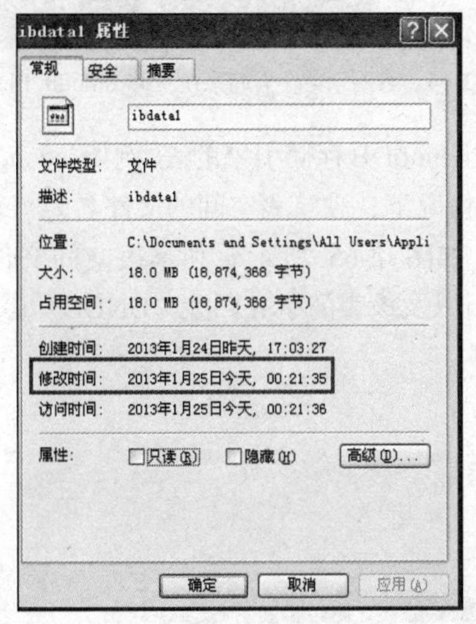

图 2-61 ibdata1 表空间文件的属性

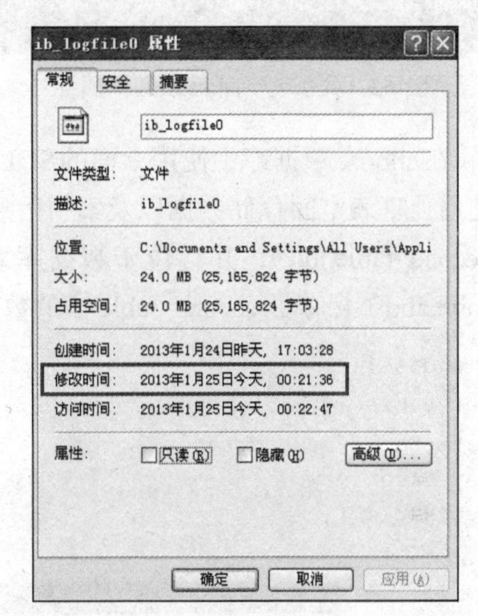

图 2-62 ib_logfile0 重做日志文件的属性

InnoDB 表的备份较为复杂，不仅需要复制整个数据库目录（例如 choose 目录），还需要复制 ibdata1 表空间文件，以及重做日志文件 ib_logfile0 与 ib_logfile1。

2.4.6 InnoDB 表空间

对于 InnoDB 存储引擎的数据库表而言，存在表空间的概念，InnoDB 表空间分为共享表空间与独享表空间。

共享表空间

MySQL 服务实例承载的所有数据库的所有 InnoDB 表的数据信息、索引信息、各种元数据信息以及事务的回滚（UNDO）信息，全部存放在共享表空间文件中。默认情况下，该文件位于数据库的根目录下，文件名是 ibdata1，且文件的初始大小为 10M。可以使用 MySQL 命令“show variables like 'innodb_data_file_path';”查看该文件的属性（文件名、文件的初始大小、自动增长等属性信息），如图 2-63 所示。

独享表空间

如果将全局系统变量 innodb_file_per_table 的值设置为 ON（innodb_file_per_table 的默认值为 OFF），那么之后再创建 InnoDB 存储引擎的新表时，这些表的数据信息、索引信息将保存到独享表空间文件中。

场景描述 3：独享表空间的使用。

首先，使用 MySQL 命令“show variables like 'innodb_file_per_table';”查看该全局系统变量的值。然后，使用 MySQL 命令“set @@global.innodb_file_per_table = ON;”将全局系统变量（@@global）中的参数 innodb_file_per_table 设置为开启。接着，使用 MySQL 命令“show variables like 'innodb_file_per_table';” 查看该全局系统变量的值，执行结果如图 2-64 所示。

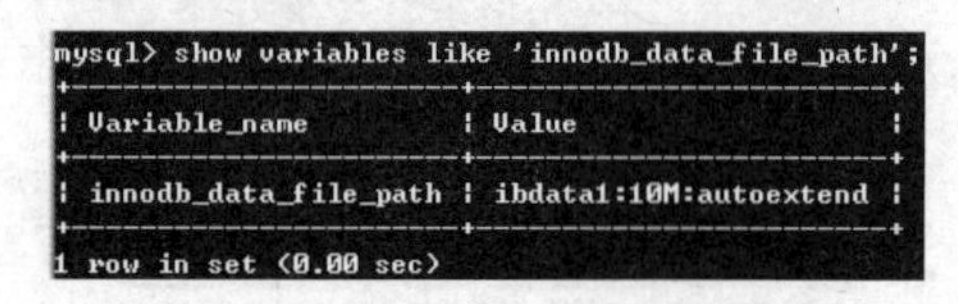

图 2-63　共享表空间 ibdata1 的属性

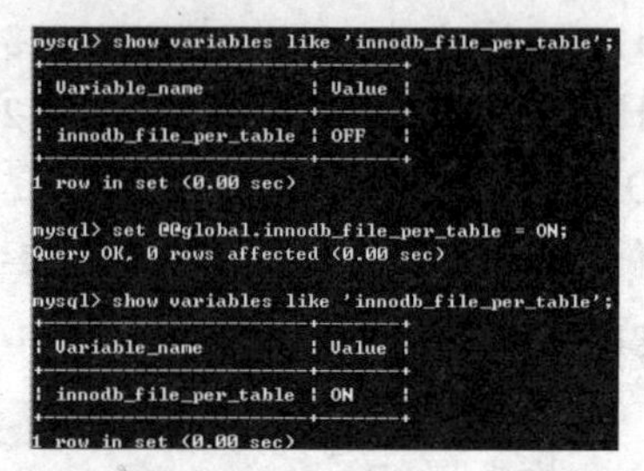

图 2-64　查看、设置全局系统变量 innodb_file_per_table

最后，在 choose 数据库中使用下面的 SQL 语句创建 InnoDB 存储引擎的表(例如 second_table)。新表将使用独享表空间存储数据以及索引信息，默认情况下，独享表空间的文件名为“表名.ibd”（例如 second_table.ibd），并且位于数据库目录下，如图 2-65 所示。独享表空间文件（例如 second_table.ibd）保存了 second_table 表的数据、索引以及该表的事务回滚（UNDO）等信息。

```
use choose;
alter table my_table engine=InnoDB;
create table second_table(
today datetime,
name char(20)
);
```

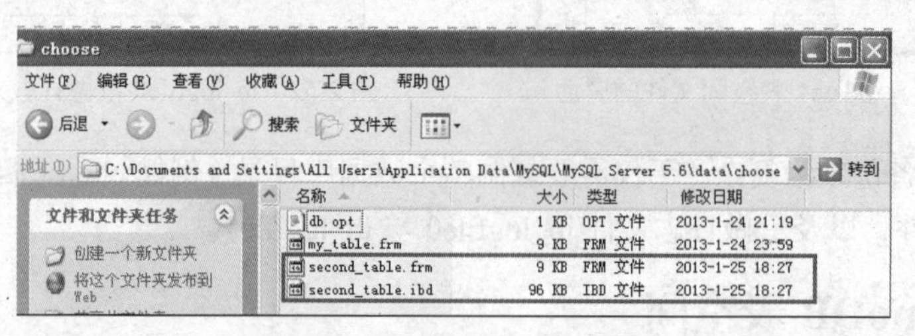

图 2-65　独享表空间 ibd 文件

将全局系统变量 innodb_file_per_table 的值设置为 ON。创建 InnoDB 存储引擎的表 second_table 后，InnoDB 存储引擎的共享表空间文件 ibdata1 的修改日期发生了变化，如图 2-66 所示。这是由于任何 InnoDB 表的元数据信息都需要存放在共享表空间中，因此 InnoDB 存储引擎的共享表空间必须存在。另外，创建 InnoDB 存储引擎的表 second_table 后，也会产生重做日志信息，并记录到重做日志文件 ib_logfile0 中（或者 ib_logfile1 中），因此，重做日志文件 ib_logfile0（或者 ib_logfile1 中）的修改日期也发生了变化。

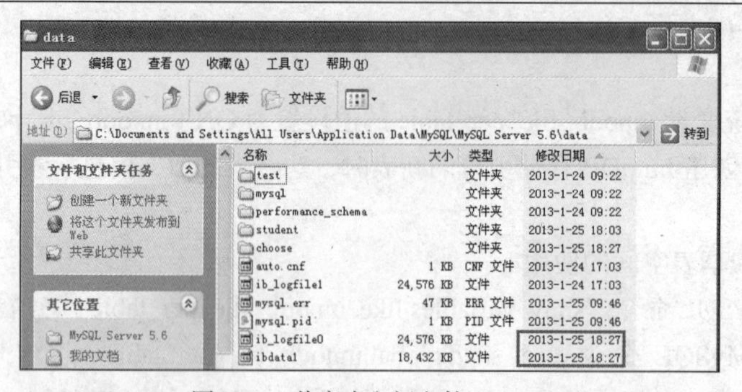

图 2-66　共享表空间文件 ibdata1

重做日志信息采用轮循策略依次记录在 ib_logfile0 与 ib_logfile1 重做日志文件中。

无论是 MyISAM 存储引擎的表，还是 InnoDB 存储引擎的表，都必须唯一对应一个 frm 表结构定义文件。

如果数据库中还包含有 InnoDB 表，在备份数据库时，不仅需要将整个数据库目录（例如 choose 目录）复制一份，还需要复制共享表空间文件 ibdata1，以及重做日志文件 ib_logfile0 与 ib_logfile1。

2.4.7　删除表

使用 SQL 语句“drop table table_name;”即可删除名为 table_name 的表。例如，删除“选课系统”数据库 choose 中的 second_table 表，使用 SQL 语句“drop table second_table;”即可。删除表后，MySQL 服务实例会自动删除表结构定义文件（例如 second_table.frm 文件），以及数据、索引信息。（该命令慎用！）

2.5　系 统 变 量

启动 MySQL 服务，生成 MySQL 服务实例期间，MySQL 将为 MySQL 服务器内存中的系统变量赋值，这些系统变量定义了当前 MySQL 服务实例的属性、特征。这些系统变量的值要么是编译 MySQL 时参数的默认值，要么是 my.ini 配置文件中的参数值。

在 MySQL 数据库中，变量分为系统变量（以“@@”开头）以及用户自定义变量。系统变量分为全局系统变量以及会话系统变量，静态变量属于特殊的全局系统变量。本章主要介绍系统变量的使用方法，用户自定义变量的使用方法请读者参看后续章节的内容。

2.5.1　全局系统变量与会话系统变量

系统变量分为全局系统变量（global）以及会话系统变量（session），有时也把全局系统变量简称为全局变量，有时也把会话系统变量称为 local 变量或者系统会话变量。MySQL 服务成功启动后，如果没有 MySQL 客户机连接 MySQL 服务器，那么 MySQL 服务器内存中的系统变量全部是全局系统变量（有 393 个之多），如图 2-67 所示。

每一个 MySQL 客户机成功连接 MySQL 服务器后，都会产生与之对应的会话，如图 2-67 所示。会话期间，MySQL 服务实例会在 MySQL 服务器内存中生成与该会话对应的会话系统变量，这些会话系统变量的初始值是全局系统变量值的复制。由于各会话在会话期间所做的操作不尽相同，为了标记各个会话，会话系统变量又新增了 12 个变量，如图 2-67 所示。例如，会话系统变量 pseudo_thread_id 用于标记当前会话的 MySQL 连接 ID，读者可以打开网址 http://dev.mysql.com/doc/refman/5.6/en/server-system- variables.html 查看 MySQL 文档，了解系统变量的功能，这里不再赘述。

会话系统变量的特点在于，它仅仅用于定义当前会话的属性，会话期间，当前会话对某个会话系统变量值的修改，不会影响其他会话同一个会话系统变量的值，即 MySQL 客户机 1 的会话系统变量值不会被 MySQL 客户机 2 看到或修改；MySQL 客户机 1 关闭或者 MySQL 客户机 1 与服务器断开连接后，与 MySQL 客户机 1 相关的所有会话系统变量将自动释放，以便节省 MySQL

服务器的内存。

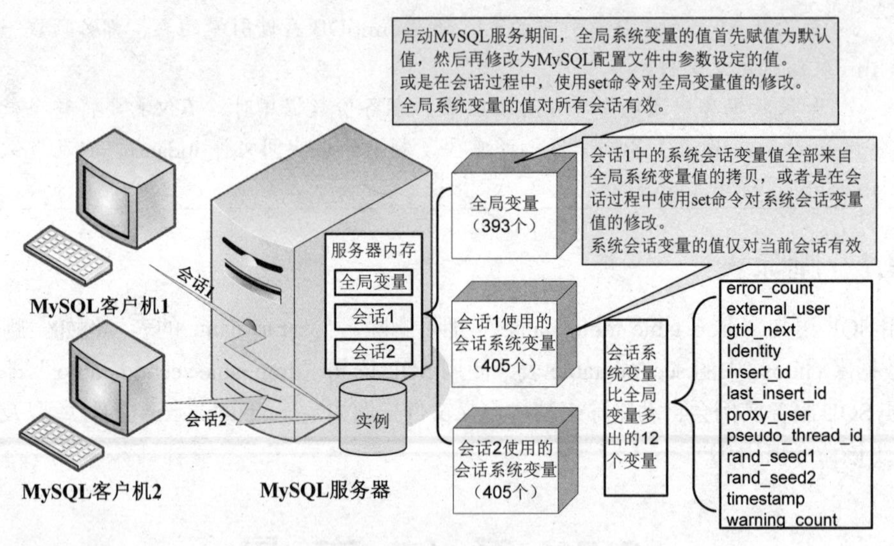

图 2-67　MySQL 全局系统变量与会话系统变量

全局系统变量的特点在于，它是用于定义 MySQL 服务实例的属性、特点，会话 1 对某个全局系统变量值的修改会导致会话 2 中同一个全局系统变量值的修改。

2.5.2　查看系统变量的值

使用“show global variables;”命令即可查看 MySQL 服务器内存中所有的全局系统变量信息（有 393 个之多）。使用“show session variables;”命令即可查看与当前会话相关的所有会话系统变量以及所有的全局系统变量（有 405 个之多），此处 session 关键字可以省略。也就是说，使用“show variables;”命令或者使用“show session variables;”命令，查看的是与该会话相关的所有会话系统变量以及所有全局系统变量（一共有 405 个之多）。如果需要查看某个具体的系统变量值，可以在上述命令后面加上“like”关键字，并且还可以在“like”关键字后添加通配符（%或者_）进行模糊查询。

在 MySQL 中，有一些系统变量仅仅是全局系统变量，例如 innodb_data_file_path，可以使用下面 3 种方法查看该全局系统变量的值。

```
show global variables like 'innodb_data_file_path';
show session variables like 'innodb_data_file_path';
show variables like 'innodb_data_file_path';
```

使用“show session variables **like**”命令（或者省略 session 关键字）查看会话系统变量时，在返回结果中，首先返回的是会话系统变量的值；如果该会话系统变量不存在，则返回全局系统变量的值；如果全局系统变量也不存在，则返回空结果集。

在 MySQL 中，有一些系统变量仅仅是会话系统变量。例如，MySQL 连接 ID 会话系统变量 pseudo_thread_id，可以使用下面两种方法查看该会话系统变量的值。

```
show session variables like 'pseudo_thread_id';
show variables like 'pseudo_thread_id';
```

在 MySQL 中，有一些系统变量既是全局系统变量，又是会话系统变量。例如，系统变量 character_set_client 既是全局系统变量，又是会话系统变量。

场景描述 4：对 MySQL 中既是全局系统变量，又是会话系统变量的系统变量进行操作。

步骤 1：打开 MySQL 客户机 A，执行下面的 MySQL 命令。第一条 MySQL 命令负责查看会话系统变量 character_set_client 的值。第二条 MySQL 命令负责将会话系统变量 character_set_client 的值设置为 latin1，执行结果如图 2-68 所示。

```
show variables like 'character_set_client';
set character_set_client = latin1;
```

步骤 2：在 MySQL 客户机 A 上，执行下面两条 MySQL 命令，查看该系统变量的会话系统变量值，执行结果如图 2-69 所示。

```
show session variables like 'character_set_client';
show variables like 'character_set_client';
```

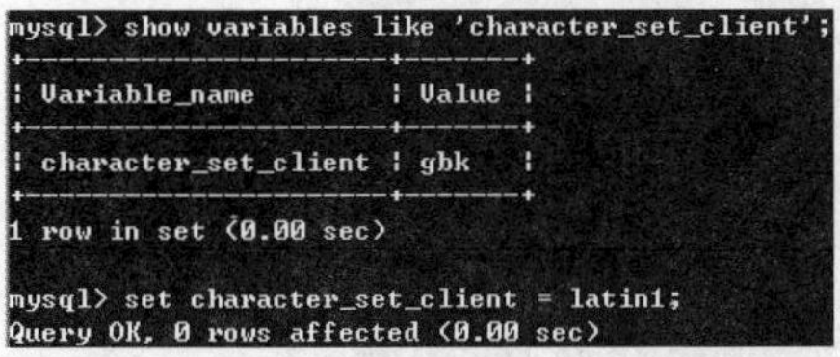

```
mysql> show variables like 'character_set_client';
+----------------------+-------+
| Variable_name        | Value |
+----------------------+-------+
| character_set_client | gbk   |
+----------------------+-------+
1 row in set (0.00 sec)

mysql> set character_set_client = latin1;
Query OK, 0 rows affected (0.00 sec)
```

图 2-68　设置 MySQL 客户机 A 中会话系统变量 character_set_client 的值

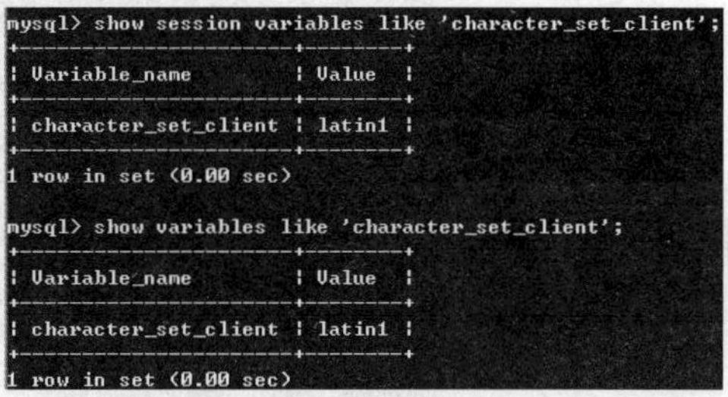

```
mysql> show session variables like 'character_set_client';
+----------------------+--------+
| Variable_name        | Value  |
+----------------------+--------+
| character_set_client | latin1 |
+----------------------+--------+
1 row in set (0.00 sec)

mysql> show variables like 'character_set_client';
+----------------------+--------+
| Variable_name        | Value  |
+----------------------+--------+
| character_set_client | latin1 |
+----------------------+--------+
1 row in set (0.00 sec)
```

图 2-69　查看 MySQL 客户机 A 中会话系统变量 character_set_client 的值

步骤 3：打开 MySQL 客户机 B，使用下面两条 MySQL 命令查看该系统变量的会话系统变量值，执行结果如图 2-70 所示。可以看到，MySQL 客户机 A 对会话系统变量 character_set_client 的修改不会影响 MySQL 客户机 B 中会话系统变量 character_set_client 的值。

```
show session variables like 'character_set_client';
show variables like 'character_set_client';
```

步骤 4：在 MySQL 客户机 A 上执行下面的 MySQL 命令，查看该系统变量的全局系统变量值，执行结果如图 2-71 所示。可以看到，MySQL 客户机 A 对会话系统变量 character_set_client 的修改不会影响全局系统变量 character_set_client 的值。

```
show global variables like 'character_set_client';
```

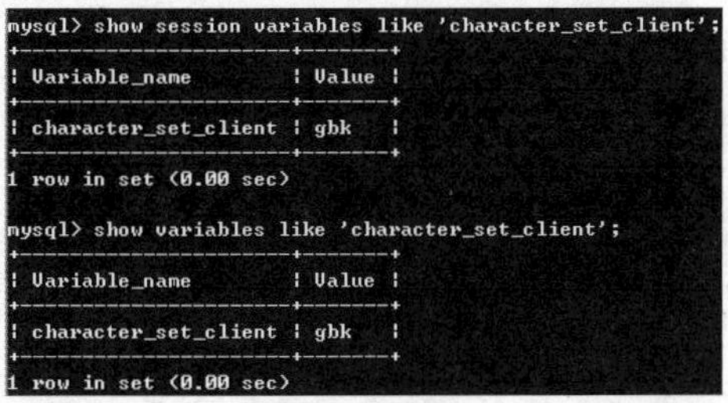

```
mysql> show session variables like 'character_set_client';
+----------------------+-------+
| Variable_name        | Value |
+----------------------+-------+
| character_set_client | gbk   |
+----------------------+-------+
1 row in set (0.00 sec)

mysql> show variables like 'character_set_client';
+----------------------+-------+
| Variable_name        | Value |
+----------------------+-------+
| character_set_client | gbk   |
+----------------------+-------+
1 row in set (0.00 sec)
```

图 2-70　查看 MySQL 客户机 B 中会话系统变量 character_set_client 的值

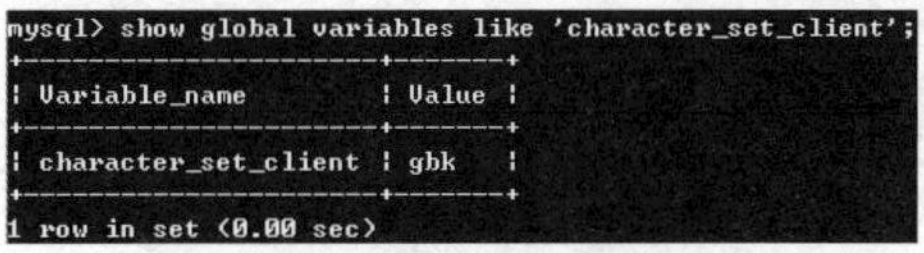

```
mysql> show global variables like 'character_set_client';
+----------------------+-------+
| Variable_name        | Value |
+----------------------+-------+
| character_set_client | gbk   |
+----------------------+-------+
1 row in set (0.00 sec)
```

图 2-71　查看全局系统变量 character_set_client 的值

作为 MySQL 编码规范，MySQL 中的系统变量以两个“@”开头，其中“@@global”仅仅用于标记全局系统变量，“@@session”仅仅用于标记会话系统变量。“@@”首先标记会话系统变量，如果会话系统变量不存在，则标记全局系统变量。例如，对于全局系统变量 innodb_data_file_path 而言，还可以使用下面两种方法查看该全局系统变量的值。

```
select @@global.innodb_data_file_path;
select @@innodb_data_file_path;
```

此处 select 语句的功能是将变量的值显示在 MySQL 客户机上。

使用下面的方法查看全局系统变量 innodb_data_file_path 的值时报错，执行结果如图 2-72 所示。

```
select @@session.innodb_data_file_path;
```

```
mysql> select @@global.innodb_data_file_path;
+--------------------------------+
| @@global.innodb_data_file_path |
+--------------------------------+
| ibdata1:10M:autoextend         |
+--------------------------------+
1 row in set (0.00 sec)

mysql> select @@innodb_data_file_path;
+-------------------------+
| @@innodb_data_file_path |
+-------------------------+
| ibdata1:10M:autoextend  |
+-------------------------+
1 row in set (0.00 sec)

mysql> select @@session.innodb_data_file_path;
ERROR 1238 (HY000): Variable 'innodb_data_file_path' is a GLOBAL variable
```

图 2-72　查看全局系统变量的值

从执行结果可以看出，@@global 仅仅用于访问全局系统变量的值；@@session 仅仅用于访问会话系统变量的值；@@则首先访问会话系统变量的值，如果会话系统变量不存在，则去访问全局系统变量的值。

2.5.3　设置系统变量的值

有些时候，数据库管理员需要修改系统变量的默认值，以便修改当前会话或者 MySQL 服务实例的属性、特征，可以使用下面 3 种方法修改系统变量的默认值。

方法一：修改 MySQL 源代码，然后对 MySQL 源代码重新编译（该方法适用于 MySQL 高级用户，这里不作阐述）。

方法二：最为简单的方法是通过修改 MySQL 配置文件，继而修改 MySQL 系统变量的值（该方法需要重启 MySQL 服务）。

方法三：在 MySQL 服务运行期间，使用“set”命令重新设置系统变量的值。如果将一个系统变量的值设置为 MySQL 默认值，可以使用 default 关键字。

例如，set @@global.innodb_file_per_table = default;。

“set”命令不会导致 my.ini 配置文件的内容发生变化。

如果需要重新设置全局系统变量（例如 innodb_file_per_table）的值，可以使用下面两种方法（注意 global 关键字不能省略）。

```
set @@global.innodb_file_per_table = ON;
set global innodb_file_per_table = ON;
```

具备 Super 权限的账户才能设置全局系统变量。

如果需要重新设置会话系统变量（例如 pseudo_thread_id）的值，可以使用下面 4 种方法。

```
set @@session.pseudo_thread_id = 5;
set session pseudo_thread_id = 5;
set @@pseudo_thread_id = 5;
set pseudo_thread_id = 5;
```

最后一种方法最为简单，省略系统变量名前的两个“@”是为了与其他数据库管理系统兼容，但有些会话系统变量名前不能省略前面的两个“@”。

对于大部分的系统变量而言，可以在 MySQL 服务运行期间通过“set”命令重新设置其值。在 MySQL 中还有一些特殊的全局系统变量（例如 log_bin、tmpdir、version、datadir），在 MySQL 服务实例运行期间它们的值不能动态修改，不能使用“set”命令进行重新设置，这种变量称为“静态变量”，数据库管理员可以使用方法一或者方法二对静态变量的值重新设置。

在 MySQL 编码规范中，无论是系统变量，还是用户自定义变量，变量名不能包含短划线“-”符号，但可以包含下划线“_”符号。例如，MySQL 命令“select @@character_set_ server;”与“select @@character-set-server;”的执行结果如图 2-73 所示。

```
mysql> select @@character_set_server;
+------------------------+
| @@character_set_server |
+------------------------+
| gbk                    |
+------------------------+
1 row in set (0.00 sec)

mysql> select @@character-set-server;
ERROR 1064 (42000): You have an error in your SQL syntax; check the manual that correspo
nds to your MySQL server version for the right syntax to use near 'character-set-server'
 at line 1
```

图 2-73　MySQL 变量名中不能包含短划线“-”符号

事实上，在早期 MySQL 版本中，MySQL 命名并不规范。例如，在 my.ini 配置文件中，[mysqld] 选项组中的“character-set-server=gbk”用于配置系统变量@@character_set_server 的值；[mysqld] 选项组中的“character_set_server=gbk”也可以用于配置系统变量@@character_set_server 的值。如果 my.ini 配置文件中的 [mysqld] 选项组中既有“character-set-server=utf8”，又有“character_set_server=gbk”，则 MySQL 服务实例以最后一个配置参数为准。

2.6　MySQL 数据库备份和恢复

数据是数据库管理系统的核心。为了避免数据丢失，或者发生数据丢失后将损失降到最低，需要定期对数据库进行备份。MySQL 数据库备份的方法多种多样（例如完全备份、增量备份等），无论使用哪一种方法，都要求备份期间的数据库必须处于数据一致状态，即数据备份期间，尽量不要对数据进行更新操作。本章仅仅介绍备份、恢复的最简单实现方法，这种方法最适用于教学环境。通过该备份、恢复方法，读者可以轻易地将数据库文件复制到 U 盘中，从而实现备份数据的随身携带，并且可以将 U 盘中的数据库文件快速地恢复到其他 MySQL 服务器中，继续下一章节的练习。

步骤 1：准备工作。

为了避免数据“不一致”问题的发生，在备份数据库文件期间，不允许对该数据库的数据进行“更新”操作。为了实现这个目的，最为简单的方法就是停止 MySQL 服务，然后将“备份文件”复制到其他存储空间（例如 U 盘）中。

另一种方法无需停止 MySQL 服务，而是使用 MySQL 命令“flush tables with read lock;”将服务器内存中的数据“刷新”到数据库文件中，同时锁定所有表，以保证备份期间不会有新的数据写入，从而避免数据“不一致”问题的发生。“备份文件”复制到其他存储空间（例如 U 盘）后，使用 MySQL 命令“unlock tables;”进行解锁，MySQL 服务实例即可重新提供数据更新服务，执行结果如图 2-74 所示。

```
mysql> flush tables with read lock;
Query OK, 0 rows affected (0.05 sec)

mysql> use choose;
Database changed
mysql> insert into my_table values(now(),'b');
ERROR 1223 (HY000): Can't execute the query because you have a conflicting read lock
mysql> unlock tables;
Query OK, 0 rows affected (0.00 sec)

mysql> insert into my_table values(now(),'b');
Query OK, 1 row affected (0.05 sec)
```

图 2-74　表锁定以及解锁

MySQL 命令“flush tables with read lock;”禁止了所有数据库表的更新操作，但无法禁止数据库表的查询操作。

步骤 2：备份文件的选取。

MySQL 数据库中的数据最终以文件的形式存在。备份的准备工作做好后，需要将数据库的哪些文件拷贝到 U 盘中呢?

- 如果数据库中全部是 MyISAM 存储引擎的表，最为简单的数据库备份方法就是直接“备份”整个数据库目录（例如，将 choose 数据库对应的 choose 目录拷贝到 U 盘即可）。
- 如果某个数据库中还存在 InnoDB 存储引擎的表，此时不仅需要“备份”整个数据库目录，还需要备份 ibdata1 表空间文件以及重做日志文件 ib_logfile0 与 ib_logfile1。
- 数据库备份时，建议将 MySQL 配置文件（例如 my.ini 配置文件）一并进行备份。

步骤 3：数据库恢复。

数据库的恢复（也称为数据库的还原）是将数据库从某一种“错误”状态（如硬件故障、操作失误、数据丢失、数据不一致等状态）恢复到某一已知的“正确”状态。使用上面的方法备份数据库后，恢复 MySQL 数据库的方法则变得较为简单。

首先停止 MySQL 服务；然后将整个数据库目录、MySQL 配置文件（例如 my.ini 配置文件）、ibdata1 共享表空间文件以及重做日志文件 ib_logfile0 与 ib_logfile1 复制到新 MySQL 服务器对应的目录，这样即可恢复数据库中的数据。

如果“新MySQL服务器”与“旧MySQL服务器”的数据库根目录不同，则还需要修改my.ini备份配置文件中的[mysqld]选项组中的datadir参数信息。

习 题

1. 通过本章的学习，您了解的MySQL有哪些特点？

2. 请您简单描述MySQL的使用流程。什么是MySQL客户机？登录主机与MySQL客户机有什么关系？什么是MySQL会话？

3. 通过Google或者Baidu搜索引擎，搜索常用的MySQL客户端工具（或者客户机程序）有哪些？

4. MySQL服务、MySQL服务实例、MySQL服务器分别是什么？什么是端口号？端口号有什么作用？

5. 请列举my.ini配置文件中常用的参数选项组以及参数信息。

6. 启动MySQL服务的方法有哪些？停止MySQL服务的方法有哪些？

7. MySQL客户机连接MySQL服务器的方法有哪些？连接MySQL服务器时，需提供哪些信息？

8. 字符、字符集、字符序分别是什么？字符序的命名规则是什么？

9. 您所熟知的字符集、字符序有哪些？它们之间有什么区别？

10. 请简述MySQL字符集的转换过程。

11. MySQL系统数据库有哪些？这些系统数据库有什么作用？

12. 如果仅仅需要在数据库中存储中文简体字符，那么如何设置MySQL字符集？

13. 请自己编写一段SQL脚本文件，并运行该脚本文件中的代码。

14. 您所熟知的存储引擎有哪些？MyISAM存储引擎与InnoDB存储引擎相比，您更喜欢哪一个？它们都有什么特点？

15. 创建student数据库，并在该数据库中创建student表，用于保存您的个人信息（如姓名、性别、身份证号、出生日期等），并完成下列操作或问题。

1）上述的student表有没有出现数据冗余现象？（提示：出生日期可以由身份证号推算得出）

2）student数据库目录存放在数据库根目录中，默认情况下，根目录是什么？

3）如何查看student数据库的结构。

4）如何查看student表的结构，并查看该表的默认字符集、字符序、存储引擎等信息。

5）student数据库目录中存放了哪些文件？数据库根目录中存放了哪些文件？

6）将个人信息插入到student表中，并查询student表的所有记录。

7）在上一步骤的查询结果中是否出现了乱码？如果出现了乱码，如何避免乱码问题的发生？如果没有出现乱码，经过哪些设置可以产生乱码？

8）您的个人信息存放到了哪个文件中？

9）如何修改student表的存储引擎？修改student表的存储引擎后，您的个人信息存放到了哪个文件中？

10）删除student表以及student数据库。

16. 您所熟知的系统变量有哪些？如何设置系统变量的值？

17. 如何进行数据库备份和恢复？备份期间，有哪些注意事项？

第3章 MySQL表结构的管理

在数据库中，表是存储数据的容器，是最重要的数据库对象。一个完整的表包括表结构和表数据（也叫记录）两部分内容。表结构的操作包括定义表的字段（字段名及数据类型）、约束条件、存储引擎以及字符集、索引等内容。表记录的操作包括表记录的增、删、改、查等。表记录的操作将在后续章节进行详细讲解。

表结构的管理包括创建表（create table）、修改表结构（alter table）、删除表（drop table）以及索引的管理。本章详细讲解“选课系统”数据库中各个表的实施过程，通过本章的学习，读者可以掌握表结构管理的相关知识。

3.1 MySQL 数据类型

创建表时，为每张表的每个字段选择合适的数据类型不仅可以有效地节省存储空间，同时还可以有效地提升数据的计算性能。MySQL 提供的数据类型包括数值类型（数值类型包括整数类型和小数类型）、字符串类型、日期类型、复合类型（复合类型包括 enum 类型和 set 类型）以及二进制类型，如图 3-1 所示。

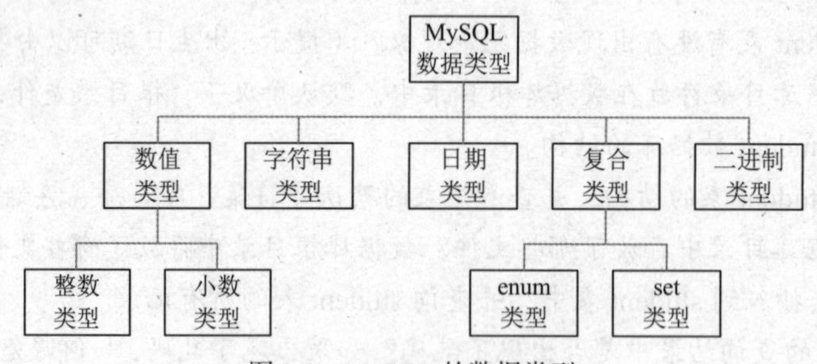

图 3-1 MySQL 的数据类型

3.1.1 MySQL 整数类型

MySQL 主要支持 5 种整数类型：tinyint、smallint、mediumint、int 和 bigint，如图 3-2 所示。这些整数类型的取值范围依次递增，如表 3-1 所示，且默认情况下，既可以表示正整数，又可以表示负整数（此时称为“有符号数”）。如果只希望表示零和正整数，可以使用无符号关键字“unsigned”对整数类型进行修饰（此时称为“无符号整数”）。例如，把一个人的年龄，或者一个学生的某门课程的成绩定义为无符号整数，将成绩字段定义为无符号整数，可以使用 SQL 代码片段“score tinyint unsigned”，其中 unsigned 用于约束成绩字段的取值，使其不能为负数。

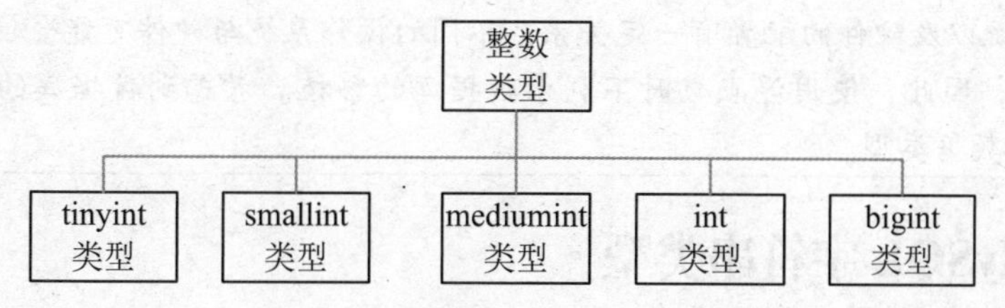

图 3-2　MySQL 主要支持 5 种整数类型

表 3-1　5 种整数类型的取值范围

类型	字节数	范围（有符号）	范围（无符号）
tinyint	1 字节	(−128, 127)	(0, 255)
smallint	2 字节	(−32 768, 32 767)	(0, 65 535)
mediumint	3 字节	(−8 388 608, 8 388 607)	(0, 16 777 215)
int	4 字节	(−2 147 483 648, 2 147 483 647)	(0, 4 294 967 295)
bigint	8 字节	(−9 233 372 036 854 775 808, 9 223 372 036 854 775 807)	(0, 18 446 744 073 709 551 615)

3.1.2　MySQL 小数类型

MySQL 支持两种小数类型：精确小数类型 decimal（小数点位数确定）和浮点数类型（小数点位数不确定）。其中，浮点数类型包括单精度浮点数与双精度浮点数，float 用于表示单精度浮点数，double 用于表示双精度浮点数，如图 3-3 所示。双精度浮点数类型的小数的取值范围和精度远远大于单精度浮点数类型的小数（见表 3-2），但同时也会耗费更多的存储空间，降低数据的计算性能。

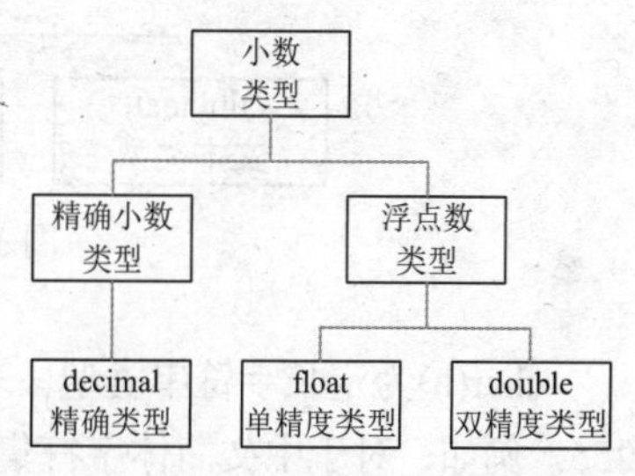

图 3-3　MySQL 支持的小数类型

表 3-2　单精度浮点数与双精度浮点数的取值范围

类型	字节数	负数的取值范围	非负数的取值范围
float	4	−3.402823466E+38～−1.175494351E-38	0 和 1.175494351E-38～3.402823466E+38
double	8	−1.7976931348623157E+308～−2.2250738585072014E-308	0 和 2.2250738585072014E-308～1.797693134862315 7E+308

decimal(length, precision)用于表示精度确定（小数点后数字的位数确定）的小数类型，length 决定了该小数的最大位数，precision 用于设置精度（小数点后数字的位数）。例如，decimal (5,2) 表示小数的取值范围是−999.99～999.99，而 decimal(5,0)表示−99 999～99 999 的整数。decimal(length, precision)占用的存储空间由 length 以及 precision 共同决定。例如，decimal(18,9) 会在小数点两边各存储 9 个数字，共占用 9 个字节的存储空间，其中 4 个字节存储小数点之前的数字，1 个字节存储小数点，另外 4 个字节存储小数点之后的数字。

无符号关键字（unsigned）也可以用于修饰小数。例如，定义工资字段 salary，可以使用 SQL 代码片段“salary float unsigned”，其中 unsigned 用于约束工资，使其不能为负数。

在表 3-2 中，float 与 double 的取值范围只是理论值，如果不指定精度，由于精度与操作系统以及硬件的配置有一定关系，不同的操作系统与硬件可能会使这一取值范围有所不同，因此，使用浮点数时不利于数据库的移植。考虑到数据库的移植，尽量使用 decimal 数据类型。

3.1.3 MySQL 字符串类型

MySQL 主要支持 6 种字符串类型：char、varchar、tinytext、text、mediumtext 和 longtext，如图 3-4 所示。字符串类型的数据外观上使用单引号括起来，例如学生姓名'张三'、课程名'java 程序设计'等。

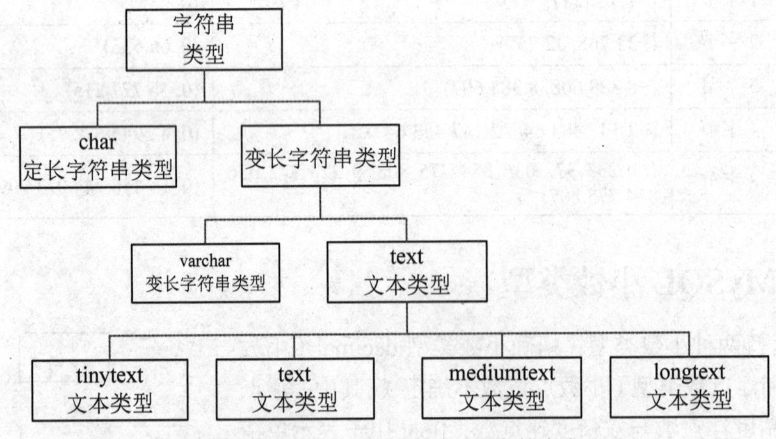

图 3-4 MySQL 主要支持的 6 种字符串类型

char(n)为定长字符串类型，表示占用 n 个字符（注意不是字节）的存储空间，n 的最大值为 255。例如，对于中文简体字符集 gbk 的字符串而言，char(255)表示可以存储 255 个汉字，而每个汉字占用两个字节的存储空间；对于一个 utf8 字符集的字符串而言，char(255)表示可以存储 255 个汉字，而每个汉字占用 3 个字节的存储空间。

varchar(n)为变长字符串类型，这就意味着此类字符串占用的存储空间就是字符串自身占用的储存空间，与 n 无关，这与 char(n)不同。例如，对于中文简体字符集 gbk 的字符串而言，varchar(255)表示可以存储 255 个汉字，而每个汉字占用两个字节的存储空间。假如这个字符串没有那么多汉字，例如仅仅包含一个'中'字，那么 varchar(255)仅仅占用 1 个字符（两个字节）的存储空间（如果不考虑其他开销）；而 char(255)则必须占用 255 个字符长度的存储空间，哪怕里面只存储一个汉字。

除了 varchar(n)，tinytext、text、mediumtext 和 longtext 等数据类型也都是变长字符串类型。变长字符串类型的共同特点是最多容纳的字符数（即 n 的最大值）与字符集的设置有直接联系。例如，对于西文字符集 latin1 的字符串而言，varchar(n)中 n 的最大取值为 65535（因为需要别的开销，实际取值为 65 532）；对于中文简体字符集 gbk 的字符串而言，varchar(n)中 n 的最大取值为 32767；其他字符集以此类推（见表 3-3）。

表 3-3　　字符串类型占用的存储空间

类型	最多容纳的字符数	占用的字节数	说明
char(n)	255	单个字符占用的字节数*n	n 的取值与字符集无关
varchar(n)	n 的取值与字符集有关	字符串实际占用字节数	字符集是 gbk 时，n 的最大值为 65 535/2=32 767。字符集是 utf8 时，n 的最大值为 65 535/3=21 845
tinytext	容量与字符集有关	字符串实际占用字节数	字符集是 gbk 时，最多容纳 255/2=127 个字符。字符集是 utf8 时，最多容纳 255/3=85 个字符
text	容量与字符集有关	字符串实际占用字节数	字符集是 gbk 时，最多容纳 65 535/2=32 767 个字符。字符集是 utf8 时，最多容纳 65 535/3=21 845 个字符
mediumtext	容量与字符集有关	字符串实际占用字节数	字符集是 gbk 时，最多容纳 167 772 150/2=83 886 075 个字符。字符集是 utf8 时，最多容纳 167 772 150/3=55 924 050 个字符
longtext	容量与字符集有关	字符串实际占用字节数	字符集是 gbk 时，最多容纳 4 294 967 295/2=2 147 483 647 个字符。字符集是 utf8 时，最多容纳 4 294 967 295/3=1 431 655 765 个字符

3.1.4 MySQL 日期类型

MySQL 主要支持 5 种日期类型：date、time、year、datetime 和 timestamp，如图 3-5 所示。其中，date 表示日期，默认格式为'YYYY-MM-DD'；time 表示时间，默认格式为'HH:ii:ss'；year 表示年份；datetime 与 timestamp 是日期和时间的混合类型，默认格式为'YYYY-MM-DD HH:ii:ss'，如表 3-4 所示。外观上，MySQL 日期类型的表示方法与字符串的表示方法相同（使用单引号括起来）；本质上，MySQL 日期类型的数据是一个数值类型，可以参与简单的加、减运算。

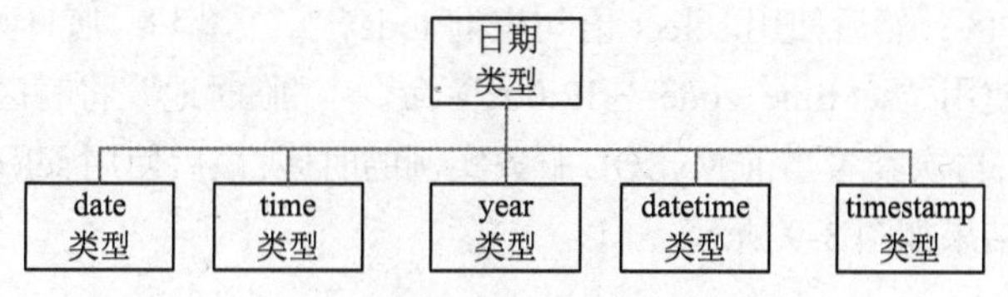

图 3-5　MySQL 主要支持的 5 种日期类型

表 3-4　　MySQL 日期类型的书写格式

类型	字节数	取值范围	格式
date	3	'1000-01-01'～'9999-12-31'	YYYY-MM-DD
time	3	'-838:59:59'～'838:59:59'	HH:ii:ss
year	1	'1901'～'2155'	YYYY
datetime	8	'1000-01-0100:00:00'～'9999-12-31 23:59:59'	YYYY-MM-DD HH:ii:ss
timestamp	8	'1970-01-01 00:00:00'～'2037'	YYYY-MM-DD HH:ii:ss

datetime 与 timestamp 都是日期和时间的混合类型，它们之间的区别如下。

- 表示的取值范围不同，datetime 的取值范围远远大于 timestamp 的取值范围。
- 将 NULL 插入 timestamp 字段后，该字段的值实际上是 MySQL 服务器当前的日期和时间。

- 对于同一个 timestamp 类型的日期或时间，不同的时区显示结果不同。使用 MySQL 命令“show variables like 'time_zone';”可以查看当前 MySQL 服务实例的时区，如图 3-6 所示。“SYSTEM”表示 MySQL 时区与服务器主机的操作系统的时区一致。
- 当对包含 timestamp 数据的记录进行修改时，timestamp 数据将自动更新为 MySQL 服务器当前的日期和时间。

场景描述 1：datetime 与 timestamp 的区别。

由于系统变量 time_zone 是会话系统变量，因此，下述 MySQL 代码要求在同一个 MySQL 会话中执行。

步骤 1：使用下面的 create table 语句在 choose 数据库中创建 today 表，执行结果如图 3-7 所示。

```
use choose;
create table today(
t1 datetime,
t2 timestamp
);
```

```
mysql> show variables like 'time_zone';
+---------------+--------+
| Variable_name | Value  |
+---------------+--------+
| time_zone     | SYSTEM |
+---------------+--------+
1 row in set (0.00 sec)
```

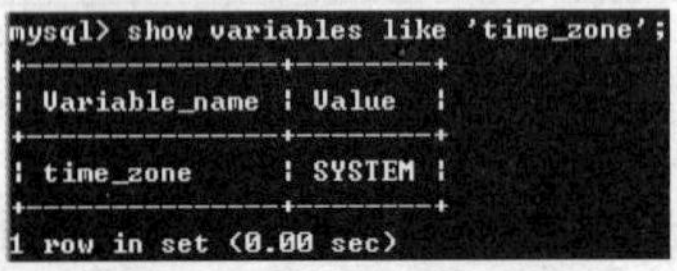

图 3-6　查看当前 MySQL 服务实例的时区

```
mysql> use choose;
Database changed
mysql> create table today(
    -> t1 datetime,
    -> t2 timestamp
    -> );
Query OK, 0 rows affected (0.03 sec)
```

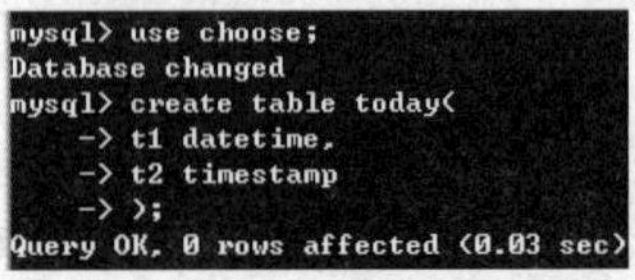

图 3-7　创建 today 表

步骤 2：下面的两条 insert 语句负责向 today 表中插入两条记录，执行结果如图 3-8 所示。

```
insert into today values(now(),now());
insert into today values(null,null);
```

```
mysql> insert into today values(now(),now());
Query OK, 1 row affected (0.02 sec)

mysql> insert into today values(null,null);
Query OK, 1 row affected (0.00 sec)
```

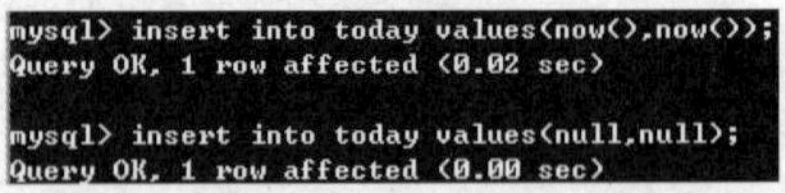

图 3-8　向 today 表中插入两条记录

步骤 3：在下面的 MySQL 代码中，首先查看当前 MySQL 服务实例的时区；然后使用 select 语句查询 today 表的所有记录；接着使用“set time_zone='+12:00';”命令 “临时地”将时区设置为新西兰时区，即东 12 时区(+12:00);再次查看当前 MySQL 服务实例的时区;最后使用 select 语句再次查询 today 表的所有记录，执行结果如图 3-9 所示。

```
show variables like 'time_zone';
select * from today;
set time_zone='+12:00';
show variables like 'time_zone';
select * from today;
```

从执行结果可以看出，在 datetime 字段中插入 NULL 值后，该字段的值就是 NULL 值；在 timestamp 字段中插入 NULL 值后，该字段的值是 MySQL 服务器当前的日期。时区修改前后，t1 字段的时间没有发生变化，然而 t2 字段的时间增加了 4h。也就是说，datetime 字段的值不受时区的影响，而 timestamp 字段的值受到时区的影响。

场景描述 2：使用下面的 SQL 语句将 today 表中的 t1 字段的值设置为系统当前时间，然后查询 today 表中的所有记录，注意 t2 的值也会自动更新，执行结果如图 3-10 所示。从执行结果可以看出，now()函数用于获得 MySQL 服务器的当前时间，该时间与时区的设置密切相关。

```
mysql> show variables like 'time_zone';
+---------------+--------+
| Variable_name | Value  |
+---------------+--------+
| time_zone     | SYSTEM |
+---------------+--------+
1 row in set (0.02 sec)

mysql> select * from today;
+---------------------+---------------------+
| t1                  | t2                  |
+---------------------+---------------------+
| 2013-05-05 07:25:13 | 2013-05-05 07:25:13 |
| NULL                | 2013-05-05 07:25:13 |
+---------------------+---------------------+
2 rows in set (0.02 sec)

mysql> set time_zone='+12:00';
Query OK, 0 rows affected (0.00 sec)

mysql> show variables like 'time_zone';
+---------------+--------+
| Variable_name | Value  |
+---------------+--------+
| time_zone     | +12:00 |
+---------------+--------+
1 row in set (0.00 sec)

mysql> select * from today;
+---------------------+---------------------+
| t1                  | t2                  |
+---------------------+---------------------+
| 2013-05-05 07:25:13 | 2013-05-05 11:25:13 |
| NULL                | 2013-05-05 11:25:13 |
+---------------------+---------------------+
2 rows in set (0.00 sec)
```

图 3-9　datetime 与 timestamp 的区别

```
mysql> update today set t1=now();
Query OK, 2 rows affected (0.02 sec)
Rows matched: 2  Changed: 2  Warnings: 0

mysql> select * from today;
+---------------------+---------------------+
| t1                  | t2                  |
+---------------------+---------------------+
| 2013-05-05 11:32:32 | 2013-05-05 11:32:32 |
| 2013-05-05 11:32:32 | 2013-05-05 11:32:32 |
+---------------------+---------------------+
2 rows in set (0.00 sec)
```

图 3-10　timestamp 数据自动更新

说明

now()函数有一个别名函数 curtime()。

```
update today set t1=now();
select * from today;
```

当向 now()函数或者 curtime()函数传递一个整数值（小于等于 6 的整数），并把它作为函数的参数时，可以得到 MySQL 服务器当前更精确的时间。例如，下面的 SQL 语句的执行结果如图 3-11 所示。

```
select now(6),curtime(6);
```

目前，datetime 以及 timestamp 数据类型的精度仅仅到秒，不能够保存更精确的时间。如果确实需要保存更精确的时间，可以使用 datetime 类型字段保存日期和时间，使用另一个 int 类型的字段保存"微秒"信息。例如，下面的 SQL 语句的执行结果如图 3-12 所示，其中，microsecond()函数用于获取"微秒"信息。

```
select now(6),now(),microsecond(now(6));
```

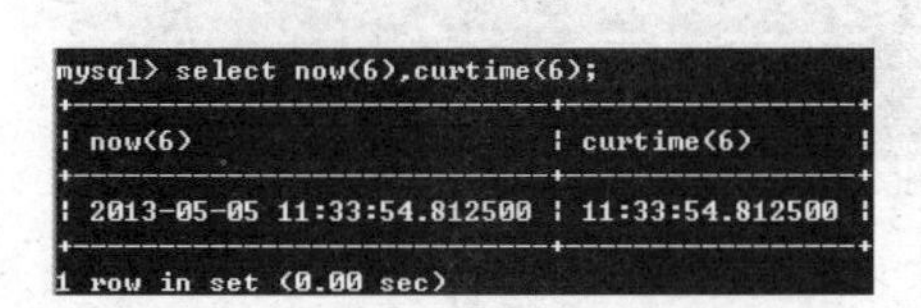

```
mysql> select now(6),curtime(6);
+----------------------------+-----------------+
| now(6)                     | curtime(6)      |
+----------------------------+-----------------+
| 2013-05-05 11:33:54.812500 | 11:33:54.812500 |
+----------------------------+-----------------+
1 row in set (0.00 sec)
```

图 3-11　MySQL 服务器更精确的时间

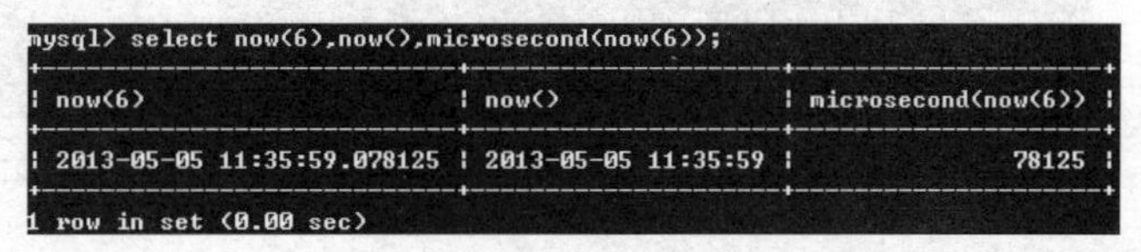

```
mysql> select now(6),now(),microsecond(now(6));
+----------------------------+---------------------+---------------------+
| now(6)                     | now()               | microsecond(now(6)) |
+----------------------------+---------------------+---------------------+
| 2013-05-05 11:35:59.078125 | 2013-05-05 11:35:59 |               78125 |
+----------------------------+---------------------+---------------------+
1 row in set (0.00 sec)
```

图 3-12　单独获取更精确的时间

3.1.5　MySQL 复合类型

MySQL 支持两种复合数据类型：enum 枚举类型和 set 集合类型。

enum 类型的字段只允许从一个集合中取得某一个值，有点儿类似于单选按钮的功能。例如，一个人的性别从集合{'男', '女'}中取值，且只能取其中一个值。

set 类型的字段允许从一个集合中取得多个值，有点儿类似于复选框的功能。例如，一个人的兴趣爱好可以从集合{'听音乐', '看电影', '购物', '旅游', '游泳', '游戏'}中取值，且可以取多个值。

一个 enum 类型的数据最多可以包含 65 535 个元素，一个 set 类型的数据最多可以包含 64 个元素。

场景描述 3：使用下面的 SQL 语句创建一个 person 表，接着使用 insert 语句向 person 表中添加一条记录（注意：insert 语句中 set 类型数据的多个选项使用逗号隔开），然后使用 select 语句查询 person 表的所有记录，执行结果如图 3-13 所示，插入数据时的顺序（'看电影，游泳，听音乐'）与得到的查询结果的顺序（'听音乐，看电影，游泳'）不同。

```
mysql> use choose;
Database changed
mysql> create table person(
    -> sex enum('男','女'),
    -> interest set('听音乐','看电影','购物','旅游','游泳','游戏')
    -> );
Query OK, 0 rows affected (0.01 sec)

mysql> insert into person values('男','看电影,游泳,听音乐');
Query OK, 1 row affected (0.00 sec)

mysql> select * from person;
+------+--------------------+
| sex  | interest           |
+------+--------------------+
| 男   | 听音乐,看电影,游泳 |
+------+--------------------+
1 row in set (0.00 sec)
```

图 3-13　MySQL 复合类型示例程序

```
use choose;
create table person(
sex enum('男','女'),
interest set('听音乐','看电影','购物','旅游','游泳','游戏')
);
insert into person values('男','看电影,游泳,听音乐');
select * from person;
```

在配置 MySQL 服务时，由于开启了 strict mode 选项（使用 MySQL 命令“set sql_mode = 'strict_trans_tables';”也可以开启该选项），MySQL 模式为严格的 SQL 模式。此时，如果使用下面的 insert 语句向 person 表中添加一条记录，结果会失败，执行结果如图 3-14 所示。

```
insert into person values('男','电影,游泳,听音乐');
```

如果使用 MySQL 命令“set sql_mode = 'ansi';”“临时地”将 sql_mode 值设置为“ansi”模式，该 insert 语句将成功执行，使用 select 语句查询 person 表的所有记录，执行结果如图 3-15 所示。注意：在查询结果中，“电影”并没有成功插入到数据库表中。

```
mysql> set sql_mode = 'strict_trans_tables';
Query OK, 0 rows affected (0.00 sec)

mysql> insert into person values('男','电影,游泳,听音乐');
ERROR 1265 (01000): Data truncated for column 'interest' at row 1
```

图 3-14　MySQL 模式与 MySQL 复合类型（1）

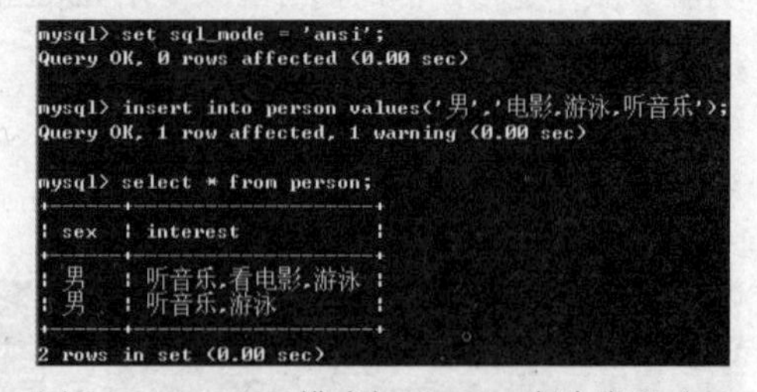

图 3-15　MySQL 模式与 MySQL 复合类型（2）

说明　从执行结果可以看出，复合数据类型的使用受到 MySQL 模式的影响。

从上述几个 insert 语句可以看出，复合数据类型 enum 和 set 存储的是字符串类型的数据，只不过取值范围受到某种约束而已。使用复合数据类型 enum 和 set 可以实现简单的字符串类型数据的检查约束。

3.1.6　MySQL 二进制类型

MySQL 主要支持 7 种二进制类型：binary、varbinary、bit、tinyblob、blob、mediumblob 和 longblob，如图 3-16 所示。每种二进制类型占用的存储空间如表 3-5 所示。二进制类型的字段主要用于存储由'0'和'1'组成的字符串，从某种意义上讲，二进制类型的数据是一种特殊格式的字符串。二进制类型与字符串类型的区别在于，字符串类型的数据按字符为单位进行存储，因此存在多种字符集、多种字符序；除了 bit 数据类型按位为单位进行存储，其他二进制类型的数据按字节为单位进行存储，仅存在二进制字符集 binary。

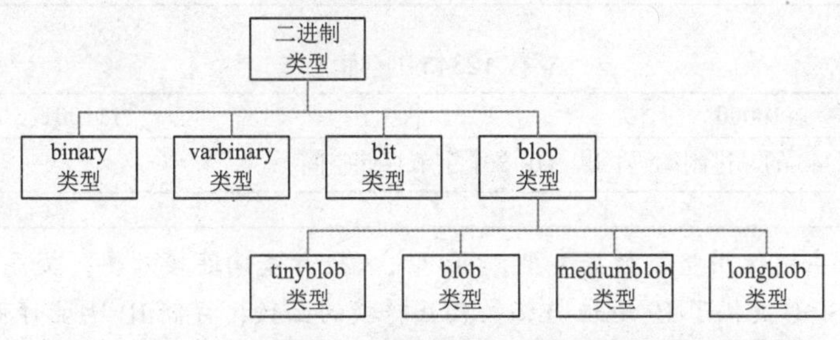

图 3-16　MySQL 主要支持的 7 种二进制类型

表 3-5　二进制类型占用的存储空间

类型	占用空间	取值范围	用途
binary(n)	*n* 个字节	0 到 255	较短的二进制数
varbinary(n)	实际占用的字数	0 到 65 535	较长的二进制数
bit(n)	*n* 个位	0 到 64	短二进制数
tinyblob	实际占用的字节数	0 到 255	较短的二进制数
blob	实际占用的字节数	0 到 65 535	图片、声音等文件
mediumblob	实际占用的字节数	0 到 16 777 215	图片、声音、视频等文件
longblob	实际占用的字节数	0 到 4 294 967 295	图片、声音、视频等文件

text 与 blob 都可以用来存储长字符串，text 主要用来存储文本字符串，例如新闻内容、博客日志等数据；blob 主要用来存储二进制数据，例如图片、音频、视频等二进制数据。在真正的项目中，更多的时候需要将图片、音频、视频等二进制数据，以文件的形式存储在操作系统的文件系统中，而不会存储在数据库表中，毕竟，处理这些二进制数据并不是数据库管理系统的强项。

3.1.7　选择合适的数据类型

MySQL 支持各种各样的数据类型，为字段或者变量选择合适的数据类型，不仅可以有效地节省存储空间，还可以有效地提升数据的计算性能。通常来说，数据类型的选择遵循以下原则。

（1）在符合应用要求（取值范围、精度）的前提下，尽量使用“短”数据类型。

“短”数据类型的数据在外存（例如硬盘）、内存和缓存中需要更少的存储空间，查询连接的效率更高，计算速度更快。例如，对于存储字符串数据的字段，建议优先选用 char(n)和 varchar(n)，长度不够时选用 text 数据类型。

（2）数据类型越简单越好。

与字符串相比，整数处理开销更小，因此尽量使用整数代替字符串。例如，字符串数据'12345'的存储方法如表 3-6 所示，整数 smallint 数据 12345 的存储方法如表 3-7 所示，可以看出，字符串数据类型的存储较为复杂。

表 3-6　字符串数据类型“12345”的存储方法

110001	110010	110011	110100	110101
字符'1'编码	字符'2'编码	字符'3'编码	字符'4'编码	字符'5'编码
字符串'12345'的二进制编码，共占用 5 个字节存储空间				

表 3-7　整数 12345 的存储方法

110000	111001
smallint 类型数据 12345 的二进制编码，共占用 2 个字节存储空间	

如果主键选用整数数据类型，可以大大提升查询连接效率，提高数据的检索性能。由于 MySQL 提供了 IP 地址与整数相互转换的函数，存储 IP 地址时可以选用整数类型。

（3）尽量采用精确小数类型（例如 decimal），而不采用浮点数类型。使用精确小数类型不仅能够保证数据计算更为精确，还可以节省储存空间，例如百分比使用 decimal(4,2)即可。

（4）在 MySQL 中，应该用内置的日期和时间数据类型，而不是用字符串来存储日期和时间。

（5）尽量避免 NULL 字段，建议将字段指定为 Not NULL 约束。这是由于：在 MySQL 中，含有空值的列很难进行查询优化，NULL 值会使索引的统计信息以及比较运算变得更加复杂。推荐使用 0、一个特殊的值或者一个空字符串代替 NULL 值。

3.2　创　建　表

创建数据库表是通过 create table 语句实现的，create table 语句的语法格式如下。

```
create table 表名(
字段名 1 数据类型[约束条件],
字段名 2 数据类型[约束条件],
…
[其他约束条件],
[其他约束条件]
)其他选项（例如存储引擎、字符集等选项）
```

语法格式中“[ ]”表示可选的。创建数据库表前，需要为该表提供表名、字段名，为每个字段选择合适的数据类型及约束条件，为表选择合适的存储引擎以及字符集等信息。很多知识在之前的章节中已经讲过。本小节主要讲解各种约束条件在 MySQL 中的具体实现方法以及其他细节知识。

数据最终存储在数据库表中。如果表中包含中文简体字符，建议将表的字符集设置为 gbk（或者 gb2312）或者 utf8 等支持中文简体的字符集，否则中文字符将以“乱码”形式保存在数据库表中，查询数据时无法以“中文字符”为单位进行查询。

索引是依附于数据库表的，在上面的 create table 语句的语法格式中忽略了索引的创建，但这不意味着索引的概念不重要，反而是因为太重要，需要单独进行讲解。

3.2.1　设置约束

MySQL 支持的约束包括主键（primary key）约束、非空（not NULL）约束、检查（check）约束、默认值（default）约束、唯一性（unique）约束以及外键（foreign key）约束。其中，检查（check）约束需要借助触发器或者 MySQL 复合数据类型实现。

1．设置主键（primary key）约束

（1）如果一个表的主键是单个字段，直接在该字段的数据类型或者其他约束条件后加上“primary key”关键字，即可将该字段设置为主键约束，语法规则如下。

字段名 数据类型[其他约束条件] primary key

例如，将学生 student 表的 student_no 字段设置为主键，可以使用下面的 SQL 代码片段。

```
student_no char(11) primary key
```

（2）如果一个表的主键是多个字段的组合（例如，字段名 1 与字段名 2 共同组成主键），定义完所有的字段后，使用下面的语法规则将（字段名 1，字段名 2）设置为复合主键。

```
primary key (字段名1, 字段名2)
```

例如，使用下面的 SQL 语句在 choose 数据库中创建 nowadays 表，并将(t1, t2)的字段组合设置为 nowadays 表的主键。

```
use choose;
create table nowadays (
t1 datetime,
t2 timestamp,
primary key(t1, t2)
);
```

场景描述 4：查看某个表的约束条件。

若要查看某个表（例如 choose 数据库中的 nowadays 表）的所有约束条件，可以使用下面的 select 语句，执行结果如图 3-17 所示，图中主键约束的约束名是 PRIMARY。select 语句中的 from 子句用于指定从哪个表中检索数据，information_schema 为 MySQL 的系统数据库，该系统数据库定义了所有数据库对象的元数据信息，table_constraints 为 information_schema 系统数据库中的一个系统表，数据库与表之间使用“.”隔开。where 子句中的 table_name 用于指定需要查看哪个表的约束条件，table_schema 用于指定该表属于哪个数据库。

```
select constraint_name, constraint_type
from information_schema.table_constraints
where table_schema='choose' and table_name='nowadays';
```

成功设置了表的主键后，MySQL 会自动地为主键字段创建一个名字为“PRIMARY”的“索引”。可以使用“show index from nowadays\G”命令查看 nowadays 表的索引信息，执行结果如图 3-18 所示，图中的各个字段的说明如表 3-8 所示。有关索引的知识稍后讲解。

```
mysql> select constraint_name, constraint_type
    -> from information_schema.table_constraints
    -> where table_schema='choose' and table_name='nowadays';
+-----------------+-----------------+
| constraint_name | constraint_type |
+-----------------+-----------------+
| PRIMARY         | PRIMARY KEY     |
+-----------------+-----------------+
1 row in set (0.03 sec)
```

图 3-17　查看表的约束条件

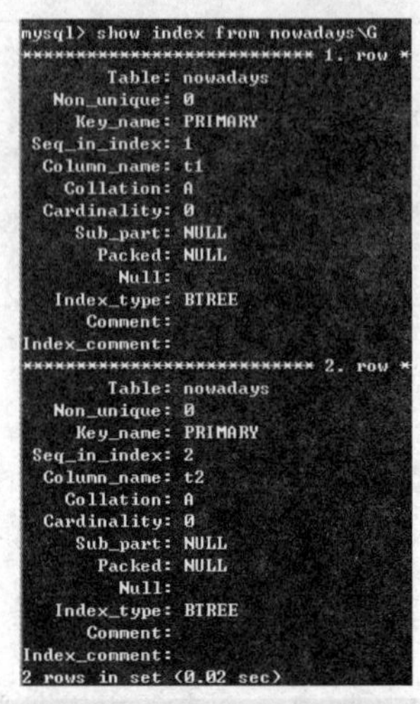

图 3-18　nowadays 表的索引信息

表 3-8　　索引字段的相关说明

字段名	说明
Table	表的名称
Non_unique	0 表示索引中不能包含重复值（主键和唯一索引时该值为 0）。1 表示索引中可以包含重复值
Key_name	索引的名称
Seq_in_index	索引中的字段序列号，序号为 1 表示该字段是第一关键字，序号为 2 表示该字段是第二关键字，以此类推
Column_name	哪个字段名被编入索引
Collation	关键字是否排序，A 表示排序，NULL 表示不排序。若 Index_type 值为 BTREE，该值总为 A；若为全文索引，该值为 NULL
Cardinality	关键字值的离散程度，该值越大，越离散
Sub_part	如果整个字段值被编入索引，则为 NULL。如果字段值的某个部分被编入索引，则值为被编入索引的字符个数。例如，可以将姓名 name 字段中的“姓”编入索引
Packed	索引的关键字是否被压缩。如果没有被压缩，则为 NULL。Packed 的值对应于创建数据库表时 pack_keys 选项的值
Null	如果字段值可以为 NULL，则为 YES，否则为 NO 或空字符串
Index_type	索引的数据结构（BTREE, FULLTEXT, HASH, RTREE）
Comment	注释

上述 MySQL 命令中，“\G”的作用是发送命令，并将结果以垂直方式显示，“\G”后面不能再跟命令结束标记“;”分号。

2. 设置非空（not NULL）约束

如果某个字段满足非空约束的要求（例如学生的姓名不能取 NULL 值），则可以向该字段添加非空约束。若设置某个字段的非空约束，直接在该字段的数据类型后加上“not null”关键字即可，语法规则如下。

字段名 数据类型 not null

例如，将学生 student 表的姓名 student_name 字段设置为非空约束，可以使用下面的 SQL 代码片段。

```
student_name char(10) not null
```

3. 设置检查（check）约束

事实上 MySQL 并不支持检查约束，MySQL 中的检查约束可以通过 enum 复合数据类型、set 复合数据类型，或者触发器实现。

（1）如果一个字段是字符串类型，且取值范围是离散的，数量也不多（例如性别、兴趣爱好等），此时可以使用 enum 或者 set 实现检查约束，这里不再赘述。

（2）如果一个字段的取值范围是离散的，数量也不多，但是该字段是数值类型的数据，且需要参与数学运算，此时使用 enum 或者 set 实现检查约束有些不妥，因为 enum 和 set 的“原形”是字符串，而字符串参与数学运算还需要使用数据类型转换函数将其转换成数值类型的数据，运算速度势必会降低。例如，课程的人数上限 up_limit 的取值范围是整数 60、150、230，对于这种检查约束可以通过触发器实现，具体实现方法请参看视图和触发器章节的内容。

（3）其他情况可以使用触发器实现检查约束。例如，一个学生某门课程的成绩 score 要求在 0 到 100 之间取值，可以通过触发器实现该检查约束，具体实现方法请参看视图和触发器章节的内容。

4. 设置默认值（default）约束

如果某个字段满足默认值约束要求，可以向该字段添加默认值约束，例如，可以将课程 course 表的人数上限 up_limit 字段设置默认值 60。若设置某个字段的默认值约束，直接在该字段数据类型及约束条件后加上“default 默认值”即可，语法规则如下。

字段名 数据类型[其他约束条件] default 默认值

例如，将课程 course 表的 up_limit 字段设置默认值约束，且默认值为整数 60，可以使用下面的 SQL 代码片段。

```
up_limit int default 60
```

例如，将课程 course 表的 status 字段设置默认值约束，且默认值为字符串'未审核'，可以使用下面的 SQL 代码片段。

```
status char(6) default '未审核'
```

5. 设置唯一性（unique）约束

如果某个字段满足唯一性约束要求，则可以向该字段添加唯一性约束。例如，班级 classes 表的班级名 class_name 字段的值不能重复，class_name 字段满足唯一性约束条件。若设置某个字段为唯一性约束，直接在该字段数据类型后加上“unique”关键字即可，语法规则如下。

字段名 数据类型 unique

例如，将班级 classes 表的班级名 class_name 字段设置为非空约束以及唯一性约束，可以使用下面的 SQL 代码片段。

```
class_name char(20) not null unique
```

或者

```
class_name char(20) unique not null
```

说明

如果某个字段存在多种约束条件，约束条件的顺序是随意的。

唯一性约束实质上是通过唯一性索引实现的，因此唯一性约束的字段一旦创建，那么该字段将自动创建唯一性索引。如果要删除唯一性约束，只需删除对应的唯一性索引即可。

6. 设置外键（foreign key）约束

外键约束主要用于定义表与表之间的某种关系。表 A 外键字段的取值，要么是 NULL，要么是来自于表 B 主键字段的取值（此时将表 A 称为表 B 的子表，表 B 称为表 A 的父表）。例如，学生 student 表的班级号 class_no 字段的取值要么是 NULL，要么是来自于班级 classes 表的 class_no 字段的取值。也可以这样说，学生 student 表的 class_no 字段的取值必须参照（reference）班级 classes 表的 class_no 字段的取值。在表 A 中设置外键的语法规则如下。

constraint 约束名 foreign key（表 A 字段名或字段名列表）references 表 B（字段名或字段名列表）[on delete 级联选项] [on update 级联选项]

级联选项有 4 种取值，其意义如下。

（1）cascade：父表记录的删除（delete）或者修改（update）操作，会自动删除或修改子表中与之对应的记录。

（2）set null：父表记录的删除（delete）或者修改（update）操作，会将子表中与之对应记录的外键值自动设置为 null.值。

（3）no action：父表记录的删除（delete）或修改（update）操作，如果子表存在与之对应的记录，那么删除或修改操作将失败。

（4）restrict：与 no action 功能相同，且为级联选项的默认值。

例如，将学生 student 表的 class_no 字段设置为外键，该字段的值参照（reference）班级 classes 表的 class_no 字段的取值，可以在学生 student 表的 create table 语句中使用下面的 SQL 代码片段（其中 student_class_fk 为外键约束名，fk 后缀为 foreign key 的缩写）。

```
constraint student_class_fk foreign key (class_no) references classes(class_no)
```

由于 MyISAM 存储引擎暂不支持外键约束，如果在 MyISAM 存储引擎的表中创建外键约束，将产生类似“Can't create table 'test1.choose' (errno: 150)”的错误信息。

除了外键约束外，主键约束以及唯一性约束也可以使用“constraint 约束名 约束条件”格式进行设置。例如，下面的 SQL 语句创建了 test 表，其中 test_no 字段设置了主键约束，约束名为 test_pk；test_name 字段设置了唯一性约束，约束名是 name_unique（注意：同一个表的约束名不能重复）。test 表的约束信息如图 3-19 所示，索引信息如图 3-20 所示。

```
mysql> select constraint_name, constraint_type
    -> from information_schema.table_constraints
    -> where table_schema='choose' and table_name='test';
+-----------------+-----------------+
| constraint_name | constraint_type |
+-----------------+-----------------+
| PRIMARY         | PRIMARY KEY     |
| name_unique     | UNIQUE          |
+-----------------+-----------------+
2 rows in set (0.00 sec)
```

图 3-19 主键约束以及唯一性约束示例

```
mysql> show index from test\G
*************************** 1. row
        Table: test
   Non_unique: 0
     Key_name: PRIMARY
 Seq_in_index: 1
  Column_name: test_no
    Collation: A
  Cardinality: 0
     Sub_part: NULL
       Packed: NULL
         Null:
   Index_type: BTREE
      Comment:
Index_comment:
*************************** 2. row
        Table: test
   Non_unique: 0
     Key_name: name_unique
 Seq_in_index: 1
  Column_name: test_name
    Collation: A
  Cardinality: 0
     Sub_part: NULL
       Packed: NULL
         Null: YES
   Index_type: BTREE
      Comment:
Index_comment:
2 rows in set (0.00 sec)
```

图 3-20 test 表的索引

```
create table test(
test_no char(10),
test_name char(10),
constraint test_pk primary key (test_no),
constraint name_unique unique (test_name)
);
```

上面的 SQL 语句创建了两个约束，其中，主键约束的约束名是系统默认值 PRIMARY，唯一性约束的约束名为 name_unique，唯一性约束产生的索引名为 name_unique。

3.2.2　设置自增型字段

如果要求数据库表的某个字段值依次递增，且不重复，则可以将该字段设置为自增型字段。前面曾经提到，如果数据库开发人员不能从已有的字段（或者字段组合）中选择一个主键，那么可以向数据库表中添加一个没有实际意义的字段作为该表的主键。为了避免手工录入时造成人为错误，对于没有实际意义的主键字段而言，本书建议将其设置为自增型字段。默认情况下，MySQL 自增型字段的值从 1 开始递增，且步长为 1。设置自增型字段的语法格式如下。

字段名 数据类型 **auto_increment**

例如，将班级 classes 表的 class_no 字段设置为主键，并设置为自增型字段，可以使用下面的 SQL 代码片段。

```
class_no int auto_increment primary key
```

自增型字段的数据类型必须为整数。向自增型字段插入一个 NULL 值（推荐）或 0 时，该字段值会被自动设置为比上一次插入值更大的值。也就是说，新增加的字段值总是当前表中该列的最大值。如果新增加的记录是表中的第一条记录，则该值为 1。

建议将自增型字段设置为主键，否则创建数据库表将会失败，并提示如下错误信息。

```
ERROR 1075 (42000): Incorrect table definition; there can be only one auto column and
it must be defined as a key
```

上面的 SQL 代码片段保证了 class_no 的值从 1 开始递增，且步长为 1，但这不意味着 class_no 字段的值永远连续，例如，使用 delete 语句删除班级 classes 表的某条记录后，class_no 字段的值可能出现“断层”。

3.2.3　其他选项的设置

创建数据库表时，还可以设置表的存储引擎、默认字符集以及压缩类型。

（1）创建数据库表时，可以向 create table 语句末尾添加 engine 选项，即设置该表的存储引擎，语法格式如下。

engine=存储引擎类型

如果省略了 engine 选项，那么该表将沿用 MySQL 默认的存储引擎。

（2）创建数据库表时，可以向 create table 语句末尾添加 default charset 选项，即设置该表的字符集，语法格式如下。

default charset=字符集类型

如果省略了 default charset 选项，那么该表将沿用系统变量 character_set_database 的值（数据库字符集的值）。

（3）如果希望压缩索引中的关键字，使索引关键字占用更少的存储空间，可以通过设置 pack_keys 选项实现（注意：该选项仅对 MyISAM 存储引擎的表有效），语法格式如下。

pack_keys=压缩类型

- 将压缩类型设置为 1，表示压缩索引中所有关键字的存储空间，这样做通常会使检索速度加快，更新速度变慢。例如，索引中第一个关键字的值为"perform"，第二个关键字的值为"performance"，那么第二个关键字会被存储为"7,ance"。
- 将压缩类型设置为 0，表示取消索引中所有关键字的压缩。
- 将压缩类型设置为 default，表示只压缩索引中字符串类型的关键字（例如 char、varchar、text 等字段），但不压缩数值类型的关键字。

3.2.4 创建"选课系统"数据库表

有了前面知识的铺垫，结合第 1 章"选课系统"数据库设计的结果，相信读者创建"选课系统"数据库的各个数据库表应该不是什么难事。

场景描述 5：创建"选课系统"数据库表。

下面的 SQL 语句负责创建 choose 数据库的各个表，读者也可以创建一个 choose.sql 脚本文件，写入如下 SQL 代码，以便于编辑这些 SQL 代码。打开 MySQL 客户机，连接 MySQL 服务器，运行这些 SQL 语句，继而可以创建"选课系统"数据库的各个数据库表。

```
use choose;
create table teacher(
teacher_no char(10) primary key,
teacher_name char(10) not null,               #教师姓名不允许为空
teacher_contact char(20) not null             #教师联系方式名不允许为空
)engine=InnoDB default charset=gbk;
create table classes(
class_no int auto_increment primary key,
class_name char(20) not null unique,          #班级名不允许为空，且不允许重复
department_name char(20) not null             #院系名不允许为空
)engine=InnoDB default charset=gbk;
create table course(
course_no int auto_increment primary key,
course_name char(10) not null,                #课程名允许重复
up_limit int default 60,                      #课程上限设置默认值为 60
description text not null,                    #课程的描述信息为文本字符串 text，且不能为空
status char(6) default '未审核',               #课程状态的默认值为"未审核"
teacher_no char(10) not null unique,          #唯一性约束实现教师与课程之间的 1:1 关系
constraint course_teacher_fk foreign key(teacher_no) references teacher(teacher_no)
)engine=InnoDB default charset=gbk;
create table student(
```

```
student_no char(11) primary key,          #学号不允许重复
student_name char(10) not null,           #学生姓名不允许为空
student_contact char(20) not null,        #学生联系方式不允许为空
class_no int ,                            #学生的班级允许为空
constraint student_class_fk foreign key (class_no) references classes(class_no)
)engine=InnoDB default charset=gbk;
create table choose(
choose_no int auto_increment primary key,
student_no char(11) not null,             #学生学号不允许为空
course_no int not null,                   #课程号不允许为空
score tinyint unsigned,
choose_time datetime not null,            #选课时间可由 now()函数自动生成
constraint choose_student_fk foreign key(student_no) references student(student_no),
constraint choose_course_fk foreign key(course_no) references course(course_no)
)engine=InnoDB default charset=gbk;
```

- 为了支持中文简体字符，上述 5 张表的字符集设置为 gbk 中文简体字符集。为了支持外键约束，上述 5 张表的存储引擎必须设置为 InnoDB。
- 创建数据库表时,建议先创建父表，再创建子表，上述 SQL 语句先创建了 teacher 表以及 classes 表，然后创建了 course 表以及 student 表，最后创建了 choose 表。
- MySQL 单行注释以“#”开始；多行注释以“/*”开始，以“*/”结束。
- 本章暂时使用数据库设计概述章节中方案二的表结构，即暂时没有在课程 course 表中增加“剩余的学生名额”available 字段。
- 读者可以自行分析：上述 choose 数据库的表结构可以解决“选课系统”问题域中的哪些问题。

3.2.5 复制一个表结构

利用 create table 语句还可以将一个已存在表的表结构复制到新表中。复制一个表结构的实现方法有两种。

方法一：在 create table 语句的末尾添加 like 子句，可以将源表的表结构复制到新表中，语法格式如下。

```
create table 新表名
like 源表
```

例如，将 today 表的表结构拷贝的新表 today1 中，可以使用下面的 create table 语句，执行结果如图 3-21 所示。

```
use choose;
create table today1 like today;
show create table today1;
select * from today1;
```

方法二：在 create table 语句的末尾添加一个 select 语句，可以实现表结构的复制，甚至可以将源表的表记录拷贝到新表中。下面的语法格式将源表的表结构以及源表的所有记录复制到新表中。

```
create table 新表名 select * from 源表
```

例如，将 today 表的表结构及所有表记录拷贝的新表 today2 中，可以使用下面的 SQL 语句，

执行结果如图 3-22 所示。

```
use choose;
create table today2 select * from today;
show create table today2;
select * from today2;
```

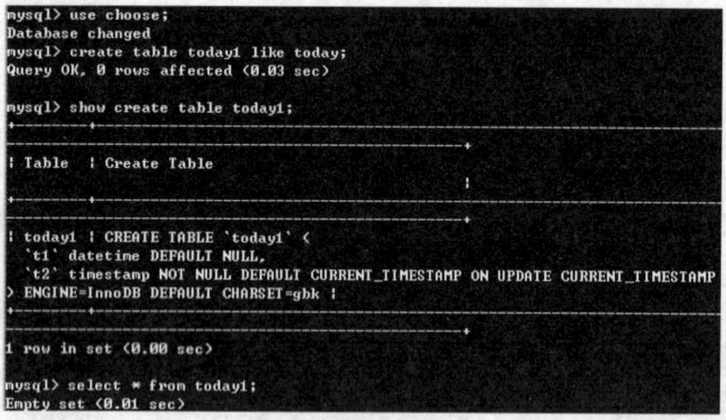

```
mysql> use choose;
Database changed
mysql> create table today1 like today;
Query OK, 0 rows affected (0.03 sec)

mysql> show create table today1;
+--------+---------------------------------------------+
| Table  | Create Table                                |
+--------+---------------------------------------------+
| today1 | CREATE TABLE `today1` (
  `t1` datetime DEFAULT NULL,
  `t2` timestamp NOT NULL DEFAULT CURRENT_TIMESTAMP ON UPDATE CURRENT_TIMESTAMP
) ENGINE=InnoDB DEFAULT CHARSET=gbk |
+--------+---------------------------------------------+
1 row in set (0.00 sec)

mysql> select * from today1;
Empty set (0.01 sec)
```

图 3-21　复制表结构

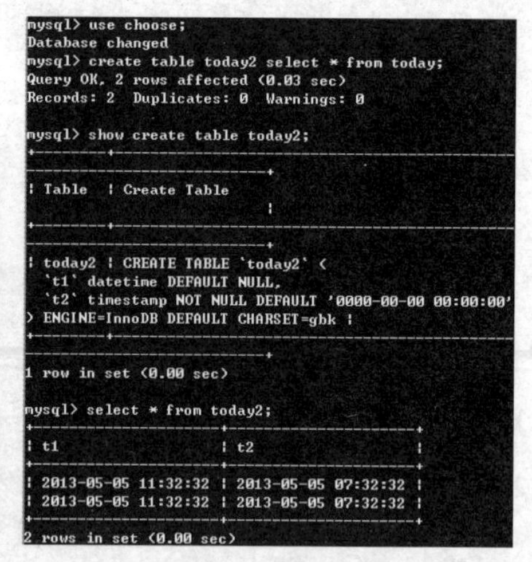

```
mysql> use choose;
Database changed
mysql> create table today2 select * from today;
Query OK, 2 rows affected (0.03 sec)
Records: 2  Duplicates: 0  Warnings: 0

mysql> show create table today2;
+--------+---------------------------------------------+
| Table  | Create Table                                |
+--------+---------------------------------------------+
| today2 | CREATE TABLE `today2` (
  `t1` datetime DEFAULT NULL,
  `t2` timestamp NOT NULL DEFAULT '0000-00-00 00:00:00'
) ENGINE=InnoDB DEFAULT CHARSET=gbk |
+--------+---------------------------------------------+
1 row in set (0.00 sec)

mysql> select * from today2;
+---------------------+---------------------+
| t1                  | t2                  |
+---------------------+---------------------+
| 2013-05-05 11:32:32 | 2013-05-05 07:32:32 |
| 2013-05-05 11:32:32 | 2013-05-05 07:32:32 |
+---------------------+---------------------+
2 rows in set (0.00 sec)
```

图 3-22　复制表结构

如果仅仅需要复制表的结构，可以使用下面的 SQL 语句实现。

```
create table today2 select * from today where 1=2;
```

上面两种复制表结构的方法都无法完全复制表的约束条件，例如使用上述两种方法都无法复制表之间的外键约束关系。如果需要复制完整的表结构，可以借助 mysqldump 工具。

3.3　修改表结构

成熟的数据库设计，数据库的表结构一般不会发生变化。数据库的表结构一旦发生变化，其他数据库对象（例如视图、触发器、存储过程）将直接受到影响，也不得不跟着发生变化，所有的这些变化将导致应用程序源代码（例如 PHP、.NET 或者 JAVA 源代码）的修改……代码维护的工作量可想而知。可以看出，数据库表结构一旦发生变化，可能会导致牵一发而动全身。

当然，随着时间的推移，有可能需要为系统增添新的功能，功能需求的变化通常会导致数据库表结构的变化。因此，即便再成熟的表结构，表结构的变化也在所难免，修改表结构需要借助 SQL 语句"alter table 表名"。修改表结构包括字段相关信息的修改、约束条件的修改、存储引擎及字符集的修改，甚至是表名的修改。

3.3.1　修改字段相关信息

字段相关信息的修改包括：向表添加字段并设置字段的位置（add），修改字段的字段名及数据类型（change），只对字段的数据类型进行修改（modify），删除字段（drop），其中删除字段的语法格式较为简单。

1. 删除字段

删除表字段的语法格式如下。

alter table 表名 **drop** 字段名

例如，将 person 表的字段 interest 删除，可以使用下面的 SQL 语句，修改后 person 表的表结构如图 3-23 所示。

```
alter table person drop interest;
```

2. 添加新字段

向表添加新字段时，通常需要指定新字段在表中的位置。向表添加新字段的语法格式如下。

alter table 表名 **add** 新字段名数据类型[约束条件] [**first** | **after** 旧字段名]

例如，向 person 表添加 person_no 自增型、主键字段，数据类型为 int，且位于第一个位置，可以使用下面的 SQL 语句。

```
alter table person add person_no int auto_increment primary key first;
```

接着在主键 person_no 字段后添加 person_name 字段，数据类型为 char(10)，非空约束，可以使用下面的 SQL 语句，修改后的 person 表的表结构如图 3-24 所示。

```
alter table person add person_name char(10) not null after person_no;
```

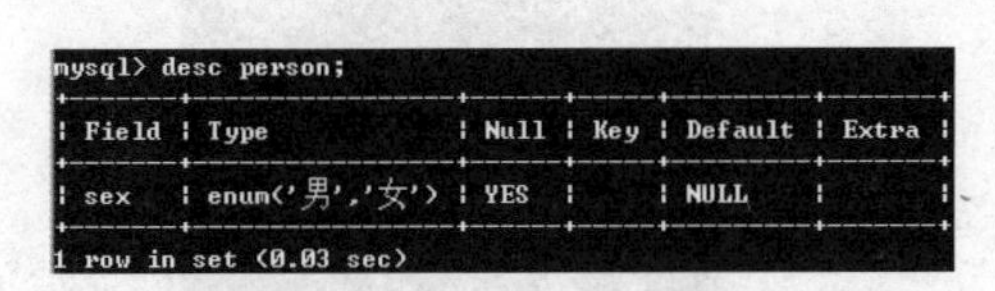

mysql> desc person;

Field	Type	Null	Key	Default	Extra
sex	enum('男','女')	YES		NULL	

1 row in set (0.03 sec)

图 3-23　person 表的表结构

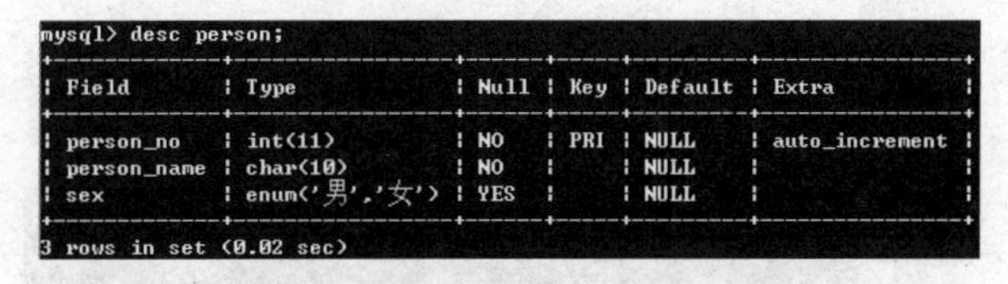

mysql> desc person;

Field	Type	Null	Key	Default	Extra
person_no	int(11)	NO	PRI	NULL	auto_increment
person_name	char(10)	NO		NULL	
sex	enum('男','女')	YES		NULL	

3 rows in set (0.02 sec)

图 3-24　修改后的 person 表的表结构

3. 修改字段名（或者数据类型）

（1）修改表的字段名（及数据类型）的语法格式如下。

alter table 表名 **change** 旧字段名　新字段名　数据类型

例如，将 person 表的 person_name 字段修改为 name 字段，且数据类型修改为 char(20)，可以使用下面的 SQL 语句（注意：name 字段没有指定非空约束）。

```
alter table person change person_name name char(20);
```

（2）如果仅对字段的数据类型进行修改，可以使用下面的语法格式。

alter table 表名 **modify** 字段名　数据类型

例如，将 person 表的 name 字段的数据类型修改为 char(30)，可以使用下面的 SQL 语句。

```
alter table person modify name char(30);
```

该 SQL 语句等效于下面的 SQL 语句。

```
alter table person change name name char(30);
```

3.3.2　修改约束条件

修改约束条件包括添加约束条件及删除约束条件。

1. 添加约束条件

向表的某个字段添加约束条件的语法格式如下（其中约束类型可以是唯一性约束、主键约束及外键约束）。

alter table 表名 **add constraint** 约束名 约束类型 (字段名)

例如，向 person 表的 name 字段添加唯一性约束，且约束名为 name_unique，可以使用下面的 SQL 语句，修改后的 person 表结构如图 3-25 所示，各个约束条件如图 3-26 所示，索引信息如图 3-27 所示。

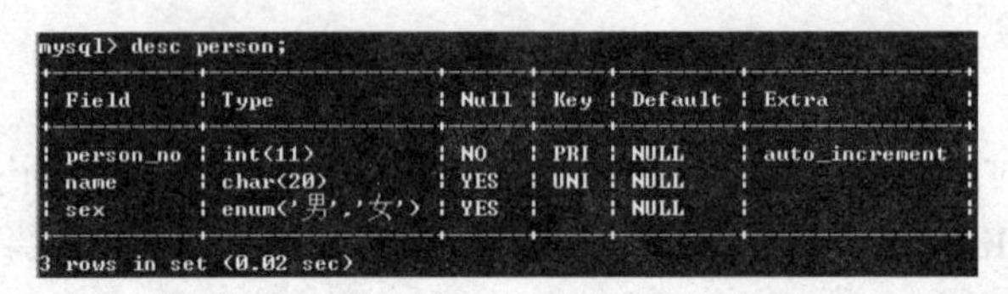

```
mysql> desc person;
+-----------+-----------------+------+-----+---------+----------------+
| Field     | Type            | Null | Key | Default | Extra          |
+-----------+-----------------+------+-----+---------+----------------+
| person_no | int(11)         | NO   | PRI | NULL    | auto_increment |
| name      | char(20)        | YES  | UNI | NULL    |                |
| sex       | enum('男','女') | YES  |     | NULL    |                |
+-----------+-----------------+------+-----+---------+----------------+
3 rows in set (0.02 sec)
```

图 3-25 修改后的 person 表的表结构

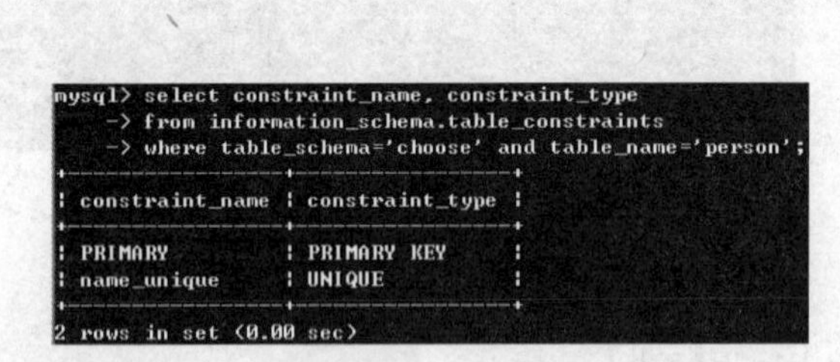

```
mysql> select constraint_name, constraint_type
    -> from information_schema.table_constraints
    -> where table_schema='choose' and table_name='person';
+-----------------+-----------------+
| constraint_name | constraint_type |
+-----------------+-----------------+
| PRIMARY         | PRIMARY KEY     |
| name_unique     | UNIQUE          |
+-----------------+-----------------+
2 rows in set (0.00 sec)
```

图 3-26 修改后的 person 表的约束条件

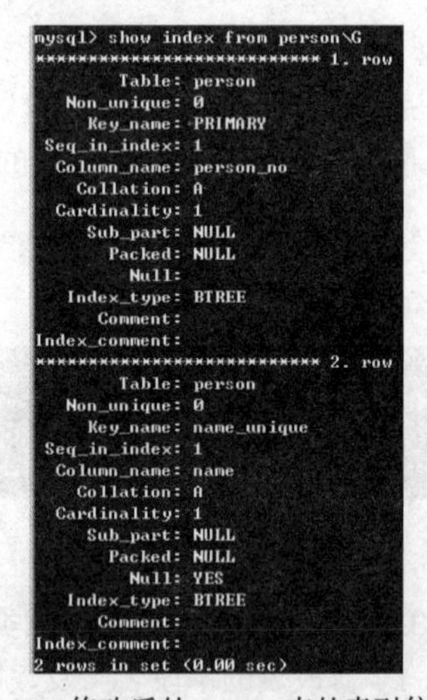

```
mysql> show index from person\G
*************************** 1. row
        Table: person
   Non_unique: 0
     Key_name: PRIMARY
 Seq_in_index: 1
  Column_name: person_no
    Collation: A
  Cardinality: 1
     Sub_part: NULL
       Packed: NULL
         Null:
   Index_type: BTREE
      Comment:
Index_comment:
*************************** 2. row
        Table: person
   Non_unique: 0
     Key_name: name_unique
 Seq_in_index: 1
  Column_name: name
    Collation: A
  Cardinality: 1
     Sub_part: NULL
       Packed: NULL
         Null: YES
   Index_type: BTREE
      Comment:
Index_comment:
2 rows in set (0.00 sec)
```

图 3-27 修改后的 person 表的索引信息

```
delete from person;
alter table person add constraint name_unique unique (name);
```

为表添加约束条件时，表的已有记录需要满足新约束条件的要求，否则将出现类似 “ERROR 1062 (23000): Duplicate entry '' for key 'name_unique'” 的错误信息。

2. 删除约束条件

（1）删除表的主键约束条件语法格式比较简单，语法格式如下。

alter table 表名 **drop primary key**

（2）删除表的外键约束时，需指定外键约束名称，语法格式如下（注意：需指定外键约束名）。

alter table 表名 **drop foreign key** 约束名

（3）若要删除表字段的唯一性约束，实际上只需删除该字段的唯一性索引即可，语法格式如下（注意：需指定唯一性索引的索引名）。

alter table 表名 **drop index** 唯一索引名

例如，删除 person 表 name 字段的唯一性约束（约束名是 name_unique，索引名也是 name_unique），可以使用下面的 SQL 语句，修改后的 person 表结构如图 3-28 所示。

```
alter table person drop index name_unique;
```

```
mysql> desc person;
+-----------+-----------------+------+-----+---------+----------------+
| Field     | Type            | Null | Key | Default | Extra          |
+-----------+-----------------+------+-----+---------+----------------+
| person_no | int(11)         | NO   | PRI | NULL    | auto_increment |
| name      | char(20)        | YES  |     | NULL    |                |
| sex       | enum('男','女') | YES  |     | NULL    |                |
+-----------+-----------------+------+-----+---------+----------------+
3 rows in set (0.00 sec)
```

图 3-28　person 表的表结构

3.3.3　修改表的其他选项

修改表的其他选项（例如存储引擎、默认字符集、自增字段初始值以及索引关键字是否压缩等）的语法格式较为简单，语法格式如下。

alter table 表名 **engine=**新的存储引擎类型

alter table 表名 **default charset=**新的字符集

alter table 表名 **auto_increment=**新的初始值

alter table 表名 **pack_keys=**新的压缩类型（注意：pack_keys 选项仅对 MyISAM 存储引擎的表有效）

例如，将 person 表的存储引擎修改为 MyISAM，默认字符集设置为 gb2312，所有索引关键字设置为压缩，使用的 SQL 语句如下。

```
alter table person engine=MyISAM;
alter table person default charset=gb2312;
alter table person auto_increment=8;
alter table person pack_keys=1;
```

3.3.4　修改表名

修改表名的语法格式较为简单，语法格式如下。

rename table 旧表名 to 新表名

该命令等效于：**alter** table 旧表名 **rename** 新表名

例如，将 person 表的表名修改为 human，可以使用下面任意一条 MySQL 语句。

```
alter table person rename human;
rename table person to human;
```

3.4　删　除　表

删除表的 SQL 语法格式比较简单，前面也已经讲过，这里不再赘述。这里唯一需要强调的是在删除表时，如果表之间存在外键约束关系，则需要注意删除表的顺序。例如，若使用 SQL 语句“drop table teacher;”直接删除父表 teacher，结果会删除失败，执行结果如图 3-29 所示。对于存在外键约束关系的若干个 InnoDB 表而言，若想删除父表，需要首先删除子表与父表之间的外键约束条件，解除“父子”关系后，才可以删除父表。

```
mysql> drop table teacher;
ERROR 1217 (23000): Cannot delete or update a parent row: a foreign key constraint fails
```

图 3-29　直接删除父表将发生错误

3.5 索　　引

创建数据库表时，初学者通常仅仅关注该表有哪些字段、字段的数据类型及约束条件等信息，很容易忽视数据库表中的另一个重要的概念“索引”。

3.5.1　理解索引

想象一下《现代汉语词典》的使用方法，就可以理解索引的重要性。《现代汉语词典》将近 1800 页，收录汉字达 1.3 万多个，如何在众多汉字中找到某个字（例如“祥”）？从现代汉语词典的第一页开始逐页逐字查找，直到查找到含有“祥”字的那一页？相信读者不会这么做。词典提供了“音节表”，“音节表”将汉语拼音“xi áng”编入其中，并且“音节表”按“a”到“z”的顺序排序，故而读者可以轻松地在“音节表”中先找到“xi áng→1488”，然后再从 1488 页开始逐字查找，这样可以快速地检索到“祥”字。“音节表”就是《现代汉语词典》的一个“索引”，其中“音节表”中的“xi áng”是“索引”的“关键字”，该“关键字”的值必须来自于词典正文中的“xi áng”（或者说是词典正文中“xi áng”的复制），索引中的“1488”是“数据”所在起始页。数据库表中存储的数据往往比《现代汉语词典》收录的汉字多得多，没有索引的词典对读者而言变得不可想象，同样没有“索引”的数据库表对于数据库用户而言更是“悲催”。

《现代汉语词典》中“祥”字所在的页数未必是“1488”页，请读者不必深究。

（1）索引的本质是什么？

本质上，索引其实是数据库表中字段值的复制，该字段称为索引的关键字。

（2）MySQL 数据库中，数据是如何检索的？

简言之，MySQL 在检索表中的数据时，先按照索引“关键字”的值在索引中进行查找，如果能够查到，则可以直接定位到数据所在的起始页；如果没有查到，只能全表扫描查找数据了。

（3）一个数据库表只能创建一个索引吗？

当然不是。想象一下《现代汉语词典》，除了将汉语拼音编入“音节表”实现汉字的检索功能外，还将所有汉字的部首编入“部首检字表”实现汉字的检索功能，“部首检字表”是《现代汉语词典》的另一个“索引”。同样对于数据库表而言，一个数据库表可以创建多个索引。

（4）什么是前缀索引？

“部首检字表”的使用方法是：首先确定一个字的部首，结合笔画可以查找到该字所在的起始页。例如部首“礻”，结合“羊”的笔画是 6，可以快速地在“部首检字表”中查到“祥→1488”。“部首检字表”中的部首“礻”仅仅是汉字的一个部分（part），不是整个汉字的拷贝。同样对于数据库表而言，索引中关键字的值可以是索引“关键字”字段值的一个部分，这种索引称为“前缀索引”。例如，可以仅仅对教师姓名（例如“张老师”）中的“姓”（“张”）建立前缀索引。

（5）索引可以是字段的组合吗？

当然可以。《现代汉语词典》中的“部首检字表”中，部首是“索引”的第一关键字（也叫主关键字），部首相同时，“笔画”未必相同，笔画是“索引”的第二关键字（也叫次关键字）。同样对于数据库而言，索引可以是字段的组合。数据库表的某个索引如果由多个关键字构成，此时该索引称为“复合索引”。无论索引的关键字是一个字段，还是一个字段的组合，需要注意的是，这些字段必须来自于同一张表，并且关键字的值必须是表中相应字段值的拷贝。另外，数据库为了提高查询“索引”的效率，需要对索引的关键字进行排序。

（6）能跨表创建索引吗？

当然不能。这个问题如同在问：是否可以在《牛津高阶英汉双解词典》创建一个“偏旁部首”索引？数据库中同一个索引允许有多个关键字，但每个关键字必须来自同一张表。

（7）索引数据需要额外的存储空间吗？

当然需要。翻开词典后，几十页甚至上百页的内容存放的是“索引”数据（音节表、部首检字表）。对于数据库表的索引而言，索引关键字经排序后存放在外存中。对于 MyISAM 数据库表而言，索引数据存放在外存 MYI 索引文件中。对于 InnoDB 数据库表而言，索引数据存放在外存 InnoDB 表空间文件中（可能是共享表空间文件，也可能是独享表空间文件）。就像“音节表”是按照“从 a 到 z”的升序顺序排放，部首检字表是按照笔画的升序顺序排放一样。为了提升数据的检索效率，无论 MyISAM 表的索引，还是 InnoDB 表的索引，索引关键字经排序（默认为升序排序）后存放在外存文件中。

（8）表中的哪些字段适合选作表的索引？什么是主索引？什么是聚簇索引？

想象一下，单独的笔画能作为《现代汉语词典》的索引吗？显然不能，原因在于同一个笔画的汉字太多。反过来说，由于表的主键值不可能重复，表的主键当作索引最合适不过了。

对于 MyISAM 表而言，MySQL 会自动地将表中所有记录主键值的“备份”及每条记录所在的起始页编入索引中，像“部首检字表”一样形成一张“索引表”，存放在外存，这种索引称为“主索引”（primary index）。MyISAM 表的 MYI 索引文件与 MYD 数据文件位于两个文件，通过 MYI 索引文件中的“表记录指针”可以找到 MYD 数据文件中表记录所在的物理地址。如果 teacher 表是 MyISAM 存储引擎，teacher 表的主索引如图 3-30 所示。

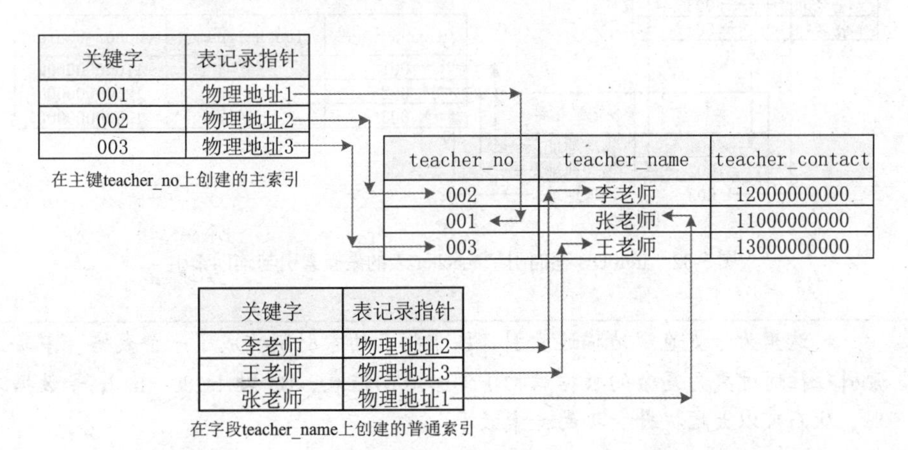

图 3-30　MyISAM 存储引擎 teacher 表的主索引以及普通索引

图中 teacher 表的记录，并没有按照教师的工号 teacher_no 字段进行排序，即主索引关键字的顺序与表记录主键值的顺序无需一致。

InnoDB 表的“主索引”与 MyISAM 表的主索引不同。InnoDB 表的“主索引”关键字的顺序必须与 InnoDB 表记录主键值的顺序一致，严格地说，这种“主索引”称为“聚簇索引”，并且每一张表只能拥有一个聚簇索引，如图 3-31 所示。假设一个汉语拼音只对应一个汉字，《现代汉语词典》中的“音节表”就变成了汉语词典的聚簇索引。

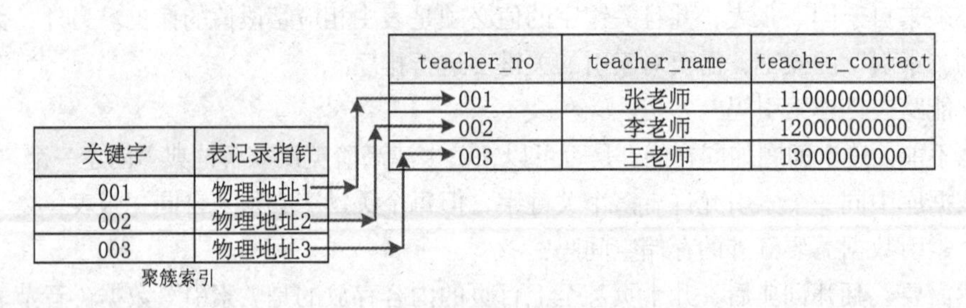

图 3-31　InnoDB 存储引擎 teacher 表的聚簇索引

MySQL 的聚簇索引与其他数据库管理系统不同之处在于，即便是一个没有主键的 MySQL 表，MySQL 也会为该表自动创建一个“隐式”的主键。对于 InnoDB 表而言，必须有聚簇索引（有且仅有一个聚簇索引）。

前面曾经提到，由于 InnoDB 表记录与索引位于同一个表空间文件中，因此 InnoDB 表就是聚簇索引，聚簇索引就是 InnoDB 表。就像一本撕掉音节表、部首检字表的汉语词典一样，读者同样可以通过拼音直接在汉语词典中查找汉字，原因在于，撕掉音节表、部首检字表后的汉语词典本身就是聚簇索引。

对于 InnoDB 表而言，MySQL 的非聚簇索引统称为“辅助索引”（secondary index），辅助索引的“表记录指针”称为“书签”（bookmark），实际上是主键值，如图 3-32 所示，可以看到，所有的辅助索引都包含主键列，所有的 InnoDB 表都是通过主键来聚簇的。

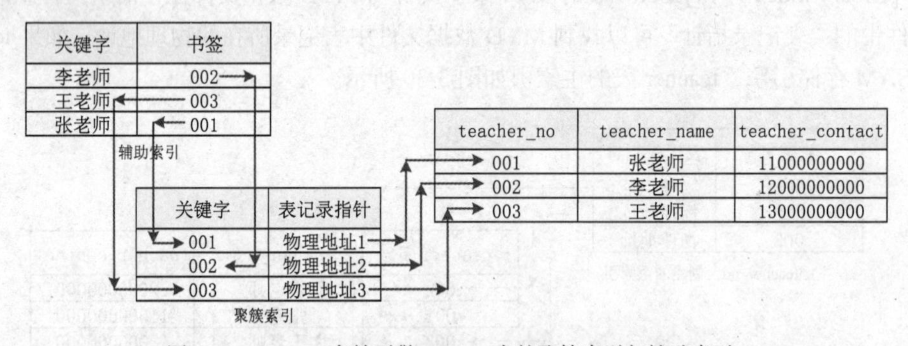

图 3-32　InnoDB 存储引擎 teacher 表的聚簇索引与辅助索引

- 这里为了更直观地描述索引，图中将表的索引制作成了一个表格。事实上，表的索引往往通过更为复杂的数据结构（例如双向链表、B+树 btree、hash 等数据结构）实现，从而可以大幅提升数据的检索效率。
- MyISAM 存储引擎的表支持主索引，并且还可以采用压缩机制（Packed：Packed

的说明如表3-8所示）存储索引的关键字，比如第一个关键字的值为“her”，第二关键字的值为“here”，那么第二关键字会被存储为“3,e”。

- InnoDB存储引擎的表支持聚簇索引。由于创建聚簇索引时需要对“索引”中的数据以及表中的数据进行排序，为了避免更新数据（例如插入数据）耗费过多的时间，建议将InnoDB表的主键设置为自增型字段。

（9）索引与数据结构是什么关系？

数据库中的索引关键字在索引文件中的存储规则远比词典中的“音节表”复杂得多。为了有效提升数据检索效率，索引通常使用平衡树（btree）或者哈希表等复杂的数据结构进行“编排”。当然在操作数据库的过程中，数据库用户并不会感觉到这些数据结构的存在，原因在于SQL语句（例如select语句等）已经实现了复杂数据结构的“封装”，在执行这些SQL语句时，其底层操作实际上执行的是复杂数据结构的操作。

（10）索引非常重要，同一个表中，表的索引越多越好吗？

如果没有索引，MySQL必须从第1条记录开始，甚至读完整个表才能找出相关的记录，表越大，花费的时间越多。有了索引，索引就可以帮助数据库用户快速地找出相关的记录，并且索引由MySQL自动维护，但这不意味着表的索引越多越好。

索引确实可以提高检索效率，但要记住，索引是冗余数据，冗余数据不仅需要额外的存储空间，而且还需要额外的维护（虽然不需要人为的维护）。

如果索引过多，在更新数据（添加、修改或者删除）时，除了需要修改表中的数据外，还需要对该表的所有索引进行维护，以维持表字段值和索引关键字值之间的一致性，反而降低了数据的更新速度。

实践表明，当修改表记录的操作特别频繁时，过多的索引会导致硬盘I/O次数明显增加，反而会显著地降低服务器性能，甚至可能会导致服务器宕机。不恰当的索引不但于事无补，反而会降低系统性能。因此，索引是把双刃剑，并不是越多越好，哪些字段（或字段组合）更适合选作索引的关键字？

3.5.2　索引关键字的选取原则

索引的设计往往需要一定的技巧，掌握了这些技巧，可以确保索引能够大幅地提升数据的检索效率，弥补索引在数据更新方面带来的缺陷。

原则1：表的某个字段值的离散度越高，该字段越适合选作索引的关键字。

考虑现实生活中的场景：学生甲到别的学校找学生乙，但甲只知道乙的性别，那么学生甲要想找到乙，无异于“大海捞针”。原因很简单，性别字段的值要么是男，要么是女，取值离散度较低（Cardinality的值最多为2，Cardinality的说明如表3-8所示），因此，性别字段就没有必要选作索引的关键字了。

如果甲知道的是乙的学号，情况就比较乐观了，因为对于一个学校而言，有多少名学生，就会有多少个学号与之相对应。学号的取值特别离散，因此，比较适合选作学生表索引的关键字。

主键字段以及唯一性约束字段适合选作索引的关键字，原因就是这些字段的值非常离散。尤其是在主键字段创建索引时，Cardinality的值就等于该表的行数。MySQL在处理主键约束以及唯一性约束时，考虑得比较周全。数据库用户创建主键约束的同时，MySQL会自动创建主索引（primary idex），且索引名称为PRIMARY；数据库用户创建唯一性约束的同时，MySQL会自动地创建唯一性索引（unique index），默认情况下，索引名为唯一性约束的字段名。

原则 2：占用储存空间少的字段更适合选作索引的关键字。

如果索引中关键字的值占用的存储空间较多，那么检索效率势必会造成影响。例如，与字符串字段相比，整数字段占用的存储空间较少，因此，较为适合选作索引的关键字。

原则 3：储存空间固定的字段更适合选作索引的关键字。

与 text 类型的字段相比，char 类型的字段较为适合选作索引的关键字。

原则 4：where 子句中经常使用的字段应该创建索引，分组字段或者排序字段应该创建索引，两个表的连接字段应该创建索引。

引入索引的目的是提高数据的检索效率，因此索引关键字的选择与 select 语句息息相关。这句话有两个方面的含义：select 语句的设计可以决定索引的设计；索引的设计也同样影响着 select 语句的设计。例如原则 1 与原则 2，可以影响 select 语句的设计；而 select 语句中的 where 子句、group by 子句以及 order by 子句，又可以影响索引的设计。两个表的连接字段应该创建索引，外键约束一经创建，MySQL 会自动地创建与外键相对应的索引，这是由于外键字段通常是两个表的连接字段。

原则 5：更新频繁的字段不适合创建索引，不会出现在 where 子句中的字段不应该创建索引。

原则 6：最左前缀原则。

复合索引还有另外一个优点，它通过被称为“最左前缀”（leftmost prefixing）的概念体现出来。假设向一个表的多个字段（例如 firstname、lastname、address）创建复合索引（索引名为 fname_lname_address）。当 where 查询条件是以下各种字段的组合时，MySQL 将使用 fname_lname_address 索引。其他情况将无法使用 fname_lname_address 索引。

```
firstname，lastname，address
firstname，lastname
firstname
```

可以这样理解：一个复合索引（firstname、lastname、address）等效于(firstname，lastname，age)、(firstname，lastname)以及(firstname)三个索引。基于最左前缀原则，应该尽量避免创建重复的索引，例如创建了 fname_lname_address 索引后，就无需在 first_name 字段上单独创建一个索引。

原则 7：尽量使用前缀索引。

例如，仅仅在姓名（例如“张三”）中的姓氏部分（“张”）创建索引，从而可以节省索引的存储空间，提高检索效率。

当然，索引的设计技巧还有很多，而且不是千篇一律的，更不是照本宣科的，没有索引的表同样可以完成数据检索任务。索引的设计没有对错之分，只有合适与不合适之分。与数据库的设计一样，索引的设计同样需要数据库开发人员经验的积累以及智慧的沉淀，同时需要依据系统各自的特点设计出更好的索引，在“加快检索效率”与“降低更新速度”之间做好平衡，从而大幅提升数据库的整体性能。

3.5.3 索引与约束

MySQL 中表的索引与约束之间存在怎样的关系？约束分为主键约束、唯一性约束、默认值约束、检查约束、非空约束以及外键约束。其中，主键约束、唯一性约束以及外键约束与索引的联系较为紧密。

约束主要用于保证业务逻辑操作数据库时数据的完整性；而索引则是将关键字数据以某种数据结构的方式存储到外存，用于提升数据的检索性能。约束是逻辑层面的概念；而索引既有逻辑上的概念，更是一种物理存储方式，且事实存在，需要耗费一定的存储空间。

对于一个 MySQL 数据库表而言，主键约束、唯一性约束以及外键约束是基于索引实现的。因此，创建主键约束的同时，会自动创建一个主索引，且主索引名与主键约束名相同（PRIMARY）；创建唯一性约束的同时，会自动创建一个唯一性索引，且唯一性索引名与唯一性约束名相同；创建外键约束的同时，会自动创建一个普通索引，且索引名与外键约束名相同。

在 MySQL 数据库中，删除了唯一性索引，对应的唯一性约束也将自动删除。若不考虑存储空间方面的因素，唯一性索引就是唯一性约束。

3.5.4　创建索引

通过前面知识的讲解，我们已经将索引分为聚簇索引、主索引、唯一性索引、普通索引、复合索引等。如果数据库表的存储引擎是 MyISAM，那么创建主键约束的同时，MySQL 会自动地创建主索引。如果数据库表的存储引擎是 InnoDB，那么创建主键约束的同时，MySQL 会自动地创建聚簇索引。

MySQL 还支持全文索引（fulltext），当查询数据量大的字符串信息时，使用全文索引可以大幅提升字符串的检索效率。需要注意的是，全文索引只能创建在 char、varchar 或者 text 字符串类型的字段上，且全文索引不支持前缀索引。

从 MySQL 3.23.23 版本开始，MyISAM 存储引擎的表最先支持全文索引；从 MySQL 5.6 版本开始，InnoDB 存储引擎的表才支持全文索引。

创建索引的方法有两种：创建表的同时创建索引，在已有表上创建索引。

方法一：创建表的同时创建索引。

使用这种方法创建索引时，可以一次性地创建一个表的多个索引（例如唯一性索引、普通索引、复合索引等），其语法格式与创建表的语法格式基本相同（注意粗体字部分的代码）。

```
create table 表名(
字段名 1 数据类型[约束条件],
字段名 2 数据类型[约束条件],
…
[其他约束条件],
[其他约束条件],
…
[ unique | fulltext ]  index  [索引名] ( 字段名[(长度)]  [ asc | desc ] )
) engine=存储引擎类型 default charset=字符集类型
```

- “[ ]”表示可选项，“[ ]”里面的“ | ”表示将各选项隔开，“( )”表示必选项。
- 长度表示索引中关键字的字符长度，关键字的值可以是数据库表中字段值的一部分，这种索引称为“前缀索引”。
- asc 与 desc 为可选参数，分别表示升序与降序，不过目前这两个可选参数没有实际的作用，索引中所有关键字的值均以升序存储。

使用下面的 SQL 语句创建了一个存储引擎为 MyISAM、默认字符集为 gbk 的书籍 book 表，其中定义了主键 isbn、书名 name、简介 brief_introduction、价格 price 以及出版时间 publish_time，并在该表分别定义了唯一性索引 isbn_unique、普通索引 name_index、全文索引 brief_fulltext 以及复合索引 complex_index。

```
create table book(
isbn char(20) primary key,
name char(100) not null,
brief_introduction text not null,
price decimal(6,2),
publish_time date not null,
unique index isbn_unique (isbn),
index name_index (name (20)),
fulltext index brief_fulltext (name,brief_introduction),
index complex_index (price,publish_time)
) engine=MyISAM default charset=gbk;
```

从 MySQL 5.6 开始，InnoDB 存储引擎的表已经支持全文索引，因此 book 表的存储引擎也可以设置为 InnoDB。

方法二：在已有表上创建索引。

在已有表上创建索引有两种语法格式，这两种语法格式的共同特征是需要指定在哪个表上创建索引，语法格式分别如下。

语法格式一：

create [unique | fulltext] index 索引名 **on 表名** (字段名[(长度)] [asc | desc])

语法格式二：

alter table 表名 add [unique | fulltext] index 索引名 (字段名[(长度)] [asc | desc])

例如，向课程 course 表的课程描述 description 字段添加全文索引，可以使用下面的 SQL 语句，执行结果如图 3-33 所示。

```
alter table course add fulltext index description_fulltext (description);
```

```
mysql> alter table course add fulltext index description_fulltext (description);
Query OK, 0 rows affected (0.36 sec)
Records: 0  Duplicates: 0  Warnings: 0
```

图 3-33 在已有表上创建索引

该 SQL 语句等效于：

```
create fulltext index description_fulltext on course (description);
```

3.5.5 删除索引

如果某些索引降低了数据库的性能，或者根本就没有必要使用该索引，此时可以考虑将该索引删除，删除索引的语法格式如下。

drop index 索引名 on 表名

例如，删除书籍 book 表的复合索引 complex_index，可以使用下面的 SQL 语句实现该功能。

```
drop index complex_index on book;
```

习　题

1. MySQL 数据库类型有哪些？如何选择合适的数据类型？

2. 简单总结 char(n)数据类型与 varchar(n)数据类型有哪些区别。

3. datetime 与 timestamp 数据类型有什么区别？

4. MySQL 模式与 MySQL 复合数据类型有什么关系？

5. 创建 SQL 脚本文件 choose.sql，书写 SQL 代码，运行 choose.sql，创建 choose 数据库的 5 张表。

6. 分析 choose 数据库的 5 张表的表结构，通过这 5 张表，可以解决“选课系统”问题域中的哪些问题？

7. 您是如何理解索引的？索引越多越好吗？

8. 索引关键字的选取原则有哪些？

9. 您所熟知的索引种类有哪些？什么是全文索引？

10. 索引与约束有什么关系？

第 4 章 表记录的更新操作

成功创建数据库表后，需要向表插入测试数据，必要时需要对测试数据进行修改和删除，这些操作称为表记录的更新操作。相对于其他章节而言，本章知识结构较为简单，比较容易掌握。本章详细讲解“选课系统”的各种更新操作，一方面是为接下来的章节准备测试数据，另一方面希望读者对“选课系统”的各个表结构有更深刻的认识，便于后续章节的学习。

4.1 表记录的插入

在 MySQL 中，操作数据库表记录的 SQL 语句主要分为两种，一种是查询语句（即 select 语句），用于实现数据的检索，select 语句将在表记录的检索章节中进行详细的讲解；另外一种是更新语句（言外之意，就是对数据进行修改），分别是 insert 语句、update 语句、delete 语句以及 replace 语句。

向数据库表插入记录时，可以使用 insert 语句插入一条或者多条记录，也可以使用 insert...select 语句向表中插入另一个表的结果集。

4.1.1 使用 insert 语句插入新记录

可以使用 insert 语句向表插入一条新记录，语法格式如下。

```
insert into 表名[（字段列表）] values（值列表）
```

（字段列表）是可选项，字段列表由若干个要插入数据的字段名组成，各字段使用“,”隔开。若省略了（字段列表），则表示需要为表的所有字段插入数据。

（值列表）是必选项，值列表给出了待插入的若干个字段值，各字段值使用“,”隔开，并与字段列表形成一一对应关系。

向 char、varchar、text 以及日期型的字段插入数据时，字段值要用单引号括起来。

向自增型 auto_increment 字段插入数据时，建议插入 NULL 值，此时将向自增型字段插入下一个编号。

向默认值约束字段插入数据时，字段值可以使用 default 关键字，表示插入的是该字段的默认值。

插入新记录时，需要注意表之间的外键约束关系，原则上先给父表插入数据，然后再给子表插入数据。

场景描述 1：向表的所有字段中插入数据。

向 choose 数据库的 teacher 表的所有字段插入表 4-1 所示的 3 条新记录，可以使用下面的 SQL 语句，执行结果如图 4-1 所示。

表 4-1　　　　向教师表添加的测试数据

teacher_no	teacher_name	teacher_contact
001	张老师	11000000000
002	李老师	12000000000
003	王老师	13000000000

```
use choose;
insert into teacher values('001','张老师','11000000000');
insert into teacher values('002','李老师','12000000000');
insert into teacher values('003','王老师','13000000000');
```

如果 insert 语句成功执行，则返回的结果是影响记录的行数。

使用下面的 select 语句查询 teacher 表的所有记录，执行结果如图 4-2 所示。

```
select * from teacher;
```

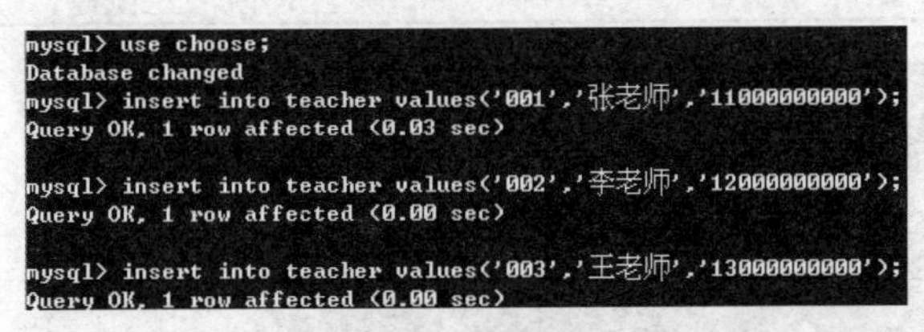

图 4-1　向表的所有字段插入数据

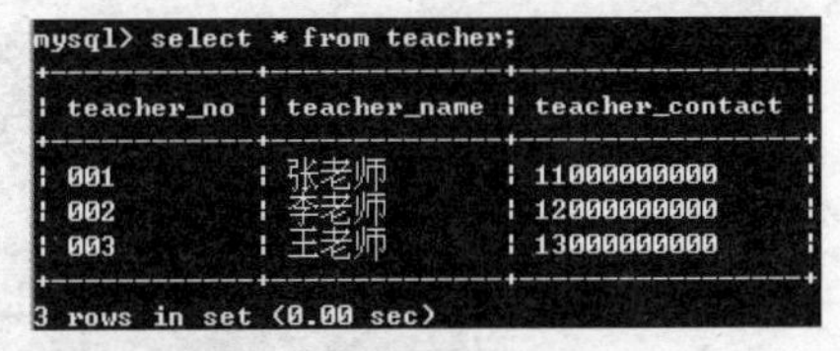

图 4-2　查看教师表的所有记录

场景描述 2：在指定的字段插入数据。

例如，向 choose 数据库的 classes 表的班级名字段以及院系字段插入表 4-2 所示的班级信息，然后查询 classes 表的所有记录，可以使用下面的 SQL 语句，执行结果如图 4-3 所示。

表 4-2　　　　向班级表添加的测试数据

class_name	department_name
2012 自动化 1 班	机电工程
2012 自动化 2 班	机电工程
2012 自动化 3 班	机电工程

```
use choose;
insert into classes(class_no,class_name,department_name) values(null,'2012 自动化 1 班',
'机电工程');
insert into classes(class_no,class_name,department_name) values(null,'2012 自动化 2 班',
'机电工程');
insert into classes(class_no,class_name,department_name) values(null,'2012 自动化 3 班',
```

```
'机电工程');
    select * from classes;
```

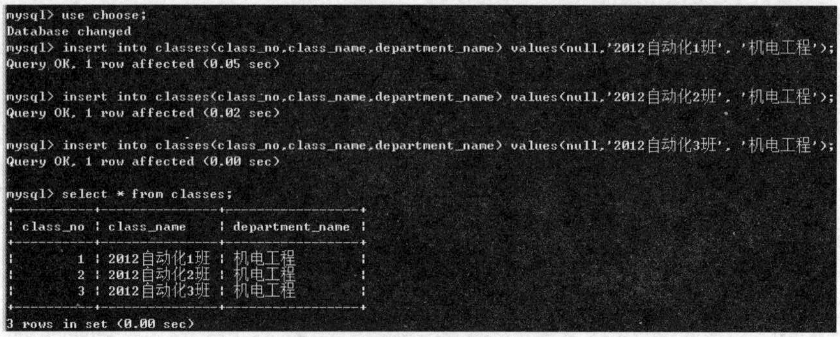

```
mysql> use choose;
Database changed
mysql> insert into classes(class_no,class_name,department_name) values(null,'2012自动化1班', '机电工程');
Query OK, 1 row affected (0.05 sec)

mysql> insert into classes(class_no,class_name,department_name) values(null,'2012自动化2班', '机电工程');
Query OK, 1 row affected (0.02 sec)

mysql> insert into classes(class_no,class_name,department_name) values(null,'2012自动化3班', '机电工程');
Query OK, 1 row affected (0.00 sec)

mysql> select * from classes;
+----------+---------------+-----------------+
| class_no | class_name    | department_name |
+----------+---------------+-----------------+
|        1 | 2012自动化1班 | 机电工程        |
|        2 | 2012自动化2班 | 机电工程        |
|        3 | 2012自动化3班 | 机电工程        |
+----------+---------------+-----------------+
3 rows in set (0.00 sec)
```

图 4-3　在指定的字段插入数据

场景描述 3：在 insert 语句中使用默认值

例如，向 choose 数据库的 course 表插入表 4-3 所示的课程信息，然后查询 course 表的所有记录，可以使用下面的 SQL 语句，执行结果如图 4-4 所示。

表 4-3　向课程表添加的测试数据

course_no	course_name	up_limit	description	status	teacher-no
1	java 语言程序设计	60	暂无	已审核	001
2	MySQL 数据库	150	暂无	已审核	002
3	c 语言程序设计	230	暂无	已审核	003

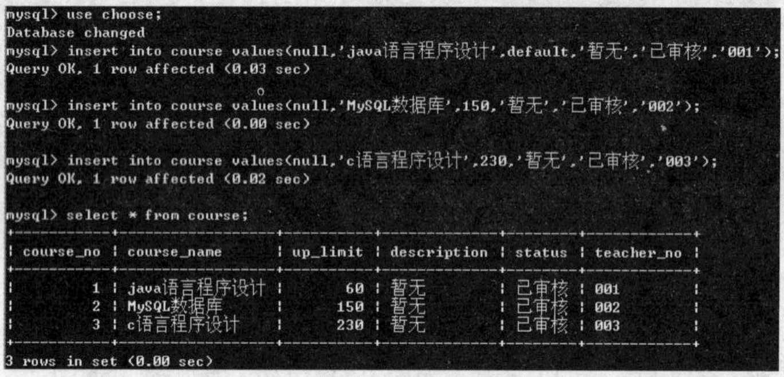

```
mysql> use choose;
Database changed
mysql> insert into course values(null,'java语言程序设计',default,'暂无','已审核','001');
Query OK, 1 row affected (0.03 sec)

mysql> insert into course values(null,'MySQL数据库',150,'暂无','已审核','002');
Query OK, 1 row affected (0.00 sec)

mysql> insert into course values(null,'c语言程序设计',230,'暂无','已审核','003');
Query OK, 1 row affected (0.02 sec)

mysql> select * from course;
+-----------+------------------+----------+-------------+--------+------------+
| course_no | course_name      | up_limit | description | status | teacher_no |
+-----------+------------------+----------+-------------+--------+------------+
|         1 | java语言程序设计 |       60 | 暂无        | 已审核 | 001        |
|         2 | MySQL数据库      |      150 | 暂无        | 已审核 | 002        |
|         3 | c语言程序设计    |      230 | 暂无        | 已审核 | 003        |
+-----------+------------------+----------+-------------+--------+------------+
3 rows in set (0.00 sec)
```

图 4-4　在 insert 语句中使用默认值

```
use choose;
insert into course values(null,'java 语言程序设计',default,'暂无','已审核','001');
insert into course values(null,'MySQL 数据库',150,'暂无','已审核','002');
insert into course values(null,'c 语言程序设计',230,'暂无','已审核','003');
select * from course;
```

需要注意的是，由于 course 表与 teacher 表之间存在外键约束关系，因此，course 表中任课教师 teacher_no 字段值要么是 NULL，要么是来自于 teacher 表中 teacher_no 字段的值。并且由于 course 表中 teacher_no 字段存在唯一性约束条件，因此，该字段的值不能重复。例如，下面的两条 insert 语句将执行失败，执行结果如图 4-5 所示，请读者自行分析失败原因。

```
insert into course values(null,'PHP 编程基础',default,'暂无','已审核','007');
```

```
insert into course values(null,'PHP 编程基础',default,'暂无','已审核','002');
```

```
mysql> insert into course values(null,'PHP编程基础',default,'暂无','已审核','007');
ERROR 1452 (23000): Cannot add or update a child row: a foreign key constraint fails
(`choose`.`course`, CONSTRAINT `fk_course_teacher` FOREIGN KEY (`teacher_no`) REFEREN
CES `teacher` (`teacher_no`))
mysql> insert into course values(null,'PHP编程基础',default,'暂无','已审核','002');
ERROR 1062 (23000): Duplicate entry '002' for key 'teacher_no'
```

图 4-5　insert 语句与外键约束

另外需要注意的是，上述两条 insert 语句虽然执行失败，但是 course_no 自增型字段的值依然会依次递增。通过执行下面的 MySQL 命令可以看到，course 表的 auto_increment 值为 6，即当前 course 表的自增型字段的起点是 6，如图 4-6 所示。

```
show create table course;
```

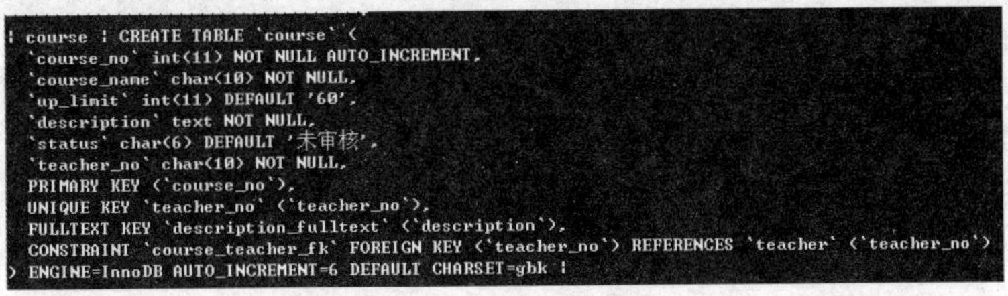

```
| course | CREATE TABLE `course` (
  `course_no` int(11) NOT NULL AUTO_INCREMENT,
  `course_name` char(10) NOT NULL,
  `up_limit` int(11) DEFAULT '60',
  `description` text NOT NULL,
  `status` char(6) DEFAULT '未审核',
  `teacher_no` char(10) NOT NULL,
  PRIMARY KEY (`course_no`),
  UNIQUE KEY `teacher_no` (`teacher_no`),
  FULLTEXT KEY `description_fulltext` (`description`),
  CONSTRAINT `course_teacher_fk` FOREIGN KEY (`teacher_no`) REFERENCES `teacher` (`teacher_no`)
) ENGINE=InnoDB AUTO_INCREMENT=6 DEFAULT CHARSET=gbk |
```

图 4-6　自增型字段的值

4.1.2　更新操作与字符集

从本章开始，MySQL 客户机与 MySQL 服务器之间的数据请求、响应变得更加频繁。当请求数据（或者响应数据）中存在中文字符时，字符集的设置变得非常关键。

场景描述 4：更新操作与字符集。

下面的 SQL 语句首先将 character_set_client 的字符集设置为 latin1，然后使用 insert 语句插入一条教师信息，接着查询教师表中的所有记录，执行结果如图 4-7 所示。

```
use choose;
set character_set_client = latin1;
insert into classes values(null,'2012 计算机应用 1 班', '信息工程');
select * from classes;
```

从图中可以看到第 4 条记录 class_name 字段以及 department_name 字段的值出现乱码，这是由于存储在 classes 表中的中文字符串“2012 计算机应用 1 班”与“信息工程”已经是乱码。

此时，即便使用下面的 MySQL 命令先将 character_set_client 的字符集设置为 gbk，再查询 classes 表中的所有记录，字符串“2012 计算机应用 1 班”与“信息工程”依然以乱码方式显示，执行结果如图 4-8 所示。

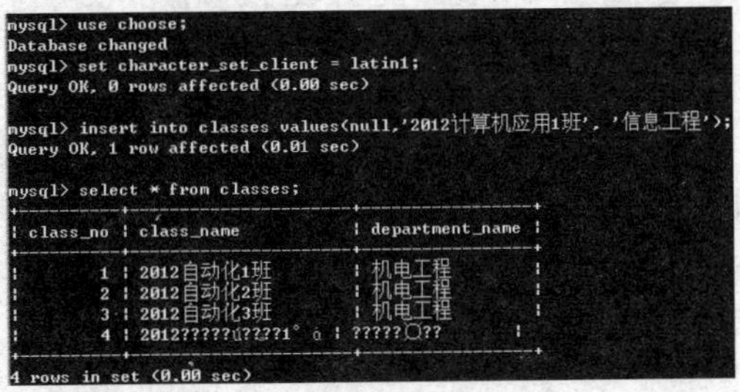

```
mysql> use choose;
Database changed
mysql> set character_set_client = latin1;
Query OK, 0 rows affected (0.00 sec)

mysql> insert into classes values(null,'2012计算机应用1班', '信息工程');
Query OK, 1 row affected (0.01 sec)

mysql> select * from classes;
+----------+----------------------+-----------------+
| class_no | class_name           | department_name |
+----------+----------------------+-----------------+
|        1 | 2012自动化1班        | 机电工程        |
|        2 | 2012自动化2班        | 机电工程        |
|        3 | 2012自动化3班        | 机电工程        |
|        4 | 2012?????ú????1° ù | ?????Ｏ??       |
+----------+----------------------+-----------------+
4 rows in set (0.00 sec)
```

图 4-7　更新操作与字符集设置（1）

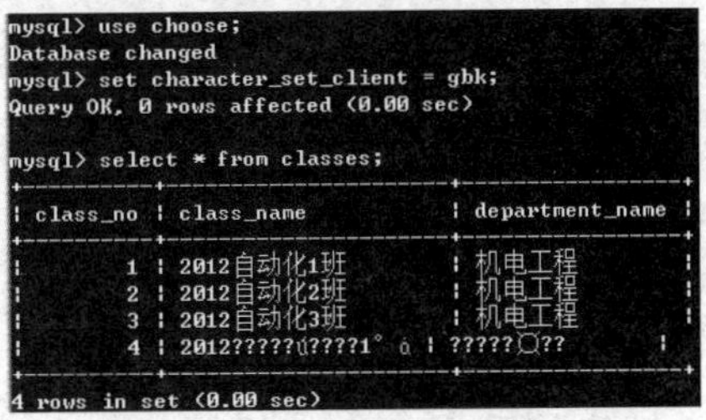

```
mysql> use choose;
Database changed
mysql> set character_set_client = gbk;
Query OK, 0 rows affected (0.00 sec)

mysql> select * from classes;
+----------+----------------------+-----------------+
| class_no | class_name           | department_name |
+----------+----------------------+-----------------+
|        1 | 2012自动化1班        | 机电工程        |
|        2 | 2012自动化2班        | 机电工程        |
|        3 | 2012自动化3班        | 机电工程        |
|        4 | 2012?????ú????1° ù | ?????Ｏ??       |
+----------+----------------------+-----------------+
4 rows in set (0.00 sec)
```

图 4-8　更新操作与字符集设置（2）

```
use choose;
set character_set_client = gbk;
select * from classes;
```

4.1.3 关于自增型字段

场景描述 5： 关于自增型字段。

在下面的 SQL 语句中，首先使用 delete 语句删除 classes 表中“class_no=4”的乱码班级信息，接着查询该表的所有记录，然后再向 classes 表插入刚刚删除的班级信息，再次查询该表的所有记录，执行结果如图 4-9 所示。

```
use choose;
delete from classes where class_no=4;
select * from classes;
insert into classes values(null,'2012 计算机应用 1 班', '信息工程');
select * from classes;
```

从执行结果可以得知，删除了一条“class_no=4”的记录后，再次向 classes 表的自增型字段 class_no 插入 NULL 值时，class_no 的值变为 5（将 4 跳了过去），因此，自增型字段在数据库表中并非一定连续。当然开发人员也可以自己指定“2012 计算机应用 1 班”的 class_no 的值为 4，只要不与已存在的 class_no 的值重复即可（但不建议这么做，建议向无任何逻辑意义的自增型字段插入 NULL 值，由 MySQL 自动维护）。

接着执行下面的 MySQL 命令，查看 classes 表的结构，执行结果如图 4-10 所示。从执行结果可以看出，当前 classes 表的自增型字段的起点是 6。

```
show create table classes;
```

```
mysql> use choose;
Database changed
mysql> delete from classes where class_no=4;
Query OK, 1 row affected (0.00 sec)

mysql> select * from classes;
+----------+---------------+-----------------+
| class_no | class_name    | department_name |
+----------+---------------+-----------------+
|        1 | 2012自动化1班 | 机电工程        |
|        2 | 2012自动化2班 | 机电工程        |
|        3 | 2012自动化3班 | 机电工程        |
+----------+---------------+-----------------+
3 rows in set (0.00 sec)

mysql> insert into classes values(null,'2012计算机应用1班','信息工程');
Query OK, 1 row affected (0.00 sec)

mysql> select * from classes;
+----------+-------------------+-----------------+
| class_no | class_name        | department_name |
+----------+-------------------+-----------------+
|        1 | 2012自动化1班     | 机电工程        |
|        2 | 2012自动化2班     | 机电工程        |
|        3 | 2012自动化3班     | 机电工程        |
|        5 | 2012计算机应用1班 | 信息工程        |
+----------+-------------------+-----------------+
4 rows in set (0.00 sec)
```

图 4-9　自增型字段与更新操作（1）

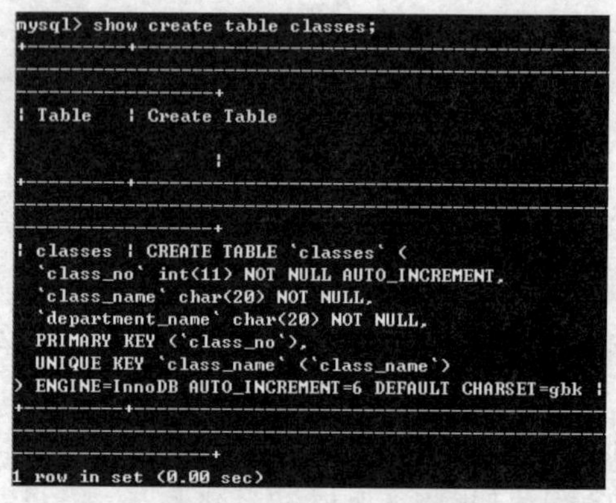

```
mysql> show create table classes;
+---------+------------------
| Table   | Create Table
+---------+------------------
| classes | CREATE TABLE `classes` (
  `class_no` int(11) NOT NULL AUTO_INCREMENT,
  `class_name` char(20) NOT NULL,
  `department_name` char(20) NOT NULL,
  PRIMARY KEY (`class_no`),
  UNIQUE KEY `class_name` (`class_name`)
) ENGINE=InnoDB AUTO_INCREMENT=6 DEFAULT CHARSET=gbk |
+---------+------------------
1 row in set (0.00 sec)
```

图 4-10　自增型字段与更新操作（2）

4.1.4 批量插入多条记录

使用 insert 语句可以一次性地向表中批量插入多条记录，语法格式如下。

```
insert into 表名[(字段列表)] values
(值列表 1),
(值列表 2),
…
```

```
(值列表 n);
```

例如，使用下面的 SQL 语句向学生 student 表中插入表 4-4 所示的学生信息，然后查询该表的所有记录，执行结果如图 4-11 所示，图中该 insert 语句的返回结果是影响记录的行数。注意：学生 student 表与班级 classes 表之间存在外键约束关系。

表 4-4　　向学生表添加的测试数据

student_no	student_name	student_contact	class_no
2012001	张三	15000000000	1
2012002	李四	16000000000	1
2012003	王五	17000000000	3
2012004	马六	18000000000	2
2012005	田七	19000000000	2

```
use choose;
insert into student values
('2012001','张三','15000000000',1),
('2012002','李四','16000000000',1),
('2012003','王五','17000000000',3),
('2012004','马六','18000000000',2),
('2012005','田七','19000000000',2);
select * from student;
```

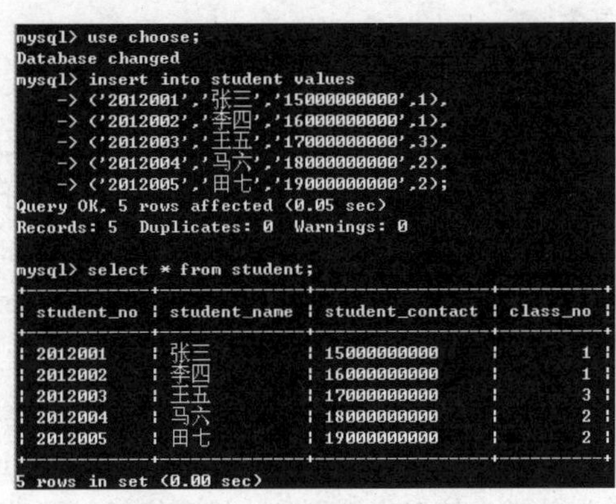

图 4-11　同时插入多条记录

4.1.5　使用 insert…select 插入结果集

在 insert 语句中使用 select 子句可以将源表的查询结果添加到目标表中，语法格式如下。

```
insert into 目标表名[(字段列表 1)];
select (字段列表 2) from 源表 where 条件表达式;
```

字段列表 1 与字段列表 2 的字段个数必须相同，且对应字段的数据类型尽量保持一致。

如果源表与目标表的表结构完全相同，则“(字段列表 1)”可以省略。

例如，在下面的 SQL 语句中，create table 语句负责快速地创建一个 new_student 表，且表结构与学生 student 表的表结构相同。insert 语句将学生 student 表中的所有记录插入 new_student 表中。select 语句负责查询 new_student 表的所有记录，执行结果如图 4-12 所示。

```
use choose;
create table new_student like student;
insert into new_student select * from student;
select * from new_student;
```

```
mysql> use choose;
Database changed
mysql> create table new_student like student;
Query OK, 0 rows affected (0.03 sec)

mysql> insert into new_student select * from student;
Query OK, 5 rows affected (0.02 sec)
Records: 5  Duplicates: 0  Warnings: 0

mysql> select * from new_student;
+------------+--------------+-----------------+----------+
| student_no | student_name | student_contact | class_no |
+------------+--------------+-----------------+----------+
| 2012001    | 张三         | 15000000000     |        1 |
| 2012002    | 李四         | 16000000000     |        1 |
| 2012003    | 王五         | 17000000000     |        3 |
| 2012004    | 马六         | 18000000000     |        2 |
| 2012005    | 田七         | 19000000000     |        2 |
+------------+--------------+-----------------+----------+
5 rows in set (0.00 sec)
```

图 4-12　使用 insert...select 插入结果集

4.1.6　使用 replace 插入新记录

使用 replace 语句同样可以向数据库表中插入新记录，replace 语句有 3 种语法格式。

```
语法格式 1：replace into 表名[（字段列表）] values（值列表）
语法格式 2：replace [into]目标表名[(字段列表 1)]
select（字段列表 2）from 源表 where 条件表达式
```

语法格式 1、语法格式 2 与 insert 语句的语法格式相似。

语法格式 3：

```
replace [into]表名
set 字段 1=值 1，字段 2=值 2
```

语法格式 3 与 update 语句的语法格式相似。

replace 语句的功能与 insert 语句的功能基本相同，不同之处在于，使用 replace 语句向表插入新记录时，如果新记录的主键值或者唯一性约束的字段值与旧记录相同，则旧记录先被删除（注意：旧记录删除时也不能违背外键约束条件），然后再插入新记录。使用 replace 的最大好处就是可以将 delete 和 insert 合二为一，形成一个原子操作，这样就无需将 delete 操作与 insert 操作置于事务中了。

场景描述 6：replace 语句的用法。

在下面的 SQL 语句中，第一条 replace 语句向学生 student 表插入一条学生信息（student_no=2012001，姓名为张三丰），由于学生表中已经存在 student_no=2012001、姓名却为张三的学生信息，因此，“张三”的学生信息将被删除，然后将新记录“张三丰”的学生信息添加到 student 表中。第二条 replace 语句再次将学生的信息“还原”。两次 replace 语句的执行结果如图 4-13 所示，图中“2 rows affected”的含义是先删除一条记录，再插入一条记录。

```
replace into student values ('2012001','张三丰','15000000000',1);
replace into student values ('2012001','张三','15000000000',1);
```

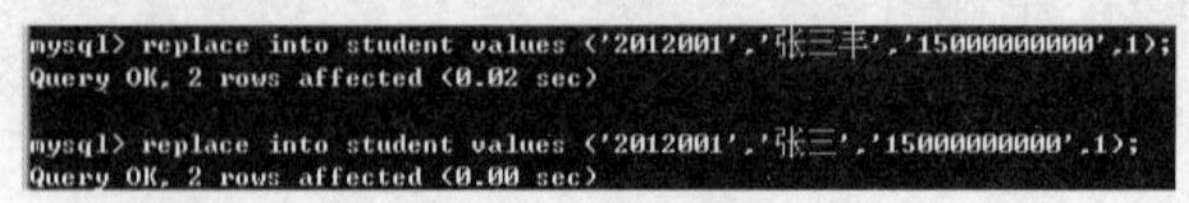

```
mysql> replace into student values ('2012001','张三丰','15000000000',1);
Query OK, 2 rows affected (0.02 sec)

mysql> replace into student values ('2012001','张三','15000000000',1);
Query OK, 2 rows affected (0.00 sec)
```

图 4-13　replace 语句的用法

在执行 replace 后，系统返回了所影响的行数。如果返回 1，说明在表中并没有重复的记录，此时 replace 语句与 insert 语句的功能相同；如果返回 2，说明有一条重复记录，系统自动先调用 delete 删除这条重复记录，然后再用 insert 来插入新记录；如果返回的值大于 2，说明有多个唯一索引，有多条记录被删除。

4.2　表记录的修改

使用 insert 语句向数据库表插入记录后，如果某些数据需要改变，此时需要使用 update 语句对表中已有的记录进行修改。使用 update 语句可以对表中的一行、多行，甚至所有记录进行修改，update 语句的语法格式如下。

```
update 表名;
set 字段名 1=值 1, 字段名 2=值 2,…,字段名 n=值 n;
[where 条件表达式];
```

where 子句指定了表中的哪些记录需要修改。若省略了 where 子句，则表示修改表中的所有记录。

set 子句指定了要修改的字段以及该字段修改后的值。

例如，将班级 classes 表中“class_no<=3”的院系名 department_name 修改为“机电工程学院”，可以使用下面的 update 语句，执行结果如图 4-14 所示。

```
mysql> use choose;
Database changed
mysql> update classes set department_name='机电工程学院' where class_no<=3;
Query OK, 3 rows affected (0.03 sec)
Rows matched: 3  Changed: 3  Warnings: 0

mysql> select * from classes;
+----------+------------------+-----------------+
| class_no | class_name       | department_name |
+----------+------------------+-----------------+
|        1 | 2012自动化1班    | 机电工程学院    |
|        2 | 2012自动化2班    | 机电工程学院    |
|        3 | 2012自动化3班    | 机电工程学院    |
|        5 | 2012计算机应用1班 | 信息工程        |
+----------+------------------+-----------------+
4 rows in set (0.00 sec)
```

图 4-14　表记录的更改

```
use choose;
update classes set department_name='机电工程学院' where class_no<=3;
select * from classes;
```

修改表记录时，需要注意表的唯一性约束、表之间的外键约束关系以及级联选项的设置。

4.3　表记录的删除

表记录的删除通常使用 delete 语句实现。如果要清空某一个表可以使用 truncate 语句。

4.3.1　使用 delete 删除表记录

如果表中的某条（或某些）记录不再使用，可以使用 delete 语句删除，delete 语句的语法格式如下。

```
delete from 表名[where 条件表达式]
```

如果没有指定 where 子句，那么该表的所有记录都将被删除，但表结构依然存在。

例如，删除班级名为“2012 计算机应用 1 班”的班级信息，可以使用下面的 SQL 语句，执行结果如图 4-15 所示。

```
use choose;
delete from classes where class_name='2012 计算机应用 1 班';
select * from classes;
```

删除表记录时，需要注意表之间的外键约束关系以及级联选项的设置，例如，下面的 delete 语句完成的功能是直接删除班级表中的所有记录，然而该 delete 语句将不会被执行，执行结果如图 4-16 所示。请读者考虑满足何种条件时，该 delete 语句才能成功执行。

```
mysql> use choose;
Database changed
mysql> delete from classes where class_name='2012计算机应用1班';
Query OK, 1 row affected (0.01 sec)

mysql> select * from classes;
+----------+----------------+-----------------+
| class_no | class_name     | department_name |
+----------+----------------+-----------------+
|        1 | 2012自动化1班  | 机电工程学院    |
|        2 | 2012自动化2班  | 机电工程学院    |
|        3 | 2012自动化3班  | 机电工程学院    |
+----------+----------------+-----------------+
3 rows in set (0.02 sec)
```

图 4-15　表记录的删除

```
use choose;
delete from classes;
select * from classes;
```

```
mysql> use choose;
Database changed
mysql> delete from classes;
ERROR 1451 (23000): Cannot delete or update a parent row: a foreign key constraint fails (`choose`.`student`, CONSTRAINT `fk_student_class` FOREIGN KEY (`class_no`) REFERENCES `classes` (`class_no`))
mysql> select * from classes;
+----------+----------------+-----------------+
| class_no | class_name     | department_name |
+----------+----------------+-----------------+
|        1 | 2012自动化1班  | 机电工程学院    |
|        2 | 2012自动化2班  | 机电工程学院    |
|        3 | 2012自动化3班  | 机电工程学院    |
+----------+----------------+-----------------+
3 rows in set (0.00 sec)
```

图 4-16　表记录的删除与外键约束

4.3.2　使用 truncate 清空表记录

truncate table 用于完全清空一个表，语法格式如下。

```
truncate [table]表名
```

从逻辑上说，该语句与“delete from 表名”语句的作用相同，但是在某些情况下，两者在使用上有所区别。例如，如果清空记录的表是父表，那么 truncate 命令将永远执行失败。如果使用 truncate table 成功清空表记录，那么会重新设置自增型字段的计数器。truncate table 语句不支持事务的回滚，并且不会触发触发器程序的运行。

场景描述 7：truncate 与 delete 的区别。

步骤 1：下面的 SQL 语句中，create table 语句负责快速地创建一个 new_class 表，且表结构与班级 classes 表的表结构相同。insert 语句将班级 classes 表中的所有记录插入到 new_class 表中。select 语句负责查询 new_class 表的所有记录。执行结果如图 4-17 所示。

```
use choose;
create table new_class like classes;
insert into new_class select * from classes;
select * from new_class;
```

步骤 2：使用下面的 MySQL 命令查看 new_class 表的表结构，如图 4-18 所示。

```
show create table new_class;
```

```
mysql> use choose;
Database changed
mysql> create table new_class like classes;
Query OK, 0 rows affected (0.02 sec)

mysql> insert into new_class select * from classes;
Query OK, 3 rows affected, 1 warning (0.05 sec)
Records: 3  Duplicates: 0  Warnings: 1

mysql> select * from new_class;
+----------+----------------+-----------------+
| class_no | class_name     | department_name |
+----------+----------------+-----------------+
|        1 | 2012自动化1班  | 机电工程学院    |
|        2 | 2012自动化2班  | 机电工程学院    |
|        3 | 2012自动化3班  | 机电工程学院    |
+----------+----------------+-----------------+
3 rows in set (0.00 sec)
```

图 4-17　创建表结构、添加测试数据

```
mysql> show create table new_class;
+-----------+----------------------------------------------
| Table     | Create Table
                    |
+-----------+----------------------------------------------
| new_class | CREATE TABLE `new_class` (
  `class_no` int(11) NOT NULL AUTO_INCREMENT,
  `class_name` char(20) NOT NULL,
  `department_name` char(20) NOT NULL,
  PRIMARY KEY (`class_no`),
  UNIQUE KEY `class_name` (`class_name`)
) ENGINE=InnoDB AUTO_INCREMENT=4 DEFAULT CHARSET=gbk |
+-----------+----------------------------------------------
1 row in set (0.00 sec)
```

图 4-18　查看 new_class 表的表结构

步骤 3：使用下面的 SQL 语句删除 new_class 表的所有记录后，new_class 表的表结构如图 4-19 所示。

```
delete from new_class;
show create table new_class;
```

步骤 4：使用下面的 MySQL 命令清除 new_class 表的所有记录后，new_class 表的表结构如图 4-20 所示。

```
truncate table new_class;
show create table new_class;
```

```
mysql> delete from new_class;
Query OK, 3 rows affected (0.02 sec)

mysql> show create table new_class;
+-----------+----------------------------------------------
| Table     | Create Table
                    |
+-----------+----------------------------------------------
| new_class | CREATE TABLE `new_class` (
  `class_no` int(11) NOT NULL AUTO_INCREMENT,
  `class_name` char(20) NOT NULL,
  `department_name` char(20) NOT NULL,
  PRIMARY KEY (`class_no`),
  UNIQUE KEY `class_name` (`class_name`)
) ENGINE=InnoDB AUTO_INCREMENT=4 DEFAULT CHARSET=gbk |
+-----------+----------------------------------------------
1 row in set (0.00 sec)
```

图 4-19　执行 delete 语句后，new_class 表的表结构

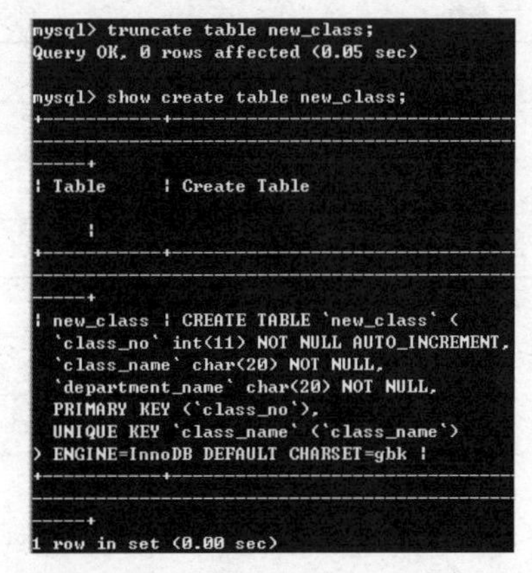

```
mysql> truncate table new_class;
Query OK, 0 rows affected (0.05 sec)

mysql> show create table new_class;
+-----------+----------------------------------------------
| Table     | Create Table
    |
+-----------+----------------------------------------------
| new_class | CREATE TABLE `new_class` (
  `class_no` int(11) NOT NULL AUTO_INCREMENT,
  `class_name` char(20) NOT NULL,
  `department_name` char(20) NOT NULL,
  PRIMARY KEY (`class_no`),
  UNIQUE KEY `class_name` (`class_name`)
) ENGINE=InnoDB DEFAULT CHARSET=gbk |
+-----------+----------------------------------------------
1 row in set (0.00 sec)
```

图 4-20　执行 truncate 语句后，new_class 表的表结构

比较步骤 3 以及步骤 4 的执行结果，从中可以看出，delete 语句并不会修改 new_class 表的自增型字段的起点；而使用 truncate 清除 new_class 表的所有记录后，new_class 表的自增型字段的起点将被重置为 1。

4.4 MySQL 特殊字符序列

在 MySQL 中，当字符串中存在表 4-5 所示的 8 个特殊字符序列时，字符序列将被转义成对应的字符（每个字符序列以反斜线符号“\”开头，且字符序列大小写敏感）。

表 4-5　　　　MySQL 的特殊字符序列

MySQL 中的特殊字符序列	转义后的字符
\"	双引号(")
\'	单引号(')
\\	反斜线(\)
\n	换行符
\r	回车符
\t	制表符
\0	ASCII 0 (NUL)
\b	退格符

NUL 与 NULL 不同。例如，对于字符集为 gbk 的 char(5)数据而言，如果其中仅仅存储了两个汉字（例如“张三”），那么这两个汉字将占用 char(5)中的两个字符存储空间，剩余的 3 个字符存储空间将存储“\0”字符（即 NUL）。“\0”字符可以与数值进行算术运算，此时将“\0”当作整数 0 处理；“\0”字符还可以与字符串进行连接，此时“\0”当作空字符串处理。而 NULL 与其他数据进行运算时，结果永远为 NULL。

下面的 SQL 语句负责向 new_student 表中插入表 4-6 所示的两条学生信息，然后查询该表的所有记录，执行结果如图 4-21 所示。

表 4-6　　　　向学生表中添加的测试数据

学生	字段名	字段值	说明
学生 1	学号 student_no	2012006	
	姓名 student_name	Mar_tin	
	联系方式 student_contact	mar\tin@gmail.com	\t 被转义为一个制表符
学生 2	学号 student_no	2012007	
	姓名 student_name	O\'Neil	\'被转义为一个单引号
	联系方式 student_contact	o_\neil@gmail.com	\n 被转义为一个换行符

```
use choose;
insert into new_student values('2012006','Mar_tin', 'mar\tin@gmail.com',3);
insert into new_student values('2012007','O\'Neil', 'o_\neil@gmail.com',3);
select * from new_student;
```

命令提示符窗口遇到字符序列“\t”后，被解析成了制表符 Tab；遇到字符序列“\n”后，被解析成了换行符。所以，上面的 select 语句的查询结果显得“杂乱无章”。

```
mysql> use choose;
Database changed
mysql> insert into new_student values('2012006','Mar_tin', 'mar\tin@gmail.com',3);
Query OK, 1 row affected (0.01 sec)

mysql> insert into new_student values('2012007','O\'Neil', 'o_\neil@gmail.com',3);
Query OK, 1 row affected (0.00 sec)

mysql> select * from new_student;
+------------+--------------+-----------------+----------+
| student_no | student_name | student_contact | class_no |
+------------+--------------+-----------------+----------+
| 2012001    | 张三         | 15000000000     |        1 |
| 2012002    | 李四         | 16000000000     |        1 |
| 2012003    | 王五         | 17000000000     |        3 |
| 2012004    | 马六         | 18000000000     |        2 |
| 2012005    | 田七         | 19000000000     |        2 |
| 2012006    | Mar_tin      | mar     in@gmail.com |        3 |
| 2012007    | O'Neil       | o_
eil@gmail.com |        3 |
+------------+--------------+-----------------+----------+
7 rows in set (0.00 sec)
```

图 4-21　查询学生表的所有记录

例如，在下面的 SQL 语句中，第一条 select 语句负责查询姓名为 O\'Neil 的学生信息（注意反斜线符号“\”不能省略），第二条 select 语句负责查询姓名为 Mar_tin 的学生信息。执行结果如图 4-22 所示。

```
select * from new_student where student_name= 'O\'Neil';
select * from new_student where student_name= 'Mar_tin';
```

```
mysql> select * from new_student where student_name= 'O\'Neil';
+------------+--------------+-----------------+----------+
| student_no | student_name | student_contact | class_no |
+------------+--------------+-----------------+----------+
| 2012007    | O'Neil       | o_
eil@gmail.com |        3 |
+------------+--------------+-----------------+----------+
1 row in set (0.02 sec)

mysql> select * from new_student where student_name= 'Mar_tin';
+------------+--------------+-----------------+----------+
| student_no | student_name | student_contact | class_no |
+------------+--------------+-----------------+----------+
| 2012006    | Mar_tin      | mar     in@gmail.com |        3 |
+------------+--------------+-----------------+----------+
1 row in set (0.00 sec)
```

图 4-22　查询学生表的记录

在 select 语句中，查询条件 where 子句中可以使用 like 关键字进行“模糊查询”。“模糊查询”存在两个匹配符“_”和“%”。其中，“_”可以匹配单个字符，“%”可以匹配任意个数的字符。如果使用 like 关键字查询某个字段是否存在“_”或“%”，需要对“_”和“%”进行转义，如表 4-7 所示。

表 4-7　like 模糊查询与 MySQL 中的特殊字符

MySQL 中的特殊字符序列	转义后的字符
_	_
\%	%

例如，查询所有姓名中包含下划线“_”的学生信息，可以使用下面的 select 语句（注意反斜线符号“\”不能省略），执行结果如图 4-23 所示。

```
select * from new_student where student_name like '%\_%';
```

```
mysql> select * from new_student where student_name like '%\_%';
+------------+--------------+-----------------+----------+
| student_no | student_name | student_contact | class_no |
+------------+--------------+-----------------+----------+
| 2012006    | Mar_tin      | mar     in@gmail.com |        3 |
+------------+--------------+-----------------+----------+
1 row in set (0.03 sec)
```

图 4-23　like 模糊查询与 MySQL 中的特殊字符

至此，读者已经可以向“选课系统”的各个数据库表中添加测试数据，但就目前掌握的知识而言，有些业务逻辑至今没有实现。例如，如何统计某个学生已经选修了几门课程，选修了哪些课程？给定一门课程，如何统计哪些学生选修了这门课程？如何统计每一门课程已经有多少学生选修，还能有多少学生选修？如何统计哪些课程已经被报满，其他学生不能再选修？这一系列的问题需要在后续章节中找到答案。

习　题

1. NUL 与 NULL 有什么区别？
2. truncate 与 delete 有什么区别？
3. 更新操作与字符集有什么关系？
4. 数据库表中自增型字段的值一定连续吗？
5. replace 语句与 insert 语句有什么区别？
6. 执行了 delete 语句后，表结构被删除了吗？使用什么命令可以删除表结构？
7. 请读者向“选课系统”choose 数据库中的选课 choose 表插入表 4-8 所示的信息，并完成其他操作。

表 4-8　向 choose 表添加的测试数据

choose_no	student_no	course_no	score	choose_time
1	2012001	2	40	服务器当前时间
2	2012001	1	50	服务器当前时间
3	2012002	3	60	服务器当前时间
4	2012002	2	70	服务器当前时间
5	2012003	1	80	服务器当前时间
6	2012004	2	90	服务器当前时间
7	2012005	3	NULL	服务器当前时间
8	2012005	1	NULL	服务器当前时间

（1）学生张三（student_no=2012005）已经选修了课程 java 程序设计（course_no=1），在选修时间截止前，他想把该课程调换成 MySQL 数据库（course_no=2），试用 SQL 语句实现该功能。

实现调课有两种方法。第一种方法是直接使用 update 语句调换课程；第二种方法是先删除张三选修 java 程序设计的记录，然后再插入张三选修 MySQL 数据库的记录。

（2）学生田七（student_no=5）已经选修了课程 c 语言程序设计（course_no=3），由于某种原因，在选修时间截止前，他不想选修该课程了，试用 SQL 语句实现该功能。

（3）课程结束后，请录入某个学生的最终成绩，最终成绩=（原成绩*70%）+30。

（4）请解释学生的成绩为 NULL 值的含义，NULL 值等于零吗？

第 5 章 表记录的检索

数据库中最为常用的操作是从表中检索所需要的数据。本章将详细讲解 select 语句检索表记录的方法，并结合“选课系统”，讨论该系统部分问题域的解决方法。通过本章的学习，读者可以从数据库表中检索出自己需要的数据。

5.1 select 语句概述

select 语句是在所有数据库操作中使用频率最高的 SQL 语句。Select 语句的执行流程如图 5-1 所示。首先数据库用户编写合适的select语句，接着通过MySQL客户机将select语句发送给MySQL 服务实例，MySQL 服务实例根据该 select 语句的要求进行解析、编译，然后选择合适的执行计划从表中查找出满足特定条件的若干条记录，最后按照规定的格式整理成结果集返回给 MySQL 客户机。

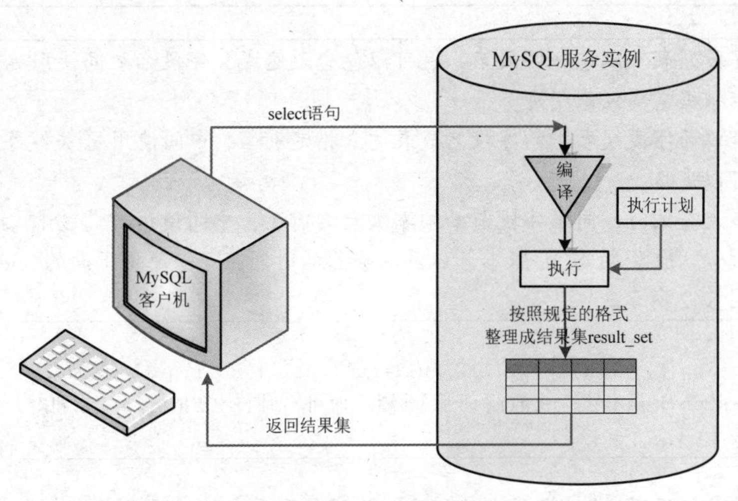

图 5-1　select 语句的执行流程

select 语句的语法格式如下。

```
select 字段列表
from 数据源
[ where 条件表达式]
```

```
[ group by 分组字段[ having 条件表达式] ]
[ order by 排序字段[ asc | desc ] ]
```

字段列表用于指定检索字段。

from 子句用于指定检索的数据源（可以是表或者视图）。

where 子句用于指定记录的过滤条件。

group by 子句用于对检索的数据进行分组。

having 子句通常和 group by 子句一起使用，用于过滤分组后的统计信息。

order by 子句用于对检索的数据进行排序处理，默认为升序 asc。

如果 select 查询语句中包含中文简体字符（例如 where 子句中包含中文简体字符），或者查询结果集中包含中文简体字符，则需要进行相应的字符集设置，否则将可能导致查询结果失败，或者查询结果以乱码形式显示。

5.1.1 使用 select 子句指定字段列表

字段列表跟在 select 后，用于指定查询结果集中需要显示的列，可以使用以下几种方式指定字段列表，如表 5-1 所示。

表 5-1　　使用 select 子句指定字段列表

字段列表	说明
*	字段列表为数据源的全部字段
表名.*	多表查询时，指定某个表的全部字段
字段列表	指定需要显示的若干个字段

字段列表可以包含字段名，也可以包含表达式，字段名之间使用逗号分隔，并且顺序可以根据需要任意指定。

可以为字段列表中的字段名或表达式指定别名，中间使用 as 关键字分隔即可（as 关键字可以省略）。

多表查询时，同名字段前必须添加表名前缀，中间使用“.”分隔。

例如，检索 MySQL 版本号以及服务器的时间，可以使用下面的 select 语句，执行结果如图 5-2 所示。

```
select version(), now(),pi(),1+2,null=null,null!=null,null is null;
select version() 版本号, now() as 服务器当前时间, pi() PI 的值,1+2 求和;
```

默认情况下，“结果集中的列名”为字段列表中的字段名或者表达式名。

请读者切记：null 与 null 进行比较时，结果为 null。然而“null is null”的结果为真。

为字段名或表达式指定别名时，只需将别名放在字段名或表达式后，用空格隔开即可。也可以使用 as 关键字为字段名或表达式指定别名。

version()函数定义了当前 MySQL 服务的版本号，pi()函数定义了 π 的值。

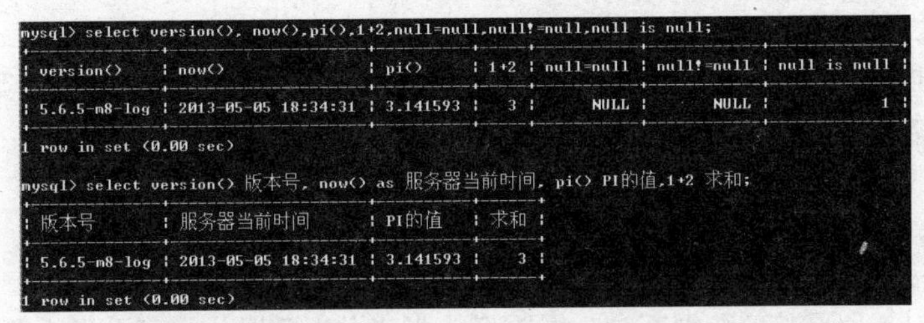

图 5-2　使用 select 子句指定字段列表

例如，检索 student 表中的全部记录（全部字段），可以使用下面的 SQL 语句。

```
select * from student;
```

该 SQL 语句等效于：

```
select student_no,student_name, student_contact,class_no from student;
```

例如，检索 student 表中所有学生的学号及姓名信息，可以使用下面的 SQL 语句。

```
select student_no,student_name from student;
```

该 SQL 语句等效于：

```
select student.student_no, student.student_name from student;
```

5.1.2　使用谓词过滤记录

MySQL 中的两个谓词 distinct 和 limit 可以过滤记录。

（1）使用谓词 distinct 过滤结果集中的重复记录。

数据库表中不允许出现重复的记录，但这不意味着 select 的查询结果集中不会出现记录重复的现象。如果需要过滤结果集中重复的记录，可以使用谓词关键字 distinct，语法格式如下。

distinct 字段名

例如，检索 classes 表中的院系名信息，要求院系名不能重复，可以使用下面的 SQL 语句。

```
select distinct department_name from classes;
```

（2）使用谓词 limit 查询某几行记录。

使用 select 语句时，经常需要返回前几条或者中间某几条记录，可以使用谓词关键字 limit 实现。语法格式如下。

```
select 字段列表
from 数据源
limit [start,]length;
```

limit 接受一个或两个整数参数。start 表示从第几行记录开始检索，length 表示检索多少行记录。表中第一行记录的 start 值为 0（不是 1）。

例如，检索 student 表的前 3 条记录信息，可以使用下面的 SQL 语句。

```
select * from student limit 0,3;
```

该 SQL 语句等效于：select * from student limit 3;

例如，检索 choose 表中从第 2 条记录开始的 3 条记录信息，可以使用下面的 SQL 语句。

```
select * from choose limit 1,3;
```

与其他数据库管理系统相比，由于谓词 limit 的存在，MySQL 分页功能的实现方法变得非常简单。

5.1.3 使用 from 子句指定数据源

在实际应用中，为了避免数据冗余，需要将一张“大表”划分成若干张“小表”（划分原则请读者参看数据库设计概述章节中的内容）。检索数据时，往往需要将若干张“小表”保留“缝补”成一张“大表”输出给数据库用户。在 select 语句的 from 子句中指定多个数据源，即可轻松实现从多张数据库表（或者视图）中提取数据。多张数据库表（或者视图）“缝补”成一个结果集时，需要指定“缝补”条件，该“缝补”条件称为“连接条件”。

指定连接条件的方法有两种：第一种方法是在 where 子句中指定连接条件（稍后讲解）；第二种方法是在 from 子句中使用连接（join）运算，将多个数据源按照某种连接条件“缝补”在一起。第二种方法的 from 子句的语法格式如下。

from 表名 1 **[连接类型] join** 表名 2 **on 表 1 和表 2 之间的连接条件**

SQL 标准中的连接类型主要分为 inner 连接（内连接）和 outer 连接（外连接），而外连接又分为 left（左外连接，简称为左连接）、right（右外连接，简称为右连接）以及 full（完全外连接，简称完全连接）。

如果表 1 与表 2 存在相同意义的字段，则可以通过该字段连接这两张表。为了便于描述，本书将该字段称为表 1 与表 2 之间的“连接字段”。例如，student 表中存在 class_no 字段，而该字段又是 classes 表的主键，因此可以通过该字段对 student 表与 classes 表进行连接，“缝补”成一张“大表”输出给数据库用户，此时 class_no 字段就是 student 表与 classes 表之间的“连接字段”，如图 5-3 所示。

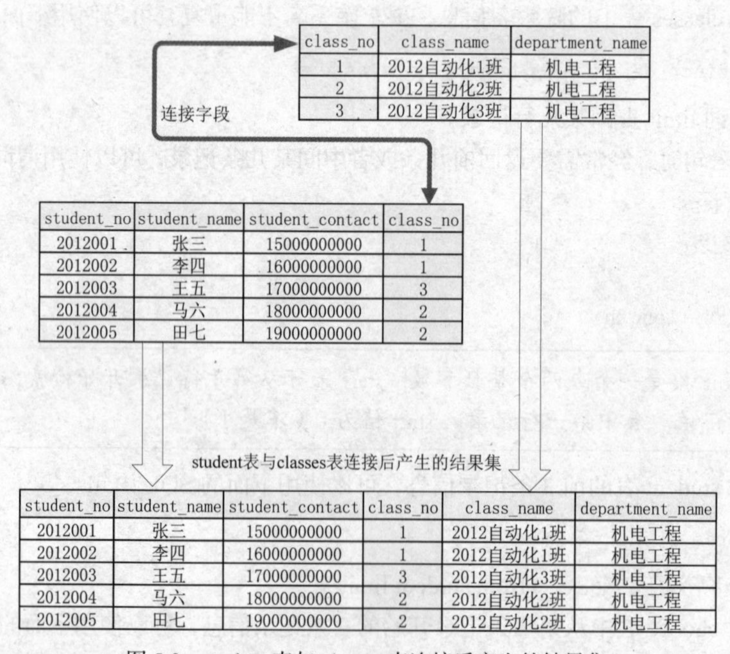

class_no	class_name	department_name
1	2012自动化1班	机电工程
2	2012自动化2班	机电工程
3	2012自动化3班	机电工程

student_no	student_name	student_contact	class_no
2012001	张三	15000000000	1
2012002	李四	16000000000	1
2012003	王五	17000000000	3
2012004	马六	18000000000	2
2012005	田七	19000000000	2

student_no	student_name	student_contact	class_no	class_name	department_name
2012001	张三	15000000000	1	2012自动化1班	机电工程
2012002	李四	16000000000	1	2012自动化1班	机电工程
2012003	王五	17000000000	3	2012自动化3班	机电工程
2012004	马六	18000000000	2	2012自动化2班	机电工程
2012005	田七	19000000000	2	2012自动化2班	机电工程

图 5-3 student 表与 classes 表连接后产生的结果集

如果在表 1 与表 2 中连接字段同名，则需要在连接字段前冠以表名前缀，以便指明该字段属于哪个表。

使用 from 子句可以给各个数据源指定别名，指定别名的方法与 select 子句中为字段名指定别名的方法相同。

1. 内连接（inner join）

内连接将两个表中满足指定连接条件的记录连接成新的结果集，并舍弃所有不满足连接条件的记录。内连接是最常用的连接类型，也是默认的连接类型，可以在 from 子句中使用 inner join（inner 关键字可以省略）实现内连接，语法格式如下。

```
from 表1 [inner] join 表2 on 表1和表2之间的连接条件
```

使用内连接连接两个数据库表时，连接条件会同时过滤表 1 与表 2 的记录信息。

场景描述 1：使用下面的 insert 语句向 classes 表中插入一条班级信息（注意：该班级暂时没有分配学生，为保证班级 class_no 值的连续性，将其手动设置为 4）。

```
insert into classes values (4,'2012自动化4班','机电工程学院');
```

使用下面的 insert 语句向 student 表中插入一条学生信息（注意：该生暂时没有分配班级）。

```
insert into student values('2012006','张三丰','20000000000',null);
```

下面的 select 语句可以完成下列 3 个功能选项中的哪一个功能？

```
select student_no,student_name,student_contact,student.class_no,class_name,
department_name
from student join classes on student.class_no=classes.class_no;
```

功能选项 1：检索分配有班级的学生信息

功能选项 2：检索所有学生对应的班级信息

功能选项 3：检索所有班级的学生信息

上面的 select 语句包含一个内连接，该 select 语句完成的功能是“检索分配有班级的学生信息”。原因很简单，select 语句中的内连接要求学生的 class_no 与班级的 class_no 值必须相等，且不能为 NULL。select 语句的执行结果如图 5-4 所示。

```
mysql> select student_no,student_name,student_contact,student.class_no,class_name,department_name
    -> from student join classes on student.class_no=classes.class_no;
+------------+--------------+-----------------+----------+---------------+-----------------+
| student_no | student_name | student_contact | class_no | class_name    | department_name |
+------------+--------------+-----------------+----------+---------------+-----------------+
| 2012001    | 张三         | 15000000000     |        1 | 2012自动化1班 | 机电工程学院    |
| 2012002    | 李四         | 16000000000     |        1 | 2012自动化1班 | 机电工程学院    |
| 2012003    | 王五         | 17000000000     |        3 | 2012自动化3班 | 机电工程学院    |
| 2012004    | 马六         | 18000000000     |        2 | 2012自动化2班 | 机电工程学院    |
| 2012005    | 田七         | 19000000000     |        2 | 2012自动化2班 | 机电工程学院    |
+------------+--------------+-----------------+----------+---------------+-----------------+
5 rows in set (0.01 sec)
```

图 5-4　内连接的执行结果

内连接的两个表的位置可以互换，上面的 SQL 语句等效于：

```
select student_no,student_name,student_contact,student.class_no,class_name,
department_name
from classes join student on student.class_no=classes.class_no;
```

也可以给 from 子句中的各个数据源指定别名，例如，可以将 classes 表的别名指定为“c”，将 student

表的别名指定为“s”。上面的 SQL 语句等效于下面的 SQL 语句，注意：as 关键字可以省略。

```
select student_no,student_name,student_contact,s.class_no,class_name,department_name
from classes as c join student s on s.class_no=c.class_no;
```

2. 外连接（outer join）

外连接又分为左连接（left join）、右连接（right join）和完全连接（full join）。与内连接不同，外连接（左连接或右连接）的连接条件只过滤一个表，对另一个表不进行过滤（该表的所有记录出现在结果集中）。完全连接两个表时，两个表的所有记录都出现在结果集中（MySQL 暂不支持完全连接，本书不再赘述，读者可以通过其他技术手段间接地实现完全连接）。

（1）左连接的语法格式。

```
from 表1 left join表2 on 表1和表2之间的连接条件
```

语法格式中表 1 左连接表 2，意味着查询结果集中须包含表 1 的全部记录，然后表 1 按指定的连接条件与表 2 进行连接。若表 2 中没有满足连接条件的记录，则结果集中表 2 相应的字段填入 NULL。

场景描述 2： 下面的 select 语句可以完成上述三个功能选项中的哪一个功能？

```
select student_no,student_name,student_contact,student.class_no,class_name,
department_name
from student left join classes on student.class_no=classes.class_no;
```

上面的 select 语句包含一个左连接（student 表左连接 classes 表），该 select 语句完成的功能是“检索所有学生对应的班级信息”。原因很简单，select 语句中的左连接要求必须包含左表（student 表）的所有记录，该 select 语句的执行结果如图 5-5 所示（张三丰还没有分配班级，因此他的 class_no、class_name 以及 department_name 字段值均设置为 NULL）。

```
mysql> select student_no,student_name,student_contact,student.class_no,class_name,department_name
    -> from student left join classes on student.class_no=classes.class_no;
+------------+--------------+-----------------+----------+---------------+-----------------+
| student_no | student_name | student_contact | class_no | class_name    | department_name |
+------------+--------------+-----------------+----------+---------------+-----------------+
| 2012001    | 张三         | 15000000000     |        1 | 2012自动化1班 | 机电工程学院    |
| 2012002    | 李四         | 16000000000     |        1 | 2012自动化1班 | 机电工程学院    |
| 2012004    | 马六         | 18000000000     |        2 | 2012自动化2班 | 机电工程学院    |
| 2012005    | 田七         | 19000000000     |        2 | 2012自动化2班 | 机电工程学院    |
| 2012003    | 王五         | 17000000000     |        3 | 2012自动化3班 | 机电工程学院    |
| 2012006    | 张三丰       | 20000000000     |     NULL | NULL          | NULL            |
+------------+--------------+-----------------+----------+---------------+-----------------+
6 rows in set (0.03 sec)
```

图 5-5 左连接执行结果

（2）右连接的语法格式。

```
from 表1 right join 表2 on 表1和表2之间的连接条件
```

语法格式中表 1 右连接表 2，意味着查询结果集中须包含表 2 的全部记录，然后表 2 按指定的连接条件与表 1 进行连接。若表 1 中没有满足连接条件的记录，则结果集中表 1 相应的字段填入 NULL。

场景描述 3： 下面的 select 语句可以完成上述三个功能选项中的哪一个功能？

```
select classes.class_no,class_name,department_name,student_no,student_name,
student_contact
from student right join classes on student.class_no=classes.class_no;
```

上面的 select 语句包含一个右连接（学生 student 表右连接班级 classes 表），该 select 语句完成的功能是“检索所有班级中的学生信息”。原因很简单，该 select 语句中的右连接要求必须包含右表（classes 表）的所有记录，该 select 语句的执行结果如图 5-6 所示。由于“2012 自动化 4 班”还没有分配学生，因此“2012 自动化 4 班”的 student_no、student_name 以及 student_contact 字段值均设置为 NULL。

```
mysql> select classes.class_no,class_name,department_name,student_no,student_name,student_contact
    -> from student right join classes on student.class_no=classes.class_no;
+----------+--------------+-----------------+------------+--------------+-----------------+
| class_no | class_name   | department_name | student_no | student_name | student_contact |
+----------+--------------+-----------------+------------+--------------+-----------------+
|        1 | 2012自动化1班 | 机电工程学院     | 2012001    | 张三          | 15000000000     |
|        1 | 2012自动化1班 | 机电工程学院     | 2012002    | 李四          | 16000000000     |
|        3 | 2012自动化3班 | 机电工程学院     | 2012003    | 王五          | 17000000000     |
|        2 | 2012自动化2班 | 机电工程学院     | 2012004    | 马六          | 18000000000     |
|        2 | 2012自动化2班 | 机电工程学院     | 2012005    | 田七          | 19000000000     |
|        4 | 2012自动化4班 | 机电工程学院     | NULL       | NULL         | NULL            |
+----------+--------------+-----------------+------------+--------------+-----------------+
6 rows in set (0.00 sec)
```

图 5-6 右连接执行结果

总结：内连接和外连接的区别在于内连接将去除所有不符合连接条件的记录，而外连接则保留其中一个表的所有记录。表 1 左连接表 2 时，表 1 中的所有记录都会保留在结果集中；右连接恰恰相反。“表 1 左连接表 2”的结果与“表 2 右连接表 1”的结果是一样的。

5.1.4 多表连接

from 子句可以指定多个数据源，实现多表连接，继而实现从更多的表中（以 3 个表为例）检索数据，语法格式如下。

```
from 表1 [连接类型] join 表2 on 表1和表2之间的连接条件
[连接类型] join 表3 on 表2和表3之间的连接条件
```

例如，从 student 表、score 表和 choose 表中查询学生的成绩信息（见图 5-7），可以使用下面的 SQL 语句，执行结果如图 5-8 所示。

```
select student.student_no,student_name,course.course_no,course_name,score
from student inner join choose on student.student_no=choose.student_no
inner join course on choose.course_no=course.course_no;
```

student_no	student_name	student_contact	class_no
2012001	张三	15000000000	1
2012002	李四	16000000000	1
2012003	王五	17000000000	3
2012004	马六	18000000000	2
2012005	田七	19000000000	2

choose_no	student_no	course_no	score	choose_time
1	2012001	2	40	2012-8-11 10:33
2	2012001	1	50	2012-8-11 17:33
3	2012002	3	60	2012-8-12 0:33
4	2012002	2	70	2012-8-12 7:33
5	2012003	1	80	2012-8-12 14:33
6	2012004	2	90	2012-8-12 21:33
7	2012005	3	NULL	2012-8-13 4:33
8	2012005	1	NULL	2012-8-13 11:33

course_no	course_name	up_limit	description	status	teacher_no
1	java语言程序设计	60	暂无	已审核	001
2	MySQL数据库	150	暂无	已审核	002
3	c语言程序设计	230	暂无	已审核	003

student_no	student_name	course_no	course_name	score
2012001	张三	2	MySQL数据库	40
2012001	张三	1	java语言程序设计	50
2012002	李四	3	c语言程序设计	60
2012002	李四	2	MySQL数据库	70
2012003	王五	1	java语言程序设计	80
2012004	马六	2	MySQL数据库	90
2012005	田七	3	c语言程序设计	NULL
2012005	田七	1	java语言程序设计	NULL

图 5-7 多表连接

```
mysql> select student.student_no,student_name,course.course_no,course_name,score
    -> from student inner join choose on student.student_no=choose.student_no
    -> inner join course on choose.course_no=course.course_no;
+------------+--------------+-----------+------------------+-------+
| student_no | student_name | course_no | course_name      | score |
+------------+--------------+-----------+------------------+-------+
| 2012001    | 张三         |         2 | MySQL数据库      |    40 |
| 2012001    | 张三         |         1 | java语言程序设计 |    50 |
| 2012002    | 李四         |         3 | c语言程序设计    |    60 |
| 2012002    | 李四         |         2 | MySQL数据库      |    70 |
| 2012003    | 王五         |         1 | java语言程序设计 |    80 |
| 2012004    | 马六         |         2 | MySQL数据库      |    90 |
| 2012005    | 田七         |         3 | c语言程序设计    |  NULL |
| 2012005    | 田七         |         1 | java语言程序设计 |  NULL |
+------------+--------------+-----------+------------------+-------+
8 rows in set (0.00 sec)
```

图 5-8　多表连接执行结果

5.2　使用 where 子句过滤结果集

由于数据库中存储着海量的数据，而数据库用户往往需要的是满足特定条件的部分记录，因此就需要对查询结果进行过滤筛选。使用 where 子句可以设置结果集的过滤条件，where 子句的语法格式比较简单。

```
where 条件表达式
```

其中，条件表达式是一个布尔表达式，满足“布尔表达式为真”的记录将被包含在 select 结果集中。

5.2.1　使用单一的条件过滤结果集

单一的过滤条件可以使用下面的布尔表达式表示。

```
表达式1 比较运算符 表达式2
```

“表达式 1”和“表达式 2”可以是一个字段名、常量、变量、函数，甚至是子查询。

比较运算符用于比较两个表达式的值，比较的结果是一个布尔值（true 或者 false）。常用的比较运算符有=（等于）、>（大于）、>=（大于等于）、<（小于）、<=（小于等于）、<>（不等于）、!=（不等于）、!<（不小于）、!>（不大于）。

如果表达式的结果是数值，则按照数值的大小进行比较；如果表达式的结果是字符串，则需要参考字符序 collation 的设置进行比较。

例如，检索“2012 自动化 2 班”的所有学生、所有课程的成绩（注意这里使用了左连接，原因在于这个班可能没有学生），可以使用下面的 SQL 语句，执行结果如图 5-9 所示。

```
mysql> select student.student_no,student_name,choose.course_no,course_name,score
    -> from classes left join student on classes.class_no=student.class_no
    -> join choose on student.student_no=choose.student_no
    -> join course on course.course_no=choose.course_no
    -> where class_name='2012自动化2班';
+------------+--------------+-----------+------------------+-------+
| student_no | student_name | course_no | course_name      | score |
+------------+--------------+-----------+------------------+-------+
| 2012004    | 马六         |         2 | MySQL数据库      |    90 |
| 2012005    | 田七         |         3 | c语言程序设计    |  NULL |
| 2012005    | 田七         |         1 | java语言程序设计 |  NULL |
+------------+--------------+-----------+------------------+-------+
3 rows in set (0.38 sec)
```

图 5-9　使用单一的查询条件过滤结果集

```
select student.student_no,student_name,choose.course_no,course_name,score
```

```
from classes left join student on classes.class_no=student.class_no
join choose on student.student_no=choose.student_no
join course on course.course_no=choose.course_no
where class_name='2012 自动化 2 班';
```

前面曾经提到，在 from 子句中存在多个数据源时，可以在 where 子句中设置多个数据源之间的连接条件。例如，检索分配有班级的学生信息，还可以使用下面的 SQL 语句实现，执行结果如图 5-10 所示。

```
select student_no,student_name,student_contact,student.class_no,class_name,department_name
from student , classes
where student.class_no=classes.class_no;
```

```
mysql> select student_no,student_name,student_contact,student.class_no,class_name,department_name
    -> from student , classes
    -> where student.class_no=classes.class_no;
+------------+--------------+-----------------+----------+---------------+-----------------+
| student_no | student_name | student_contact | class_no | class_name    | department_name |
+------------+--------------+-----------------+----------+---------------+-----------------+
| 2012001    | 张三         | 15000000000     |        1 | 2012自动化1班 | 机电工程学院    |
| 2012002    | 李四         | 16000000000     |        1 | 2012自动化1班 | 机电工程学院    |
| 2012003    | 王五         | 17000000000     |        3 | 2012自动化3班 | 机电工程学院    |
| 2012004    | 马六         | 18000000000     |        2 | 2012自动化2班 | 机电工程学院    |
| 2012005    | 田七         | 19000000000     |        2 | 2012自动化2班 | 机电工程学院    |
+------------+--------------+-----------------+----------+---------------+-----------------+
5 rows in set (0.00 sec)
```

图 5-10　在 where 子句中设置连接条件

5.2.2　is NULL 运算符

is NULL 用于判断表达式的值是否为空值 NULL（is not NULL 恰恰相反），is NULL 的语法格式如下。

```
表达式 is [ not ] NULL
```

例如，检索没有录入成绩的学生及对应的课程信息，可以使用下面的 SQL 语句，执行结果如图 5-11 所示。

```
select student.student_no,student_name,choose.course_no,course_name,score
from student inner join choose on student.student_no=choose.student_no
inner join course on choose.course_no=course.course_no
where score is NULL;
```

```
mysql> select student.student_no,student_name,choose.course_no,course_name,score
    -> from student inner join choose on student.student_no=choose.student_no
    -> inner join course on choose.course_no=course.course_no
    -> where score is NULL;
+------------+--------------+-----------+------------------+-------+
| student_no | student_name | course_no | course_name      | score |
+------------+--------------+-----------+------------------+-------+
| 2012005    | 田七         |         3 | c语言程序设计    |  NULL |
| 2012005    | 田七         |         1 | java语言程序设计 |  NULL |
+------------+--------------+-----------+------------------+-------+
2 rows in set (0.00 sec)
```

图 5-11　is NULL 运算符

说明　这里不能将“score is NULL”写成“score = NULL”，原因是 NULL 是一个不确定的数，不能使用“=”、“！=”等比较运算符与 NULL 进行比较。

例如下面的 SQL 语句的执行结果如图 5-12 所示，请读者自行分析产生该结果的原因。

```
select 2 = 2,NULL = NULL, NULL != NULL, NULL is NULL, NULL is not NULL;
```

```
mysql> select 2 = 2,NULL = NULL, NULL != NULL, NULL is NULL, NULL is not NULL;
+-------+-------------+--------------+--------------+------------------+
| 2 = 2 | NULL = NULL | NULL != NULL | NULL is NULL | NULL is not NULL |
+-------+-------------+--------------+--------------+------------------+
|     1 |        NULL |         NULL |            1 |                0 |
+-------+-------------+--------------+--------------+------------------+
1 row in set (0.00 sec)
```

图 5-12　NULL 的比较运算

5.2.3　select 语句与字符集

执行 select 语句时，如果字符集设置错误，可能导致 3 种问题的发生。

场景描述 4：MySQL 客户机显示结果集时出现乱码问题。

例如，检索课程上限为 60 人的所有课程信息，可以使用下面的 SQL 语句，执行结果如图 5-13 所示。

```
select * from course where up_limit=60;
```

由于查询结果集中包含中文简体字符，如果使用下面的 MySQL 命令首先将 character_set_results 的字符集设置为 latin1，然后执行上面的 SQL 语句，那么查询结果将出现中文乱码问题，执行结果如图 5-13 所示。

```
set character_set_results = latin1;
select * from course where up_limit=60;
```

场景描述 5：查询结果失败问题。

使用下面的 MySQL 命令首先将 character_set_results 的字符集还原为 gbk，然后检索课程名称为"java 语言程序设计"的所有课程信息，执行结果如图 5-14 所示。

```
set character_set_results = gbk;
select * from course where course_name='java 语言程序设计';
```

```
mysql> select * from course where up_limit=60;
+-----------+------------------+----------+-------------+--------+------------+
| course_no | course_name      | up_limit | description | status | teacher_no |
+-----------+------------------+----------+-------------+--------+------------+
|         1 | java语言程序设计 |       60 | 暂无        | 已审核 | 001        |
+-----------+------------------+----------+-------------+--------+------------+
1 row in set (0.00 sec)

mysql> set character_set_results = latin1;
Query OK, 0 rows affected (0.00 sec)

mysql> select * from course where up_limit=60;
+-----------+-------------+----------+-------------+--------+------------+
| course_no | course_name | up_limit | description | status | teacher_no |
+-----------+-------------+----------+-------------+--------+------------+
|         1 | java??????  |       60 | ??          | ???    | 001        |
+-----------+-------------+----------+-------------+--------+------------+
1 row in set (0.00 sec)
```

图 5-13　查询结果集与乱码

```
mysql> set character_set_results = gbk;
Query OK, 0 rows affected (0.00 sec)

mysql> select * from course where course_name='java语言程序设计';
+-----------+------------------+----------+-------------+--------+------------+
| course_no | course_name      | up_limit | description | status | teacher_no |
+-----------+------------------+----------+-------------+--------+------------+
|         1 | java语言程序设计 |       60 | 暂无        | 已审核 | 001        |
+-----------+------------------+----------+-------------+--------+------------+
1 row in set (0.00 sec)

mysql> set character_set_connection = latin1;
Query OK, 0 rows affected (0.00 sec)

mysql> select * from course where course_name='java语言程序设计';
Empty set (0.01 sec)
```

图 5-14　查询结果失败问题

由于 where 子句中包含中文简体字符，如果使用下面的 SQL 语句将 character_set_connection 的字符集设置为 latin1，然后再检索课程名称为“java 语言程序设计”的所有课程信息，这样将导致查询结果失败，执行结果如图 5-14 所示。

```
set character_set_connection = latin1;
select * from course where course_name='java语言程序设计';
```

场景描述 6：SQL 语句解析错误问题。

下面的 MySQL 命令，首先将 character_set_client、character_set_connection 和 character_set_results 的字符集设置为 latin1；接着使用 select 语句检索课程名称为“java 语言程序设计”的所有课程信息；最后将 character_set_client、character_set_connection 和 character_set_results 的字符集设置为 gbk，执行结果如图 5-15 所示。

```
set names latin1;
select * from course where course_name='java语言程序设计';
set names gbk;
```

```
mysql> set names latin1;
Query OK, 0 rows affected (0.00 sec)

mysql> select * from course where course_name='java语言程序设计';
ERROR 1267 (HY000): Illegal mix of collations (gbk_chinese_ci,IMPLICIT) and (latin1_swedish_ci,
COERCIBLE) for operation '='
mysql> set names gbk;
Query OK, 0 rows affected (0.00 sec)
```

图 5-15　SQL 语句解析失败问题

上面的 select 语句被认为是非法 SQL 语句。原因在于，将 character_set_client、character_set_connection 和 character_set_results 的字符集设置为 latin1 后，此时 MySQL 客户机已经无法识别 select 语句中 where 子句的中文字符，因此，MySQL 服务实例在解析 select 语句时发生错误。

5.2.4　使用逻辑运算符

where 子句中可以包含多个查询条件，使用逻辑运算符可以将多个查询条件组合起来，完成更为复杂的过滤筛选。常用的逻辑运算符包括逻辑与（and）、逻辑或（or）以及逻辑非（!），其中逻辑非（!）为单目运算符。

1．逻辑非（!）

逻辑非（!）为单目运算符，它的使用方法较为简单，如下所示。使用逻辑非（!）操作布尔表达式时，若布尔表达式的值为 true，则整个逻辑表达式的结果为 false，反之亦然。

```
!布尔表达式
```

例如，检索课程上限不是 60 人的所有课程信息，可以使用下面的 SQL 语句，执行结果如图 5-16 所示。

```
mysql> select * from course where !(up_limit=60);
+-----------+----------------+----------+-------------+--------+------------+
| course_no | course_name    | up_limit | description | status | teacher_no |
+-----------+----------------+----------+-------------+--------+------------+
|         2 | MySQL数据库    |      150 | 暂无        | 已审核 | 002        |
|         3 | c语言程序设计  |      230 | 暂无        | 已审核 | 003        |
+-----------+----------------+----------+-------------+--------+------------+
2 rows in set (0.01 sec)
```

图 5-16　逻辑非

```
select * from course where !(up_limit=60);
```

该 SQL 语句等效于：select * from course where up_limit!=60;

2. and 逻辑运算符

使用 and 逻辑运算符连接两个布尔表达式，只有当两个布尔表达式的值都为 true 时，整个逻辑表达式的结果才为 true。语法格式如下。

```
布尔表达式 1  and  布尔表达式 2
```

例如，检索“MySQL 数据库”课程不及格的学生名单（不包括缺考学生），可以使用下面的 SQL 语句，执行结果如图 5-17 所示。

```
select student.student_no,student_name,student_contact,choose.course_no,course_name,score
from course join choose on course.course_no=choose.course_no
join student on choose.student_no=student.student_no
where course.course_name='MySQL 数据库' and score<60;
```

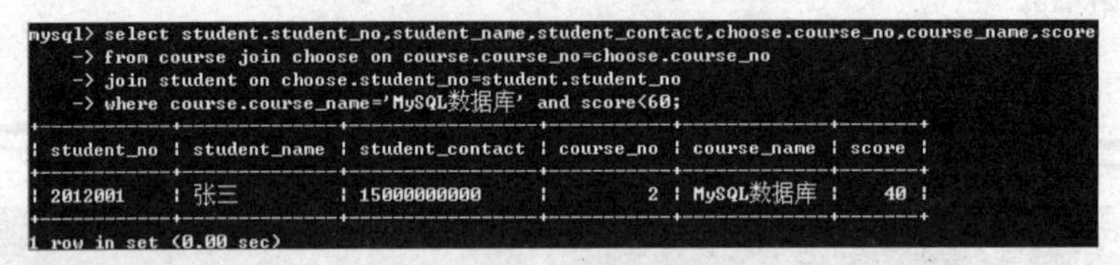

```
mysql> select student.student_no,student_name,student_contact,choose.course_no,course_name,score
    -> from course join choose on course.course_no=choose.course_no
    -> join student on choose.student_no=student.student_no
    -> where course.course_name='MySQL数据库' and score<60;
+------------+--------------+-----------------+-----------+-------------+-------+
| student_no | student_name | student_contact | course_no | course_name | score |
+------------+--------------+-----------------+-----------+-------------+-------+
| 2012001    | 张三         | 15000000000     |         2 | MySQL数据库 |    40 |
+------------+--------------+-----------------+-----------+-------------+-------+
1 row in set (0.00 sec)
```

图 5-17 and 逻辑运算符

另外，MySQL 还支持 between…and…运算符，between…and…运算符用于判断一个表达式的值是否位于指定的取值范围内，between…and…的语法格式如下。

```
表达式  [not] between  起始值  and  终止值
```

表达式的值的数据类型与起始值以及终止值的数据类型相同。如果表达式的值介于起始值与终止值之间（即表达式的值>=起始值 and 表达式的值<=终止值），则整个逻辑表达式的值为 true；not between…and…恰恰相反。

例如，检索成绩优秀（成绩在 80～100 分之间）的学生及其对应的课程信息，可以使用下面的 SQL 语句，执行结果如图 5-18 所示。

```
select student.student_no,student_name,choose.course_no,course_name,score
from student join choose on student.student_no=choose.student_no
join course on choose.course_no=course.course_no
where score between 80 and 100;
```

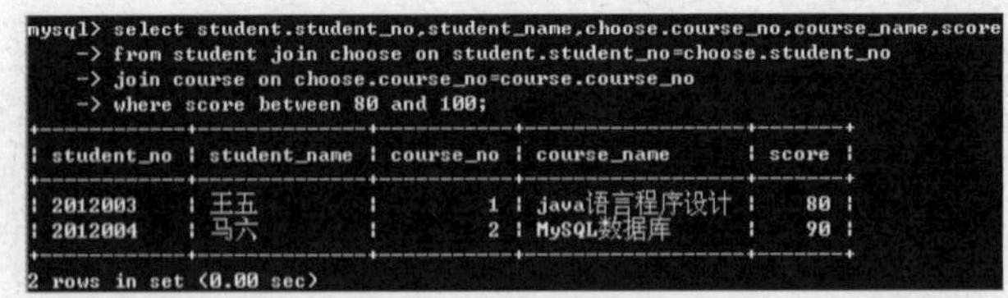

```
mysql> select student.student_no,student_name,choose.course_no,course_name,score
    -> from student join choose on student.student_no=choose.student_no
    -> join course on choose.course_no=course.course_no
    -> where score between 80 and 100;
+------------+--------------+-----------+-------------------+-------+
| student_no | student_name | course_no | course_name       | score |
+------------+--------------+-----------+-------------------+-------+
| 2012003    | 王五         |         1 | java语言程序设计  |    80 |
| 2012004    | 马六         |         2 | MySQL数据库       |    90 |
+------------+--------------+-----------+-------------------+-------+
2 rows in set (0.00 sec)
```

图 5-18 between…and…运算符

3. 使用 or 逻辑运算符

使用 or 逻辑运算符连接两个布尔表达式，只有当两个表达式的值都为 false 时，整个逻辑表达式的结果才为 false。语法格式如下。

```
布尔表达式 1  or  布尔表达式 2
```

例如，检索所有姓“张”、姓“田”的学生信息，可以使用下面的 SQL 语句，执行结果如图 5-19 所示。

```
select *
from student
where substring(student_name,1,1)='张' or substring(student_name,1,1)='田';
```

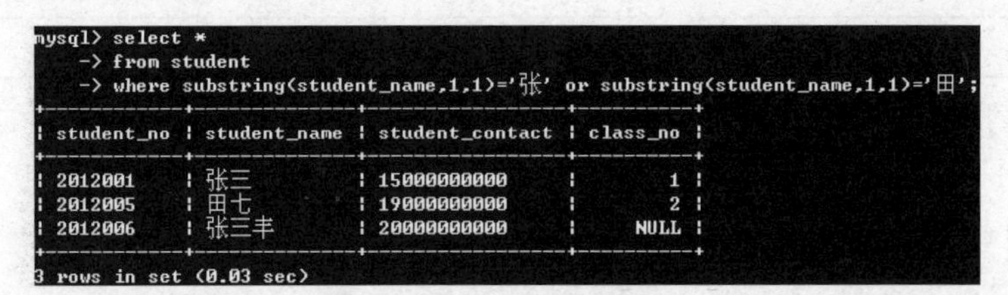

```
mysql> select *
    -> from student
    -> where substring(student_name,1,1)='张' or substring(student_name,1,1)='田';
+------------+--------------+-----------------+----------+
| student_no | student_name | student_contact | class_no |
+------------+--------------+-----------------+----------+
| 2012001    | 张三         | 15000000000     |        1 |
| 2012005    | 田七         | 19000000000     |        2 |
| 2012006    | 张三丰       | 20000000000     |     NULL |
+------------+--------------+-----------------+----------+
3 rows in set (0.03 sec)
```

图 5-19　or 逻辑运算符

substring()是一个字符串函数，功能是求一个源字符串的子串，该函数需要 3 个参数，分别定义了源字符串、子串的起止位置以及子串的长度。在使用字符串函数对中文简体字符串进行操作时，同样需要注意字符集的设置。

另外，MySQL 还支持 in 运算符，in 运算符用于判断一个表达式的值是否位于一个离散的数学集合内，in 的语法格式如下。

```
表达式 [not] in (数学集合)
```

一些离散的数值型的数以及若干个字符串，甚至一个 select 语句的查询结果集（单个字段）都可以构成一个数学集合。如果表达式的值包含在数学集合中，则整个逻辑表达式的结果为 true，[not]　in 恰恰相反。

例如，检索所有姓“张”、姓“田”的学生信息，也可以使用下面的 SQL 语句，执行结果如图 5-20 所示。

```
select * from student where substring(student_name,1,1) in ('张' ,'田');
```

```
mysql> select * from student where substring(student_name,1,1) in ('张' ,'田');
+------------+--------------+-----------------+----------+
| student_no | student_name | student_contact | class_no |
+------------+--------------+-----------------+----------+
| 2012001    | 张三         | 15000000000     |        1 |
| 2012005    | 田七         | 19000000000     |        2 |
| 2012006    | 张三丰       | 20000000000     |     NULL |
+------------+--------------+-----------------+----------+
3 rows in set (0.03 sec)
```

图 5-20　in 运算符

5.2.5　使用 like 进行模糊查询

like 运算符用于判断一个字符串是否与给定的模式相匹配。模式是一种特殊的字符串，特殊之处在于它不仅包含普通字符，还包含通配符。在实际应用中，如果不能对字符串进行精确查询，可以使用 like 运算符与通配符实现模糊查询，like 运算符的语法格式如下。

```
字符串表达式 [ not ] like 模式
```

字符串表达式中，符合模式匹配的记录将包含在结果集中，[not] like 则恰恰相反。

字符序设置为 gbk_chinese_ci 或者 gb2312_chinese_ci，模式匹配时英文字母不区分大小写；而字符序设置为 gbk_bin 或者 gb2312_bin，模式匹配时英文字母区分大小写。

模式是一个字符串，其中包含普通字符和通配符。在 MySQL 中常用的通配符如表 5-2 所示。

表 5-2　　　MySQL 中常用的通配符

通配符	功能
%	匹配零个或多个字符组成的任意字符串
_（下划线）	匹配任意一个字符

例如，检索所有姓“张”，且名字只有两个字的学生的信息，可以使用下面的 SQL 语句，执行结果如图 5-21 所示。

```
select * from student where student_name like '张_';
```

将 MySQL 字符集设置为 gbk 中文简体字符集时，一个“_”下画线代表一个中文简体字符。

例如，检索学生姓名中所有带“三”的学生的信息，可以使用下面的 SQL 语句，执行结果如图 5-22 所示。

```
select * from student where student_name like '%三%';
```

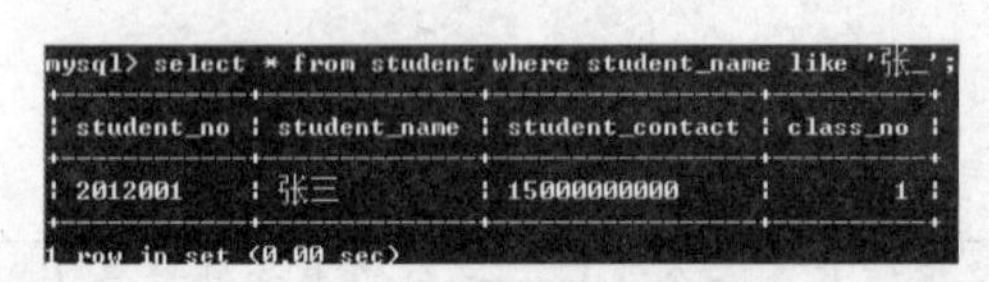

图 5-21　使用 like 进行模糊查询（1）

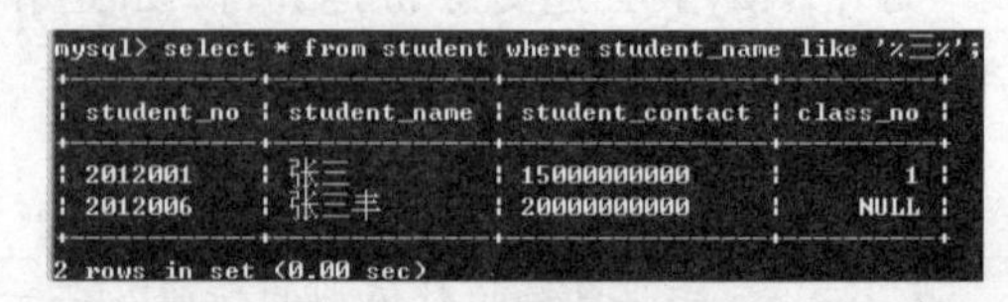

图 5-22　使用 like 进行模糊查询（2）

模糊查询“%”或者“_”字符时，需要将“%”或者“_”字符转义，例如，检索学生姓名中所有带“_”的学生信息，可以使用下面的 SQL 语句，其中，new_student 表是在表记录的更新操作章节中创建的。执行结果如图 5-23 所示。

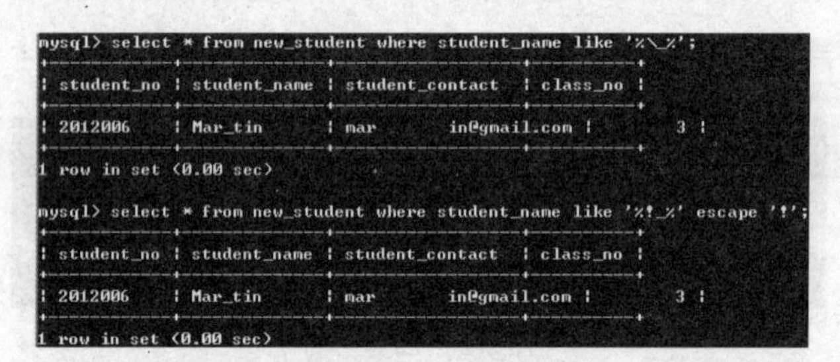

图 5-23　模糊查询时需要将“%”或者“_”字符转义

```
select * from new_student where student_name like '%\_%';
```

如果不想使用“\”作为转义字符，也可以使用 escape 关键字自定义一个转义字符（有时称为“逃逸字符”），例如下面的 SQL 语句使用字符“!”作为转义字符。

```
select * from new_student where student_name like '%!_%' escape '!';
```

5.3　使用 order by 子句对结果集排序

select 语句的查询结果集的排序由数据库系统动态确定，往往是无序的。order by 子句用于对结果集排序。在 select 语句中添加 order by 子句，就可以使结果集中的记录按照一个或多个字段的值进行排序，排序的方向可以是升序（asc）或降序（desc）。order by 子句的语法格式如下。

```
order by 字段名1 [asc|desc] [… ,字段名n [asc|desc] ]
```

在 order by 子句中，可以指定多个字段作为排序的关键字，其中第一个字段为排序主关键字，第二个字段为排序次关键字，以此类推。排序时，首先按照主关键字的值进行排序，主关键字的值相同的，再按照次关键字的值进行排序，以此类推。

排序时，MySQL 总是将 NULL 当作“最小值”处理。

例如，对选课表中的成绩降序排序，可以使用下面的 SQL 语句，执行结果如图 5-24 所示。

```
select * from choose order by score desc;
```

```
mysql> select * from choose order by score desc;
+-----------+------------+-----------+-------+---------------------+
| choose_no | student_no | course_no | score | choose_time         |
+-----------+------------+-----------+-------+---------------------+
|         6 | 2012004    |         2 |    90 | 2013-05-05 15:58:09 |
|         5 | 2012003    |         1 |    80 | 2013-05-05 15:58:09 |
|         4 | 2012002    |         2 |    70 | 2013-05-05 15:58:09 |
|         3 | 2012002    |         3 |    60 | 2013-05-05 15:58:09 |
|         2 | 2012001    |         1 |    50 | 2013-05-05 15:58:09 |
|         1 | 2012001    |         2 |    40 | 2013-05-05 15:58:09 |
|         7 | 2012005    |         3 |  NULL | 2013-05-05 15:58:09 |
|         8 | 2012005    |         1 |  NULL | 2013-05-05 15:58:09 |
+-----------+------------+-----------+-------+---------------------+
8 rows in set (0.02 sec)
```

图 5-24　使用 order by 子句对结果集排序（1）

例如，按照学生的学号以及课程号升序的方式，查询所有学生的课程分数，可以使用下面的 SQL 语句，执行结果如图 5-25 所示。

```
select student.student_no,student_name,course.course_no,course_name,score
from student inner join choose on student.student_no=choose.student_no
inner join course on choose.course_no=course.course_no
order by student_no asc,course_no asc;
```

```
mysql> select student.student_no,student_name,course.course_no,course_name,score
    -> from student inner join choose on student.student_no=choose.student_no
    -> inner join course on choose.course_no=course.course_no
    -> order by student_no asc,course_no asc;
+------------+--------------+-----------+----------------+-------+
| student_no | student_name | course_no | course_name    | score |
+------------+--------------+-----------+----------------+-------+
| 2012001    | 张三         |         1 | java语言程序设计 |    50 |
| 2012001    | 张三         |         2 | MySQL数据库    |    40 |
| 2012002    | 李四         |         2 | MySQL数据库    |    70 |
| 2012002    | 李四         |         3 | c语言程序设计  |    60 |
| 2012003    | 王五         |         1 | java语言程序设计 |    80 |
| 2012004    | 马六         |         2 | MySQL数据库    |    90 |
| 2012005    | 田七         |         1 | java语言程序设计 |  NULL |
| 2012005    | 田七         |         3 | c语言程序设计  |  NULL |
+------------+--------------+-----------+----------------+-------+
8 rows in set (0.02 sec)
```

图 5-25　使用 order by 子句对结果集排序（2）

该 SQL 语句中的 asc 可以省略，这是由于使用 order by 子句时，默认的排序方式为升序 asc。

对字符串排序时，字符序 collation 的设置会影响排序结果。

5.4　使用聚合函数汇总结果集

聚合函数用于对一组值进行计算并返回一个汇总值，常用的聚合函数有累加求和 sum()函数、平均值 avg()函数、统计记录的行数 count()函数、最大值 max()函数和最小值 min()函数等。

1. count()函数用于统计结果集中记录的行数

例如，统计全校的学生人数，可以使用下面的 SQL 语句，执行结果如图 5-26 所示。

```
select count(*) 学生人数 from student;
```

该 SQL 语句等效于：select count(student_no) 学生人数 from student;

假设 choose 表中成绩为 NULL 时表示该生缺考。统计 choose 表 course_no=1 的课程中，参加考试的学生人数、缺考的学生人数、缺考百分比等信息，可以使用下面的 SQL 语句，执行结果如图 5-27 所示。

```
select count(choose_no) 参加考试的人数, count(choose_no)-count(score) 缺考学生人数,
(count(choose_no)-count(score))/count(choose_no)*100 缺考百分比 from choose
where course_no=1;
```

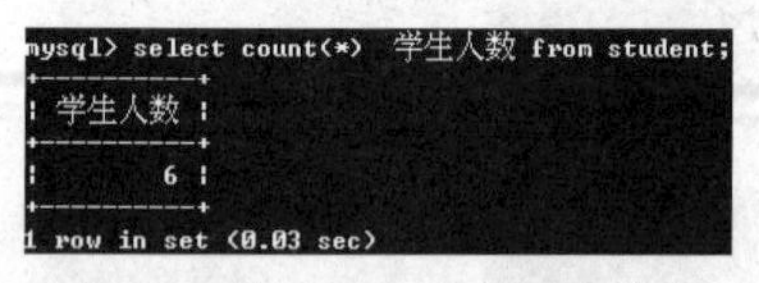

图 5-26 使用 count()函数统计结果集中记录的行数（1）

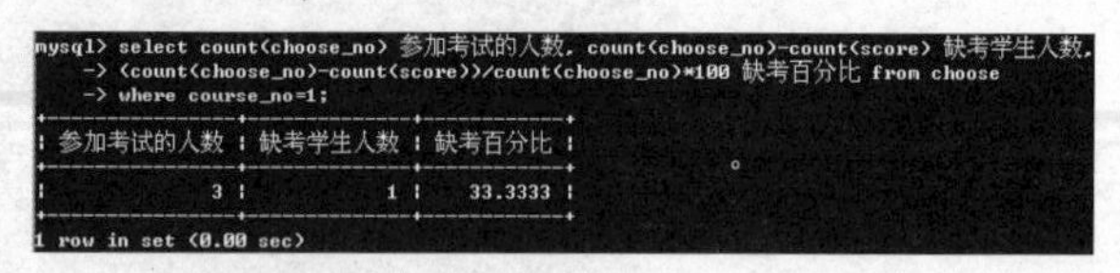

图 5-27 使用 count()函数统计结果集中记录的行数（2）

可以看出，使用 count()对 NULL 值统计时，count()函数将**忽略** NULL 值。sum()函数、avg()函数、max()以及 min()函数等统计函数统计数据时也将**忽略** NULL 值。

2. sum()函数用于对数值型字段的值累加求和

例如，统计全校所有成绩的总成绩，可以使用下面的 SQL 语句，执行结果如图 5-28 所示。

select sum(score) 总成绩 from choose;

例如，统计学生“张三丰”的课程总成绩（注意张三丰没有选课），可以使用下面的 SQL 语句，执行结果如图 5-29 所示。

```
select student.student_no,student_name 姓名,sum(score) 总成绩
from student left join choose on choose.student_no=student.student_no
where student_name='张三丰';
```

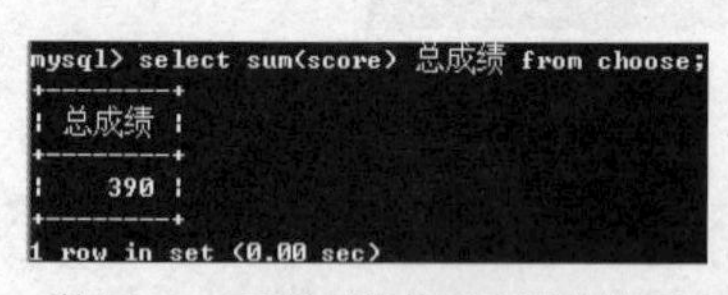

图 5-28 使用 sum()函数对数值型字段的值累加求和（1）

```
mysql> select student.student_no,student_name 姓名,sum(score) 总成绩
    -> from student left join choose on choose.student_no=student.student_no
    -> where student_name='张三丰';
+------------+--------+--------+
| student_no | 姓名   | 总成绩 |
+------------+--------+--------+
| 2012006    | 张三丰 |   NULL |
+------------+--------+--------+
1 row in set (0.00 sec)
```

图 5-29 使用 sum()函数对数值型字段的值累加求和（2）

3. avg()函数用于对数值型字段的值求平均值

例如，统计学生“张三”的课程平均成绩，可以使用下面的 SQL 语句，执行结果如图 5-30 所示。

```
select student.student_no,student_name 姓名,avg(score) 平均成绩
from student left join choose on choose.student_no=student.student_no
where student_name='张三';
```

4. max()与 min()函数用于统计数值型字段值的最大值与最小值

例如，统计所有成绩中的最高分及最低分，可以使用下面的 SQL 语句，执行结果如图 5-31 所示。

```
select max(score) 最高分,min(score) 最低分 from choose;
```

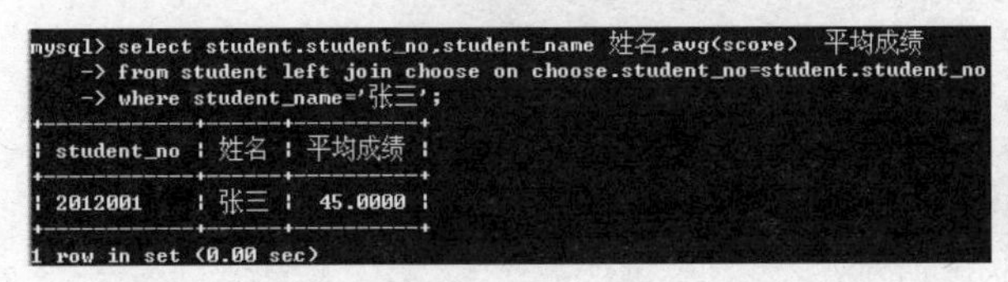

```
mysql> select student.student_no,student_name 姓名,avg(score) 平均成绩
    -> from student left join choose on choose.student_no=student.student_no
    -> where student_name='张三';
+------------+------+----------+
| student_no | 姓名 | 平均成绩 |
+------------+------+----------+
| 2012001    | 张三 |  45.0000 |
+------------+------+----------+
1 row in set (0.00 sec)
```

图 5-30　使用 avg()函数对数值型字段的值求平均值

```
mysql> select max(score) 最高分,min(score) 最低分 from choose;
+--------+--------+
| 最高分 | 最低分 |
+--------+--------+
|     90 |     40 |
+--------+--------+
1 row in set (0.00 sec)
```

图 5-31　统计数值型字段值的最大值与最小值

5.5　使用 group by 子句对记录分组统计

group by 子句将查询结果按照某个字段（或多个字段）进行分组（字段值相同的记录作为一个分组），通常与聚合函数一起使用。group by 子句的语法格式如下。

```
group by 字段列表[ having 条件表达式] [ with rollup ]
```

有时使用 order by 子句也可以实现“分组”功能，但 order by 子句与 group by 子句实现分组时有很大区别。

场景描述 7：按“班级”将学生的信息进行分组，可以使用下面的 SQL 语句，执行结果如图 5-32 所示。

```
select * from student order by class_no;
```

如果使用下面的 SQL 语句，将得不到按班级将学生进行分组的信息，执行结果如图 5-33 所示。

```
select * from student group by class_no;
```

```
mysql> select * from student order by class_no;
+------------+--------------+-----------------+----------+
| student_no | student_name | student_contact | class_no |
+------------+--------------+-----------------+----------+
| 2012006    | 张三丰       | 20000000000     |     NULL |
| 2012001    | 张三         | 15000000000     |        1 |
| 2012002    | 李四         | 16000000000     |        1 |
| 2012004    | 马六         | 18000000000     |        2 |
| 2012005    | 田七         | 19000000000     |        2 |
| 2012003    | 王五         | 17000000000     |        3 |
+------------+--------------+-----------------+----------+
6 rows in set (0.00 sec)
```

图 5-32　使用 order by 进行排序模拟实现分组功能

```
mysql> select * from student group by class_no;
+------------+--------------+-----------------+----------+
| student_no | student_name | student_contact | class_no |
+------------+--------------+-----------------+----------+
| 2012006    | 张三丰       | 20000000000     |     NULL |
| 2012001    | 张三         | 15000000000     |        1 |
| 2012004    | 马六         | 18000000000     |        2 |
| 2012003    | 王五         | 17000000000     |        3 |
+------------+--------------+-----------------+----------+
4 rows in set (0.05 sec)
```

图 5-33　单独使用 group by 子句进行分组实际意义不大

可以看到，单独使用 group by 子句对记录进行分组时，仅仅显示分组中的某一条记录（字段值相同的记录作为一个分组）。因此，单独使用 group by 子句进行分组实际意义不大。group by 子句通常与聚合函数一起使用。

5.5.1　group by 子句与聚合函数

例如，统计每一个班的学生人数，可以使用下面的 SQL 语句，执行结果如图 5-34 所示。

```
select class_name,count(student_no)
from classes left join student on student.class_no=classes.class_no
group by classes.class_no;
```

```
mysql> select class_name,count(student_no)
    -> from classes left join student on student.class_no=classes.class_no
    -> group by classes.class_no;
+----------------+-------------------+
| class_name     | count(student_no) |
+----------------+-------------------+
| 2012自动化1班  |                 2 |
| 2012自动化2班  |                 2 |
| 2012自动化3班  |                 1 |
| 2012自动化4班  |                 0 |
+----------------+-------------------+
4 rows in set (0.00 sec)
```

图 5-34　group by 子句与聚合函数（1）

例如，统计每个学生已经选修多少门课程，以及该生的最高分、最低分、总分及平均成绩，可以使用下面的 SQL 语句，执行结果如图 5-35 所示。

```
select student.student_no,student_name,count(course_no),max(score),min(score),
sum(score), avg(score)
from student left join choose on student.student_no=choose.student_no
group by student.student_no;
```

```
mysql> select student.student_no,student_name,count(course_no),max(score),min(score),sum(score), avg(score)
    -> from student left join choose on student.student_no=choose.student_no
    -> group by student.student_no;
+------------+--------------+------------------+------------+------------+------------+------------+
| student_no | student_name | count(course_no) | max(score) | min(score) | sum(score) | avg(score) |
+------------+--------------+------------------+------------+------------+------------+------------+
| 2012001    | 张三         |                2 |         50 |         40 |         90 |    45.0000 |
| 2012002    | 李四         |                2 |         70 |         60 |        130 |    65.0000 |
| 2012003    | 王五         |                1 |         80 |         80 |         80 |    80.0000 |
| 2012004    | 马六         |                1 |         90 |         90 |         90 |    90.0000 |
| 2012005    | 田七         |                2 |       NULL |       NULL |       NULL |       NULL |
| 2012006    | 张三丰       |                0 |       NULL |       NULL |       NULL |       NULL |
+------------+--------------+------------------+------------+------------+------------+------------+
6 rows in set (0.00 sec)
```

图 5-35　group by 子句与聚合函数（2）

5.5.2　group by 子句与 having 子句

having 子句用于设置分组或聚合函数的过滤筛选条件，通常与 group by 子句一起使用。having 子句语法格式与 where 子句语法格式类似，having 子句语法格式如下。

```
having 条件表达式
```

其中，条件表达式是一个逻辑表达式，用于指定分组后的筛选条件。

例如，检索平均成绩高于 70 分的学生信息及平均成绩，可以使用下面的 SQL 语句，执行结果如图 5-36 所示。注意：该 SQL 语句中的 having 不能替换成 where。

```
select choose.student_no,student_name,avg(score)
from choose join student on choose.student_no=student.student_no
group by student.student_no
having avg(score)>70;
```

总结：在下面 select 语句的语法格式中，既有 where 子句，又有 group by 子句以及 having 子句，该 select 语句的执行过程为：首先 where 子句对结果集进行过滤筛选，接着 group by 子句对 where 子句的输出分组，最后 having 子句从分组的结果中再进行筛选。

```
mysql> select choose.student_no,student_name,avg(score)
    -> from choose join student on choose.student_no=student.student_no
    -> group by student.student_no
    -> having avg(score)>70;
+------------+--------------+------------+
| student_no | student_name | avg(score) |
+------------+--------------+------------+
| 2012003    | 王五         |    80.0000 |
| 2012004    | 马六         |    90.0000 |
+------------+--------------+------------+
2 rows in set (0.00 sec)
```

图 5-36　group by 子句与 having 子句

```
select 字段列表
from 数据源
where 条件表达式
group by 分组字段  having 条件表达式
```

5.5.3 group by 子句与 group_concat()函数

group_concat()函数的功能是将集合中的字符串连接起来，此时 group_concat()函数的功能与字符串连接函数 concat()的功能相似。

例如下面 SQL 语句中的 group_concat()函数以及 concat()函数负责将集合（'java', '程序', '设计'）中的 3 个字符串连接起来，执行结果如图 5-37 所示。

```
select group_concat('java','程序','设计'),concat('java','程序','设计');
```

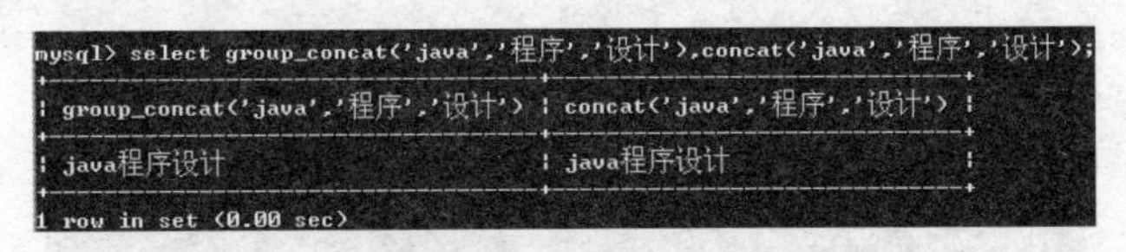

```
mysql> select group_concat('java','程序','设计'),concat('java','程序','设计');
+------------------------------------+------------------------------+
| group_concat('java','程序','设计') | concat('java','程序','设计') |
+------------------------------------+------------------------------+
| java程序设计                       | java程序设计                 |
+------------------------------------+------------------------------+
1 row in set (0.00 sec)
```

图 5-37 group_concat()函数以及 concat()函数

group_concat()函数还可以按照分组字段，将另一个字段的值（NULL 值除外）使用逗号连接起来。例如统计所有班级的学生名单，可以使用下面的 SQL 语句，执行结果如图 5-38 所示。concat()函数却没有提供这样的功能。

```
select class_name 班级名,group_concat(student_name) 学生名单, concat(student_name) 部分名单
from classes left join student on student.class_no=classes.class_no
group by classes.class_no;
```

```
mysql> select class_name 班级名,group_concat(student_name) 学生名单, concat(student_name) 部分名单
    -> from classes left join student on student.class_no=classes.class_no
    -> group by classes.class_no;
+----------------+-----------+----------+
| 班级名         | 学生名单  | 部分名单 |
+----------------+-----------+----------+
| 2012自动化1班  | 张三,李四 | 张三     |
| 2012自动化2班  | 马六,田七 | 马六     |
| 2012自动化3班  | 王五      | 王五     |
| 2012自动化4班  | NULL      | NULL     |
+----------------+-----------+----------+
4 rows in set (0.00 sec)
```

图 5-38 group_concat()函数的使用

需要注意的是，默认情况下 group_concat()函数最多能够连接 1024 个字符。数据库管理员可以对 group_concat_max_len 系统变量的值重新设置，修改该默认值，这里不再赘述。

5.5.4 group by 子句与 with rollup 选项

group by 子句将结果集分为若干个组，使用聚合函数可以对每个组内的数据进行信息统计，有时对各个组进行汇总运算时，需要在分组后加上一条汇总记录，这个任务可以通过 with rollup 选项实现。

例如统计每一个班的学生人数，并在查询结果集的最后一条记录后附上所有班级的总人数，可以使用下面的 SQL 语句，执行结果如图 5-39 所示。

```
select classes.class_no,count(student_no)
from classes left join student on student.class_no=classes.class_no
```

```
group by classes.class_no with rollup;
```

```
mysql> select classes.class_no,count(student_no)
    -> from classes left join student on student.class_no=classes.class_no
    -> group by classes.class_no with rollup;
+----------+-------------------+
| class_no | count(student_no) |
+----------+-------------------+
|        1 |                 2 |
|        2 |                 2 |
|        3 |                 1 |
|        4 |                 0 |
|     NULL |                 5 |
+----------+-------------------+
5 rows in set (0.00 sec)
```

图 5-39　group by 子句与 with rollup 选项

作为对比，去掉 with rollup 选项后的 SQL 语句的执行结果如图 5-40 所示。

```
select classes.class_no,count(student_no)
from classes left join student on student.class_no=classes.class_no
group by classes.class_no;
```

```
mysql> select classes.class_no,count(student_no)
    -> from classes left join student on student.class_no=classes.class_no
    -> group by classes.class_no;
+----------+-------------------+
| class_no | count(student_no) |
+----------+-------------------+
|        1 |                 2 |
|        2 |                 2 |
|        3 |                 1 |
|        4 |                 0 |
+----------+-------------------+
4 rows in set (0.00 sec)
```

图 5-40　去掉 with rollup 选项后的 SQL 语句执行结果

5.6　合并结果集

在 MySQL 数据库中，使用 union 可以将多个 select 语句的查询结果集组合成一个结果集，语法格式如下。

```
select 字段列表 1  from  table1
union [all]
select 字段列表 2   from  table2...
```

字段列表 1 与字段列表 2 的字段个数必须相同，且具有相同的数据类型。多个结果集合并后会产生一个新的结果集，该结果集的字段名与字段列表 1 中的字段名对应。

union 与 union all 的区别：当使用 union 时，MySQL 会筛选掉 select 结果集中重复的记录（结果集合并后会对新产生的结果集进行排序运算，效率稍低）。而使用 union all 时，MySQL 会直接合并两个结果集，效率高于 union。如果可以确定合并前的两个结果集中不包含重复的记录，则建议使用 union all。

例如检索所有的学生及教师的信息，可以使用下面的 SQL 语句，执行结果如图 5-41 所示。

```
select student_no 账号,student_name 姓名,student_contact 联系方式
from student
union all
select teacher_no,teacher_name,teacher_contact
from teacher;
```

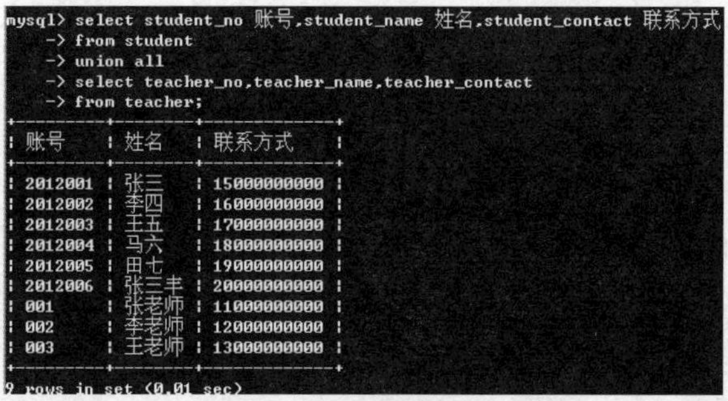

```
mysql> select student_no 账号,student_name 姓名,student_contact 联系方式
    -> from student
    -> union all
    -> select teacher_no,teacher_name,teacher_contact
    -> from teacher;
+---------+--------+-------------+
| 账号    | 姓名   | 联系方式    |
+---------+--------+-------------+
| 2012001 | 张三   | 15000000000 |
| 2012002 | 李四   | 16000000000 |
| 2012003 | 王五   | 17000000000 |
| 2012004 | 马六   | 18000000000 |
| 2012005 | 田七   | 19000000000 |
| 2012006 | 张三丰 | 20000000000 |
| 001     | 张老师 | 11000000000 |
| 002     | 李老师 | 12000000000 |
| 003     | 王老师 | 13000000000 |
+---------+--------+-------------+
9 rows in set (0.01 sec)
```

图 5-41　合并结果集

5.7　子查询

如果一个 select 语句能够返回单个值或者一列值，且该 select 语句嵌套在另一个 SQL 语句(例如 select 语句、insert 语句、update 语句或者 delete 语句）中，那么该 select 语句称为“子查询”（也叫内层查询），包含子查询的 SQL 语句称为“主查询”（也叫外层查询）。为了标记子查询与主查询之间的关系，通常将子查询写在小括号内。子查询一般用在主查询的 where 子句或 having 子句中，与比较运算符或者逻辑运算符一起构成 where 筛选条件或 having 筛选条件。子查询分为相关子查询（Dependent Subquery）与非相关子查询。

5.7.1　子查询与比较运算符

如果子查询返回单个值，则可以将一个表达式的值与子查询的结果集进行比较。

例如，检索成绩比学生张三平均分高的所有学生及课程的信息，可以使用下面的 SQL 语句，执行结果如图 5-42 所示。

```
select class_name,student.student_no, student_name,course_name,score
from classes join student on student.class_no=classes.class_no
join choose on choose.student_no=student.student_no
join course on choose.course_no=course.course_no
where score>(
select avg(score)
from student,choose
where student.student_no=choose.student_no and student_name='张三'
);
```

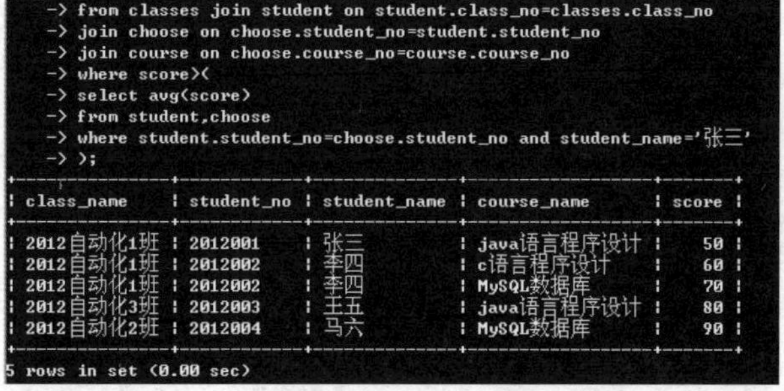

```
mysql> select class_name,student.student_no, student_name,course_name,score
    -> from classes join student on student.class_no=classes.class_no
    -> join choose on choose.student_no=student.student_no
    -> join course on choose.course_no=course.course_no
    -> where score>(
    -> select avg(score)
    -> from student,choose
    -> where student.student_no=choose.student_no and student_name='张三'
    -> );
+----------------+------------+--------------+------------------+-------+
| class_name     | student_no | student_name | course_name      | score |
+----------------+------------+--------------+------------------+-------+
| 2012自动化1班  | 2012001    | 张三         | java语言程序设计 |    50 |
| 2012自动化1班  | 2012002    | 李四         | c语言程序设计    |    60 |
| 2012自动化1班  | 2012002    | 李四         | MySQL数据库      |    70 |
| 2012自动化3班  | 2012003    | 王五         | java语言程序设计 |    80 |
| 2012自动化2班  | 2012004    | 马六         | MySQL数据库      |    90 |
+----------------+------------+--------------+------------------+-------+
5 rows in set (0.00 sec)
```

图 5-42　非相关子查询

该示例中的子查询是一个单独的 select 语句，可以不依赖主查询单独运行。这种不依靠主查询，能够独立运行的子查询称为“非相关子查询”。

下面的示例演示了相关子查询，粗体字部分标记了两条子查询语句之间的区别（其他 SQL 代码完全相同），执行结果如图 5-43 所示。

```
select class_name,student.student_no, student_name,course_name,score
from classes join student on student.class_no=classes.class_no
join choose on choose.student_no=student.student_no
join course on choose.course_no=course.course_no
where score>(
select avg(score)
  from choose
  where student.student_no=choose.student_no and student_name='张三'
);
```

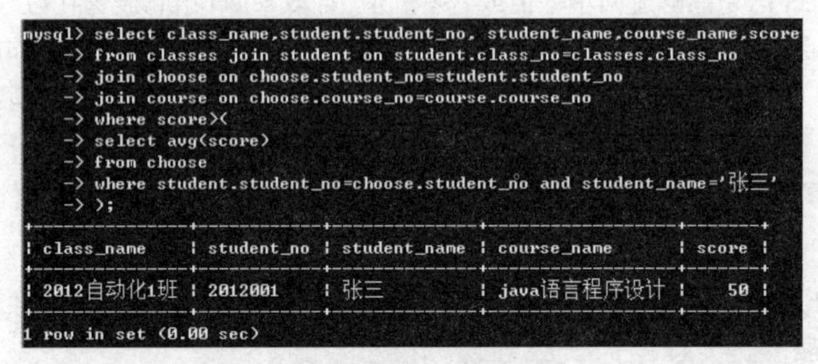

图 5-43　相关子查询

从执行结果可以看到，子查询可以仅仅使用自己定义的数据源，也可以“直接引用”主查询中的数据源，但两者意义完全不同。

如果子查询中仅仅使用了自己定义的数据源，这种查询是非相关子查询。非相关子查询是独立于外部查询的子查询，子查询总共执行一次，执行完毕后将值传递给主查询。

如果子查询中使用了主查询的数据源，这种查询是相关子查询，此时主查询的执行与相关子查询的执行相互依赖。

例如，检索平均成绩比学生张三平均分高的所有学生及课程的信息，可以使用下面的 SQL 语句，执行结果如图 5-44 所示。该示例中的子查询也是一个非相关子查询。

```
select class_name,student.student_no,student_name,course_name,avg(score)
from classes join student on student.class_no=classes.class_no
join choose on choose.student_no=student.student_no
join course on choose.course_no=course.course_no
group by student.student_no
having avg(score)>(
select avg(score)
from choose join student on student.student_no=choose.student_no
  where student_name='张三'
);
```

```
mysql> select class_name,student.student_no,student_name,course_name,avg(score)
    -> from classes join student on student.class_no=classes.class_no
    -> join choose on choose.student_no=student.student_no
    -> join course on choose.course_no=course.course_no
    -> group by student.student_no
    -> having avg(score)>(
    -> select avg(score)
    -> from choose join student on student.student_no=choose.student_no
    -> where student_name='张三'
    -> );
+---------------+------------+--------------+------------------+------------+
| class_name    | student_no | student_name | course_name      | avg(score) |
+---------------+------------+--------------+------------------+------------+
| 2012自动化1班 | 2012002    | 李四         | c语言程序设计    |    65.0000 |
| 2012自动化3班 | 2012003    | 王五         | java语言程序设计 |    80.0000 |
| 2012自动化2班 | 2012004    | 马六         | MySQL数据库      |    90.0000 |
+---------------+------------+--------------+------------------+------------+
3 rows in set (0.02 sec)
```

图 5-44　非相关子查询与 having 子句

5.7.2　子查询与 in 运算符

子查询经常与 in 运算符一起使用，用于将一个表达式的值与子查询返回的一列值进行比较，如果表达式的值是此列中的任何一个值，则条件表达式的结果为 true，否则为 false。

例如，检索 2012 自动化 1 班的所有学生的成绩，还可以使用下面的 SQL 语句，执行结果如图 5-45 所示。该示例中的子查询也是一个非相关子查询。

```
select student.student_no,student_name,course_name,score
from course join choose on choose.course_no=course.course_no
join student on choose.student_no=student.student_no
where student.student_no in (
select student_no
  from student join classes on student.class_no=classes.class_no
  where classes.class_name='2012 自动化 1 班'
);
```

```
mysql> select student.student_no,student_name,course_name,score
    -> from course join choose on choose.course_no=course.course_no
    -> join student on choose.student_no=student.student_no
    -> where student.student_no in (
    -> select student_no
    -> from student join classes on student.class_no=classes.class_no
    -> where classes.class_name='2012自动化1班'
    -> );
+------------+--------------+------------------+-------+
| student_no | student_name | course_name      | score |
+------------+--------------+------------------+-------+
| 2012001    | 张三         | MySQL数据库      |    40 |
| 2012001    | 张三         | java语言程序设计 |    50 |
| 2012002    | 李四         | c语言程序设计    |    60 |
| 2012002    | 李四         | MySQL数据库      |    70 |
+------------+--------------+------------------+-------+
4 rows in set (0.03 sec)
```

图 5-45　非相关子查询与 in 运算符

例如，检索没有申请选修课的教师信息，可以使用下面的 SQL 语句。该示例中的子查询是一个相关子查询。

```
select * from teacher where teacher_no
not in (
select teacher.teacher_no from course where course.teacher_no=teacher.teacher_no
);
```

使用下面的 SQL 语句向教师 teacher 表中添加一条新的教师信息后，执行上面的 SQL 语句，执行结果如图 5-46 所示。

```
insert into teacher values('004','马老师','10000000000');
```

```
mysql> insert into teacher values('004','马老师','10000000000');
Query OK, 1 row affected (0.01 sec)

mysql> select * from teacher where teacher_no
    -> not in (
    -> select teacher.teacher_no from course where course.teacher_no=teacher.teacher_no
    -> );
+------------+--------------+-----------------+
| teacher_no | teacher_name | teacher_contact |
+------------+--------------+-----------------+
| 004        | 马老师       | 10000000000     |
+------------+--------------+-----------------+
1 row in set (0.00 sec)
```

图 5-46　相关子查询与 in 运算符

5.7.3　子查询与 exists 逻辑运算符

exists 逻辑运算符用于检测子查询的结果集是否包含记录。如果结果集中至少包含一条记录，则 exists 的结果为 true，否则为 false。在 exists 前面加上 not 时，与上述结果恰恰相反。

例如，检索没有申请选修课的教师的信息，还可以使用下面的 SQL 语句，执行结果如图 5-47 所示。该示例中的子查询是一个相关子查询。

```
select * from teacher
where not exists (
select * from course where course.teacher_no=teacher.teacher_no
);
```

```
mysql> select * from teacher
    -> where not exists (
    -> select * from course where course.teacher_no=teacher.teacher_no
    -> );
+------------+--------------+-----------------+
| teacher_no | teacher_name | teacher_contact |
+------------+--------------+-----------------+
| 004        | 马老师       | 10000000000     |
+------------+--------------+-----------------+
1 row in set (0.00 sec)
```

图 5-47　相关子查询与 exists 逻辑运算符（1）

例如，检索尚未被任何学生选修的课程信息，可以使用下面的 SQL 语句。该示例中的子查询是一个相关子查询。

```
select * from course
where not exists (
select * from choose where course.course_no=choose.course_no
);
```

使用下面的 SQL 语句向课程 course 表中添加一条新的课程信息后，执行上面的 SQL 语句，执行结果如图 5-48 所示。

```
insert into course values(null,'PHP 程序设计',60,'暂无','已审核','004');
```

```
mysql> insert into course values(null,'PHP程序设计',60,'暂无','已审核','004');
Query OK, 1 row affected (0.02 sec)

mysql>
mysql> select * from course
    -> where not exists (
    -> select * from choose where course.course_no=choose.course_no
    -> );
+-----------+-------------+----------+-------------+--------+------------+
| course_no | course_name | up_limit | description | status | teacher_no |
+-----------+-------------+----------+-------------+--------+------------+
|         6 | PHP程序设计 |       60 | 暂无        | 已审核 | 004        |
+-----------+-------------+----------+-------------+--------+------------+
1 row in set (0.03 sec)
```

图 5-48　相关子查询与 exists 逻辑运算符（2）

5.7.4 子查询与 any 运算符

any 运算符通常与比较运算符一起使用。使用 any 运算符时，通过比较运算符将一个表达式的值与子查询返回的一列值逐一进行比较，若**某次**的比较结果为 true，则整个表达式的值为 true，否则为 false。any 逻辑运算符的语法格式如下。

表达式 比较运算符 any(子查询)

举例来说，当比较运算符为大于号（>）时，"表达式 >any(子查询)"表示至少大于子查询结果集中的某一个值（或者说大于结果集中的最小值），那么整个表达式的结果为 true。

例如，检索"2012 自动化 2 班"比"2012 自动化 1 班"最低分高的学生信息，可以使用下面的 SQL 语句，执行结果如图 5-49 所示。该示例中的子查询是一个非相关子查询。

```
select student.student_no,student_name,class_name
from student join classes on student.class_no=classes.class_no
join choose on choose.student_no=student.student_no
where class_name='2012 自动化 2 班' and score>any(
select score
from choose join student on student.student_no=choose.student_no
join classes on classes.class_no=student.class_no
where class_name='2012 自动化 1 班'
);
```

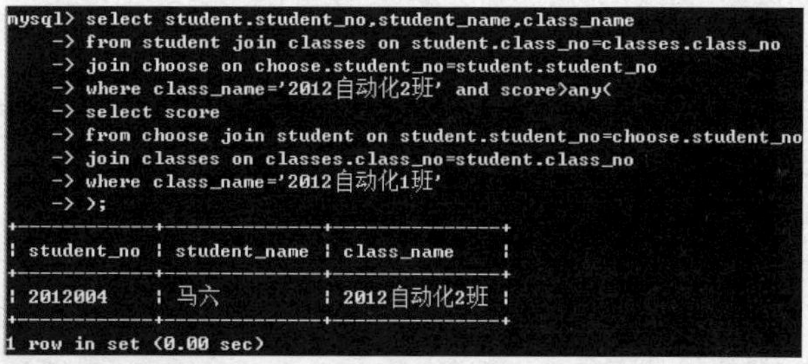

```
mysql> select student.student_no,student_name,class_name
    -> from student join classes on student.class_no=classes.class_no
    -> join choose on choose.student_no=student.student_no
    -> where class_name='2012自动化2班' and score>any(
    -> select score
    -> from choose join student on student.student_no=choose.student_no
    -> join classes on classes.class_no=student.class_no
    -> where class_name='2012自动化1班'
    -> );
+------------+--------------+---------------+
| student_no | student_name | class_name    |
+------------+--------------+---------------+
| 2012004    | 马六         | 2012自动化2班 |
+------------+--------------+---------------+
1 row in set (0.00 sec)
```

图 5-49 子查询与 any 运算符

5.7.5 子查询与 all 运算符

all 运算符通常与比较运算符一起使用。使用 all 运算符时，通过比较运算符将一个表达式的值与子查询返回的一列值逐一进行比较，若**每次**的比较结果都为 true，则整个表达式的值为 true，否则为 false。all 逻辑运算符的语法格式如下。

表达式 比较运算符 all(子查询)

举例来说，当比较运算符为大于号（>）时，"表达式 >all(子查询)"表示大于子查询结果集中的任何一个值（或者说大于结果集中的最大值），那么整个表达式的结果为 true。

例如，检索"2012 自动化 2 班"比"2012 自动化 1 班"最高分高的学生信息，可以使用下面的 SQL 语句，执行结果如图 5-50 所示。该示例中的子查询是一个非相关子查询。

```
select student.student_no,student_name,class_name
from student join classes on student.class_no=classes.class_no
join choose on choose.student_no=student.student_no
where class_name='2012 自动化 2 班' and score>all(
```

```
    select score
    from choose join student on student.student_no=choose.student_no
    join classes on classes.class_no=student.class_no
    where class_name='2012 自动化 1 班'
);
```

```
mysql> select student.student_no,student_name,class_name
    -> from student join classes on student.class_no=classes.class_no
    -> join choose on choose.student_no=student.student_no
    -> where class_name='2012自动化2班' and score>all(
    -> select score
    -> from choose join student on student.student_no=choose.student_no
    -> join classes on classes.class_no=student.class_no
    -> where class_name='2012自动化1班'
    -> );
+------------+--------------+---------------+
| student_no | student_name | class_name    |
+------------+--------------+---------------+
| 2012004    | 马六         | 2012自动化2班 |
+------------+--------------+---------------+
1 row in set (0.00 sec)
```

图 5-50　子查询与 all 运算符

5.8　选课系统综合查询

通过对以上知识的讲解，并结合“选课系统”，读者应该有能力使用 select 语句完成该系统复杂的统计信息。本书在实现学生选课、调课等功能时提供了两套解决方案（参看数据库设计概述章节的内容），本章暂时使用方案二实现“选课系统”问题域中的功能描述。

功能 1：给定一个学生（例如 student_no='2012001'的学生），统计该生已经选修了几门课程，该 SQL 语句最为简单（course_num 表示该生选修了几门课程），执行结果如图 5-51 所示。

```
select student_no,count(*) course_num
from choose
where student_no='2012001';
```

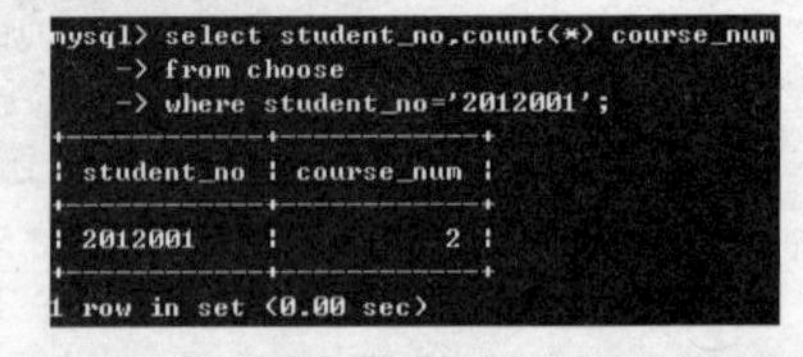

```
mysql> select student_no,count(*) course_num
    -> from choose
    -> where student_no='2012001';
+------------+------------+
| student_no | course_num |
+------------+------------+
| 2012001    |          2 |
+------------+------------+
1 row in set (0.00 sec)
```

图 5-51　统计某个学生已经选修了几门课程

功能 2：给定一个学生（例如 student_no='2012001'的学生），统计该生已经选修了哪些课程，可以使用下面的 SQL 语句，执行结果如图 5-52 所示。

```
select choose.course_no, course_name,teacher_name,teacher_contact,description
from choose join course on course.course_no=choose.course_no
join teacher on teacher.teacher_no=course.teacher_no
where student_no='2012001';
```

```
mysql> select choose.course_no, course_name,teacher_name,teacher_contact,description
    -> from choose join course on course.course_no=choose.course_no
    -> join teacher on teacher.teacher_no=course.teacher_no
    -> where student_no='2012001';
+-----------+------------------+--------------+-----------------+-------------+
| course_no | course_name      | teacher_name | teacher_contact | description |
+-----------+------------------+--------------+-----------------+-------------+
|         2 | MySQL数据库      | 李老师       | 12000000000     | 暂无        |
|         1 | java语言程序设计 | 张老师       | 11000000000     | 暂无        |
+-----------+------------------+--------------+-----------------+-------------+
2 rows in set (0.00 sec)
```

图 5-52　统计某个学生已经选修哪些课程

功能 1 统计的是特定的学生选修了几门课程，而功能 2 统计的是特定的学生选修了哪些课程，功能 1 可以看作是功能 2 的"子集"。如果既需要统计学生选修了哪些课程，又需要统计该生选修了几门课程，那么只需要功能 2 的一条 SQL 语句即可完成任务。但如果仅仅统计某个学生选修了几门课程，那么功能 1 的 select 语句的执行效率高于功能 2 的 select 语句。

功能 3：给定一门课程（例如 course_no=1 的课程），统计哪些学生选修了这门课程，查询结果先按院系排序，院系相同的按照班级排序，班级相同的按照学号排序。该 SQL 语句也不复杂，执行结果如图 5-53 所示。

```
select department_name,class_name,student.student_no,student_name,student_contact
from student join classes on student.class_no=classes.class_no
join choose on student.student_no=choose.student_no
where course_no=1
order by department_name,class_name,student_no;
```

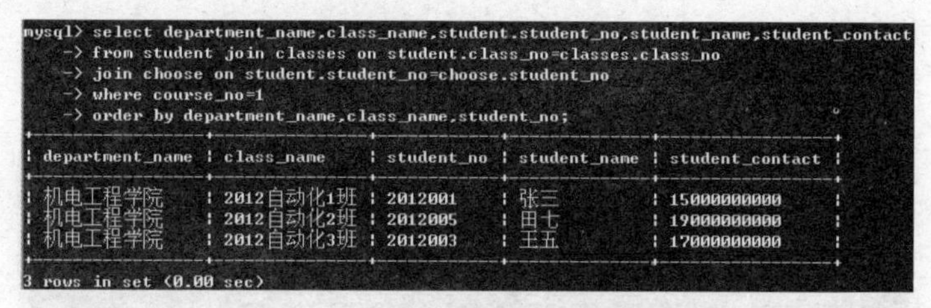

```
mysql> select department_name,class_name,student.student_no,student_name,student_contact
    -> from student join classes on student.class_no=classes.class_no
    -> join choose on student.student_no=choose.student_no
    -> where course_no=1
    -> order by department_name,class_name,student_no;
```

department_name	class_name	student_no	student_name	student_contact
机电工程学院	2012自动化1班	2012001	张三	15000000000
机电工程学院	2012自动化2班	2012005	田七	19000000000
机电工程学院	2012自动化3班	2012003	王五	17000000000

3 rows in set (0.00 sec)

图 5-53　统计某门课程被哪些学生选修

功能 4：统计哪些课程已经报满，其他学生不能再选修。该 SQL 语句也不复杂，执行结果如图 5-54 所示。图中 select 语句的返回结果为空结果集，表示所有的课程都没有报满。

```
select course.course_no,course_name,teacher_name,up_limit,description
from choose join course on choose.course_no=course.course_no
join teacher on teacher.teacher_no=course.teacher_no
group by course_no
having up_limit=count(*);
```

```
mysql> select course.course_no,course_name,teacher_name,up_limit,description
    -> from choose join course on choose.course_no=course.course_no
    -> join teacher on teacher.teacher_no=course.teacher_no
    -> group by course_no
    -> having up_limit=count(*);
Empty set (0.01 sec)
```

图 5-54　统计哪些课程已经报满

功能 5：统计选修人数少于 30 人的所有课程信息，实现该功能的 SQL 语句较为复杂。

首先在选课 choose 表中统计至少有一个学生选修，但人数少于 30 人的课程信息，可以使用下面的 SQL 语句（student_num 表示课程的已选人数）。

```
select course.course_no,course_name,teacher_name,teacher_contact,count(*) as student_num
from choose join course on choose.course_no=course.course_no
join teacher on teacher.teacher_no=course.teacher_no
group by course_no
having count(*)<30;
```

接着统计没有任何学生选修的课程的信息，可以使用下面的 SQL 语句。

```
select course.course_no,course_name,teacher_name,teacher_contact,0
from course join teacher on teacher.teacher_no=course.teacher_no
where not exists (
select * from choose where course.course_no=choose.course_no
);
```

最后将上述两个结果集合并，即可得到选修人数少于 30 人的所有课程的信息，执行结果如图 5-55 所示。

```
select course.course_no,course_name,teacher_name,teacher_contact,count(*) as student_num
from choose join course on choose.course_no=course.course_no
join teacher on teacher.teacher_no=course.teacher_no
group by course_no
having count(*)<30
union all
select course.course_no, course_name,teacher_name,teacher_contact,0
from course join teacher on teacher.teacher_no=course.teacher_no
where not exists (
select * from choose where course.course_no=choose.course_no
);
```

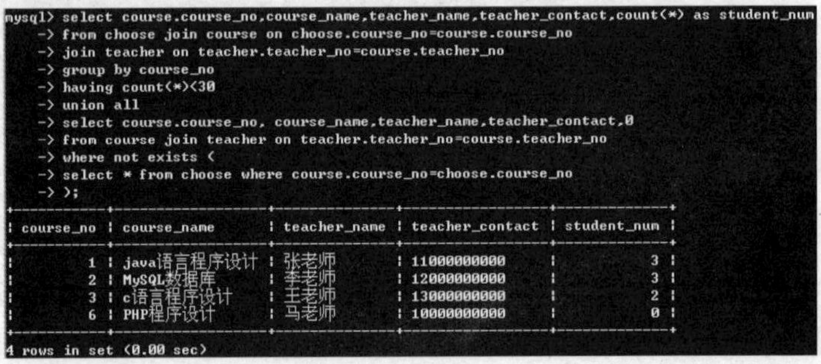

```
mysql> select course.course_no,course_name,teacher_name,teacher_contact,count(*) as student_num
    -> from choose join course on choose.course_no=course.course_no
    -> join teacher on teacher.teacher_no=course.teacher_no
    -> group by course_no
    -> having count(*)<30
    -> union all
    -> select course.course_no, course_name,teacher_name,teacher_contact,0
    -> from course join teacher on teacher.teacher_no=course.teacher_no
    -> where not exists (
    -> select * from choose where course.course_no=choose.course_no
    -> );
+-----------+------------------+--------------+-----------------+-------------+
| course_no | course_name      | teacher_name | teacher_contact | student_num |
+-----------+------------------+--------------+-----------------+-------------+
|         1 | java语言程序设计 | 张老师       | 11000000000     |           3 |
|         2 | MySQL数据库      | 李老师       | 12000000000     |           3 |
|         3 | c语言程序设计    | 王老师       | 13000000000     |           2 |
|         6 | PHP程序设计      | 马老师       | 10000000000     |           0 |
+-----------+------------------+--------------+-----------------+-------------+
4 rows in set (0.00 sec)
```

图 5-55　统计选修人数少于 30 人的所有课程的信息

功能 6：统计每一门课程已经有多少学生选修，还能供多少学生选修，实现该功能的 SQL 语句较为复杂。

首先在选课 choose 表中统计每一门课已经有多少学生选修，还能供多少学生选修，可以使用下面的 SQL 语句，其中，student_num 表示该课程已选的学生人数，available 表示该课程还能供多少学生选修。

```
select course.course_no,course_name,teacher_name,
up_limit,count(*) as student_num,up_limit-count(*) available
from choose join course on choose.course_no=course.course_no
join teacher on teacher.teacher_no=course.teacher_no
group by course_no;
```

然后统计没有任何学生选修的课程还能供多少学生选修。

```
select course.course_no,course_name,teacher_name,up_limit,0,up_limit
from course join teacher on teacher.teacher_no=course.teacher_no
where not exists (
select * from choose where course.course_no=choose.course_no
);
```

最后将上面两个结果集合并即可统计每一门课程已经有多少学生选修，还能供多少学生选修，执行结果如图 5-56 所示。

```
select course.course_no,course_name,teacher_name,
up_limit,count(*) as student_num,up_limit-count(*) available
from choose join course on choose.course_no=course.course_no
join teacher on teacher.teacher_no=course.teacher_no
group by course_no
union all
select course.course_no,course_name,teacher_name,up_limit,0,up_limit
from course join teacher on teacher.teacher_no=course.teacher_no
where not exists (
select * from choose where course.course_no=choose.course_no
);
```

```
mysql> select course.course_no,course_name,teacher_name,
    -> up_limit,count(*) as student_num,up_limit- count(*) available
    -> from choose join course on choose.course_no=course.course_no
    -> join teacher on teacher.teacher_no=course.teacher_no
    -> group by course_no
    -> union all
    -> select course.course_no,course_name,teacher_name,up_limit,0,up_limit
    -> from course join teacher on teacher.teacher_no=course.teacher_no
    -> where not exists (
    -> select * from choose where course.course_no=choose.course_no
    -> );
```

course_no	course_name	teacher_name	up_limit	student_num	available
1	java语言程序设计	张老师	60	3	57
2	MySQL数据库	李老师	150	3	147
3	c语言程序设计	王老师	230	2	228
6	PHP程序设计	马老师	60	0	60

4 rows in set (0.02 sec)

图 5-56　统计每一门课程已经有多少学生选修，还能有多少学生选修（1）

读者可以尝试使用下面的 update 语句将张三（student_no=1）的选修课程由“java 程序设计”（course_no=1）修改为“c 语言程序设计”（course_no=3），然后再次执行实现上述功能的 SQL 代码，执行结果如图 5-57 所示。对比一下修改前后查询结果发生的变化。

```
update choose set course_no=3 where student_no='2012001' and course_no=1;
```

course_no	course_name	teacher_name	up_limit	student_num	available
1	java语言程序设计	张老师	60	2	58
2	MySQL数据库	李老师	150	3	147
3	c语言程序设计	王老师	230	3	227
6	PHP程序设计	马老师	60	0	60

4 rows in set (0.00 sec)

图 5-57　统计每一门课程已经有多少学生选修，还能有多少学生选修（2）

至此，通过选课系统的第二个方案，结合 select 语句基本完成了“选课系统”所有的数据统计功能。但要注意到，选课系统中还存在一些业务逻辑，例如学生选课的业务逻辑，某个学生选修一门课程时（实际上是向 choose 表中插入了一条信息），首先要判断该生是否已经选修了该课程，还要判断该生已经选修了几门课程，还能不能选课（因为系统已经约定每个学生最多选修两门课程）；接着还要判断这门课程是否已经报满，满足了这几个条件后，该生才可以选修这门课程。选课系统中，类似于这样的业务逻辑还有很多，而这些业务逻辑恐怕不是简单的几条 SQL 语句能够完成的了，还需要编写一些存储过程、函数或者触发器，甚至使用事务以及锁机制的概念才能解决诸多复杂的问题，这些概念将在稍后的章节中逐一进行讲解。在讲解这些概念前，先了解一下功能更为强大的模糊查询——正则表达式。

5.9 使用正则表达式模糊查询

与 like 运算符相似，正则表达式主要用于判断一个字符串是否与给定的模式匹配。但正则表达式的模式匹配功能比 like 运算符的模式匹配功能更为强大，且更加灵活。使用正则表达式进行模糊查询时，需要使用 regexp 关键字，语法格式如下。

```
字段名[not] regexp [binary] '正则表达式'
```

说明

正则表达式匹配英文字母时，默认情况下不区分大小写，除非添加 binary 选项或者将字符序 collation 设置为 bin 或者 cs。

正则表达式由一些普通字符和一些元字符构成，普通字符包括大写字母、小写字母和数字，甚否是中文简体字符。而元字符具有特殊的含义。在最简单的情况下，一个正则表达式是一个不包含元字符的字符串。例如，正则表达式'testing'中没有包含任何元字符，它可以匹配'testing'、'123testing'等字符串。表 5-3 所示的表中列出了常用的元字符以及对各个元字符的简单描述，之后提供了几个简单的示例程序。

表 5-3　　正则表达式中常用的元字符

元字符	说明
.	匹配任何单个的字符
^	匹配字符串开始的部分
$	匹配字符串结尾的部分
[字符集合或数字集合]	匹配方括号内的任何字符，可以使用'-'表示范围。例如[abc]匹配字符串“a”、“b”或“c”。[a-z]匹配任何字母，而[0-9]匹配任何数字
[^字符集合或数字集合]	匹配除了方括号内的任何字符
字符串 1|字符串 2	匹配字符串 1 或者字符串 2
*	表示匹配 0 个或多个在它前面的字符。例如 x*表示 0 个或多个 x 字符，.*表示匹配任何数量的任何字符
+	表示匹配 1 个或多个在它前面的字符，如 a+表示 1 个或多个 a 字符
?	表示匹配 0 个或 1 个在它前面的字符，如 a?表示 0 个或 1 个 a 字符
字符串{n}	字符串出现 n 次
字符串{m,n}	字符串至少出现 m 次，最多出现 n 次

例如，检索含有“java”的课程信息，可以使用下面的 SQL 语句，执行结果如图 5-58 所示。

```
select * from course where course_name regexp 'java';
```

该 SQL 语句等效于：select * from course where course_name like '%java%';

```
mysql> select * from course where course_name regexp 'java';
+-----------+----------------+----------+-------------+--------+------------+
| course_no | course_name    | up_limit | description | status | teacher_no |
+-----------+----------------+----------+-------------+--------+------------+
|         1 | java语言程序设计 |       60 | 暂无        | 已审核 | 001        |
+-----------+----------------+----------+-------------+--------+------------+
1 row in set (0.03 sec)
```

图 5-58　正则表达式的示例程序（1）

例如，检索以“程序设计”结尾的课程信息，可以使用下面的 SQL 语句，执行结果如图 5-59 所示。

```
select * from course where course_name regexp '程序设计$';
```

```
mysql> select * from course where course_name regexp '程序设计$';
+-----------+------------------+----------+-------------+--------+------------+
| course_no | course_name      | up_limit | description | status | teacher_no |
+-----------+------------------+----------+-------------+--------+------------+
|         1 | java语言程序设计 |       60 | 暂无        | 已审核 | 001        |
|         3 | c语言程序设计    |      230 | 暂无        | 已审核 | 003        |
|         6 | PHP程序设计      |       60 | 暂无        | 已审核 | 004        |
+-----------+------------------+----------+-------------+--------+------------+
3 rows in set (0.00 sec)
```

图 5-59　正则表达式示例程序（2）

例如，检索以“j”开头，以“程序设计”结尾的课程信息，可以使用下面的 SQL 语句，执行结果如图 5-60 所示。

```
select * from course where course_name regexp '^j.*程序设计$';
```

```
mysql> select * from course where course_name regexp '^j.*程序设计$';
+-----------+------------------+----------+-------------+--------+------------+
| course_no | course_name      | up_limit | description | status | teacher_no |
+-----------+------------------+----------+-------------+--------+------------+
|         1 | java语言程序设计 |       60 | 暂无        | 已审核 | 001        |
+-----------+------------------+----------+-------------+--------+------------+
1 row in set (0.00 sec)
```

图 5-60　正则表达式的示例程序（3）

例如，检索学生联系方式中以 15 开头或者 18 开头，且后面跟着 9 位数字的学生信息，可以使用下面的 SQL 语句，执行结果如图 5-61 所示。

```
select * from student where student_contact regexp '^1[58][0-9]{9}';
```

```
mysql> select * from student where student_contact regexp '^1[58][0-9]{9}';
+------------+--------------+-----------------+----------+
| student_no | student_name | student_contact | class_no |
+------------+--------------+-----------------+----------+
| 2012001    | 张三         | 15000000000     |        1 |
| 2012004    | 马六         | 18000000000     |        2 |
+------------+--------------+-----------------+----------+
2 rows in set (0.01 sec)
```

图 5-61　正则表达式的示例程序（4）

5.10　全文检索

对于海量数据库而言，使用 like 关键字或者正则表达式对字符串进行模糊查询，很多时候无法使用索引，因此需要进行全表扫描，检索效率较低。如果模糊查询并发操作较多，将急剧降低数据库的检索性能，甚至导致服务器宕机。

说明

使用 like 或者正则表达式进行模糊查询，当模式的第一个字符是通配符时，将导致索引无法使用。

针对这一问题，MySQL 最早在 3.23.23 版本中对 MyISAM 存储引擎的表实现了全文索引的支持。在 2011 年发布的 5.6 版本中，InnoDB 存储引擎的表实现了全文检索的支持，这将大幅提升 InnoDB 存储引擎的字符串的检索效率，实现更快速、更高质量的模糊查询。

简单地说，MySQL 中的全文检索使用特定的分词技术，利用查询关键字和查询字段内容之间的相关度进行检索。通过全文索引可以提高文本匹配的速度。全文检索的语法格式如下。

```
select 字段列表
```

```
from 表名
where match (全文索引字段 1,全文索引字段 2,…) against (搜索关键字[全文检索方式])
```

在使用全文检索前，须先创建全文索引。

match 指定了数据源的全文索引字段，如果是一个字段组合，注意字段顺序与全文索引字段的顺序应保持一致。

against 指定了搜索关键字以及全文检索的方式。搜索关键字可以是一个用空格或者标点分开的长字符串，MySQL 会自动利用特定的分词技术将包含有空格或者标点的长字符串分隔成若干个小字符串。常用的全文检索方式有 3 种：自然语言检索、布尔检索以及查询扩展检索。

在表中搜索关键字时，以忽略字母大小写的方式进行搜索，除非指定 collation 为 bin 或者 cs 字符序。

InnoDB 存储引擎与 MyISAM 存储引擎实现全文检索的方法不同。同样的全文检索 select 语句对相同数据的 InnoDB 表与 MyISAM 表进行查询时，其结果可能不同。本章在讲解全文检索时，无特别说明，**主要讲解的是 MyISAM 存储引擎的全文检索**。本章的最后会专门讲解 InnoDB 存储引擎的全文检索。

5.10.1 全文检索的简单应用

以书籍 book 表为例（**注意该表为 MyISAM 存储引擎**），之前已经在 book 表中的字段组合（name, brief_introduction）创建了一个全文索引。下面的 insert 语句负责向 book 表插入测试数据，其中的粗体字、下划线或者波浪线等只是为了标记这些单词的出现频率，没有其他含义。

```
insert into book(isbn,name,brief_introduction,price,publish_time) values
('978-7-115-25626-3','PHP Fundamentals & Practices','Web Database Applications MySQL offers web developers a mixture of theoretical and practical information on creating web database applications. ','42.0','2012-7-1'),
('978-7-115-25626-4','MySQL COOKBOOK','The MySQL database management system has become quite popular in recent years.','128.0','2008-1-1'),
('978-7-115-25626-5','Beginning MySQL',' MySQL is especially heavily used in combination with a web server for constructing database-backed web sites that involve dynamic content generation.','98.0','2008-1-1');
```

例如，检索书名或者简介中涉及“practices”单词的所有图书信息，可以使用下面的 SQL 语句，执行结果如图 5-62 所示，从图中可以看出，执行结果符合预期。

```
select * from book where match (name,brief_introduction) against ('practices')\G
```

```
mysql> select * from book where match (name,brief_introduction) against ('practices')\G
*************************** 1. row ***************************
              isbn: 978-7-115-25626-3
              name: PHP Fundamentals & Practices
brief_introduction: Web Database Applications MySQL offers web developers a mixture of theoreti
cal and practical information on creating web database applications.
             price: 42.00
      publish_time: 2012-07-01
1 row in set (0.05 sec)
```

图 5-62 最简单的全文检索

例如，检索书名或者简介中涉及“practices”或者“cookbook”单词的所有图书信息，可以使用下面的 SQL 语句，执行结果如图 5-63 所示，从图中可以看出，执行结果符合预期。

```
select * from book where match (name,brief_introduction) against ('practices cookbook')\G
```

```
mysql> select * from book where match (name,brief_introduction) against ('practices cookbook')\G
*************************** 1. row ***************************
              isbn: 978-7-115-25626-4
              name: MySQL COOKBOOK
brief_introduction: The MySQL database management system has become quite popular in recent years
.
             price: 128.00
      publish_time: 2008-01-01
*************************** 2. row ***************************
              isbn: 978-7-115-25626-3
              name: PHP Fundamentals & Practices
brief_introduction: Web Database Applications MySQL offers web developers a mixture of theoretica
l and practical information on creating web database applications.
             price: 42.00
      publish_time: 2012-07-01
2 rows in set (0.00 sec)
```

图 5-63　稍微复杂的全文检索

上述两个全文检索的查询结果似乎都在意料之中，这里需要强调的是，MySQL 对全文检索的结果集是按照关联度进行排序的（但有时也不一定，真正的排序规则比较繁杂）。下面的 SQL 语句用于查询书名或者简介中涉及到 practices 或者 cookbook 单词的关联度信息，执行结果如图 5-64 所示。

```
select isbn,name, match(name,brief_introduction) against ('practices cookbook') 关联度
from book;
```

```
mysql> select isbn,name, match(name,brief_introduction) against ('practices cookbook') 关联度
    -> from book;
+-------------------+------------------------------+--------------------+
| isbn              | name                         | 关联度             |
+-------------------+------------------------------+--------------------+
| 978-7-115-25626-3 | PHP Fundamentals & Practices | 0.5071548223495483 |
| 978-7-115-25626-4 | MySQL COOKBOOK               | 0.5841384530067444 |
| 978-7-115-25626-5 | Beginning MySQL              |                  0 |
+-------------------+------------------------------+--------------------+
3 rows in set (0.02 sec)
```

图 5-64　全文检索的结果集通常按照关联度的值进行排序

下面的 SQL 语句负责检索书名或者简介中涉及到“mysql”单词的所有图书信息，执行结果为空结果集，如图 5-65 所示，从图中可以看到，执行结果超出预期。

```
select * from book where match (name,brief_introduction) against ('mysql')\G
```

```
mysql> select * from book where match (name,brief_introduction) against ('mysql')\G
Empty set (0.00 sec)
```

图 5-65　全文检索的结果集超出预期

book 表中一共有 3 条记录，且在每条记录的书名或者简介中都涉及到单词 mysql，上面全文检索的执行结果却显示查询不到。事实上，在向全文索引的字段插入文本字符串（例如“PHP Fundamentals & Practices”）时，MySQL 会自动使用一个全文检索解析器，将字符串拆分成若干个单词（例如拆分成“PHP”、“Fundamentals”与“Practices”，且忽略大小写），然后计算这些词的权重，权重越高，说明该词在数据库表中出现的频率越高，反之亦然。

例如，在 book 表的 3 条记录中，“MySQL”单词出现的频率最高，那么它的权重也是最高的（权重几乎达到了 100%）。权重达到 100%时，意味着查询了数据库表中的所有记录，相当于进行了全表扫描，这种查询对于全文检索而言反而变得没有意义。这就好比让读者查找出本书的所有“的”字，这种工作没有丝毫意义。

MySQL 在进行全文检索时，默认情况下将忽略权重超过 50%的记录，50%称为“阈值”（注意读作 yù zhí），因此，上面全文检索的查询结果为空结果集。如果某个单词出现的频率最低（例如“cookbook”在所有的记录中仅出现一次），那么该单词（例如“cookbook”）的权重也是最低的（接近零），在表的所有记录中找到包含该单词（例如“cookbook”）的记录反而越容易，现实生活中“物以稀为贵”就是这样的道理。

如果希望忽略阈值的因素，例如，检索书名或者简介中涉及到“mysql”单词的所有图书信息，可以使用下面的 SQL 语句，执行结果如图 5-66 所示，该 SQL 语句使用了布尔检索模式(稍后讲解)。

```
select * from book where match (name,brief_introduction) against ('mysql' in boolean
mode)\G
```

```
mysql> select * from book where match (name,brief_introduction) against ('mysql' in boolean mode)\G
*************************** 1. row ***************************
              isbn: 978-7-115-25626-3
              name: PHP Fundamentals & Practices
brief_introduction: Web Database Applications MySQL offers web developers a mixture of theoretical
and practical information on creating web database applications.
             price: 42.00
      publish_time: 2012-07-01
*************************** 2. row ***************************
              isbn: 978-7-115-25626-4
              name: MySQL COOKBOOK
brief_introduction: The MySQL database management system has become quite popular in recent years.
             price: 128.00
      publish_time: 2008-01-01
*************************** 3. row ***************************
              isbn: 978-7-115-25626-5
              name: Beginning MySQL
brief_introduction:  MySQL is especially heavily used in combination with a web server for construc
ting database-backed web sites that involve dynamic content generation.
             price: 98.00
      publish_time: 2008-01-01
3 rows in set (0.00 sec)
```

图 5-66　布尔检索模式

例如，检索书名或者简介中涉及到“php”单词的所有图书的信息，使用下面的 SQL 语句时，执行结果依然是空结果集，如图 5-67 所示。

```
select * from book where match (name,brief_introduction) against ('php' in boolean
mode)\G
```

```
mysql> select * from book where match (name,brief_introduction) against ('php' in boolean mode)\G
Empty set (0.00 sec)
```

图 5-67　布尔检索模式的结果集超出预期

这是由于 MySQL 全文检索对搜索关键字的最小长度以及最大长度进行了设置。使用下面的两条 SQL 语句可以查看搜索关键字的最小长度以及最大长度，执行结果如图 5-68 所示。

```
show variables like 'ft_min_word_len';
show variables like 'ft_max_word_len';
```

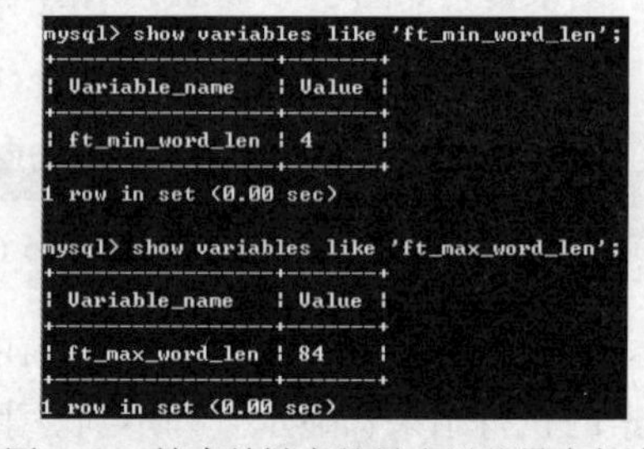

```
mysql> show variables like 'ft_min_word_len';
+-----------------+-------+
| Variable_name   | Value |
+-----------------+-------+
| ft_min_word_len | 4     |
+-----------------+-------+
1 row in set (0.00 sec)

mysql> show variables like 'ft_max_word_len';
+-----------------+-------+
| Variable_name   | Value |
+-----------------+-------+
| ft_max_word_len | 84    |
+-----------------+-------+
1 row in set (0.00 sec)
```

图 5-68　搜索关键字的最小以及最大长度

注意

这两个系统变量是静态变量，不能使用 set 命令进行设置，可以通过在 my.ini 配置文件的[mysqld]选项组中加入“ft_min_word_len=1”的方法设置搜索关键字的最小长度。这两个系统变量的值一经修改，不仅需要重新启动 MySQL 服务器，还需要使用“repair table book quick;”命令对 book 表重建全文索引。

重启 MySQL 服务以及重建全文索引后，重新执行下面的 SQL 语句，执行结果如图 5-69 所示。

```
select * from book where match (name,brief_introduction) against ('php' in boolean
mode)\G
```

例如，检索书名或者简介中涉及到“that”单词的所有图书信息，使用下面的 SQL 语句时，执行结果将返回空结果集，如图 5-70 所示。

```
select * from book where match (name,brief_introduction) against ('that' in boolean mode)\G
```

```
mysql> repair table book quick;
+------------+--------+----------+----------+
| Table      | Op     | Msg_type | Msg_text |
+------------+--------+----------+----------+
| choose.book | repair | status   | OK       |
+------------+--------+----------+----------+
1 row in set (0.03 sec)

mysql> select * from book where match (name,brief_introduction) against ('php' in boolean mode)\G
*************************** 1. row ***************************
              isbn: 978-7-115-25626-3
              name: PHP Fundamentals & Practices
brief_introduction: Web Database Applications MySQL offers web developers a mixture of theoretical
and practical information on creating web database applications.
             price: 42.00
      publish_time: 2012-07-01
1 row in set (0.00 sec)
```

图 5-69　重建全文索引后的执行结果

```
mysql> select * from book where match (name,brief_introduction) against ('that' in boolean mode)\G
Empty set (0.00 sec)
```

图 5-70　重建全文索引的结果集超出预期

"that"关键字检索失败，这是由于 MyISAM 内置了（built-in）545 个停用词，其中包括 has、all、be、been、that 等单词。MyISAM 忽略搜索关键字中的停用词，因此上面的 SQL 语句的执行结果返回了空结果集。可以使用"show variables like 'ft_stopword_file';"命令查看停用词，如图 5-71 所示。

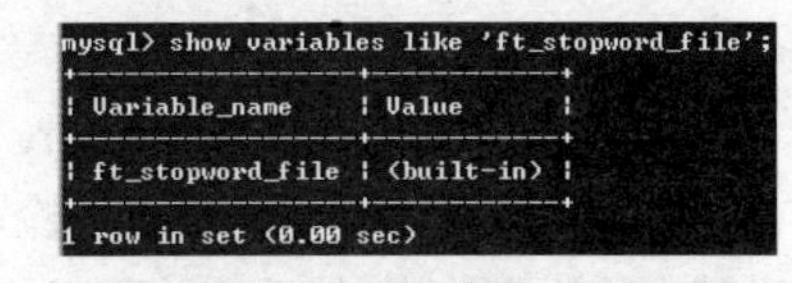

图 5-71　MySQL 内置了停用词

ft_stopword_file 系统变量是静态变量，不能使用 set 命令进行设置。数据库管理员可以自行创建停用词文件（例如在 C 盘创建 stop.txt 文件），然后通过在 my.ini 配置文件的 [mysqld]选项组中加入"ft_stopword_file='c:/stop.txt'"的方法设置全文检索停用词，并以记事本的方式打开该停用词文件，输入下面的信息：

```
'database','php','mysql'
```

保存该文件，重新启动 MySQL 服务器，使用下面的 MySQL 命令首先查看停用词，然后对 book 表重建全文索引，接着重新执行 select 语句，执行结果如图 5-72 所示。

```
show variables like 'ft_stopword_file';
repair table book quick;
select * from book where match (name,brief_introduction) against ('that' in boolean mode)\G
```

```
mysql> show variables like 'ft_stopword_file';
+------------------+-------------+
| Variable_name    | Value       |
+------------------+-------------+
| ft_stopword_file | c:/stop.txt |
+------------------+-------------+
1 row in set (0.00 sec)

mysql> repair table book quick;
+-------------+--------+----------+----------+
| Table       | Op     | Msg_type | Msg_text |
+-------------+--------+----------+----------+
| choose.book | repair | status   | OK       |
+-------------+--------+----------+----------+
1 row in set (0.00 sec)

mysql> select * from book where match (name,brief_introduction) against ('that' in boolean mode)\G
*************************** 1. row ***************************
              isbn: 978-7-115-25626-5
              name: Beginning MySQL
brief_introduction: MySQL is especially heavily used in combination with a web server for construc
ting database-backed web sites that involve dynamic content generation.
             price: 98.00
      publish_time: 2008-01-01
1 row in set (0.00 sec)
```

图 5-72　自定义停用词

由于将“mysql”列入了停用词，再次全文检索“mysql”时，查询结果将返回空结果集，如图 5-73 所示。

```
mysql> select * from book where match (name,brief_introduction) against ('mysql' in boolean mode)\G
Empty set (0.01 sec)
```

图 5-73　查询自定义停用词的结果

5.10.2　全文检索方式

常用的全文检索方式有 3 种：自然语言检索、布尔检索以及查询扩展检索。

1. 自然语言检索（in natural language mode）

自然语言检索是全文检索中的默认类型，只能进行单表查询，存在阈值的限制。

2. 布尔检索（in boolean mode）

布尔检索没有阈值的限制，且可以进行多表查询，还可以包含特定意义的操作符，如 +、−、<、>等。

3. 查询扩展检索（with query expansion）

查询扩展检索是对自然语言检索的一种改动(自动关联度反馈)，当查询短语很短时有用。先进行自然语言检索,然后把关联度较高的记录中的词添加到搜索关键字中进行二次自然语言检索，然后返回查询结果集。

5.10.3　布尔检索模式的复杂应用

在布尔检索模式的 against 子句中，可以在搜索关键字前添加特定意义的操作符，然后进行复杂语法的全文检索，常用的全文检索的操作符如表 5-4 所示。

表 5-4　常用的全文检索操作符

操作符	说明
+	该词必须出现在每个返回的记录行中
-	该词不能出现在每个返回的记录行中
<	减少一个词的关联度
>	增加一个词的关联度
()	对词进行分组
~	否定操作符，将关联度由正值变为负值，主要用于标记一个噪声词，一个包含这样的词的记录将被排列得低一点，但是不会被完全的排除，与-操作符不同
*	万用字，被追加到一个词后
"	用双引号将一段句子包起来表示要完全相符，不可拆字

禁用自定义的停用字，重启 MySQL 服务器，并重建全文索引后，检索书名或者简介中涉及“mysql”但不涉及“php”单词的所有图书信息，可以使用下面的 SQL 语句，执行结果如图 5-74 所示。

```
select * from book where match (name,brief_introduction) against ('+mysql -php' in boolean mode)\G
```

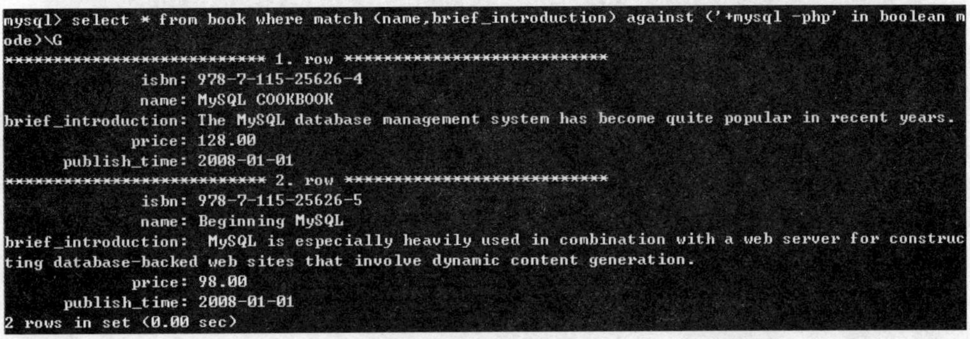

```
mysql> select * from book where match (name,brief_introduction) against ('+mysql -php' in boolean m
ode)\G
*************************** 1. row ***************************
              isbn: 978-7-115-25626-4
              name: MySQL COOKBOOK
brief_introduction: The MySQL database management system has become quite popular in recent years.
             price: 128.00
      publish_time: 2008-01-01
*************************** 2. row ***************************
              isbn: 978-7-115-25626-5
              name: Beginning MySQL
brief_introduction:  MySQL is especially heavily used in combination with a web server for construc
ting database-backed web sites that involve dynamic content generation.
             price: 98.00
      publish_time: 2008-01-01
2 rows in set (0.00 sec)
```

图 5-74 复杂的全文检索

下面的两条 SQL 语句修改了单词的关联度。第一条 SQL 语句查询书名或者简介中既涉及“mysql”单词又涉及“PHP”单词，第二条 SQL 语句查询书名或者简介中既涉及“mysql”单词又涉及“cookbook”单词的所有图书信息，但要求 php 单词的关联度低于 cookbook 的关联度。执行结果如图 5-75 所示。

```
select isbn,name,match(name,brief_introduction) against('+mysql +(cookbook php)' in boolean mode) 关联度
from book;
select isbn,name,match(name,brief_introduction) against('+mysql +(>cookbook <php)' in boolean mode) 关联度
from book;
```

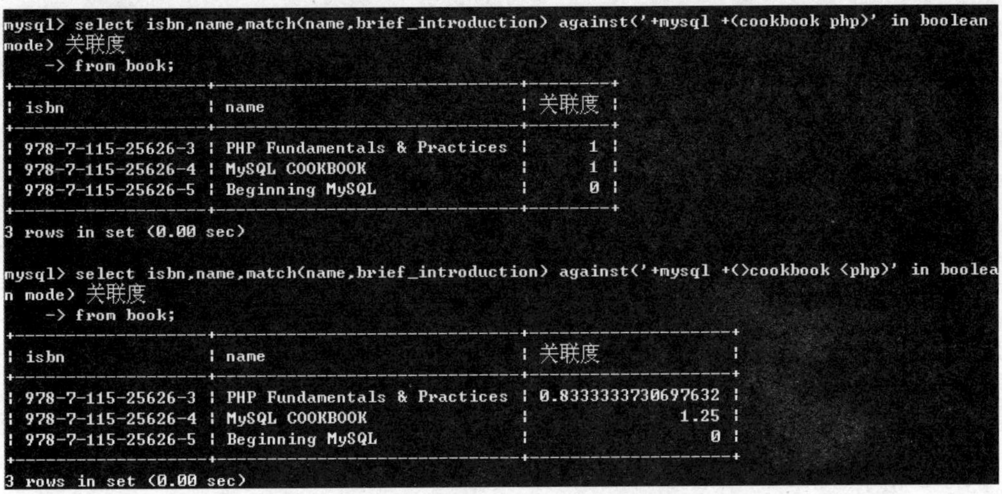

```
mysql> select isbn,name,match(name,brief_introduction) against('+mysql +(cookbook php)' in boolean
mode) 关联度
    -> from book;
+-------------------+------------------------------+--------+
| isbn              | name                         | 关联度 |
+-------------------+------------------------------+--------+
| 978-7-115-25626-3 | PHP Fundamentals & Practices |      1 |
| 978-7-115-25626-4 | MySQL COOKBOOK               |      1 |
| 978-7-115-25626-5 | Beginning MySQL              |      0 |
+-------------------+------------------------------+--------+
3 rows in set (0.00 sec)

mysql> select isbn,name,match(name,brief_introduction) against('+mysql +(>cookbook <php)' in boolea
n mode) 关联度
    -> from book;
+-------------------+------------------------------+--------------------+
| isbn              | name                         | 关联度             |
+-------------------+------------------------------+--------------------+
| 978-7-115-25626-3 | PHP Fundamentals & Practices | 0.8333333730697632 |
| 978-7-115-25626-4 | MySQL COOKBOOK               |               1.25 |
| 978-7-115-25626-5 | Beginning MySQL              |                  0 |
+-------------------+------------------------------+--------------------+
3 rows in set (0.00 sec)
```

图 5-75 修改全文检索的关联度

检索书名或者简介中既涉及“Database Applications”词组或者又涉及以“popu”开头的所有图书信息，可以使用下面的 SQL 语句，执行结果如图 5-76 所示。

```
select * from book where match (name,brief_introduction) against (' "Database Applications" popu*' in boolean mode)\G
```

```
mysql> select * from book where match (name,brief_introduction) against (' "Database Applications"
popu*' in boolean mode)\G
*************************** 1. row ***************************
              isbn: 978-7-115-25626-3
              name: PHP Fundamentals & Practices
brief_introduction: Web Database Applications MySQL offers web developers a mixture of theoretical
and practical information on creating web database applications.
             price: 42.00
      publish_time: 2012-07-01
*************************** 2. row ***************************
              isbn: 978-7-115-25626-4
              name: MySQL COOKBOOK
brief_introduction: The MySQL database management system has become quite popular in recent years.
             price: 128.00
      publish_time: 2008-01-01
2 rows in set (0.00 sec)
```

图 5-76 复杂的全文检索

5.10.4 MySQL 全文检索的注意事项

MySQL 并不支持中文全文索引，这是由于西文以单词为单位，单词之间以空格分隔；而中文以字为单位，词由一个或多个字组成，字与字之间、词与词之间没有空格分隔，使得全文检索解析器无法对中文单词（或者词组）进行界定。在一个含有中文字符串的字段上创建全文索引，并进行全文检索时，不会得到正确的查询结果。本书在 MySQL 编程基础章节中模拟地实现了 MySQL 中文全文检索的功能，请读者参看后续章节的内容。除此以外，使用 MySQL 全文检索时还需注意以下几点。

- 在自然语言检索中，只能检索被全文索引的那些字段，如果要对索引的多个字段进行某一字段的检索，必须对该字段创建单独的全文索引。布尔检索可以在非全文索引的字段上进行，但检索效率会降低。
- 全文检索没有记录关键词在字符串中的位置，排序算法比较单一。
- 全文检索不支持前缀索引。
- 全文检索会降低更新操作（insert、update 以及 delete）的效率，例如，更改 100 个全文索引的字段，需要进行 100 次更新索引的操作。对于一个海量数据库而言，把数据加载到一个没有全文索引的表中，然后再添加全文索引，速度会比较快。但是，把数据加载到一个已经有全文索引的表中，速度会比较慢。

5.10.5 InnoDB 表的全文检索

InnoDB 与 MyISAM 存储引擎实现全文检索的方法不同，同样的全文检索 SQL 语句，同样结构的表，相同的表记录，全文检索的返回结果可能不同。

场景描述 8：InnoDB 表的全文检索与 MyISAM 表的全文检索的区别。

步骤 1：执行下面的 MySQL 语句，检索书名或者简介中涉及到“mysql”单词的所有图书信息，执行结果为空结果集，如图 5-77 所示。

```
select * from book where match (name,brief_introduction) against ('mysql')\G
```

步骤 2：执行下面的 MySQL 命令，将 book 表的存储引擎设置为 InnoDB，执行结果如图 5-78 所示。

```
alter table book engine=InnoDB;
```

```
mysql> select * from book where match (name,brief_introduction) against ('mysql')\G
Empty set (0.00 sec)
```

图 5-77 MyISAM 与 InnoDB 全文检索的区别

```
mysql> alter table book engine=InnoDB;
Query OK, 3 rows affected (0.11 sec)
Records: 3  Duplicates: 0  Warnings: 0
```

图 5-78 将 book 表修改为 InnoDB 存储引擎

步骤 3：重新执行步骤 1 中的 MySQL 语句，检索书名或者简介中涉及到"mysql"单词的所有图书信息，执行结果如图 5-79 所示。从执行结果可以看出，InnoDB 存储引擎忽略了阈值的概念。

```
mysql> select * from book where match (name,brief_introduction) against ('mysql')\G
*************************** 1. row ***************************
              isbn: 978-7-115-25626-4
              name: MySQL COOKBOOK
brief_introduction: The MySQL database management system has become quite popular in recent years.
             price: 128.00
      publish_time: 2008-01-01
*************************** 2. row ***************************
              isbn: 978-7-115-25626-5
              name: Beginning MySQL
brief_introduction:  MySQL is especially heavily used in combination with a web server for construc
ting database-backed web sites that involve dynamic content generation.
             price: 98.00
      publish_time: 2008-01-01
*************************** 3. row ***************************
              isbn: 978-7-115-25626-3
              name: PHP Fundamentals & Practices
brief_introduction: Web Database Applications MySQL offers web developers a mixture of theoretical
and practical information on creating web database applications.
             price: 42.00
      publish_time: 2012-07-01
3 rows in set (0.05 sec)
```

图 5-79　MyISAM 与 InnoDB 全文检索的区别

```
select * from book where match (name,brief_introduction) against ('mysql')\G
```

除此以外，对于 InnoDB 表而言，系统变量 innodb_ft_min_token_size（默认值为 3）与 innodb_ft_max_token_size（默认值为 84）定义了搜索关键字的最小长度以及最大长度。系统变量 innodb_ft_enable_stopword（默认值为 ON）定义了是否开启停用词，而 InnoDB 的停用词在 information_schema 数据库的 INNODB_FT_DEFAULT_STOPWORD 表中定义。

至此，读者已经掌握了大部分 SQL 语句以及 MySQL 命令的语法格式，并具备了书写复杂 SQL 语句更新、检索数据的能力。从下章开始，本书将为读者讲解 MySQL 编程方面的知识。随着学习的深入，知识难度逐渐加强，希望读者继续保持一份耐心。

习　题

1. 简述 limit 以及 distinct 的用法。
2. 什么是内连接、外连接？MySQL 支持哪些外连接？
3. NULL 参与算术运算、比较运算以及逻辑运算时，结果是什么？
4. NULL 参与排序时，MySQL 对 NULL 如何处理？
5. 您怎样理解 select 语句与字符集之间的关系？
6. MySQL 常用的聚合函数有哪些？这些聚合函数对 NULL 值操作的结果是什么？
7. 您怎样理解 having 子句与 where 子句之间的区别？
8. 您怎样理解 concat()与 group_concat()函数之间的区别？
9. 什么是相关子查询与非相关子查询？
10. 请编写 SQL 脚本，输入选课系统综合查询章节内的 select 语句。
11. MySQL 如何使用 like 关键字实现模糊查询？有什么注意事项？
12. MySQL 如何使用正则表达式实现模糊查询？
13. MySQL 如何进行全文检索？全文检索有什么注意事项？

14. 您觉得全文检索与 like 模糊查询、正则表达式模糊查询最大的区别是什么?
15. 最新版本的 MySQL 中，InnoDB 存储引擎的表支持全文检索吗?
16. MySQL 不支持完全连接，您能不能通过其他技术手段实现完全连接的功能?
17. 合并结果集时，union 与 union all 有什么区别?
18. 给定一个教师的工号（例如'001'），统计该教师已经申报了哪些课程。

第三篇 MySQL 编程

MySQL 编程基础
视图与触发器
存储过程与游标
事务机制与锁机制

第 6 章 MySQL 编程基础

为了便于 MySQL 代码维护，以及提高 MySQL 代码的重用性，MySQL 开发人员经常需要将频繁使用的业务逻辑封装成存储程序。MySQL 的存储程序分为 4 类：函数、触发器、存储过程以及事件。本章首先介绍 MySQL 编程的基础知识，然后讲解自定义函数的实现方法，接着介绍 MySQL 常用的系统函数，最后结合"选课系统"编写自定义函数，模拟实现了中文全文检索。本章为读者将来编写更为复杂的存储程序代码（例如存储过程）奠定了坚实的基础。

6.1 MySQL 编程基础知识

几乎所有的数据库管理系统都提供了"程序设计结构"，这些"程序设计结构"是在 SQL 标准的基础上进行了扩展，例如，Oracle 定义了 PL/SQL 程序设计结构，SQL Server 定义了 T-SQL 程序设计结构，PostgreSQL 定义了 PL/pgSQL 程序设计结构，MySQL 也不例外（虽然至今没有为其命名）。MySQL 程序设计结构是在 SQL 标准的基础上增加了一些程序设计语言的元素，其中包括常量、变量、运算符、表达式、流程控制以及函数等内容。

6.1.1 常量

按照 MySQL 的数据类型进行划分，可以将常量划分为字符串常量、数值常量、十六进制常量、日期时间常量、二进制常量以及 NULL。

1. 字符串常量

字符串常量是指用单引号或双引号括起来的字符序列。例如，下面的 select 语句输出两个字符串，执行结果如图 6-1 所示。

```
select 'I\'m a \teacher' as col1, "you're a stude\nt" as col2;
```

由于大多编程语言（例如 Java、C 等）使用双引号表示字符串，为了便于区分，在 MySQL 数据库中推荐使用单引号表示字符串。

2. 数值常量

数值常量可以分为整数常量（例如 2013）和小数常量（例如 5.26、101.5E5），这里不再赘述。

3. 日期时间常量

日期时间常量是一个符合特殊格式的字符串。例如，'14:30:24'是一个时间常量，'2008-05-12

14:28:24'是一个日期时间常量。日期时间常量的值必须符合日期、时间标准，例如，'1996-02-31'是错误的日期常量。

4. 布尔值

布尔值只包含两个值：true 和 false。例如，下面的 select 语句输出 true 以及 false，执行结果如图 6-2 所示。

```
select true, false;
```

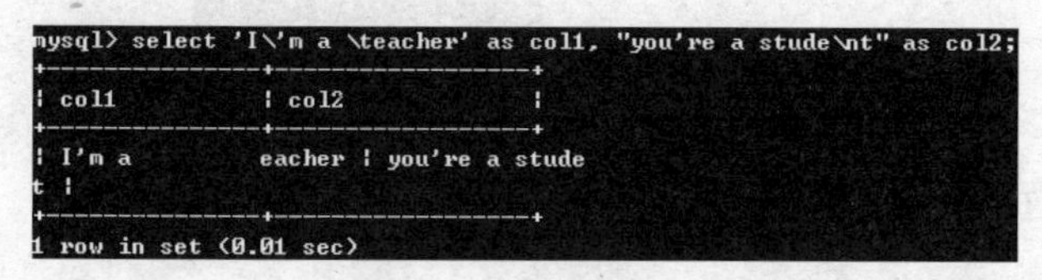

图 6-1　字符串常量

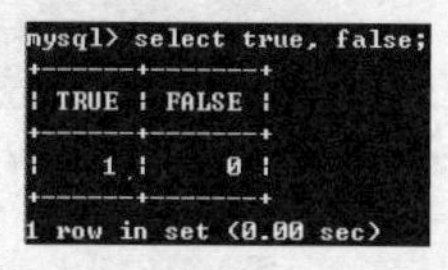

图 6-2　布尔值以字符串的方式进行显示

使用 select 语句显示布尔值 true 或者 false 时，会将其转换为字符串“0”或者字符串“1”。

5. 二进制常量

二进制常量由数字“0”和“1”组成。二进制常量的表示方法：前缀为“b”，后面紧跟一个“二进制”字符串。例如，下面的 select 语句输出 3 个字符，执行结果如图 6-3 所示，其中 b'111101'对应“等号”，b'1'对应“笑脸”，b'11'对应“心”。

```
select b'111101',b'1', b'11';
```

使用 select 语句显示二进制数时，会将二进制数自动转换为“字符串”再进行显示。

6. 十六进制常量

十六进制常量由数字“0”到“9”及字母“a”到“f”或“A”到“F”组成（字母不区分大小写）。十六进制常量有两种表示方法。

第一种表示方法：前缀为大写字母“X”或小写字母“x”，后面紧跟一个“十六进制”字符串。例如，下面的 select 语句输出两个字符串，执行结果如图 6-4 所示，其中，X'41'对应大写字母 A。x'4D7953514C'对应字符串 MySQL。

```
select X'41', x'4D7953514C';
```

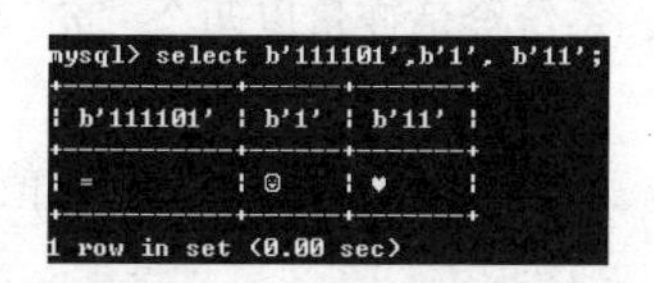

图 6-3　二进制常量以字符串的方式进行显示

图 6-4　十六进制常量以字符串的方式进行显示（1）

第二种表示方法：前缀为“0x”，后面紧跟一个“十六进制数”（不用引号）。例如，下面的 select 语句与上述 select 语句的执行结果相同，如图 6-5 所示，其中，0x41 对应大写字母 A，0x4D7953514C 对应字符串 MySQL。

```
select 0x41, 0x4D7953514C ;
```

可以看到，使用select语句显示十六进制数时，会将十六进制数自动转换为“字符串”再进行显示。

如果需要将一个字符串或数字转换为十六进制格式的字符串，可以用 hex()函数实现。例如，在下面的 select 语句中，hex()函数将“MySQL”字符串转换为十六进制数，执行结果如图 6-6 所示。

```
select hex('MySQL');
```

图 6-5　十六进制常量以字符串的方式进行显示（2）

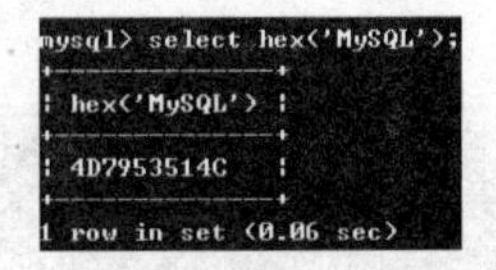

图 6-6　将字符串转换为十六进制数

十六进制数与字符之间存在一一对应关系，利用这个特点，可以模拟实现中文全文检索。

7. NULL 值

NULL 值可适用于各种字段类型，它通常用来表示“值不确定”、“没有值”等含义。NULL 值参与算术运算、比较运算以及逻辑运算时，结果依然为 NULL。

6.1.2　用户自定义变量

在 MySQL 数据库中，变量分为系统变量（以@@开头）以及用户自定义变量。其中，系统变量分为会话系统变量以及全局系统变量，静态变量属于特殊的全局系统变量（关于系统变量的知识请参看 MySQL 基础知识章节的内容）。本章主要讲解用户自定义变量的使用方法。

MySQL 存储程序运行期间，如何保存程序运行过程中产生的“临时结果”？与高级编程语言类似，数据库编程人员通常需要使用用户自定义变量存储“临时结果”。用户自定义变量分为用户会话变量（以@开头）以及局部变量（不以@开头）。

1. 用户会话变量

用户会话变量与系统会话变量相似，它们都与“当前会话”有密切关系。简单地讲，MySQL 客户机 1 定义了会话变量，会话期间，该会话变量一直有效；MySQL 客户机 2 不能访问 MySQL 客户机 1 定义的会话变量；MySQL 客户机 1 关闭或者 MySQL 客户机 1 与服务器断开连接后，MySQL 客户机 1 定义的所有会话变量将自动释放，以便节省 MySQL 服务器的内存空间，如图 6-7 所示。

系统会话变量与用户会话变量的共同之处在于：变量名大小写不敏感。系统会话变量与用户会话变量的区别在于：①用户会话变量以一个“@”开头，系统会话变量以两个“@”开头；②系统会话变量无需定义可以直接使用。

一般情况下，用户会话变量的定义与赋值会同时进行。用户会话变量的定义与赋值有两种方法：使用 set 命令或者使用 select 语句。

方法一：使用 set 命令定义用户会话变量，并为其赋值，语法格式如下。

```
set @user_variable1 = expression1 [,@user_variable2= expression2 , …]
```

user_variable1、user_variable2 为用户会话变量名，expression1、expression2 可以是常量、变量或表达式。

set 命令可以同时定义多个变量，中间用逗号隔开即可。

例如，下面的 MySQL 命令负责创建用户会话变量@user_name 以及@age，并为其赋值，接着使用 select 语句输出变量的值，执行结果如图 6-8 所示。

```
set @user_name = '张三';
select @user_name;
set @user_name = b'11', @age = 18;
select @user_name,@age;
set @age = @age+1;
select @user_name,@age;
```

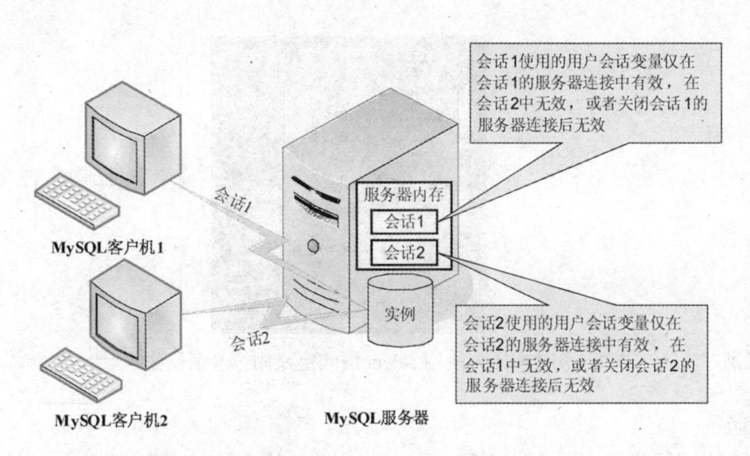

图 6-7　用户会话变量的使用

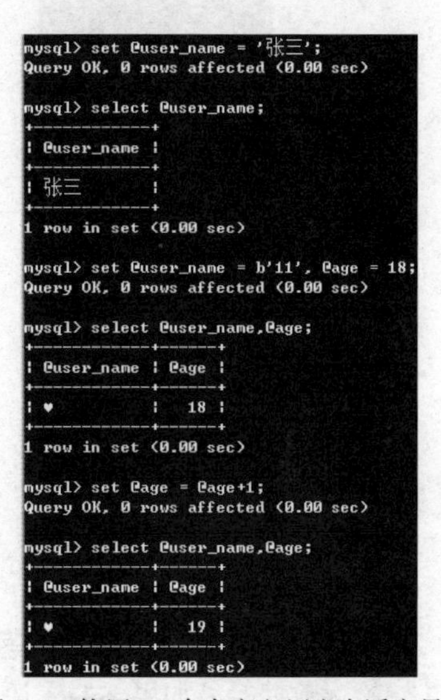

图 6-8　使用 set 命令定义用户会话变量

用户会话变量的数据类型是根据赋值运算符“=”右边表达式的计算结果自动分配的。也就是说，等号右边的值（包括字符集和字符序）决定了用户会话变量的数据类型（包括字符集和字符序）。如果给@user_name 变量重新赋予不同类型的值，则@user_name 的数据类型也会跟着改变。读者可以这样理解：用户会话变量是弱类型。

方法二：使用 select 语句定义用户会话变量，并为其赋值，语法格式有两种。

第一种语法格式：select @user_variable1: = expression1 [,user_variable2:= expression2 , …]

第二种语法格式：select expression1 into @user_variable1, expression2 into @user_variable2, …

第一种语法格式中需要使用“: =”赋值语句，原因在于“=”是为“比较”保留的。

第一种语法格式与第二种语法格式的区别在于，第一种语法格式中的 select 语句会产生结果集，第二种语法格式中的 select 语句仅仅用于会话变量的定义及赋值（但不会产生结果集）。

例如，下面的 MySQL 命令，通过其执行结果可以看出“: =”与“=”的区别，如图 6-9 所示。

```
select @a='a';
select @a;
select @a := 'a';
select @a;
```

例如，下面的 MySQL 命令负责创建用户会话变量@user_name，并进行赋值，接着使用 select 语句输出该变量的值，执行结果如图 6-10 所示（注意：select…into…不会产生结果集）。

```
select @user_name:='张三';
select 19 into @age;
select @user_name,@age;
```

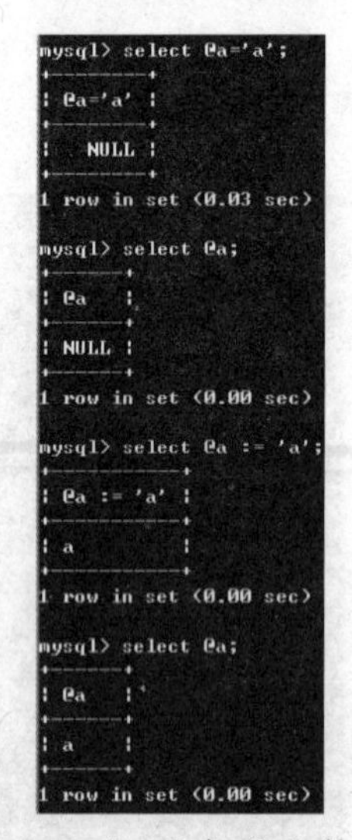

图 6-9 “:=”与“=”的区别

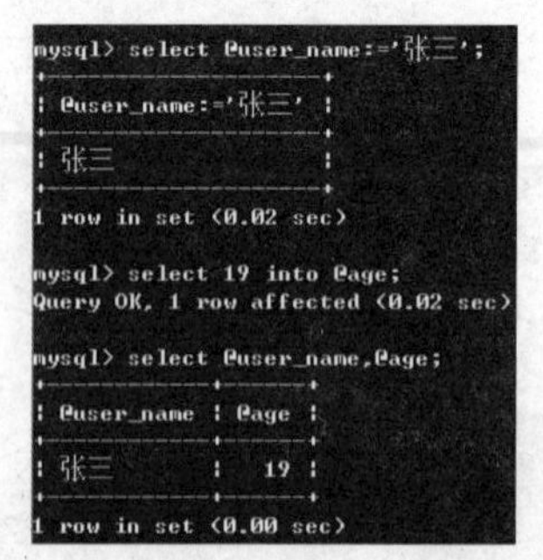

图 6-10 使用 select 语句定义用户会话变量

2. 用户会话变量与 SQL 语句

检索数据时，如果 select 语句的结果集是单个值，可以将 select 语句的返回结果赋予用户会话变量。例如，统计学生人数，将学生人数赋值给@student_count 变量，方法多种多样。

场景描述 1：用户会话变量与 SQL 语句。

方法一：使用下面的 MySQL 命令，执行结果如图 6-11 所示。注意：set 命令中的 select 查询语句需要使用括号括起来。

```
set @student_count = (select count(*) from student);
select @student_count;
```

方法二：上面的 set 命令也可以使用 select 实现，代码如下，执行结果如图 6-12 所示。

```
select @student_count := (select count(*) from student);
```

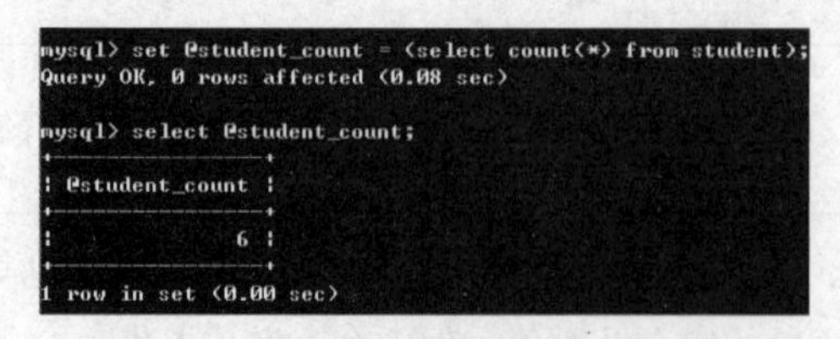

图 6-11 用户会话变量与 SQL 语句（1）

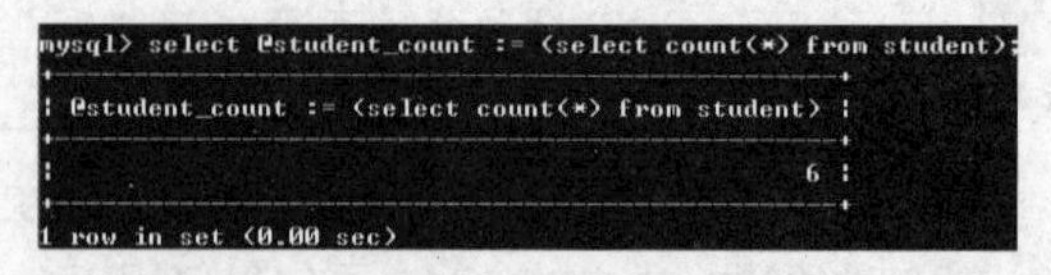

图 6-12 用户会话变量与 SQL 语句（2）

方法三：下面的命令是较为简单的写法，执行结果如图 6-13 所示。

```
select @student_count:= count(*) from student;
```

方法四：下面的命令也是较为简单的写法，执行结果如图 6-14 所示。

```
select count(*) into @student_count from student;
```

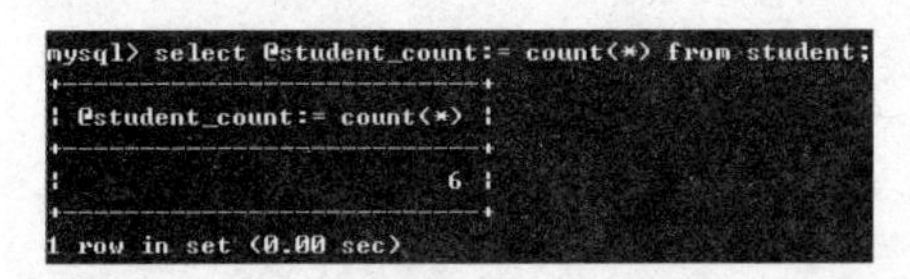

图 6-13　用户会话变量与 SQL 语句（3）

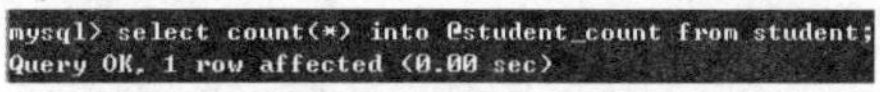

```
mysql> select count(*) into @student_count from student;
Query OK, 1 row affected (0.00 sec)
```

图 6-14　用户会话变量与 SQL 语句（4）

方法五：下面的命令也是较为简单的写法，执行结果如图 6-15 所示。

```
select count(*) from student into @student_count;
```

上述所有的方法都用于将学生人数赋予@student_count 变量，读者可以根据实际需要选用其中一种方法。例如，将学生人数赋予@student_count 变量时，如果不希望 select 语句产生结果集，可以选用方法一、方法四以及方法五。例如，自定义函数的函数体使用 select 语句时，该 select 语句不能产生结果集，否则将产生编译错误，此时可以选用方法一、方法四以及方法五等方法。

用户会话变量也可以直接嵌入到 select、insert、update 以及 delete 语句的条件表达式中。例如，下面的 MySQL 代码执行结果如图 6-16 所示。

```
set @student_no='2012001';
select * from student where student_no=@student_no;
```

```
mysql> select count(*) from student into @student_count;
Query OK, 1 row affected (0.00 sec)
```

图 6-15　用户会话变量与 SQL 语句（5）

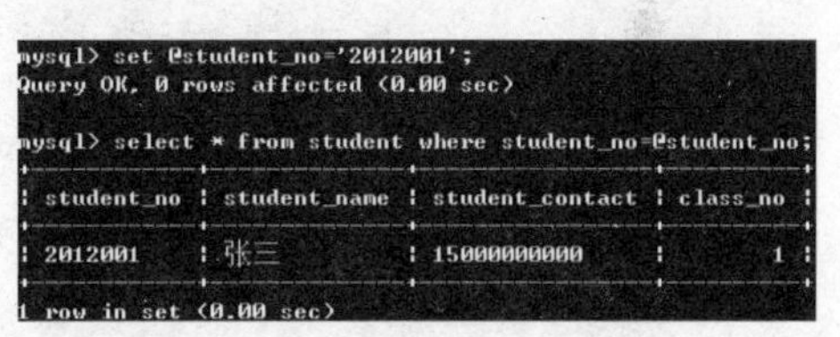

图 6-16　用户会话变量与 SQL 语句（6）

通过“@”符号，MySQL 解析器可以分辨哪个“student_no”是字段名，哪个“student_no”是用户会话变量名。

3. 局部变量

declare 命令专门用于定义局部变量及对应的数据类型。局部变量必须定义在存储程序中（例如函数、触发器、存储过程以及事件中），并且局部变量的作用范围仅仅局限于存储程序中，脱离存储程序，局部变量没有丝毫意义。局部变量主要用于下面 3 种场合。

场合一：局部变量定义在存储程序的 begin-end 语句块之间。此时，局部变量必须首先使用 declare 命令定义，并且必须指定其数据类型。只有定义局部变量后，才可以使用 set 命令或者 select 语句为其赋值。

场合二：局部变量作为存储过程或者函数的参数使用，此时虽然不需要使用 declare 命令定义，但需要指定参数的数据类型。

场合三：局部变量也可以用在存储程序的 SQL 语句中。数据检索时，如果 select 语句的结果集是单个值，则可以将 select 语句的返回结果赋予局部变量。局部变量也可以直接嵌入到 select、insert、update 以及 delete 语句的条件表达式中。

例如，在下面的存储过程中，choose_proc()存储过程的参数：s_no、c_no 以及 state 是局部变量（粗体字）；s1、s2、s3、status 使用 declare 命令定义，位于 begin-end 语句块中，也是局部变量（斜体字）；在这些局部变量中，灰色底纹的局部变量用于 SQL 语句中。

```
create procedure choose_proc(in s_no char(11),in c_no int,out state int)
modifies sql data
begin
    declare s1 int;
    declare s2 int;
    declare s3 int;
    declare status char(8);
    set state= 0;
    set status='未审核';
    select count(*) into s1 from choose where student_no=s_no and course_no=c_no ;
    if(s1>=1) then
        set state = -1;
    else
        select count(*) into s2 from choose where student_no=s_no;
        if(s2>=2) then
            set state = -2;
        else
            start transaction;
            select state into status from course where course_no=c_no;
            select available into s3 from course where course_no=c_no for update;
            if(s3<=0 || status='未审核') then
                set state = -3;
            else
                insert into choose values(null,s_no,c_no,null,now());
                set state = last_insert_id();
            end if;
            commit;
        end if;
    end if;
end;
```

choose_proc ()存储过程用于实现学生的选课功能，该存储过程的具体实现方法请参看后续章节的内容。

4. 局部变量与用户会话变量的区别

局部变量与用户会话变量的区别有以下几点。

（1）用户会话变量名以“@”开头，而局部变量名前面没有“@”符号。

（2）局部变量使用 declare 命令定义（存储过程参数、函数参数除外），定义时必须指定局部变量的数据类型。局部变量定义后，才可以使用 set 命令或者 select 语句为其赋值。

用户会话变量使用 set 命令或者 select 语句定义并进行赋值，定义用户会话变量时无需指定数据类型（用户会话变量是弱类型）。

诸如“declare @student_no int;”的语句是错误语句，用户会话变量不能使用 declare 命令定义。

（3）用户会话变量的作用范围与生存周期大于局部变量。局部变量如果作为存储过程或者函数的参数使用，则在整个存储过程或函数内中有效；如果定义在存储程序的 begin-end 语句块中，则仅在当前的 begin-end 语句块内有效。用户会话变量在本次会话期间一直有效，直至关闭服务器连接。

（4）如果局部变量嵌入到 SQL 语句中，由于局部变量名前没有“@”符号，这就要求局部变量名不能与表字段名同名，否则将出现无法预期的结果。

例如，下面的 SQL 语句中，student_name1 与 student_no1 为局部变量（灰色底纹），student_name 以及 student_no 为 student 表的字段名（粗体字），不能将 student_name1 与 student_no1 修改为 student_name 与 student_no，否则将出现无法预期的运行结果。

```
select student_name into student_name1 from student where student_no=student_no1;
```

用户会话变量前面存在@符号，因此会话变量没有该限制。例如，下面的 SQL 语句符合 MySQL 代码规范。

```
select student_name into @student_name from student where student_no=@student_no;
```

关于局部变量的其他说明如下。

在 MySQL 数据库中，局部变量涉及 begin-end 语句块、函数、存储过程等知识，其具体使用方法将结合这些知识稍后一起进行讲解。

declare 命令尽量写在 begin-end 语句块的开头，尽量写在其他语句的前面。

6.1.3　运算符与表达式

运算符是数据操作的符号。表达式指的是将操作数（如变量、常量、函数等）用运算符按一定的规则连接起来的有意义的式子。根据运算符功能的不同，可将 MySQL 的运算符分为算术运算符、比较运算符、逻辑运算符以及位操作运算符。

1. 算术运算符

算术运算符用于在两个操作数之间执行算术运算。常用的算术运算符有+（加）、-（减）、*（乘）、/（除）、%（求余）以及 div（求商）6 种运算符。

例如，下面的 select 语句的执行结果如图 6-17 所示。

```
set @num = 15;
select @num+2, @num-2, @num *2, @num/2, @num%3,@num div 3;
```

MySQL 日期（或时间）类型的数据本身是一个数值类型，因此可以进行简单的算术运算。例如，下面的 select 语句的执行结果如图 6-18 所示，interval 关键字后是一个时间间隔，具体用法稍后介绍。

```
select '2013-01-31' + interval '22' day, '2013-01-31' - interval '22' day;
```

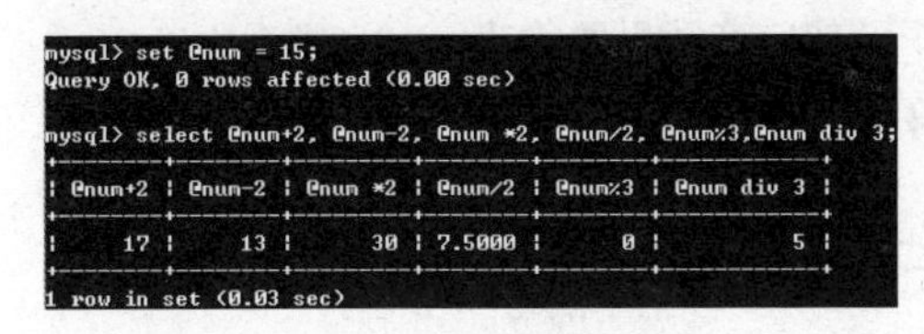

图 6-17　算术运算符

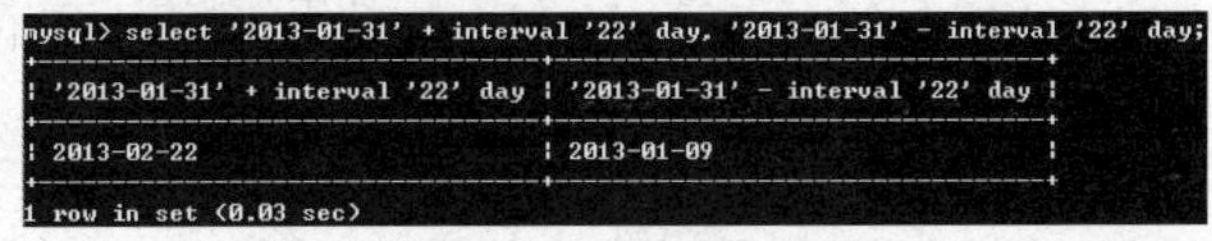

图 6-18　日期可以参与算术运算

当算术运算符的操作数为 NULL 时，表达式的结果为 NULL。

2. 比较运算符

比较运算符（又称关系运算符）用于比较操作数之间的大小关系，其运算结果要么为 true，要么为 false，要么为 NULL（不确定）。使用 select 语句显示布尔值 true 或者 false，会将其自动转换为字符串“1”或者“0”再进行显示。MySQL 中常用的比较运算符如表 6-1 所示。

表 6-1　　　　MySQL 中常用的比较运算符

运算符	含义
=	等于
>	大于
<	小于
>=	大于等于
<=	小于等于
<>、!=	不等于
<=>	相等或都等于空
is null	是否为 NULL
between…and…	是否在区间内
in	是否在集合内
like	模式匹配
regexp	正则表达式模式匹配

下面的 select 语句的执行结果如图 6-19 所示，请读者仔细分析产生该结果的原因。其中，第一个比较表达式中第一个字符串'ab '为 3 个字符，最后一个字符为空格字符；第二个比较表达式中第一个字符串' ab'为 3 个字符，第一个字符为空格字符。

```
select 'ab '='ab', ' ab'='ab', 'b'>'a',NULL=NULL,NULL<=>NULL,NULL is NULL;
```

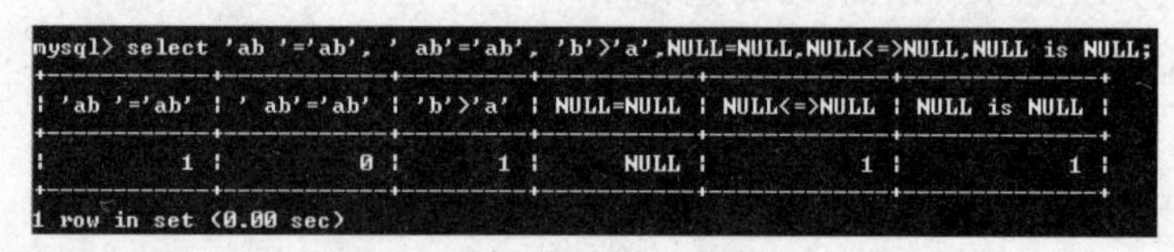

```
mysql> select 'ab '='ab', ' ab'='ab', 'b'>'a',NULL=NULL,NULL<=>NULL,NULL is NULL;
+------------+------------+---------+-----------+-------------+--------------+
| 'ab '='ab' | ' ab'='ab' | 'b'>'a' | NULL=NULL | NULL<=>NULL | NULL is NULL |
+------------+------------+---------+-----------+-------------+--------------+
|          1 |          0 |       1 |      NULL |           1 |            1 |
+------------+------------+---------+-----------+-------------+--------------+
1 row in set (0.00 sec)
```

图 6-19　比较运算符

结论：字符串进行比较时，会截掉字符串尾部的空格字符，然后进行比较。

3. 逻辑运算符

逻辑运算符（又称布尔运算符）对布尔值进行操作，其运算结果要么为 true，要么为 false，要么为 NULL（不确定）。MySQL 中常用的逻辑运算符如表 6-2 所示。

表 6-2　　　　常用的逻辑运算符

运算符	含义
not 或!	逻辑非
and 或&&	逻辑与
or 或||	逻辑或
xor	逻辑异或

下面的 select 语句的执行结果如图 6-20 所示。

```
select 1 and 2, 2 and 0,2 and true,0 or true,not 2,not false;
```

下面的 select 语句的执行结果如图 6-21 所示。

```
select null and 2, 2 and 0.0,2 and 'true', 1 xor 2, 1 xor false;
```

```
mysql> select 1 and 2, 2 and 0,2 and true,0 or true,not 2,not false;
+---------+---------+------------+-----------+-------+-----------+
| 1 and 2 | 2 and 0 | 2 and true | 0 or true | not 2 | not false |
+---------+---------+------------+-----------+-------+-----------+
|       1 |       0 |          1 |         1 |     0 |         1 |
+---------+---------+------------+-----------+-------+-----------+
1 row in set (0.00 sec)
```

图 6-20　逻辑运算符（1）

```
mysql> select null and 2, 2 and 0.0,2 and 'true', 1 xor 2, 1 xor false;
+------------+-----------+--------------+---------+-------------+
| null and 2 | 2 and 0.0 | 2 and 'true' | 1 xor 2 | 1 xor false |
+------------+-----------+--------------+---------+-------------+
|       NULL |         0 |            0 |       0 |           1 |
+------------+-----------+--------------+---------+-------------+
1 row in set, 1 warning (0.00 sec)
```

图 6-21　逻辑运算符（2）

严格意义上讲，between…and..运算、in 运算、like 以及 regexp 运算既是比较运算，又是逻辑运算，它们的使用方法请读者参看表记录的检索章节的内容，这里不再举例说明。

4. 位运算符

位运算符对二进制数据进行操作（如果不是二进制类型的数，将进行类型自动转换），其运算结果为二进制数。使用 select 语句显示二进制数时，会将其自动转换为十进制数显示。MySQL 中常用的逻辑运算符如表 6-3 所示。

表 6-3　　常用的位运算符

<table>
<tr><th>运算符</th><th>运算规则</th></tr>
<tr><td>&</td><td>按位与</td></tr>
<tr><td>|</td><td>按位或</td></tr>
<tr><td>^</td><td>按位异或</td></tr>
<tr><td>~</td><td>按位取反</td></tr>
<tr><td>>></td><td>位右移</td></tr>
<tr><td><<</td><td>位左移</td></tr>
</table>

下面的 select 语句的执行结果如图 6-22 所示。

```
select b'101' & b'010',5&2,5|2, ~5,5 ^2,5>>2,5<<2;
```

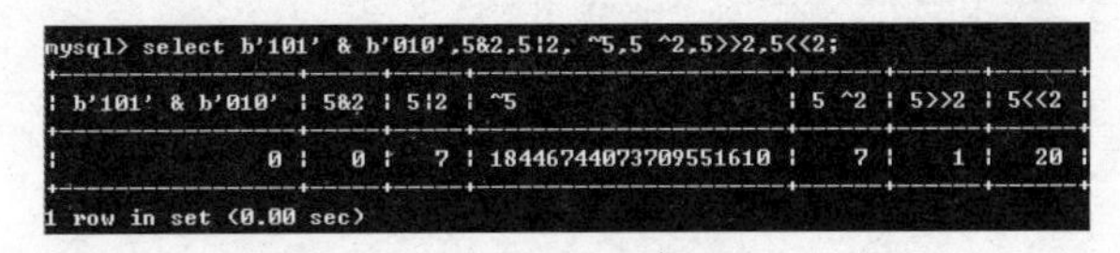

```
mysql> select b'101' & b'010',5&2,5|2, ~5,5 ^2,5>>2,5<<2;
+-----------------+-----+-----+----------------------+------+------+------+
| b'101' & b'010' | 5&2 | 5|2 | ~5                   | 5 ^2 | 5>>2 | 5<<2 |
+-----------------+-----+-----+----------------------+------+------+------+
|               0 |   0 |   7 | 18446744073709551610 |    7 |    1 |   20 |
+-----------------+-----+-----+----------------------+------+------+------+
1 row in set (0.00 sec)
```

图 6-22　位运算符

6.1.4　begin-end 语句块

有些时候，为了完成某个功能，多条 MySQL 表达式密不可分，可以使用“begin”和“end;”将这些表达式包含起来形成语句块，语句块中表达式之间使用“;”隔开，一个 begin-end 语句块可以包含新的 begin-end 语句块。在 MySQL 中，单独使用 begin-end 语句块没有任何意义，只有将 begin-end 语句块封装到存储过程、函数、触发器以及事件等存储程序内部才有意义。begin-end 语句块的使用方法将结合自定义函数稍后一起进行讲解。一个典型的 begin-end 语句块格式如下，其中开始标签名称与结束标签名称必须相同。

```
[开始标签:] begin
    [局部]变量的声明;
    错误触发条件的声明;          /*在 MySQL 存储过程与游标章节中进行详细讲解*/
    游标的声明;                  /*在 MySQL 存储过程与游标章节中进行详细讲解*/
```

```
    错误处理程序的声明;        /*在 MySQL 存储过程与游标章节中进行详细讲解*/
    业务逻辑代码;
end[结束标签];
```

begin-end 语句块中，end 后以“;”结束。

在每一个 begin-end 语句块中声明的局部变量，仅在当前的 begin-end 语句块内有效。

允许在一个 begin-end 语句块内使用 leave 语句跳出该语句块(leave 语句的使用方法稍后讲解)。

6.1.5　重置命令结束标记

begin-end 语句块中通常存在多条 MySQL 表达式，每条 MySQL 表达式使用“;”作为结束标记。在 MySQL 客户机上输入 MySQL 命令或 SQL 语句时，默认情况下 MySQL 客户机也是使用“;”作为 MySQL 命令的结束标记。由于 begin-end 语句块中的多条 MySQL 表达式密不可分，为了避免这些 MySQL 表达式被拆开，需要重置 MySQL 客户机的命令结束标记（delimiter）。

例如，打开 MySQL 客户机，并在 MySQL 客户机上依次输入以下命令。第一条命令将当前 MySQL 客户机的命令结束标记“临时地”设置为“$$”；紧接着在 select 语句中使用“$$”作为 select 语句的结束标记；第三条命令将当前 MySQL 客户机的命令结束标记恢复“原状”；恢复“原状”后的 select 语句重新使用“;”作为结束标记。执行结果如图 6-23 所示。

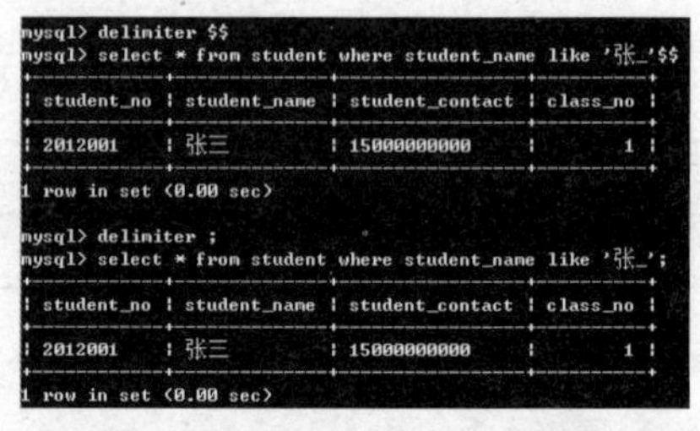

图 6-23　重置命令结束标记的示例程序

```
delimiter $$
select * from student where student_name like '张_'$$
delimiter ;
select * from student where student_name like '张_';
```

6.2　自定义函数

函数可以看作是一个“加工作坊”，这个“加工作坊”接收“调用者”传递过来的“原料”(实际上是函数的参数)，然后将这些“原料”“加工处理”成“产品”(实际上是函数的返回值)，再把“产品”返回给“调用者”。典型地，函数有一个或多个参数，并且定义了一系列的操作，这些操作对函数的参数进行处理，然后将处理结果返回。

MySQL 提供了丰富的系统函数（稍后介绍），并且允许数据库开发人员根据业务逻辑的需要自定义函数。系统函数（例如 now()、version()函数等）无需定义可以直接调用，而自定义函数需要数据库开发人员定义后方可调用。

6.2.1　创建自定义函数的语法格式

创建自定义函数时，数据库开发人员需提供函数名、函数的参数、函数体（一系列的操作）以及返回值等信息。创建自定义函数的语法格式如下。

```
create function 函数名（参数 1, 参数 2, …）returns 返回值的数据类型
```

```
[函数选项]
begin
函数体;
return 语句;
end;
```

自定义函数是数据库的对象，因此，创建自定义函数时，需要指定该自定义函数隶属于哪个数据库。

同一个数据库内，自定义函数名不能与已有的函数名（包括系统函数名）重名。建议在自定义函数名中统一添加前缀“fn_”或者后缀“_fn”。

函数的参数无需使用 declare 命令定义，但它仍然是局部变量，且必须提供参数的数据类型。自定义函数如果没有参数，则使用空参数“()”即可。

函数必须指定返回值数据类型，且须与 return 语句中的返回值的数据类型相近（长度可以不同）。

函数选项是由以下一种或几种选项组合而成的。

```
language sql
| [not] deterministic
| { contains sql | no sql | reads sql data | modifies sql data }
| sql security { definer | invoker }
| comment '注释'
```

函数选项说明：

language sql：默认选项，用于说明函数体使用 SQL 语言编写。

deterministic（确定性）：当函数返回不确定值时，该选项是为了防止“复制”时的不一致性。如果函数总是对同样的输入参数产生同样的结果，则它被认为是“确定的”，否则就是“不确定”的。例如，函数返回系统当前的时间，返回值是不确定的，如果既没有给定 deterministic，也没有给定 not deterministic，默认的就是 not deterministic。

contains sql：表示函数体中不包含读或写数据的语句（例如 set 命令等）。

no sql：表示函数体中不包含 SQL 语句。

reads sql data：表示函数体中包含 select 查询语句，但不包含更新语句。

modifies sql data：表示函数体包含更新语句。如果上述选项没有明确指定，默认是 contains sql。

sql security：用于指定函数的执行许可。

definer：表示该函数只能由创建者调用。

invoker：表示该函数可以被其他数据库用户调用，默认值是 definer。

comment：为函数添加功能说明等注释信息。

6.2.2　函数的创建与调用

场景描述 2：简单的自定义函数（空参数）。

下面的 SQL 语句创建了名字为 row_no_fn()的函数，该函数实现的功能是为查询结果集添加行号，执行结果如图 6-24 所示。

```
delimiter $$
```

```
create function row_no_fn() returns int
no sql
begin
    set @row_no = @row_no + 1;
    return @row_no;
end;
$$
delimiter ;
```

此处的函数选项“no sql”不能写成“contains sql”，原因在于，函数体内包含读或写数据的语句。

row_no_fn()函数体内定义了一个用户会话变量@row_no，该变量在本次 MySQL 服务器的连接一直生效，从而实现会话期间的累加功能。

函数创建成功后，记得将命令结束标记恢复“原状”。

调用自定义函数与调用系统函数的方法一样，例如，在查询结果集中加入行号，可以使用下面的 MySQL 命令调用 row_no_fn()函数，执行结果如图 6-25 所示。

```
set @row_no=0;
select row_no_fn() 行号,student_no,student_name from student;
```

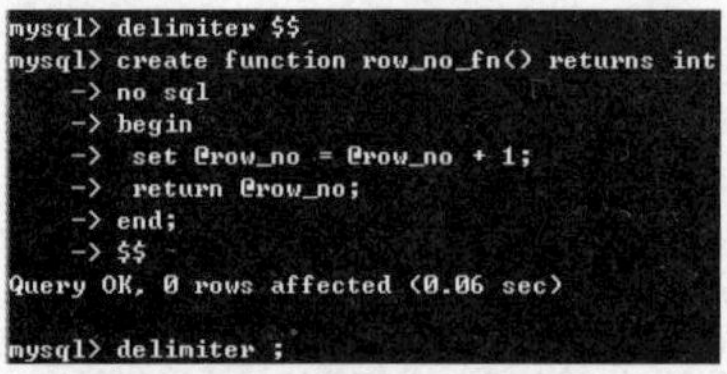

```
mysql> delimiter $$
mysql> create function row_no_fn() returns int
    -> no sql
    -> begin
    ->  set @row_no = @row_no + 1;
    ->  return @row_no;
    -> end;
    -> $$
Query OK, 0 rows affected (0.06 sec)

mysql> delimiter ;
```

图 6-24　创建自定义函数

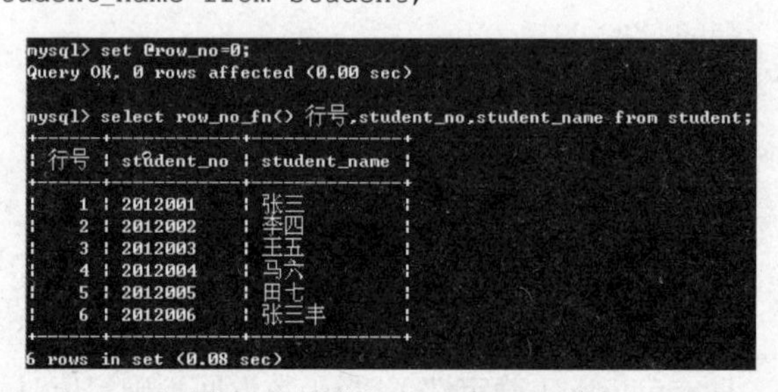

```
mysql> set @row_no=0;
Query OK, 0 rows affected (0.00 sec)

mysql> select row_no_fn() 行号,student_no,student_name from student;
```

行号	student_no	student_name
1	2012001	张三
2	2012002	李四
3	2012003	王五
4	2012004	马六
5	2012005	田七
6	2012006	张三丰

```
6 rows in set (0.08 sec)
```

图 6-25　调用 row_no_fn()函数

场景描述 3：自定义函数可以操作数据库中的数据。

MySQL 允许自定义函数操作数据库中的数据，例如，下面的 SQL 语句创建了名字为 get_name_fn()的函数，该函数实现的功能是：根据学生的学号 student_no 查询学生的姓名。

```
delimiter $$
create function get_name_fn(student_no1 int) returns char(20)
reads sql data
begin
    declare student_name1 char(20);
    select student_name into student_name1 from student where student_no=student_no1;
    return student_name1;
end;
$$
delimiter ;
```

此处将函数选项设置为“reads sql data”，原因在于，get_name_fn()函数中存在一条 select 语句。

由于 MySQL 局部变量前面没有“@”符号，在命名局部变量时（例如 student_no1、student_name1）不要与字段名（例如 student_name、student_no）重名。

自定义函数的函数体使用 select 语句时，该 select 语句不能产生结果集，否则将产生编译错误。

方框内的代码可以修改为如下代码。

```
set student_name1=(select student_name from student where student_no=student_no1);
```

或者

```
select student_name from student where student_no=student_no1 into student_name1;
```

但不可以将其修改为如下代码。

```
select student_name1:=(select student_name from student where student_no=student_no1);
```

或者

```
select student_name1:=student_name from student where student_no=student_no1;
```

使用 MySQL 语句“select get_name_fn('2012001');”调用该函数后，执行结果如图 6-26 所示。

场景描述 4：将查询结果赋予变量。

下面的 SQL 语句创建了名字为 get_choose_number_fn()的函数，该函数实现的功能是根据学生学号返回该生选修了几门课程。

```
delimiter $$
create function get_choose_number_fn(student_no1 int) returns int
reads sql data
begin
    declare choose_number int;
    select count(*) into choose_number from choose where student_no=student_no1;
    return choose_number;
end;
$$
delimiter ;
```

使用 SQL 语句“select get_choose_number_fn('2012001');”调用该函数后，执行结果如图 6-27 所示。

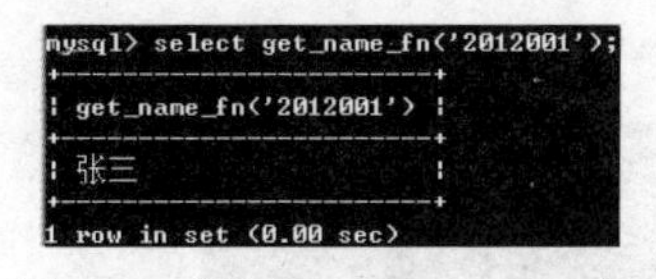

图 6-26　调用 get_name_fn()函数

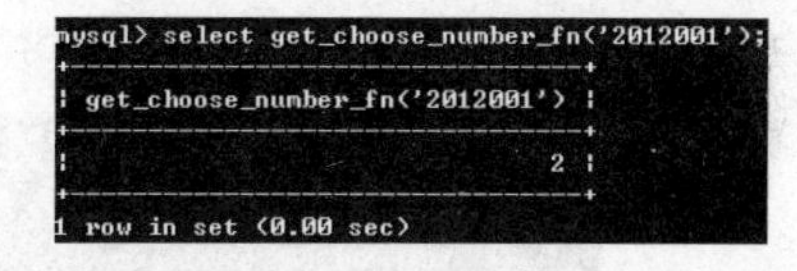

图 6-27　调用 get_choose_number_fn()函数

说明：将查询结果集赋予局部变量或者会话变量时，必须保证结果集中的记录为单行，否则将出现如下类似的错误信息：ERROR 1172 (42000): Result consisted of more than one row。

6.2.3　函数的维护

函数的维护包括查看函数的定义、修改函数的定义以及删除函数的定义等内容。

1. 查看函数的定义

（1）查看当前数据库中所有的自定义函数的信息，可以使用 MySQL 命令“show function status;”。如果自定义函数较多，可以使用 MySQL 命令“show function status like 模式;”进行模糊查询。

（2）查看指定数据库（例如 choose 数据库）中的所有自定义函数名，可以使用下面的 SQL 语句，如图 6-28 所示。

```
select name from mysql.proc where db = 'choose' and type = 'function' ;
```

（3）使用 MySQL 命令“show create function 函数名;”可以查看指定函数名的详细信息。例如，查看 get_name_fn()函数的详细信息，可以使用“show create function get_name_fn\G”，如图 6-29 所示。

```
mysql> select name from mysql.proc where db = 'choose' and type = 'function' ;
+----------------------+
| name                 |
+----------------------+
| get_choose_number_fn |
| get_name_fn          |
| row_no_fn            |
+----------------------+
3 rows in set (0.00 sec)
```

图 6-28　查看指定数据库中的所有自定义函数名

```
mysql> show create function get_name_fn\G
*************************** 1. row ***************************
        Function: get_name_fn
        sql_mode: STRICT_TRANS_TABLES,NO_AUTO_CREATE_USER,NO_ENGINE_SUBSTITUTION
 Create Function: CREATE DEFINER=`root`@`localhost` FUNCTION `get_name_fn`(student_no1 int)
URNS char(20) CHARSET gbk
    READS SQL DATA
begin
        declare student_name1 char(20);
        select student_name into student_name1 from student where student_no=student_no1;
        return student_name1;
end
character_set_client: gbk
collation_connection: gbk_chinese_ci
  Database Collation: gbk_chinese_ci
1 row in set (0.00 sec)
```

图 6-29　查看指定函数名的详细信息

（4）函数的信息都保存在 information_schema 数据库中的 routines 表中，可以使用 select 语句检索 routines 表，查询函数的相关信息。例如，下面的 SQL 语句查看的是 get_name_fn()函数的相关信息，如图 6-30 所示。其中，ROUTINE_TYPE 的值如果是 function，则表示函数；如果是 procedure，则表示存储过程。

```
select * from information_schema.routines where routine_name='get_name_fn'\G
```

```
mysql> select * from information_schema.routines where routine_name='get_name_fn'\G
*************************** 1. row ***************************
           SPECIFIC_NAME: get_name_fn
         ROUTINE_CATALOG: def
          ROUTINE_SCHEMA: choose
            ROUTINE_NAME: get_name_fn
            ROUTINE_TYPE: FUNCTION
               DATA_TYPE: char
CHARACTER_MAXIMUM_LENGTH: 20
  CHARACTER_OCTET_LENGTH: 40
       NUMERIC_PRECISION: NULL
           NUMERIC_SCALE: NULL
      DATETIME_PRECISION: NULL
      CHARACTER_SET_NAME: gbk
          COLLATION_NAME: gbk_chinese_ci
          DTD_IDENTIFIER: char(20)
            ROUTINE_BODY: SQL
      ROUTINE_DEFINITION: begin
        declare student_name1 char(20);
        select student_name into student_name1 from student where student_no=student_no1;
        return student_name1;
end
           EXTERNAL_NAME: NULL
       EXTERNAL_LANGUAGE: NULL
         PARAMETER_STYLE: SQL
        IS_DETERMINISTIC: NO
         SQL_DATA_ACCESS: READS SQL DATA
                SQL_PATH: NULL
           SECURITY_TYPE: DEFINER
                 CREATED: 2013-05-06 10:24:29
            LAST_ALTERED: 2013-05-06 10:24:29
                SQL_MODE: STRICT_TRANS_TABLES,NO_AUTO_CREATE_USER,NO_ENGINE_SUBSTITUTION
         ROUTINE_COMMENT:
                 DEFINER: root@localhost
    CHARACTER_SET_CLIENT: gbk
    COLLATION_CONNECTION: gbk_chinese_ci
      DATABASE_COLLATION: gbk_chinese_ci
1 row in set (0.02 sec)
```

图 6-30　查询函数的相关信息

2. 函数定义的修改

由于函数保存的仅仅是函数体，而函数体实际上是一些 MySQL 表达式，因此函数自身不保存任何用户数据。当函数的函数体需要更改时，可以使用 drop function 语句暂时将函数的定义删除，然后使用 create function 语句重新创建相同名字的函数即可。这种方法对于存储过程、视图、触发器的修改同样适用。

3. 函数定义的删除

使用 MySQL 命令"drop function 函数名"删除自定义函数。例如，删除 get_name_fn()函数可以使用"drop function get_name_fn;"，如图 6-31 所示。

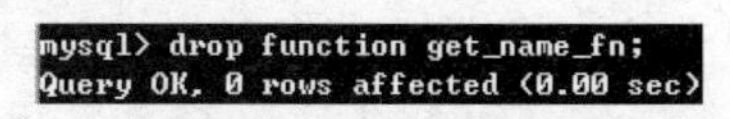

图 6-31　删除函数

6.2.4　条件控制语句

MySQL 提供了简单的流程控制语句，其中包括条件控制语句以及循环语句。这些流程控制语句通常放在 begin-end 语句块中使用。

条件控制语句分为两种，一种是 if 语句，另一种是 case 语句。

1. if 语句

if 语句根据条件表达式的值确定执行不同的语句块，用法格式如下。if 语句的程序流程图如图 6-32 所示。

```
If 条件表达式 1 then 语句块 1;
[elseif 条件表达式 2  then 语句块 2] ...
[else 语句块 n]
end if;
```

end if 后必须以";"结束。

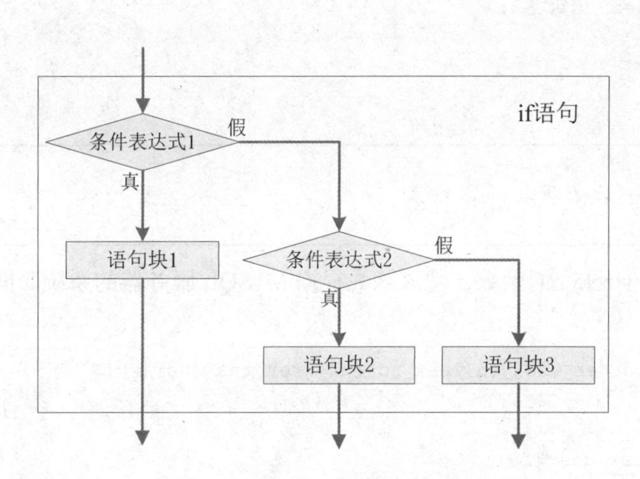

图 6-32　if 语句的程序流程图

例如，重新创建 get_name_fn()函数，使该函数根据学生学号或者教师工号返回他们的姓名信息。

```
delimiter $$
```

```
create function get_name_fn (no int,role char(20)) returns char(20)
reads sql data
begin
    declare name char(20);
    if('student'=role) then
        select student_name into name from student where student_no=no;
    elseif('teacher'=role) then
        select teacher_name into name from teacher where teacher_no=no;
    else set name='输入有误！';
    end if;
    return name;
end;
$$
delimiter ;
```

使用 MySQL 命令“select get_name_fn('2012001','student'), get_name_fn('001','teacher'), get_name_fn('2012001','s');”调用该函数后，执行结果如图 6-33 所示。

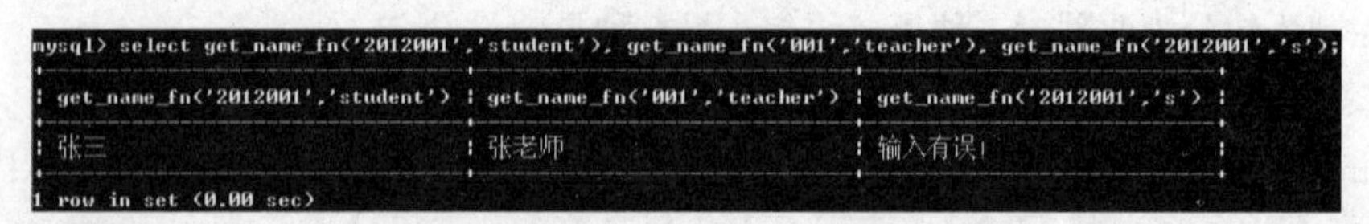

图 6-33　重新调用 get_name_fn()函数

2. case 语句

case 语句用于实现比 if 语句分支更为复杂的条件判断，语法格式如下。case 语句的程序流程图如图 6-34 所示。

```
case 表达式
when value1 then  语句块 1;
when value2 then  语句块 2;
when value3 then  语句块 3;
...
else 语句块 n;
end case;
```

end case 后必须以“;”结束。

例如，创建 get_week_fn()函数，使该函数根据 MySQL 服务器的系统时间打印星期几。

```
delimiter $$
create function get_week_fn(week_no int) returns char(20)
no sql
begin
    declare week char(20);
    case week_no
        when 0 then set week = '星期一';
        when 1 then set week = '星期二';
        when 2 then set week = '星期三';
        when 3 then set week = '星期四';
```

```
            when 4 then set week = '星期五';
            else set week = '今天休息';
        end case;
        return week;
    end
    $$
    delimiter ;
```

使用 MySQL 命令“select now(),get_week_fn(**weekday**(now()));”调用该函数后，执行结果如图 6-35 所示，关于 weekday()函数的用法稍后进行讲解。

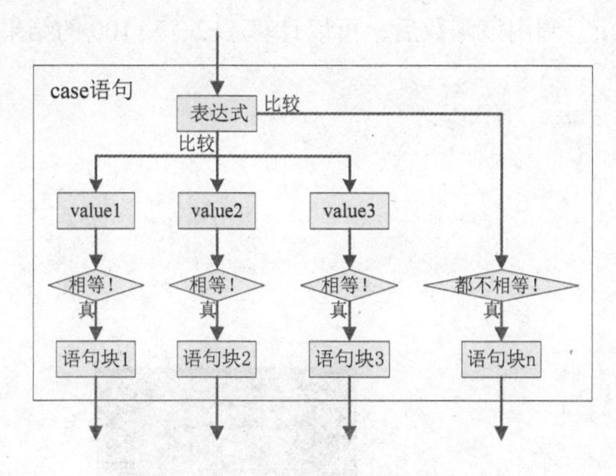

图 6-34　case 语句的程序流程图

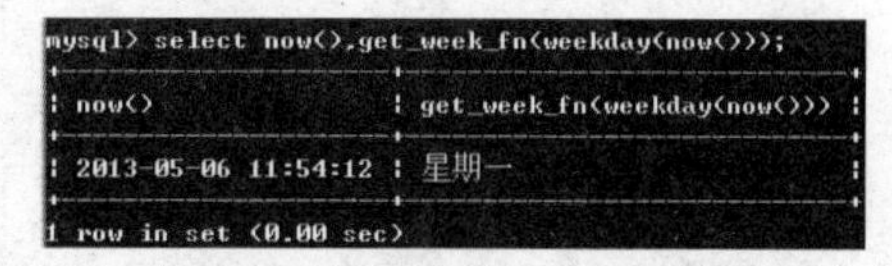

图 6-35　调用 get_week_fn()函数

MySQL 中的 case 语句与 C 语言、Java 语言等高级程序设计语言不同，在高级程序设计语言中，每个 case 的分支需使用“break”跳出，而 MySQL 无需使用“break”语句。

6.2.5　循环语句

MySQL 提供了 3 种循环语句，分别是 while、repeat 以及 loop。除此以外，MySQL 还提供了 iterate 语句以及 leave 语句，用于循环的内部控制。

1. while 语句

当条件表达式的值为 true 时，反复执行循环体，直到条件表达式的值为 false。while 语句的语法格式如下，程序流程图如图 6-36 所示。

[**循环标签:**]while 条件表达式 do

循环体;

end while [**循环标签**];

end while 后必须以“;”结束。

例如，创建 get_sum_fn()函数，使该函数实现从 1…n（n>1）的累加。

```
delimiter $$
create function get_sum_fn(n int) returns int
no sql
```

```
begin
    declare sum char(20) default 0;
    declare start int default 0;
    while start<n do
        set start = start + 1;
        set sum = sum + start;
    end while;
    return sum;
end;
$$
delimiter ;
```

使用 MySQL 命令“select get_sum_fn(100);”调用该函数后，可以计算 1+2+…+100 的结果，执行结果如图 6-37 所示。

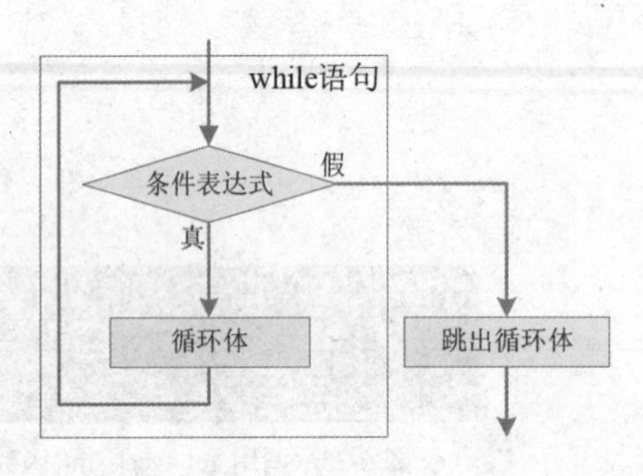

图 6-36 while 语句的程序流程图

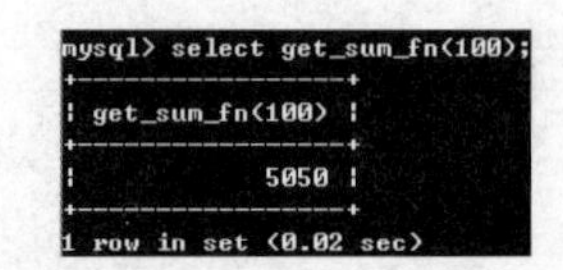

图 6-37 调用 get_sum_fn()函数

2. leave 语句

leave 语句用于跳出当前的循环语句（例如 while 语句），语法格式如下。

leave 循环标签;

leave 循环标签后必须以“;”结束。

例如，创建 get_sum1_fn()函数，使该函数实现从 1…n（n>1）的累加（粗体字为代码改动部分，灰色底纹部分的代码必须保持一致），其中，add_num 为循环标签。

```
delimiter $$
create function get_sum1_fn(n int) returns int
no sql
begin
    declare sum char(20) default 0;
    declare start int default 0;
    add_num : while true do
        set start = start + 1;
        set sum = sum + start;
        if(start=n) then
        leave add_num;
    end if;
    end while add_num;
    return sum;
end;
```

```
$$
delimiter ;
```

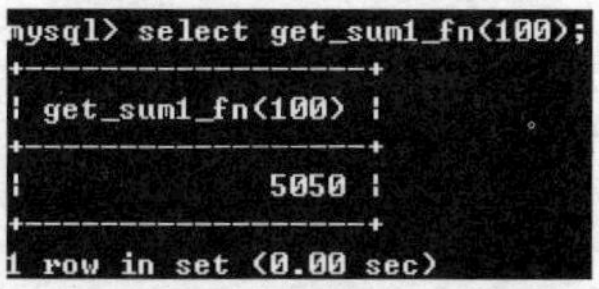

使用 MySQL 命令 "select get_sum1_fn(100);" 调用该函数后，可以计算 1+2+…+100 的结果，执行结果如图 6-38 所示。

图 6-38　调用 get_sum1_fn()函数

3. iterate 语句

iterate 语句用于跳出本次循环，继而进行下次循环。iterate 语句的语法格式如下。

iterate **循环标签;**

iterate 循环标签后必须以";"结束。

例如，创建 get_sum2_fn()函数，使该函数实现从 1…*n*（*n*>1）的偶数累加（粗体字为代码改动部分，灰色底纹部分的代码必须保持一致），其中 add_num 为循环标签。

```
delimiter $$
create function get_sum2_fn (n int) returns int
no sql
begin
    declare sum char(20) default 0;
    declare start int default 0;
    add_num: while true do
        set start = start + 1;
        if(start%2=0) then
        set sum = sum + start;
    else
        iterate add_num;
    end if;
        if(start=n) then
        leave add_num;
    end if;
    end while add_num;
    return sum;
end;
$$
delimiter ;
```

使用 MySQL 命令 "select get_sum2_fn(100);" 调用该函数后，可以计算 1+2+…+100 的偶数的和，执行结果如图 6-39 所示。

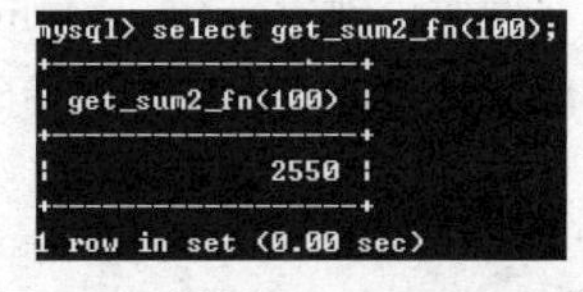

图 6-39　调用 get_sum2_fn()函数

4. repeat 语句

当条件表达式的值为 false 时，反复执行循环，直到条件表达式的值为 true，repeat 语句的语法格式如下。

[**循环标签:**]repeat

循环体;

until 条件表达式

end repeat [**循环标签**];

end repeat 后必须以";"结束。

例如，创建 get_sum3_fn()函数，使该函数实现从 1…n（n>1）的累加（粗体字为代码改动部分）。

```
delimiter $$
create function get_sum3_fn(n int) returns int
no sql
begin
    declare sum char(20) default 0;
    declare start int default 0;
    repeat
        set start = start + 1;
        set sum = sum + start;
        until start=n
    end repeat;
    return sum;
end;
$$
delimiter ;
```

使用 MySQL 命令“select get_sum3_fn(100);”调用该函数后，可以计算 1+2+…+100 的结果，执行结果如图 6-40 所示。

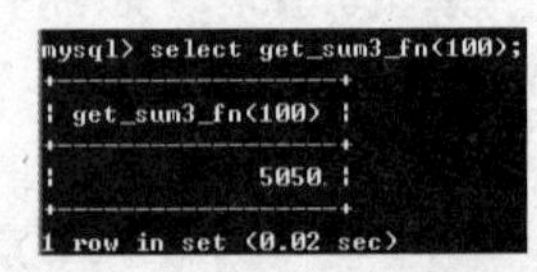
mysql> select get_sum3_fn(100);

get_sum3_fn(100)
5050

1 row in set (0.02 sec)

图 6-40　调用 get_sum3_fn()函数

5. loop 语句的语法格式

由于 loop 循环语句本身没有停止循环的语句，因此 loop 通常借助 leave 语句跳出 loop 循环，loop 的语法格式如下。

[循环标签:] loop
循环体;
if 条件表达式 then
    leave [循环标签];
end if;
end loop;

end loop 后必须以“;”结束。

例如，创建 get_sum4_fn()函数，使该函数同样实现从 1…n（n>1）的累加（粗体字为代码改动部分，灰色底纹部分的代码必须保持一致），其中 add_num 为循环标签。

```
delimiter $$
create function get_sum4_fn(n int) returns int
no sql
begin
    declare sum char(20) default 0;
    declare start int default 0;
    add_sum : loop
        set start = start + 1;
        set sum = sum + start;
        if (start=n) then
        leave add_sum;
        end if;
    end loop;
    return sum;
```

```
end;
$$
delimiter ;
```

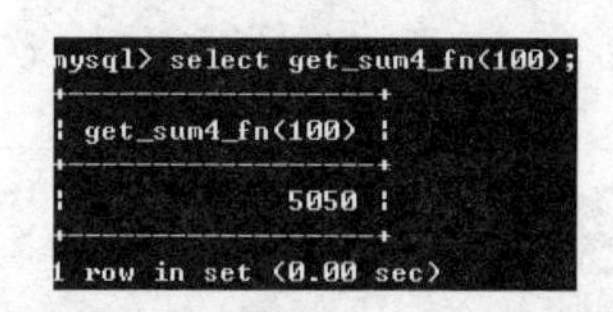

图 6-41　调用 get_sum4_fn()函数

使用 MySQL 命令“select get_sum4_fn(100);”调用该函数后，可以计算 1+2+…+100 的结果，执行结果如图 6-41 所示。

当循环次数确定时，通常使用 while 循环语句；当循环次数不确定时，通常使用 repeat 语句或者 loop 语句。

6.3 系统函数

MySQL 功能强大的一个重要原因是 MySQL 内置了许多功能丰富的函数（本书将这些内置函数称为系统函数）。这些系统函数无需定义就可以直接使用，其中包括数学函数、字符串函数、数据类型转换函数、条件控制函数、系统信息函数、日期和时间函数等。注意：本章讲解的所有函数 f(x)对数据 x 进行操作时，都会产生返回结果，并且数据 x 的值以及 x 的数据类型都不会发生丝毫变化。

6.3.1 数学函数

数学函数主要对数值类型的数据进行处理，从而实现一些比较复杂的数学运算。数学函数在进行数学运算的过程中，如果发生错误，那么返回值为 NULL。为了便于读者学习，本书将数学函数归纳为三角函数、指数函数及对数函数、求近似值函数、随机函数、二进制、十六进制函数等。

1. 三角函数

MySQL 提供了计算圆周率的 pi()函数，还提供了角度与弧度相互转换的函数。其中 radians(x)函数负责将角度 x 转换为弧度；degrees(x)函数负责将弧度 x 转换为角度。例如，下面 select 语句的执行结果如图 6-42 所示。

```
select pi(),radians(180), degrees(pi());
```

MySQL 还提供了三角函数，常用的三角函数有正弦函数 sin(x)、余弦函数 cos(x)、正切函数 tan(x)、余切函数 cot(x)、反正弦函数 asin(x)、反余弦函数 acos(x)以及反正切函数 atan(x)。例如，下面的 select 语句的执行结果如图 6-43 所示。

```
select sin(pi()),cos(pi()),tan(pi()),cot(pi()),asin(0),acos(1),atan(pi())\G
```

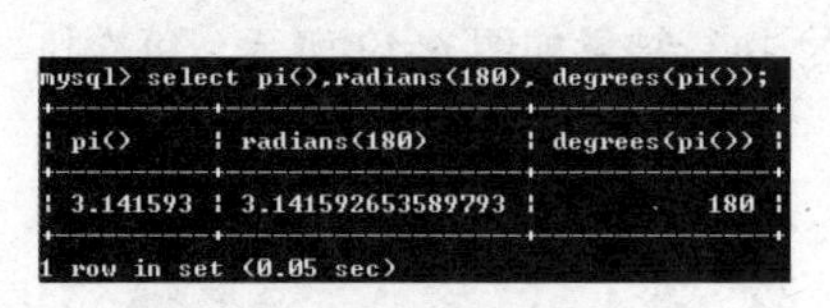

图 6-42　三角函数的调用（1）

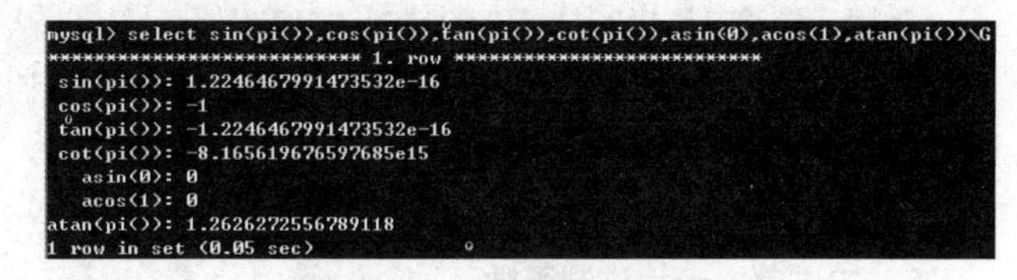

图 6-43　三角函数的调用（2）

2. 指数函数及对数函数

MySQL 中常用的指数函数有 sqrt()平方根函数、pow(x,y) 幂运算函数（计算 x 的 y 次方）以

及 exp(x)函数（计算 e 的 x 次方）。

pow(x,y)幂运算函数还有一个别名函数即 power(x,y)，实现与 pow(x,y)相同的功能。

MySQL 中常用的对数函数有 log(x)函数（计算 x 的自然对数）以及 log10(x)函数（计算以 10 为底的对数）。例如，下面的 select 语句的执行结果如图 6-44 所示。

```
select sqrt(100),pow(2,3),power(2,3),exp(0),log(10),log10(10);
```

3. 求近似值函数

MySQL 提供的 round(x)函数负责计算离 x 最近的整数；round(x,y)函数负责计算离 x 最近的小数（小数点后保留 y 位）；truncate(x,y)函数负责返回小数点后保留 y 位的 x（舍弃多余小数位，不进行四舍五入）；format(x,y)函数负责返回小数点后保留 y 位的 x（进行四舍五入）；ceil(x)函数负责返回大于等于 x 的最小整数；floor(x)函数负责返回小于等于 x 的最大整数。例如，下面的 select 语句的执行结果如图 6-45 所示。

```
select round(2.4), round(2.5), round(2.44,1), round(2.45,1);
```

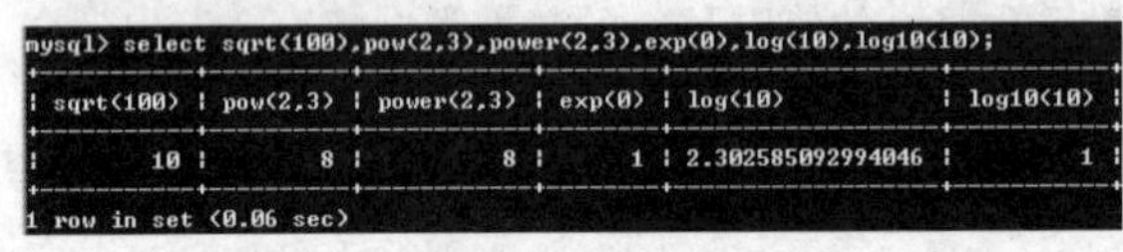

```
mysql> select sqrt(100),pow(2,3),power(2,3),exp(0),log(10),log10(10);
+-----------+----------+------------+--------+-------------------+-----------+
| sqrt(100) | pow(2,3) | power(2,3) | exp(0) | log(10)           | log10(10) |
+-----------+----------+------------+--------+-------------------+-----------+
|        10 |        8 |          8 |      1 | 2.302585092994046 |         1 |
+-----------+----------+------------+--------+-------------------+-----------+
1 row in set (0.06 sec)
```

图 6-44　指数函数及对数函数的调用

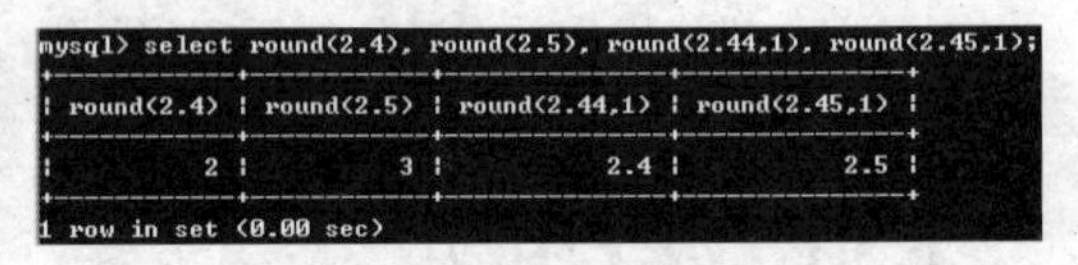

```
mysql> select round(2.4), round(2.5), round(2.44,1), round(2.45,1);
+------------+------------+---------------+---------------+
| round(2.4) | round(2.5) | round(2.44,1) | round(2.45,1) |
+------------+------------+---------------+---------------+
|          2 |          3 |           2.4 |           2.5 |
+------------+------------+---------------+---------------+
1 row in set (0.00 sec)
```

图 6-45　求近似值函数的调用（1）

例如，下面的 select 语句的执行结果如图 6-46 所示。

```
select truncate(2.44,1),truncate(2.45,1),format(2.44,1),format(2.45,1);
```

例如，下面的 select 语句的执行结果如图 6-47 所示。

```
select ceil(2.4),ceil(-2.4), floor(2.4),floor(-2.4);
```

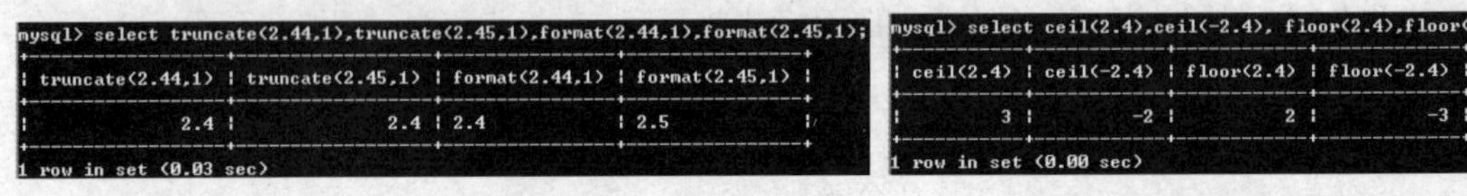

```
mysql> select truncate(2.44,1),truncate(2.45,1),format(2.44,1),format(2.45,1);
+------------------+------------------+----------------+----------------+
| truncate(2.44,1) | truncate(2.45,1) | format(2.44,1) | format(2.45,1) |
+------------------+------------------+----------------+----------------+
|              2.4 |              2.4 | 2.4            | 2.5            |
+------------------+------------------+----------------+----------------+
1 row in set (0.03 sec)
```

图 6-46　求近似值函数的调用（2）

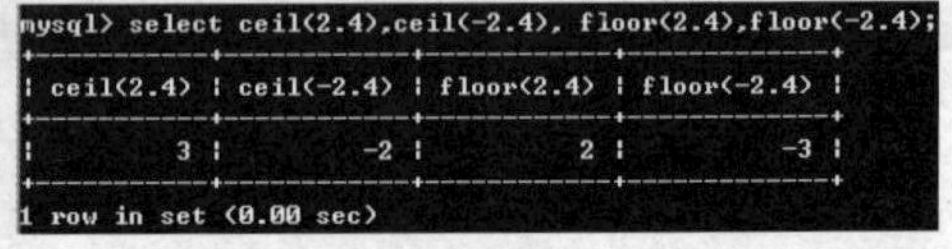

```
mysql> select ceil(2.4),ceil(-2.4), floor(2.4),floor(-2.4);
+-----------+------------+------------+-------------+
| ceil(2.4) | ceil(-2.4) | floor(2.4) | floor(-2.4) |
+-----------+------------+------------+-------------+
|         3 |         -2 |          2 |          -3 |
+-----------+------------+------------+-------------+
1 row in set (0.00 sec)
```

图 6-47　求近似值函数的调用（3）

4. 随机函数

MySQL 提供了 rand()函数，负责返回随机数。例如，下面的 select 语句的执行结果如图 6-48 所示。

```
select rand(),rand(),round(round(rand(),4)*10000);
```

下面的 select 语句使用 rand()随机函数对结果集随机排序，执行结果如图 6-49 所示。每次执行该 select 语句时，产生结果集的顺序可能不同。

```
select * from student order by rand();
```

5. 二进制、十六进制函数

bin(x)函数、oct(x)函数和 hex(x)函数分别返回 x 的二进制、八进制和十六进制数；ascii(c)函数返回字符 c 的 ASCII 码（ASCII 码介于 0～255）；char (c1,c2,c3,…) 函数将 c1、c2…的 ASCII 码转换为字符，然后返回这些字符组成的字符串；conv(x,code1,code2)函数将 code1 进制的 x 变为 code2 进制数。

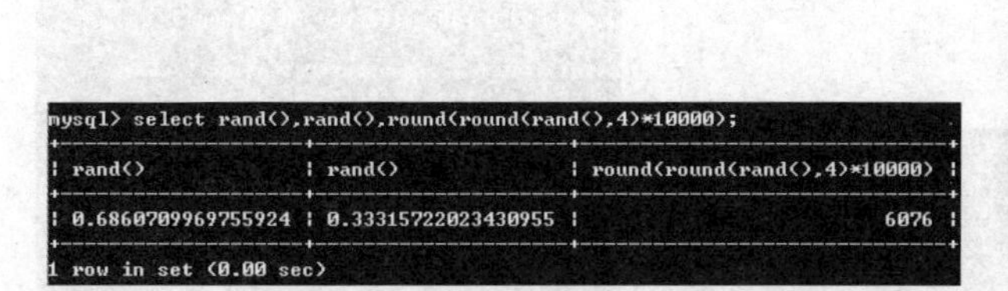

```
mysql> select rand(),rand(),round(round(rand(),4)*10000);
+--------------------+--------------------+-------------------------------+
| rand()             | rand()             | round(round(rand(),4)*10000)  |
+--------------------+--------------------+-------------------------------+
| 0.6860709969755924 | 0.33315722023430955 |                          6076 |
+--------------------+--------------------+-------------------------------+
1 row in set (0.00 sec)
```

图 6-48　随机函数的调用

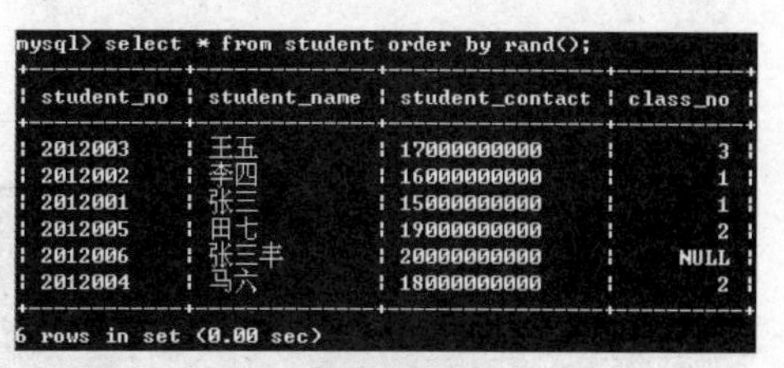

```
mysql> select * from student order by rand();
+------------+--------------+-----------------+----------+
| student_no | student_name | student_contact | class_no |
+------------+--------------+-----------------+----------+
| 2012003    | 王五         | 17000000000     |        3 |
| 2012002    | 李四         | 16000000000     |        1 |
| 2012001    | 张三         | 15000000000     |        1 |
| 2012005    | 田七         | 19000000000     |        2 |
| 2012006    | 张三丰       | 20000000000     |     NULL |
| 2012004    | 马六         | 18000000000     |        2 |
+------------+--------------+-----------------+----------+
6 rows in set (0.00 sec)
```

图 6-49　select 语句与随机函数

bin()函数与 oct()函数的参数须为整数；hex()函数的参数可以是数值型的数，也可以是字符串；ascii()函数的参数是一个字符。

使用 select 语句显示这些函数的返回值时，返回值将自动转换为十进制数显示。例如，下面的 select 语句的执行结果如图 6-50 所示。

```
select bin(2),oct(8),hex('中国'),0xD6D0B9FA,ascii('b'),char(97,98),conv(16,2,16);
```

```
mysql> select bin(2),oct(8),hex('中国'),0xD6D0B9FA,ascii('b'),char(97,98),conv(16,2,16);
+--------+--------+-------------+------------+------------+-------------+---------------+
| bin(2) | oct(8) | hex('中国') | 0xD6D0B9FA | ascii('b') | char(97,98) | conv(16,2,16) |
+--------+--------+-------------+------------+------------+-------------+---------------+
| 10     | 10     | D6D0B9FA    | 中国       |         98 | ab          | 1             |
+--------+--------+-------------+------------+------------+-------------+---------------+
1 row in set (0.03 sec)
```

图 6-50　二进制、十六进制函数的调用

6.3.2　字符串函数

MySQL 提供了非常多的字符串函数，为了便于读者学习，本书将字符串函数归纳为字符串基本信息函数、加密函数、字符串连接函数、修剪函数、子字符串操作函数、字符串复制函数、字符串比较函数以及字符串逆序函数等。

字符串函数在对字符串进行操作时，字符集、字符序的设置至关重要。同一个字符串函数对同一个字符串进行操作时，如果字符集或者字符序设置不同，那么操作结果也可能不同。

1. 字符串基本信息函数

字符串基本信息函数包括获取字符串字符集的函数、获取字符串长度以及获取字符串占用字节数的函数等。

（1）关于字符串字符集的函数。

charset(x)函数返回 x 的字符集；collation(x)函数返回 x 的字符序。例如，下面的 select 语句的执行结果如图 6-51 所示。

```
select charset('中'), charset(0xD6D0),collation('中'),collation(0xD6D0),0xD6D0;
```

convert(x using charset)函数返回 x 的 charset 字符集数据（注意：x 的字符集没有变化）。例如，下面的 select 语句的执行结果如图 6-52 所示，中文简体“中”转换为中文繁体时没有产生乱码，中文简体“国”转换为中文繁体时产生乱码。

```
set @s1 = '中国';
set @s2 = convert(@s1 using big5);
select @s1,charset(@s1),@s2,charset(@s2);
```

```
mysql> select charset('中'), charset(0xD6D0),collation ('中'),collation(0xD6D0),0xD6D0;
+---------------+-----------------+------------------+-------------------+--------+
| charset('中') | charset(0xD6D0) | collation ('中') | collation(0xD6D0) | 0xD6D0 |
+---------------+-----------------+------------------+-------------------+--------+
| gbk           | binary          | gbk_chinese_ci   | binary            | 中     |
+---------------+-----------------+------------------+-------------------+--------+
1 row in set (0.00 sec)
```

图 6-51 获取字符串的字符集

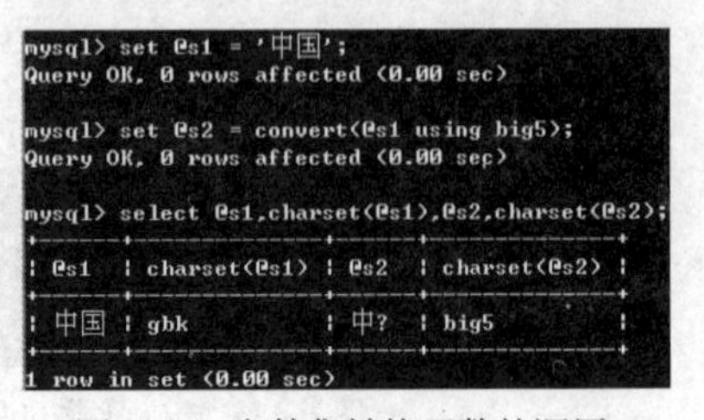

图 6-52 字符集转换函数的调用

说明

如果命令提示符窗口的字符集设置为其他非中文简体字符集（例如 latin1），而数据库的字符集设置为中文简体字符集（例如 gbk），为防止乱码问题，可以在命令提示符窗口使用 convert()函数将数据进行必要的字符集转换。

（2）获取字符串长度以及获取字符串占用的字节数函数。

char_length(x)函数用于获取字符串 x 的长度；length(x)函数用于获取字符串 x 占用的字节数。例如，下面的 MySQL 语句执行结果如图 6-53 所示。

```
set names latin1;
select char_length('中国'),length('中国'),char_length('中国China'),length('中国China');
set names gbk;
select char_length('中国'),length('中国'),char_length('中国China'),length('中国China');
```

注意

MySQL 字符集的设置将影响 char_length(x)函数的运行结果。

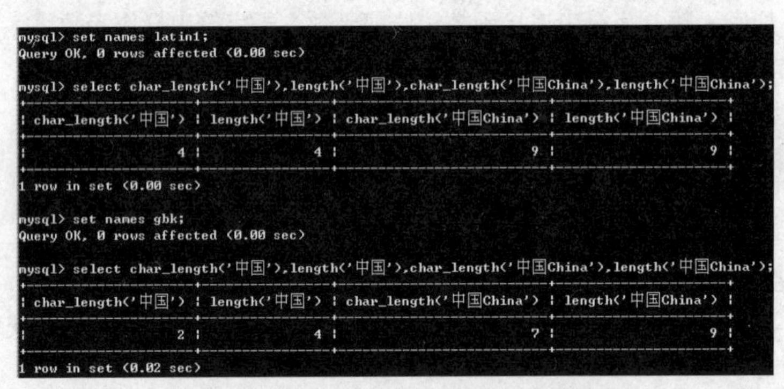

图 6-53 获取字符串长度及占用的字节数函数

2. 加密函数

加密函数包括不可逆加密函数以及加密-解密函数。

（1）不可逆加密函数。

password(x)函数用于对 x 进行加密，默认返回 41 位的加密字符串；md5(x)函数用于对 x 进行加密，默认返回 32 位的加密字符串。例如，下面的 select 语句的执行结果如图 6-54 所示。

图 6-54 不可逆加密函数的调用

```
select password('中'),md5('中'),password('中'),md5('中')\G
```

（2）加密-解密函数。

MySQL 提供了两对加密-解密函数，分别是：encode(x,key)函数与 decode(password, key)函数以及 aes_encrypt(x,key)函数与 aes_decrypt(password,key)函数。其中，key 为加密密钥（注意读作 mìyuè），需要牢记加密时的密钥才能实现密码的解密。

encode(x,key)函数使用密钥 key 对 x 进行加密，默认返回值是一个二进制数（二进制的位数由 x 的字节长度决定）；decode(password, key)函数使用密钥 key 对密码 password 进行解密。例如，下面的程序先是对字符串'中'进行加密，然后再进行解密，执行结果如图 6-55 所示。

```
set @s1 = '中';
set @password = encode(@s1,'b');
set @s2 = decode(@password, 'b');
set @hex_password = hex(@password);
select @password,charset(@password),@hex_password,length(@password),@s2,@s1;
```

```
mysql> set @s1 = '中';
Query OK, 0 rows affected (0.00 sec)

mysql> set @password = encode(@s1,'b');
Query OK, 0 rows affected (0.03 sec)

mysql> set @s2 = decode(@password, 'b');
Query OK, 0 rows affected (0.00 sec)

mysql> set @hex_password = hex(@password);
Query OK, 0 rows affected (0.00 sec)

mysql> select @password,charset(@password),@hex_password,length(@password),@s2,@s1;
+-----------+--------------------+---------------+-------------------+------+------+
| @password | charset(@password) | @hex_password | length(@password) | @s2  | @s1  |
+-----------+--------------------+---------------+-------------------+------+------+
| ‡D        | binary             | 1244          |                 2 | 中   | 中   |
+-----------+--------------------+---------------+-------------------+------+------+
1 row in set (0.00 sec)
```

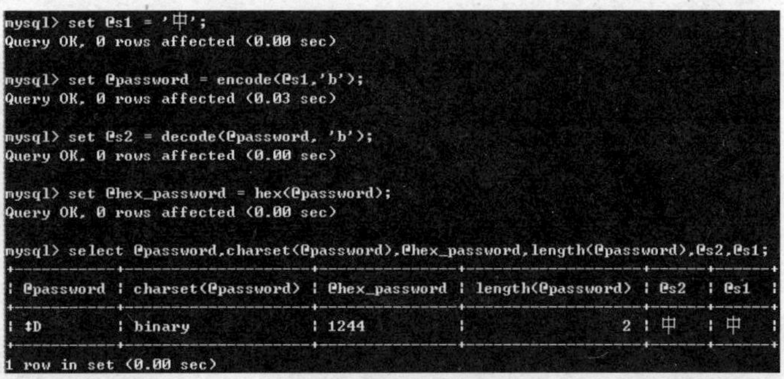

图 6-55　加密-解密函数（1）

aes_encrypt(x,key)函数使用密钥 key 对 x 进行加密，默认返回值是一个 128 位的二进制数；aes_decrypt(password, key)函数使用密钥 key 对密码 password 进行解密。例如，下面的程序同样先是对字符串'中'进行加密，然后再进行解密，执行结果如图 6-56 所示。

```
set @s1 = '中';
set @password = aes_encrypt(@s1,'b');
set @password_hex = hex(@password);
set @s2 = aes_decrypt(@password,'b');
select @password,@password_hex,length(@password),@s1,@s2;
```

```
mysql> set @s1 = '中';
Query OK, 0 rows affected (0.00 sec)

mysql> set @password = aes_encrypt(@s1,'b');
Query OK, 0 rows affected (0.01 sec)

mysql> set @password_hex = hex(@password);
Query OK, 0 rows affected (0.00 sec)

mysql> set @s2 = aes_decrypt(@password,'b');
Query OK, 0 rows affected (0.00 sec)

mysql> select @password,@password_hex,length(@password),@s1,@s2;
+------------------+----------------------------------+-------------------+------+------+
| @password        | @password_hex                    | length(@password) | @s1  | @s2  |
+------------------+----------------------------------+-------------------+------+------+
| 碓►∟ 3咕1@♠腘]I[; | B485101C863386BC6C400693EB5D5B3B |                16 | 中   | 中   |
+------------------+----------------------------------+-------------------+------+------+
1 row in set (0.00 sec)
```

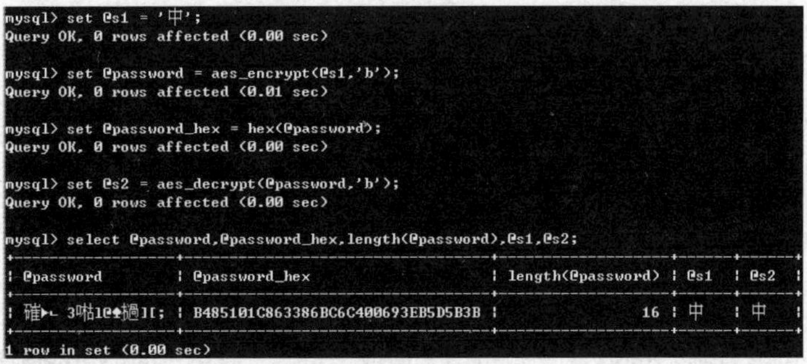

图 6-56　加密-解密函数（2）

3. 字符串连接函数

concat(x1,x2,…)函数用于将 x1、x2 等若干个字符串连接成一个新字符串；concat_ws(x,x1,x2,…)

函数使用 x 将 x1、x2 等若干个字符串连接成一个新字符串。例如，下面的 select 语句的执行结果如图 6-57 所示。

```
select concat('天天', '向上', '！'),concat_ws('--','天天', '向上', '！');
```

默认安装 MySQL 后，MySQL 服务实例在模式 strict 下运行，此时“||”表示逻辑或；如果 MySQL 服务实例在 ansi 模式下运行，此时“||”表示管道符号，使用管道符号也可以连接字符串。例如，下面的 MySQL 语句中，MySQL 命令“set sql_mode='ansi';”负责将 sql_mode 设置为 ansi 模式，然后使用“||”管道符号连接两个字符串“a”与“b”，执行结果如图 6-58 所示。

```
set sql_mode='ansi';
select 'a' || 'b';
set sql_mode = 'strict_trans_tables';
select 'a' || 'b';
```

```
mysql> select concat('天天', '向上', '！'),concat_ws('--','天天', '向上', '！');
+------------------------------+----------------------------------------+
| concat('天天', '向上', '！') | concat_ws('--','天天', '向上', '！') |
+------------------------------+----------------------------------------+
| 天天向上！                   | 天天--向上--！                         |
+------------------------------+----------------------------------------+
1 row in set (0.02 sec)
```

图 6-57　字符串连接函数的调用

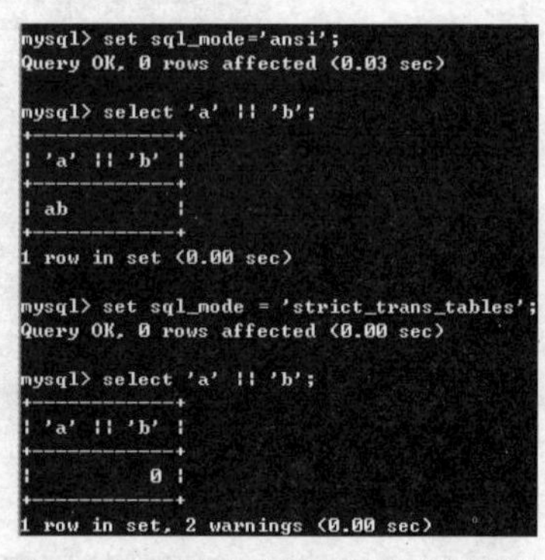

图 6-58　字符串连接函数与管道符号

4．修剪函数

修剪函数包括字符串裁剪函数、字符串大小写转换函数、填充字符串函数等。

（1）字符串裁剪函数。

字符串裁剪函数包括 ltrim()函数、rtrim()函数以及 trim()函数。

ltrim(x)函数用于去掉字符串 x 开头的所有空格字符；rtrim(x)函数用于去掉字符串 x 结尾的所有空格字符；trim(x)函数用于去掉字符串 x 开头以及结尾的所有空格字符。

trim([leading | both | trailing] x1 from x2)函数用于从 x2 字符串的前缀或者（以及）后缀中去掉字符串 x1。例如，下面的 select 语句的执行结果如图 6-59 所示。

```
set @s1 = '白石塔，白石搭，白石搭白塔，白塔白石搭。';
set @s2 = ltrim(@s1);
set @s3 = rtrim(@s1);
set @s4 = trim(@s1);
set @s5 = trim(both '白石' from @s4);
select @s1, @s2, @s3, @s4, @s5\G
```

另外，left(x,n)函数以及 righ(x,n)函数也用于截取字符串。其中，left(x,n)函数返回字符串 x 的前 n 个字符；right(x,n)函数返回字符串 x 的后 n 个字符。例如，下面的 select 语句的执行结果如图 6-60 所示。

```
set @s = '中国China';
```

```
select left(@s,1),right(@s,6),@s;
```

```
mysql> set @s1 = '   白石塔，白石塔，白石塔白塔，白塔白石塔。   ';
Query OK, 0 rows affected (0.01 sec)

mysql> set @s2 = ltrim(@s1);
Query OK, 0 rows affected (0.00 sec)

mysql> set @s3 = rtrim(@s1);
Query OK, 0 rows affected (0.00 sec)

mysql> set @s4 = trim(@s1);
Query OK, 0 rows affected (0.00 sec)

mysql> set @s5 = trim(both '白石' from @s4);
Query OK, 0 rows affected (0.00 sec)

mysql> select @s1, @s2, @s3, @s4, @s5\G
*************************** 1. row ***************************
@s1:    白石塔，白石塔，白石塔白塔，白塔白石塔。
@s2: 白石塔，白石塔，白石塔白塔，白塔白石塔。
@s3:    白石塔，白石塔，白石塔白塔，白塔白石塔。
@s4: 白石塔，白石塔，白石塔白塔，白塔白石塔。
@s5: 塔，白石塔，白石塔白塔，白塔白石塔。
1 row in set (0.00 sec)
```

图 6-59　字符串裁剪函数的调用（1）

图 6-60　字符串裁剪函数的调用（2）

（2）字符串大小写转换函数。

upper(x)函数以及 ucase(x)函数将字符串 x 中的所有字母变成大写字母，字符串 x 并没有发生变化；lower(x)函数以及 lcase(x)函数将字符串 x 中的所有字母变成小写字母，字符串 x 并没有发生变化。例如，下面的 select 语句的执行结果如图 6-61 所示。

```
set @a = '中国 China';
select upper(@a), ucase(@a),lower(@a),lcase(@a),@a;
```

（3）填充字符串函数。

lpad(x1,len,x2)函数将字符串 x2 填充到 x1 的开始处，使字符串 x1 的长度达到 len；rpad(x1,len,x2)函数将字符串 x2 填充到 x1 的结尾处，使字符串 x1 的长度达到 len。例如，下面的 select 语句的执行结果如图 6-62 所示。

```
set @s1 = '中国 China';
set @s2 = '#&';
select lpad(@s1,12,@s2), rpad(@s1,12,@s2), @s1;
```

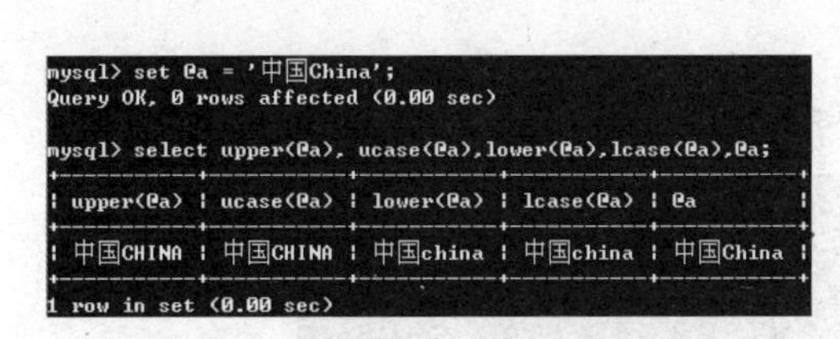

图 6-61　字符串大小写转换函数的调用

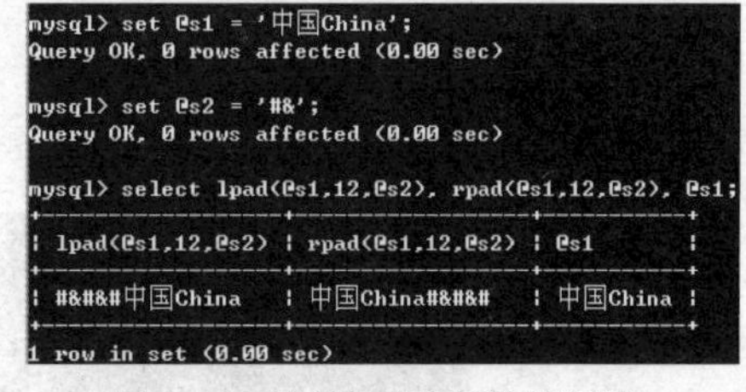

图 6-62　填充字符串函数的调用

5. 子字符串操作函数

子字符串操作函数包括取出指定位置的子字符串函数、在字符串中查找指定子字符串的位置函数、子字符串替换函数等。

（1）取出指定位置的子字符串函数。

substring(x,start,length) 函数与 mid(x,start,length) 函数都是从字符串 x 的第 start 个位置开始获取 length 长度的字符串。例如，下面的 select 语句的执行结果如图 6-63 所示。

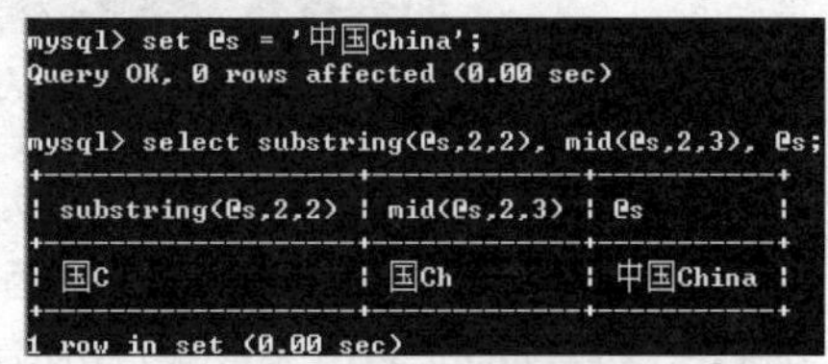

图 6-63　取出指定位置的子字符串函数

```
set @s = '中国China';
select substring(@s,2,2), mid(@s,2,3), @s;
```

（2）在字符串中查找指定的子字符串的位置函数。

locate(x1,x2)函数、position(x1 in x2)函数以及 instr(x2,x1)函数都是用于从字符串 x2 中获取字符串 x1 的开始位置。

另外，find_in_set(x1,x2)函数也可以获取字符串 x2 中字符串 x1 的开始位置（第几个逗号处的位置），不过该函数要求 x2 是一个用逗号分隔的字符串（必须是英文的逗号）。例如，下面的 select 语句的执行结果如图 6-64 所示。

```
set @s1 = '白石搭';
set @s2 = '白石塔,白石搭,白石搭白塔,白塔白石搭。';
select locate(@s1,@s2), position(@s1 in @s2), instr(@s2,@s1),find_in_set(@s1,@s2);
```

```
mysql> set @s1 = '白石搭';
Query OK, 0 rows affected (0.00 sec)

mysql> set @s2 = '白石塔,白石搭,白石搭白塔,白塔白石搭。';
Query OK, 0 rows affected (0.00 sec)

mysql> select locate(@s1,@s2), position(@s1 in @s2), instr(@s2,@s1),find_in_set(@s1,@s2);
+-----------------+----------------------+----------------+----------------------+
| locate(@s1,@s2) | position(@s1 in @s2) | instr(@s2,@s1) | find_in_set(@s1,@s2) |
+-----------------+----------------------+----------------+----------------------+
|               5 |                    5 |              5 |                    2 |
+-----------------+----------------------+----------------+----------------------+
1 row in set (0.03 sec)
```

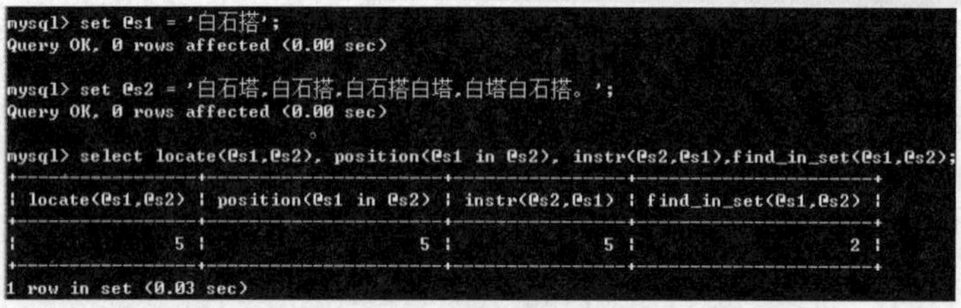

图 6-64　在字符串中查找指定子字符串的位置函数

（3）子字符串替换函数。

MySQL 提供了两个子字符串替换函数 insert(x1,start,length,x2)和 replace(x1,x2,x3)。insert(x1,start,length,x2)函数将字符串 x1 中从 start 位置开始且长度为 length 的子字符串替换为 x2。Replace(x1,x2,x3)函数用字符串 x3 替换 x1 中出现的所有字符串 x2，最后返回替换后的字符串。例如，下面的 select 语句的执行结果如图 6-65 所示。

```
set @s1 = '白石塔，白石搭，白石搭白塔，白塔白石搭。';
set @s2 = '黑石';
set @s3 = '白石';
select insert(@s1,5,2,@s2),replace(@s1,@s3,@s2);
```

```
mysql> set @s1 = '白石塔，白石搭，白石搭白塔，白塔白石搭。';
Query OK, 0 rows affected (0.00 sec)

mysql> set @s2 = '黑石';
Query OK, 0 rows affected (0.00 sec)

mysql> set @s3 = '白石';
Query OK, 0 rows affected (0.00 sec)

mysql> select insert(@s1,5,2,@s2),replace(@s1,@s3,@s2);
+------------------------------------------+------------------------------------------+
| insert(@s1,5,2,@s2)                      | replace(@s1,@s3,@s2)                     |
+------------------------------------------+------------------------------------------+
| 白石塔，黑石搭，白石搭白塔，白塔白石搭。 | 黑石塔，黑石搭，黑石搭白塔，白塔黑石搭。 |
+------------------------------------------+------------------------------------------+
1 row in set (0.00 sec)
```

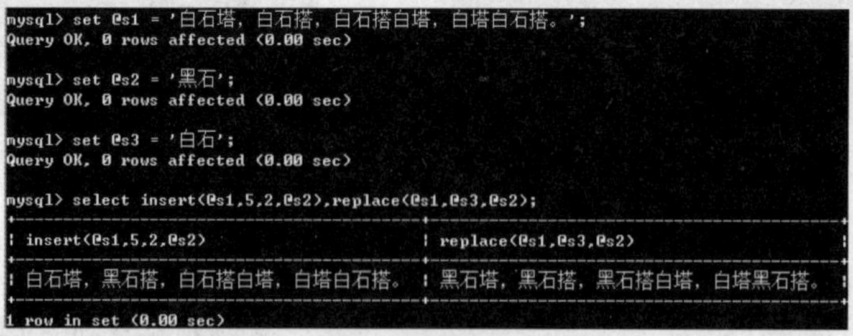

图 6-65　子字符串替换函数的调用

（4）取出指定分隔符前（或者后）子字符串的函数。

substring_index(x,delimiter,count)函数负责截取字符串 x 中出现 count 次 delimiter 分隔符的子字符串。如果 count > 0，表示从左边截取；如果 count < 0，表示从右边截取。寻找分隔符 delimiter 时，以大小写敏感的方式进行匹配。例如，下面的 select 语句执行结果如图 6-66 所示。

```
set @s = '白石塔，白石搭，白石搭白塔，白塔白石搭。';
set @delimiter = '，';
select substring_index(@s,@delimiter,2), substring_index(@s,@delimiter,-2);
```

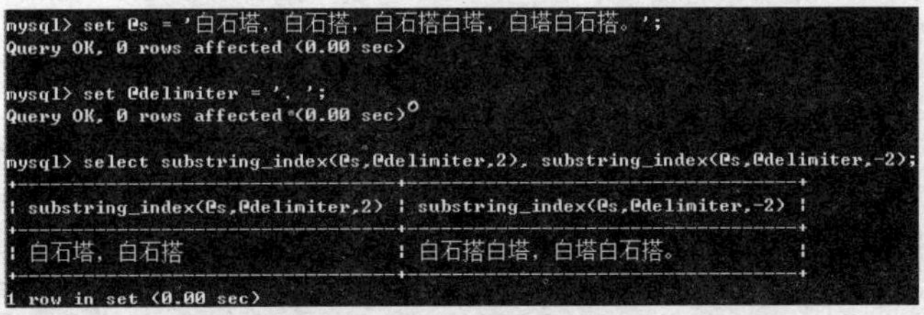

```
mysql> set @s = '白石塔，白石搭，白石搭白塔，白塔白石搭。';
Query OK, 0 rows affected (0.00 sec)

mysql> set @delimiter = '，';
Query OK, 0 rows affected (0.00 sec)

mysql> select substring_index(@s,@delimiter,2), substring_index(@s,@delimiter,-2);
+----------------------------------+-----------------------------------+
| substring_index(@s,@delimiter,2) | substring_index(@s,@delimiter,-2) |
+----------------------------------+-----------------------------------+
| 白石塔，白石搭                   | 白石搭白塔，白塔白石搭。          |
+----------------------------------+-----------------------------------+
1 row in set (0.00 sec)
```

图 6-66　子字符串截取函数

6. 字符串复制函数

字符串复制函数包括 repeat(x,n)函数以及 space(n)函数。其中，repeat(x,n)函数产生一个新字符串，该字符串的内容是字符串 x 的 n 次复制；space(n)函数产生一个新字符串，该字符串的内容是空格字符的 n 次复制。例如，下面的 select 语句的执行结果如图 6-67 所示。

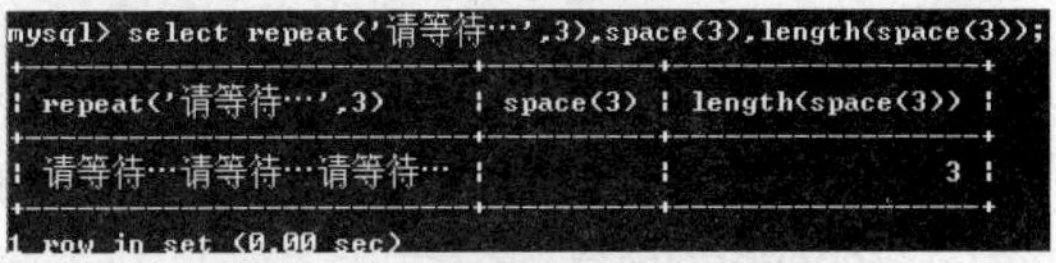

```
mysql> select repeat('请等待…',3),space(3),length(space(3));
+----------------------+----------+------------------+
| repeat('请等待…',3)  | space(3) | length(space(3)) |
+----------------------+----------+------------------+
| 请等待…请等待…请等待… |          |                3 |
+----------------------+----------+------------------+
1 row in set (0.00 sec)
```

图 6-67　字符串复制函数的调用

```
select repeat('请等待…',3),space(3),length(space(3));
```

7. 字符串比较函数

strcmp(x1,x2)函数用于比较两个字符串 x1 和 x2，如果 x1>x2，函数返回值为 1；如果 x1=x2，函数返回值为 0；如果 x1<x2，函数返回值为-1。例如，下面的 select 语句的执行结果如图 6-68 所示。

```
show variables like 'collation%';
select strcmp('中国China','中国CHINA'), strcmp('BBC','ABC'),strcmp('ABC', 'ICBC');
```

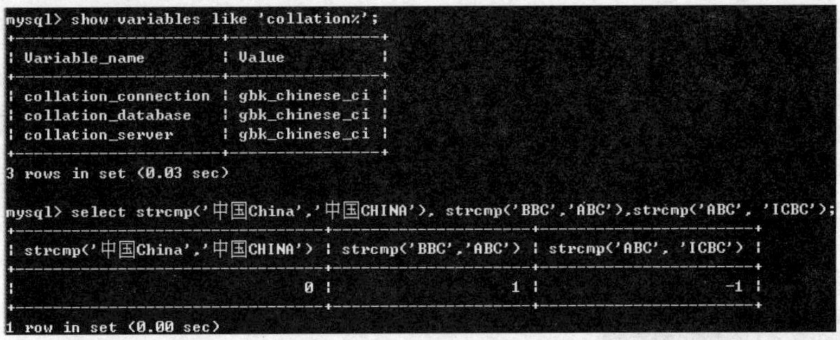

```
mysql> show variables like 'collation%';
+----------------------+----------------+
| Variable_name        | Value          |
+----------------------+----------------+
| collation_connection | gbk_chinese_ci |
| collation_database   | gbk_chinese_ci |
| collation_server     | gbk_chinese_ci |
+----------------------+----------------+
3 rows in set (0.03 sec)

mysql> select strcmp('中国China','中国CHINA'), strcmp('BBC','ABC'),strcmp('ABC', 'ICBC');
+--------------------------------+---------------------+-----------------------+
| strcmp('中国China','中国CHINA') | strcmp('BBC','ABC') | strcmp('ABC', 'ICBC') |
+--------------------------------+---------------------+-----------------------+
|                              0 |                   1 |                    -1 |
+--------------------------------+---------------------+-----------------------+
1 row in set (0.00 sec)
```

图 6-68　字符串比较函数的调用

由于当前字符序设置为 gbk_chinese_ci，其中，ci 表示不区分字母大小写，因此字符串“中国 China”等于“中国 CHINA”。如果把字符序设置为 gbk_bin，则上面的 select 语句的执行结果如图 6-69 所示。

```
set collation_connection = gbk_bin;
select strcmp('中国China','中国CHINA'), strcmp('BBC','ABC'),strcmp('ABC', 'ICBC');
set collation_connection = gbk_chinese_ci;
```

8. 字符串逆序函数

reverse(x)函数返回一个新字符串，该字符串为字符串 x 的逆序。例如，下面的 select 语句的执行结果如图 6-70 所示。

```
select reverse('中国China');
```

```
mysql> set collation_connection = gbk_bin;
Query OK, 0 rows affected (0.00 sec)

mysql> select strcmp('中国China','中国CHINA'), strcmp('BBC','ABC'),strcmp('ABC', 'ICBC');
+-------------------------------+---------------------+-----------------------+
| strcmp('中国China','中国CHINA') | strcmp('BBC','ABC') | strcmp('ABC', 'ICBC') |
+-------------------------------+---------------------+-----------------------+
|                             1 |                   1 |                    -1 |
+-------------------------------+---------------------+-----------------------+
1 row in set (0.00 sec)

mysql> set collation_connection = gbk_chinese_ci;
Query OK, 0 rows affected (0.00 sec)
```

图 6-69　字符串比较函数与字符序的设置

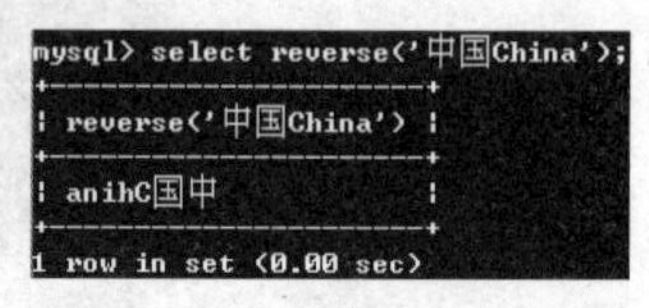

图 6-70　字符串逆序函数的调用

6.3.3　数据类型转换函数

最为常用的数据类型转换函数是 convert(x,type)与 cast(x as type)函数。另外，MySQL 还提供了“十六进制字符串”转换为“十六进制数”的函数 unhex(x)。

1. convert()函数

convert()函数有两种用法格式。convert(x using charset)函数返回 x 的 charset 字符集数据（刚刚讲过，这里不再赘述）。convert()函数还有另外一种语法格式：convert(x,type)，可以实现数据类型的转换。convert(x,type)函数以 type 数据类型返回 x 数据（注意：x 的数据类型没有变化）。除此以外，cast(x as type)函数也实现了与 convert(x,type)函数相同的功能。例如，下面的 select 语句的执行结果如图 6-71 所示。

```
set @s1 = '国';
set @s2 = convert(@s1,binary);
select @s1,charset(@s1),@s2,charset(@s2);
```

2. unhex(x)函数

unhex(x)函数负责将十六进制字符串 x 转换为十六进制的数值。例如，下面的 select 语句的执行结果如图 6-72 所示。

```
select 0xD6D0B9FA4368696E61,'D6D0B9FA4368696E61',unhex('D6D0B9FA4368696E61');
```

```
mysql> set @s1 = '国';
Query OK, 0 rows affected (0.00 sec)

mysql> set @s2 = convert(@s1,binary);
Query OK, 0 rows affected (0.00 sec)

mysql> select @s1,charset(@s1),@s2,charset(@s2);
+------+--------------+------+--------------+
| @s1  | charset(@s1) | @s2  | charset(@s2) |
+------+--------------+------+--------------+
| 国   | gbk          | 国   | binary       |
+------+--------------+------+--------------+
1 row in set (0.00 sec)
```

图 6-71　数据类型转换函数的调用

图 6-72　十六进制字符串与转换为十六进制数的函数

6.3.4　条件控制函数

条件控制函数的功能是根据条件表达式的值返回不同的值，MySQL 中常用的条件控制函数有 if()、ifnull()以及 case 函数。与先前讲解的 if 语句以及 case 语句不同，MySQL 中的条件控制函数可以在 MySQL 客户机中直接调用，可以像 max()统计函数一样直接融入到 SQL 语句中。

1. if()函数

if(condition,v1,v2)函数中 condition 为条件表达式，当 condition 的值为 true 时，函数返回 v1 的值，否则返回 v2 的值。例如，下面的 select 语句的执行结果如图 6-73 所示。

```
set @score1 = 40;
set @score2 = 70;
select if(@score1>=60,'及格', '不及格'), if(@score2>=60,'及格', '不及格');
```

```
mysql> set @score1 = 40;
Query OK, 0 rows affected (0.00 sec)

mysql> set @score2 = 70;
Query OK, 0 rows affected (0.00 sec)

mysql> select if(@score1>=60,'及格', '不及格'), if(@score2>=60,'及格', '不及格');
+-------------------------------+-------------------------------+
| if(@score1>=60,'及格', '不及格') | if(@score2>=60,'及格', '不及格') |
+-------------------------------+-------------------------------+
| 不及格                          | 及格                           |
+-------------------------------+-------------------------------+
1 row in set (0.02 sec)
```

图 6-73　if()函数的调用

2. ifnull()函数

在 ifnull(v1,v2)函数中，如果 v1 的值为 NULL，则该函数返回 v2 的值；如果 v1 的值不为 NULL，则该函数返回 v1 的值。例如，下面的 select 语句的执行结果如图 6-74 所示。

```
set @score1 = 40;
select ifnull(@score1,'没有成绩'), ifnull(@score_null,'没有成绩');
```

3. case 函数

case 函数的语法格式如下。如果表达式的值等于 when 语句中某个“值 n”，则 case 函数返回值为“结果 n”；如果与所有的“值 n”都不相等，case 函数返回值为“其他值”。

case 表达式 when 值 1 then 结果 1 [when 值 2 then 结果 2]…[else 其他值] end

case 函数并不符合函数的语法格式，这里把 case 称为函数有些勉强。

例如，下面的 select 语句完成了条件控制语句章节中 case 语句相同的功能，执行结果如图 6-75 所示。

```
set @t = now();
set @week_no = weekday(@t);
set @week = case @week_no
when 0 then '星期一'
when 1 then '星期二'
when 2 then '星期三'
when 3 then '星期四'
when 4 then '星期五'
else '今天休息' end;
select @t,@week_no,@week;
```

```
mysql> set @score1 = 40;
Query OK, 0 rows affected (0.00 sec)

mysql> select ifnull(@score1,'没有成绩'), ifnull(@score_null,'没有成绩');
+----------------------------+--------------------------------+
| ifnull(@score1,'没有成绩') | ifnull(@score_null,'没有成绩') |
+----------------------------+--------------------------------+
| 40                         | 没有成绩                       |
+----------------------------+--------------------------------+
1 row in set (0.00 sec)
```

图 6-74　ifnull()函数的调用

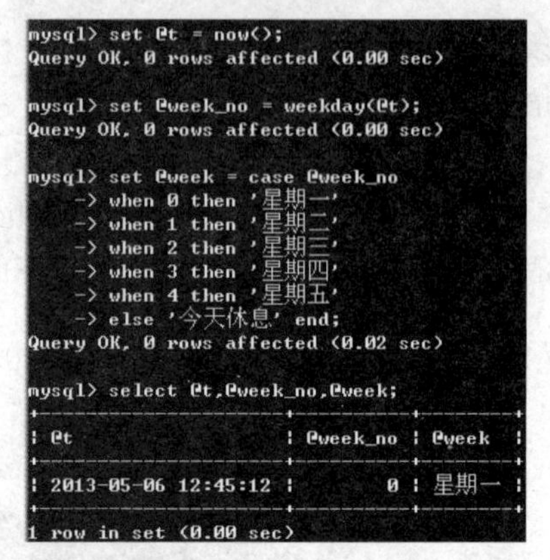

```
mysql> set @t = now();
Query OK, 0 rows affected (0.00 sec)

mysql> set @week_no = weekday(@t);
Query OK, 0 rows affected (0.00 sec)

mysql> set @week = case @week_no
    -> when 0 then '星期一'
    -> when 1 then '星期二'
    -> when 2 then '星期三'
    -> when 3 then '星期四'
    -> when 4 then '星期五'
    -> else '今天休息' end;
Query OK, 0 rows affected (0.02 sec)

mysql> select @t,@week_no,@week;
+---------------------+----------+--------+
| @t                  | @week_no | @week  |
+---------------------+----------+--------+
| 2013-05-06 12:45:12 |        0 | 星期一 |
+---------------------+----------+--------+
1 row in set (0.00 sec)
```

图 6-75　case 函数的调用

6.3.5　系统信息函数

系统信息函数主要用于获取 MySQL 服务实例、MySQL 服务器连接的相关信息。

1. 关于 MySQL 服务实例的函数

version()函数用于获取当前 MySQL 服务实例使用的 MySQL 版本号，该函数的返回值与@@version 静态变量的值相同。

2. 关于 MySQL 服务器连接的函数

（1）有关 MySQL 服务器连接的函数。

connection_id()函数用于获取当前MySQL服务器的连接ID，该函数的返回值与@@pseudo_thread_id系统变量的值相同；database()函数与 schema()函数用于获取当前操作的数据库。例如，下面的 select 语句的执行结果如图 6-76 所示。

```
select version(),@@version, @@pseudo_thread_id, connection_id(),database(),schema();
use choose;
select version(),@@version, @@pseudo_thread_id, connection_id(),database(),schema();
```

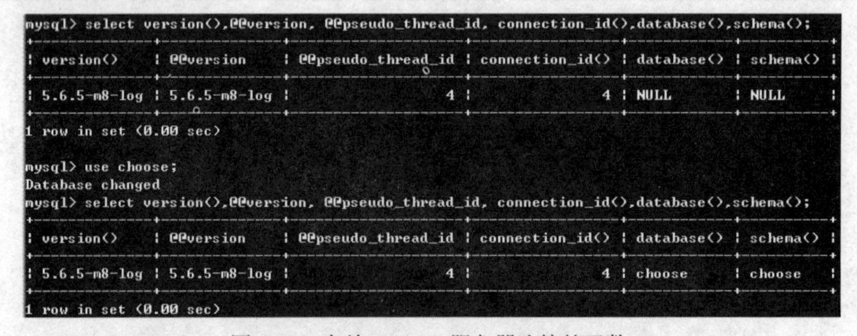

```
mysql> select version(),@@version, @@pseudo_thread_id, connection_id(),database(),schema();
+--------------+--------------+--------------------+-----------------+------------+----------+
| version()    | @@version    | @@pseudo_thread_id | connection_id() | database() | schema() |
+--------------+--------------+--------------------+-----------------+------------+----------+
| 5.6.5-m8-log | 5.6.5-m8-log |                  4 |               4 | NULL       | NULL     |
+--------------+--------------+--------------------+-----------------+------------+----------+
1 row in set (0.00 sec)

mysql> use choose;
Database changed
mysql> select version(),@@version, @@pseudo_thread_id, connection_id(),database(),schema();
+--------------+--------------+--------------------+-----------------+------------+----------+
| version()    | @@version    | @@pseudo_thread_id | connection_id() | database() | schema() |
+--------------+--------------+--------------------+-----------------+------------+----------+
| 5.6.5-m8-log | 5.6.5-m8-log |                  4 |               4 | choose     | choose   |
+--------------+--------------+--------------------+-----------------+------------+----------+
1 row in set (0.00 sec)
```

图 6-76　有关 MySQL 服务器连接的函数

（2）获取数据库用户信息的函数。

user()函数用于获取通过哪一台登录主机，使用什么账户名成功连接 MySQL 服务器。system_user()函数与 session_user()函数是 user()函数的别名。current_user()函数用于获取该账户名允许通过哪些登录主机连接 MySQL 服务器。

例如，使用192.168.1.102的主机作为登录主机，使用root账户名成功连接192.168.1.100的MySQL

服务器后，在登录主机的 MySQL 客户机中输入下面的 select 语句，执行结果如图 6-77 所示。

```
select user(),current_user(),system_user(),session_user();
```

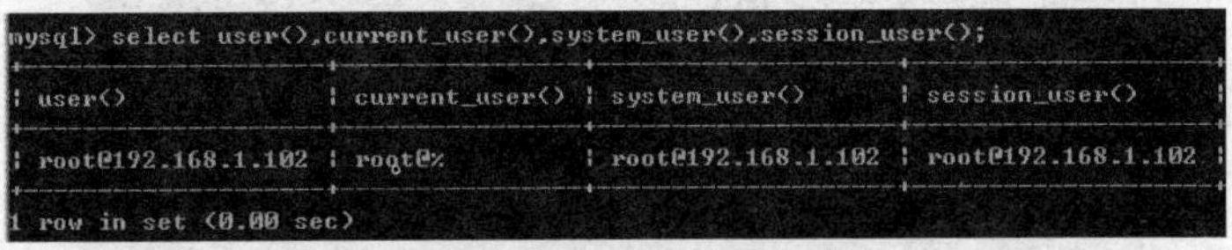

```
mysql> select user(),current_user(),system_user(),session_user();
+-------------------+----------------+-------------------+-------------------+
| user()            | current_user() | system_user()     | session_user()    |
+-------------------+----------------+-------------------+-------------------+
| root@192.168.1.102 | root@%        | root@192.168.1.102 | root@192.168.1.102 |
+-------------------+----------------+-------------------+-------------------+
1 row in set (0.00 sec)
```

图 6-77　获取数据库用户信息的函数

执行结果中"root@192.168.1.102"表示的是使用 root 账户通过 192.168.1.102 的主机连接 MySQL 服务器。"root@%"表示的是 root 账户使用任何登录主机都可以成功连接 MySQL 服务器。

6.3.6　日期和时间函数

MySQL 为数据库用户提供的日期和时间函数的功能非常强大。为了便于学习，本书将日期和时间函数归纳为获取 MySQL 服务器当前日期或时间函数，获取日期或时间的某一具体信息的函数，时间和秒数之间的转换函数，日期间隔、时间间隔函数，日期和时间格式化函数等。

1. 获取 MySQL 服务器当前日期或时间函数

（1）curdate()函数、current_date()函数用于获取 MySQL 服务器当前日期；curtime()函数、current_time()函数用于获取 MySQL 服务器当前时间；now()函数、current_timestamp()函数、localtime()函数以及 sysdate()函数用于获取 MySQL 服务器当前日期和时间，这 4 个函数允许传递一个整数值（小于等于 6）作为函数参数，从而获取更为精确的时间信息（请参看 MySQL 表结构管理章节的内容）。需要注意的是，这些函数的返回值与时区的设置有关。

例如，下面的 select 语句的执行结果如图 6-78 所示。

```
select @@time_zone;
select curdate(),current_date(),curtime(),current_time(),now(),
current_timestamp(),localtime(),sysdate()\G
```

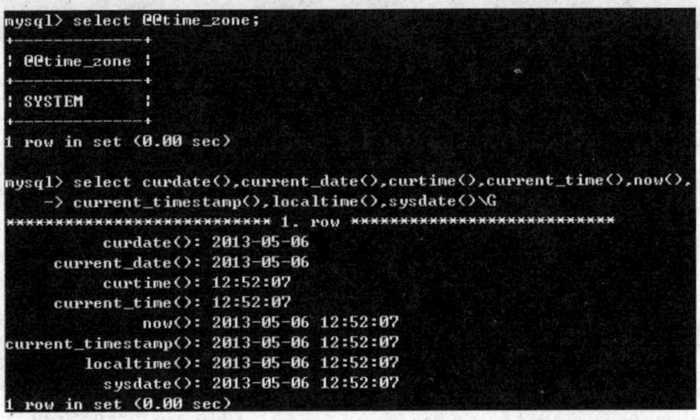

```
mysql> select @@time_zone;
+-------------+
| @@time_zone |
+-------------+
| SYSTEM      |
+-------------+
1 row in set (0.00 sec)

mysql> select curdate(),current_date(),curtime(),current_time(),now(),
    -> current_timestamp(),localtime(),sysdate()\G
*************************** 1. row ***************************
          curdate(): 2013-05-06
     current_date(): 2013-05-06
          curtime(): 12:52:07
     current_time(): 12:52:07
              now(): 2013-05-06 12:52:07
current_timestamp(): 2013-05-06 12:52:07
        localtime(): 2013-05-06 12:52:07
          sysdate(): 2013-05-06 12:52:07
1 row in set (0.00 sec)
```

图 6-78　获取 MySQL 服务器当前日期或时间函数

修改时区后，下面的 select 语句的执行结果如图 6-79 所示。

```
set time_zone='+12:00';
select @@time_zone;
select curdate(),current_date(),curtime(),current_time(),now(),
```

```
current_timestamp(),localtime(),sysdate()\G
set time_zone=default;
```

```
mysql> set time_zone='+12:00';
Query OK, 0 rows affected (0.00 sec)

mysql> select @@time_zone;
+-------------+
| @@time_zone |
+-------------+
| +12:00      |
+-------------+
1 row in set (0.00 sec)

mysql> select curdate(),current_date(),curtime(),current_time(),now(),
    -> current_timestamp(),localtime(),sysdate()\G
*************************** 1. row ***************************
         curdate(): 2013-05-06
    current_date(): 2013-05-06
         curtime(): 16:52:07
    current_time(): 16:52:07
             now(): 2013-05-06 16:52:07
current_timestamp(): 2013-05-06 16:52:07
       localtime(): 2013-05-06 16:52:07
         sysdate(): 2013-05-06 16:52:07
1 row in set (0.00 sec)

mysql> set time_zone=default;
Query OK, 0 rows affected (0.00 sec)
```

图 6-79　日期、时间函数与时区的关系

（2）获取 MySQL 服务器当前 UNIX 时间戳函数。

unix_timestamp()函数用于获取 MySQL 服务器当前 UNIX 时间戳。UNIX 时间戳是从 1970 年 1 月 1 日（UTC/GMT 的午夜）开始所经过的秒数。另外，unix_timestamp(datetime)函数将日期时间 datetime 以 UNIX 时间戳格式返回，而 from_unixtime(timestamp)函数可以将 UNIX 时间戳以日期时间格式返回。需要注意的是，这几个函数中，只有 from_unixtime()函数的返回值与时区的设置有关。

例如，下面的 select 语句的执行结果如图 6-80 所示。

```
select unix_timestamp(),unix_timestamp('2013-01-31 20:34:03'), from_unixtime(1359635643);
```

```
mysql> select unix_timestamp(),unix_timestamp('2013-01-31 20:34:03'), from_unixtime(1359635643);
+------------------+---------------------------------------+---------------------------+
| unix_timestamp() | unix_timestamp('2013-01-31 20:34:03') | from_unixtime(1359635643) |
+------------------+---------------------------------------+---------------------------+
|       1367816059 |                            1359635643 | 2013-01-31 20:34:03       |
+------------------+---------------------------------------+---------------------------+
1 row in set (0.05 sec)
```

图 6-80　获取当前 UNIX 时间戳函数

（3）获取 MySQL 服务器当前 UTC 日期和时间函数。

utc_date()函数用于获取 UTC 日期；utc_time()函数用于获取 UTC 时间。UTC 即世界标准时间，中国大陆、中国香港、中国澳门、中国台湾、蒙古国、新加坡、马来西亚、菲律宾、西澳大利亚州的时间与 UTC 的时差均为+8，也就是 UTC+8。这些函数的返回值与时区的设置无关。

例如，下面的 select 语句的执行结果如图 6-81 所示。

```
mysql> select curdate(),utc_date(),curtime(),utc_time();
+------------+------------+-----------+------------+
| curdate()  | utc_date() | curtime() | utc_time() |
+------------+------------+-----------+------------+
| 2013-05-06 | 2013-05-06 | 12:54:37  | 04:54:37   |
+------------+------------+-----------+------------+
1 row in set (0.00 sec)
```

图 6-81　获取当前 UTC 日期和时间函数

```
select curdate(),utc_date(),curtime(),utc_time();
```

2. 获取日期或时间的某一具体信息的函数

（1）获取年、月、日、时、分、秒、微秒等信息的函数。

year(x) 函数、month(x) 函数、dayofmonth(x) 函数、hour(x) 函数、minute(x) 函数、second(x) 函数以及 microsecond(x)函数分别用于获取日期时间 x 的年、月、日、时、分、秒、微秒等信息。例如，下面的 select 语句的执行结果如图 6-82 所示。

```
mysql> set @d = now(6);
Query OK, 0 rows affected (0.00 sec)

mysql> select @d,year(@d),month(@d),dayofmonth(@d),hour(@d),
    -> minute(@d),second(@d),microsecond(@d)\G
*************************** 1. row ***************************
             @d: 2013-05-06 12:54:58.140625
       year(@d): 2013
      month(@d): 5
 dayofmonth(@d): 6
       hour(@d): 12
     minute(@d): 54
     second(@d): 58
microsecond(@d): 140625
1 row in set (0.03 sec)
```

图 6-82　获取年、月、日、时、分、秒、微秒等信息的函数

```
set @d = now(6);
select @d,year(@d),month(@d),dayofmonth(@d),hour(@d),
minute(@d),second(@d),microsecond(@d)\G
```

另外，MySQL 还提供了 extract(type from x)函数，用于获取日期时间 x 的年、月、日、时、分、秒、微秒等信息，其中，type 可以分别指定为 year、month、day、hour、minute、second、microsecond。例如，下面的 select 语句的执行结果如图 6-83 所示。

```
set @d = now(6);
select @d, extract(year from @d), extract(month from @d), extract(day from @d),
extract(hour from @d),extract(minute from @d),extract(second from @d),extract(microsecond
from @d)\G
```

```
mysql> set @d = now(6);
Query OK, 0 rows affected (0.02 sec)

mysql> select @d, extract(year from @d), extract(month from @d), extract(day from @d), extract(h
 from @d),extract(minute from @d),extract(second from @d),extract(microsecond from @d)\G
*************************** 1. row ***************************
                          @d: 2013-05-06 12:55:31.031250
       extract(year from @d): 2013
      extract(month from @d): 5
        extract(day from @d): 6
       extract(hour from @d): 12
     extract(minute from @d): 55
     extract(second from @d): 31
extract(microsecond from @d): 31250
1 row in set (0.00 sec)
```

图 6-83　获取年、月、日、时、分、秒、微秒等信息的函数

（2）获取月份、星期等信息的函数。

monthname(x)函数用于获取日期时间 x 的月份信息。dayname(x)函数与 weekday(x) 函数用于获取日期时间 x 的星期信息（星期一对应 Monday，对应整数 0）；dayofweek(x) 函数用于获取日期时间 x 是本星期的第几天（默认情况下，星期日为第一天，依此类推）。例如，下面的 select 语句的执行结果如图 6-84 所示。

```
select now(),monthname(now()),dayname(now()),weekday(now()),dayofweek(now());
```

```
mysql> select now(),monthname(now()),dayname(now()),weekday(now()),dayofweek(now());
+---------------------+------------------+----------------+----------------+------------------+
| now()               | monthname(now()) | dayname(now()) | weekday(now()) | dayofweek(now()) |
+---------------------+------------------+----------------+----------------+------------------+
| 2013-05-06 12:56:18 | May              | Monday         |              0 |                2 |
+---------------------+------------------+----------------+----------------+------------------+
1 row in set (0.03 sec)
```

图 6-84　获取月份、星期等信息的函数

（3）获取年度信息的函数。

quarter(x)函数用于获取日期时间 x 在本年是第几季度；week(x)函数与 weekofyear(x)函数用于获取日期时间 x 在本年是第几个星期；dayofyear(x)函数用于获取日期时间 x 在本年是第几天。例如，下面的 select 语句的执行结果如图 6-85 所示。

```
select now(),quarter(now()),week(now()),weekofyear(now()),dayofyear(now());
```

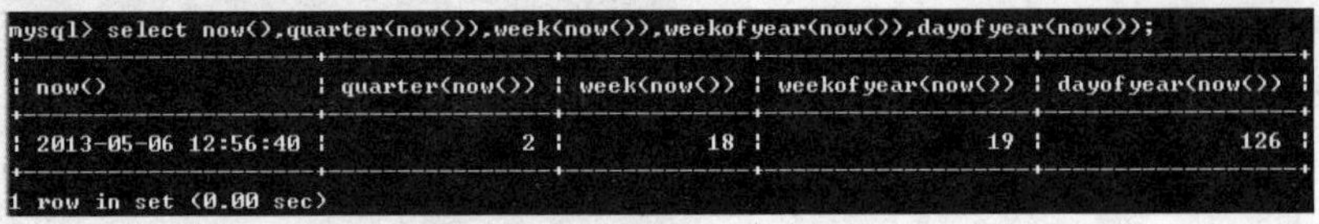

```
mysql> select now(),quarter(now()),week(now()),weekofyear(now()),dayofyear(now());
+---------------------+----------------+-------------+-------------------+------------------+
| now()               | quarter(now()) | week(now()) | weekofyear(now()) | dayofyear(now()) |
+---------------------+----------------+-------------+-------------------+------------------+
| 2013-05-06 12:56:40 |              2 |          18 |                19 |              126 |
+---------------------+----------------+-------------+-------------------+------------------+
1 row in set (0.00 sec)
```

图 6-85　获取年度信息的函数

3. 时间和秒数之间的转换函数

time_to_sec(x)函数用于获取时间 x 在当天的秒数；sec_to_time(x)函数用于获取当天的秒数 x 对应的时间。例如，下面的 select 语句的执行结果如图 6-86 所示。

```
select now(),time_to_sec(now()),sec_to_time(70570);
```

```
mysql> select now(),time_to_sec(now()),sec_to_time(70570);
+---------------------+--------------------+--------------------+
| now()               | time_to_sec(now()) | sec_to_time(70570) |
+---------------------+--------------------+--------------------+
| 2013-05-06 12:57:15 |              46635 | 19:36:10           |
+---------------------+--------------------+--------------------+
1 row in set (0.03 sec)
```

图 6-86　时间和秒数之间的转换函数

4. 日期间隔、时间间隔函数

（1）日期间隔函数。

to_days(x)函数用于计算日期 x 距离 0000 年 1 月 1 日的天数；from_days(x)函数用于计算从 0000 年 1 月 1 日开始 n 天后的日期；datediff(x1,x2)函数用于计算日期 x1 与 x2 之间的相隔天数；adddate(d,n)函数返回起始日期 d 加上 n 天的日期；subdate(d,n)函数返回起始日期 d 减去 n 天的日期。例如，下面的 select 语句的执行结果如图 6-87 所示。

```
set @t1 = now();
set @t2 = '2008-8-8';
select  @t1,to_days(@t1),from_days(735359),  datediff(@t1,@t2),adddate(@t1,1),subdate(@t1,1)\G
```

```
mysql> set @t1 = now();
Query OK, 0 rows affected (0.01 sec)

mysql> set @t2 = '2008-8-8';
Query OK, 0 rows affected (0.00 sec)

mysql> select @t1,to_days(@t1),from_days(735359), datediff(@t1,@t2),adddate(@t1,1),subdate(@t1,1)\G
*************************** 1. row ***************************
              @t1: 2013-05-06 12:56:44
     to_days(@t1): 735359
from_days(735359): 2013-05-06
datediff(@t1,@t2): 1732
   adddate(@t1,1): 2013-05-07 12:56:44
   subdate(@t1,1): 2013-05-05 12:56:44
1 row in set (0.00 sec)
```

图 6-87　日期间隔函数的调用（1）

（2）时间间隔函数。

addtime(t,n)函数返回起始时间 t 加上 n 秒的时间；subtime(t,n)函数返回起始时间 t 减去 n 秒的时间。例如，下面的 select 语句的执行结果如图 6-88 所示。

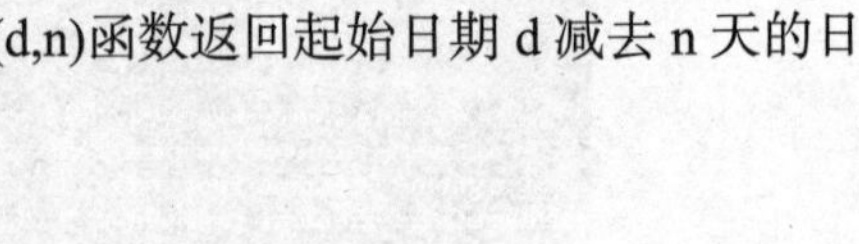

```
select addtime(now(),1), subtime(now(),1);
```

```
mysql> select addtime(now(),1), subtime(now(),1);
+---------------------+---------------------+
| addtime(now(),1)    | subtime(now(),1)    |
+---------------------+---------------------+
| 2013-05-06 12:57:51 | 2013-05-06 12:57:49 |
+---------------------+---------------------+
1 row in set (0.00 sec)
```

图 6-88　时间间隔函数的调用（2）

（3）计算指定日期指定间隔的日期函数。

date_add(date,interval 间隔 间隔类型)函数返回指定日期 date 指定间隔的日期。

interval 是时间间隔关键字，间隔可以为正数或者负数（建议使用两个单引号括起来），间隔类型如表 6-4 所示。

表 6-4　　时间、日期间隔类型

间隔类型	说明	格式
microsecond	微秒	间隔微秒数
second	秒	间隔秒数
minute	分钟	间隔分钟数
hour	小时	间隔小时数
day	天	间隔天数
week	星期	间隔星期数
month	月	间隔月数
quarter	季度	间隔季度数
year	年	间隔年数
second_microsecond	秒和微秒	秒.微秒
minute_microsecond	分钟和微秒	分钟：秒.微秒
minute_second	分钟和秒	分钟：秒
hour_microsecond	小时和微秒	小时：分钟：秒.微秒
hour_second	小时和秒	小时：分钟：秒
hour_minute	小时和分钟	小时：分钟
day_microsecond	日期和微秒	天 小时：分钟：秒.微秒
day_second	日期和秒	天 小时：分钟：秒
day_minute	日期和分钟	天 小时：分钟
day_hour	日期和小时	天 小时
year_month	年和月	年_月（下划线）

例如，下面的 select 语句的执行结果如图 6-89 所示。

```
set @t = now();
select @t,date_add(@t,interval '-3' day), date_add(@t,interval '3' day),
date_add(@t,interval '2_2' year_month)\G
```

```
mysql> set @t = now();
Query OK, 0 rows affected (0.00 sec)

mysql> select @t,date_add(@t,interval '-3' day), date_add(@t,interval '3' day),
    -> date_add(@t,interval '2_2' year_month)\G
*************************** 1. row ***************************
                                    @t: 2013-05-06 12:58:08
        date_add(@t,interval '-3' day): 2013-05-03 12:58:08
         date_add(@t,interval '3' day): 2013-05-09 12:58:08
date_add(@t,interval '2_2' year_month): 2015-07-06 12:58:08
1 row in set (0.00 sec)
```

图 6-89　时间、日期间隔类型函数的调用

5. 日期和时间格式化函数

（1）时间格式化函数。

time_format(t,f)函数按照表达式 f 的要求显示时间 t，表达式 f 中定义了时间的显示格式，显示格式以“%”开头，常用的格式如表 6-5 所示。例如，下面的 select 语句的执行结果如图 6-90 所示。

```
set @t = now();
select @t,time_format(@t,'%H 时%k 时%h 时%I 时%l 时%i 分 %r %T 时%S 秒%s 秒%p');
```

```
mysql> set @d = now();
Query OK, 0 rows affected (0.00 sec)

mysql> select @t,time_format(@t,'%H时%k时%h时%I时%l时%i分 %r %T时%S秒%s秒%p');
+---------------------+------------------------------------------------------------+
| @t                  | time_format(@t,'%H时%k时%h时%I时%l时%i分 %r %T时%S秒%s秒%p') |
+---------------------+------------------------------------------------------------+
| 2013-05-06 12:58:08 | 12时12时12时12时12时58分 12:58:08 PM 12:58:08时08秒08秒PM     |
+---------------------+------------------------------------------------------------+
1 row in set (0.00 sec)
```

图 6-90　时间格式化函数的调用

表 6-5　日期和时间常用的格式（1）

格式	说明
%H	小时(00，…，23)
%k	小时(0，…，23)
%h	小时(01，…，12)
%I	小时(01，…，12)
%l	小时(1，…，12)
%i	分钟,数字(00，…，59)
%r	时间,12 小时(hh:ii:ss[AP]M)
%T	时间,24 小时(hh: ii:ss)
%S	秒(00，…，59)
%s	秒(00，…，59)
%p	AM 或 PM

（2）日期和时间格式化函数。

date_format(d,f)函数按照表达式 f 的要求显示日期和时间 d，表达式 f 中定义了日期和时间的显示格式，显示格式以“%”开头，常用的格式如表 6-5 和表 6-6 所示。date_format(d,f)函数的使用方法与 time_format(t,f)函数的使用方法基本相同，这里不再赘述。

表 6-6　日期和时间常用的格式（2）

格式	说明
%W	星期名字(Sunday，…，Saturday)
%D	有英语前缀的月份的日期(1st,2nd,3rd,等)
%Y	年,数字,4 位
%y	年,数字,2 位
%a	缩写的星期名字(Sun，…，Sat)
%d	月份中的天数,数字(00，…，31)
%e	月份中的天数,数字(0，…，31)
%m	月,数字(01，…，12)
%c	月,数字(1，…，12)
%b	缩写的月份名字(Jan，…，Dec)

续表

格式	说明
%j	一年中的天数(001，…，366)
%w	一个星期中的天数(0=Sunday，…，6=Saturday)
%U	星期(0，…，52),这里星期天是星期的第一天
%u	星期(0，…，52),这里星期一是星期的第一天
%%	一个文字“%”

6.3.7　其他常用的 MySQL 函数

1. 获得当前 MySQL 会话最后一次自增字段值

last_insert_id()函数返回当前 MySQL 会话最后一次 insert 或 update 语句设置的自增字段值。例如，下面的 SQL 语句中首先使用**一条** insert 语句向 new_class 表插入**两条**记录，紧接着调用 last_insert_id()函数，获取最后一次 insert 或 update 语句设置的自增字段值（参看下文原则（3）），执行结果如图 6-91 所示。

有关 new_class 的表结构请参看表记录更新章节的内容。

```
insert into new_class values
(null,'2012 软件技术 1 班','软件学院'),
(null,'2012 软件技术 2 班','软件学院');
select last_insert_id(),@@last_insert_id;
```

接着在**另一个 MySQL 客户机**上调用 last_insert_id()函数，获取最后一次 insert 或 update 语句设置的自增字段值（参看下文原则（1）），执行结果如图 6-92 所示。

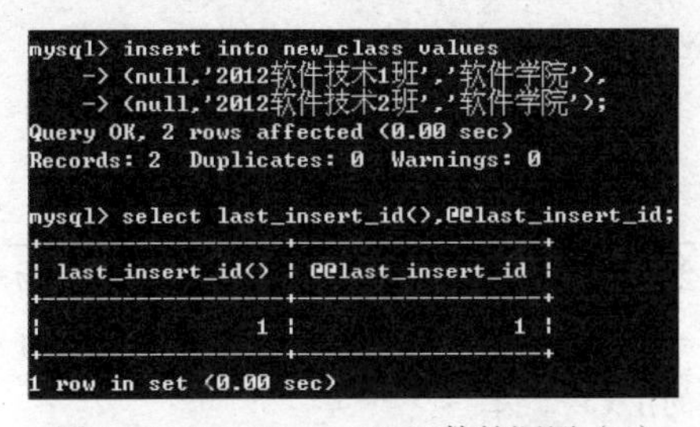

图 6-91　last_insert_id()函数的调用（1）

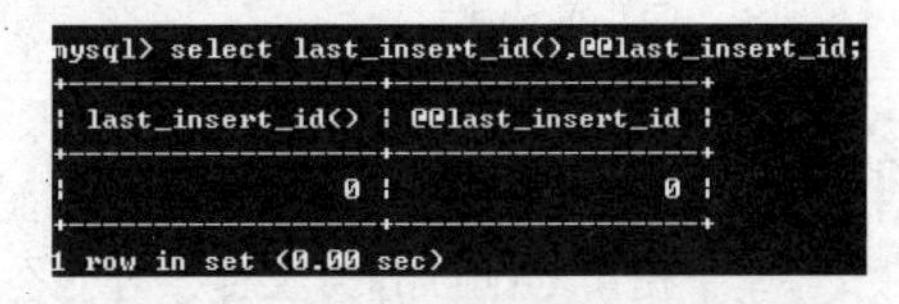

图 6-92　last_insert_id()函数的调用（2）

last_insert_id()函数的返回结果遵循一定的原则。

（1）last_insert_id()函数仅仅用于获取当前 MySQL 会话中 insert 或 update 语句设置的自增字段值，该函数的返回值与系统会话变量@@last_insert_id 的值一致。

（2）如果自增字段值是数据库用户自己指定，而不是自动生成的，那么 last_insert_id()函数的返回值为 0。

（3）假如使用一条 insert 语句插入多行记录，last_insert_id()函数只返回第一条记录的自增字段值。

（4）last_insert_id()函数与表无关。如果向表 A 插入数据后再向表 B 插入数据，则 last_insert_id()

函数返回表 B 的自增字段值。

2. IP 地址与整数相互转换函数

inet_aton(ip)函数用于将 IP 地址（字符串数据）转换为整数；inet_ntoa(n)函数用于将整数转换为 IP 地址（字符串数据）。例如，下面的 select 语句的执行结果如图 6-93 所示。

```
select inet_aton('192.168.1.100'),inet_ntoa(3232235877);
```

3. 基准值函数

benchmark(n,expression)函数将表达式 expression 重复执行 n 次，返回结果为 0。例如，下面的 select 语句的执行结果如图 6-94 所示。图中时间 3.48 sec 表示重复执行 md5()函数 10000000 次耗费的时间，这个时间可以看作基准值，用于比较真实项目中表达式 expression 的执行时间。

```
select benchmark(10000000,md5('test'));
```

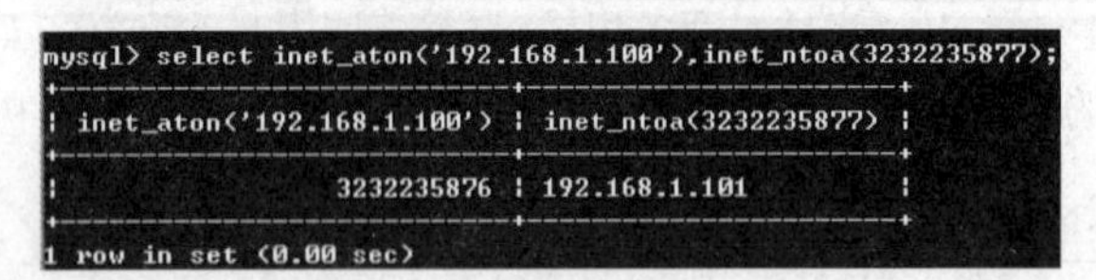

图 6-93　IP 地址与整数相互转换函数

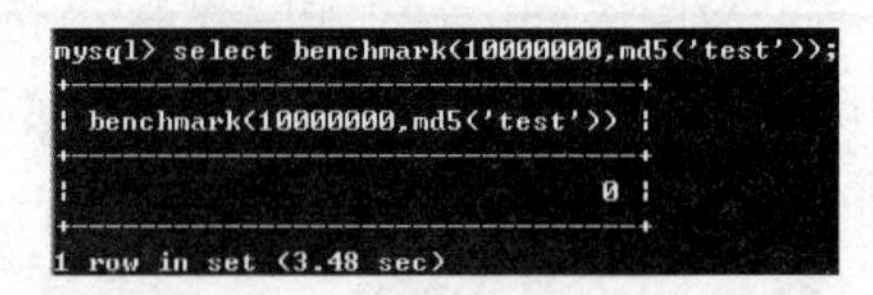

图 6-94　基准值函数的调用

benchmark()函数中的 expression 不能为 SQL 语句，只能为 MySQL 表达式、函数或者存储过程。

4. uuid()函数

uuid()函数可以生成一个 128 位的通用唯一识别码 UUID(Universally Unique Identifier)。UUID 码由 5 个段构成，其中前 3 个段与服务器主机的时间有关（精确到微秒）；第 4 段是一个随机数，在当前的 MySQL 服务实例中该随机数不会变化，除非重启 MySQL 服务；第 5 段是通过网卡 MAC 地址转换得到的，同一台 MySQL 服务器运行多个 MySQL 服务实例时，该值相等。例如，下面的 select 语句的执行结果如图 6-95 所示。

```
select uuid(),uuid();
```

在 InnoDB 存储引擎中采用聚簇索引，会对插入的记录按照主键的顺序进行物理排序，而 UUID 由系统随机生成，虽然全球唯一但本身无序，因此如果在 InnoDB 存储引擎中使用 UUID 作为主键，可能会造成巨大的 I/O 开销。

5. isnull()函数

isnull(value)函数用于判断 value 的值是否为 NULL，如果为 NULL，函数则返回 1，否则函数返回 0。例如，下面的 select 语句的执行结果如图 6-96 所示。

```
select isnull(null),isnull(0);
```

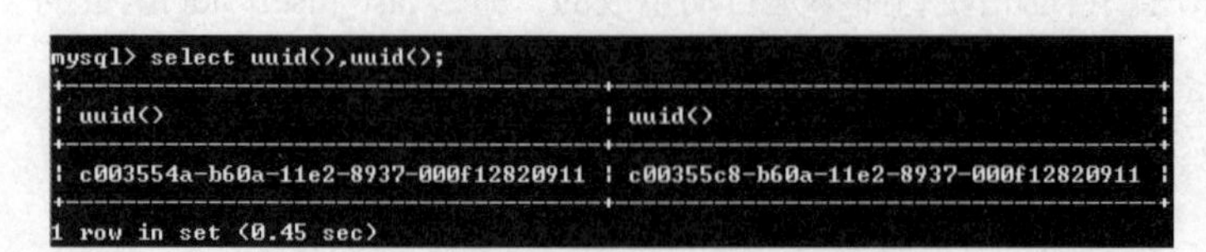

图 6-95　uuid()函数的调用

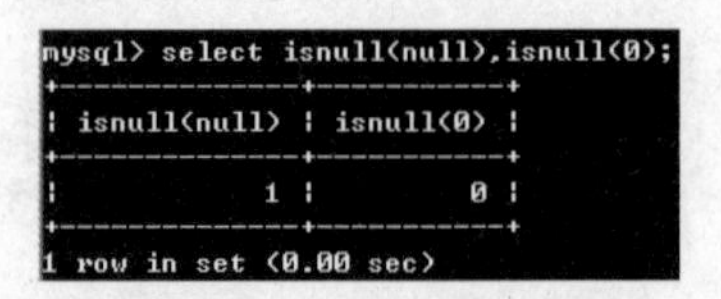

图 6-96　isnull()函数的调用

6.4 中文全文检索的模拟实现

前面曾经提到，西文以单词为单位，单词之间以空格分隔；而中文以字为单位，词由一个或多个字组成，字与字之间没有空格分隔，使得全文检索解析器无法对中文单词进行界定，导致 MySQL 不支持中文全文索引。是否可以将“中文句子”使用特定的技术翻译成“英文句子”，然后实现中文全文检索？答案是肯定的。

对于一个 gbk 字符集的汉字而言，每一个汉字唯一对应的一个十六进制数，汉字的十六进制数又唯一对应一个汉字。利用这个特点可以将“中文句子”中的每个汉字翻译成十六进制数，然后在所有的十六进制数前面加上一个非法字符（例如'H'），接着使用空格分隔若干个“非法的十六进制数”，就可以将“中文句子”翻译成“英文句子”，继而实现汉字的分词，如图 6-97 所示。

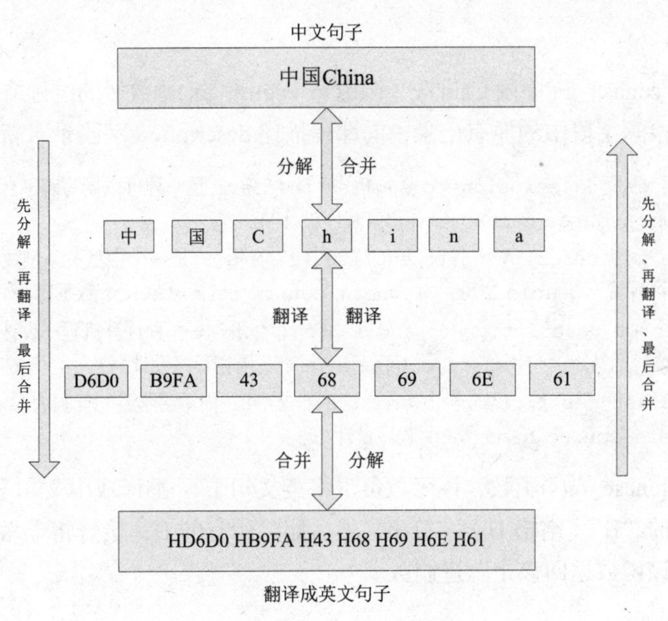

图 6-97 中、英文互译

场景描述 5：中文全文检索的模拟实现。

在前面的章节中，已经向 course 表的课程描述 description 字段添加了全文索引 description_fulltext。下面的步骤介绍了实现 course 表中 description 字段的全文检索的方法。

（1）创建 to_english_fn(s)自定义函数，该函数的功能是将中文字符串 s“翻译成”英文句子。例如，该函数可以将中文字符串“中国 China”翻译成十六进制英文句子“HD6D0 HB9FA H43 H68 H69 H6E H61”。该英文句子的每个单词以大写 H 开头，单词之间使用空格隔开。之所以选用大写 H，第一个原因是单词以字母开头；第二个原因是十六进制数中不包括 H，断词比较容易。单词之间之所以使用空格隔开，原因是 MySQL 英文句子的分词原则一般是以空格作为分词符号。

```
delimiter $$
```

```
create function to_english_fn(s varchar(32760)) returns varchar(32760)
no sql
begin
declare start int;
declare string_length int;
declare new_string varchar(32760);
declare temp_string varchar(32760);
set start = 1;
set string_length = char_length(s);
set new_string = '';
while start<=string_length do
        set temp_string = hex(substring(s,start,1));
        set start = start + 1;
        set new_string = concat(new_string,' H',temp_string);
end while;
return trim(new_string);
end;
$$
delimiter ;
```

使用“select to_english_fn('中国 China');”调用 to_english_fn()函数后的运行结果如图 6-98 所示。

（2）修改全文检索字段中的原有记录，向课程描述 description 字段录入新数据。

```
update course set description=to_english_fn('Java 是一种可以撰写跨平台应用软件的面向对象的程序设计语言。') where course_name='java 语言程序设计';
update course set description=to_english_fn('MySQL 是一个中型关系型数据库管理系统，由瑞典MySQL AB 公司开发，目前属于 Oracle 公司。') where course_name='MySQL 数据库';
update course set description=to_english_fn('C 语言是一种计算机程序设计语言，它既具有高级语言的特点，又具有汇编语言的特点。') where course_name='c 语言程序设计';
update course set description=to_english_fn('PHP 简单易学且功能强大，是开发 WEB 应用程序理想的脚本语言。') where course_name='PHP 程序设计';
```

（3）编写 to_chinese_fn(s)函数，该函数负责将英文句子 s 翻译成中文句子。to_chinese_fn(s)函数首先删除所有的“ H”（空格 H）字符串，然后删除所有的 H；接着将十六进制字符串转换为十六进制数；最后该函数返回该十六进制数。

```
delimiter $$
create function to_chinese_fn(s varchar(32760)) returns varchar(32760)
no sql
begin
declare new_string varchar(32760);
declare temp_string varchar(32760);
set temp_string = replace(s, ' H','');
set temp_string = replace(temp_string,'H','');
set temp_string = unhex(temp_string);
return temp_string;
end
$$
delimiter ;
```

使用“select to_chinese_fn('HD6D0 HB9FA H43 H68 H69 H6E H61');”调用 to_chinese_fn()函数后的运行结果如图 6-99 所示。

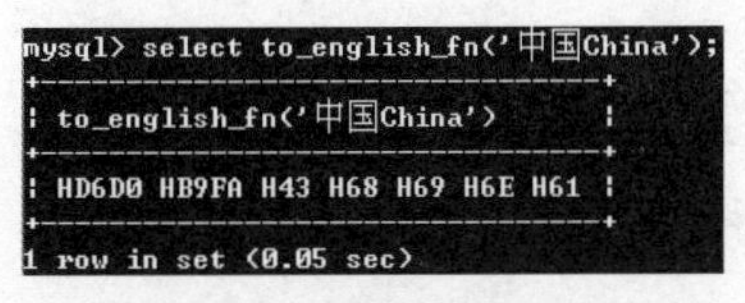

图 6-98 中文翻译成英文

图 6-99 英文翻译成中文

（4）使用全文索引，在 course 表的 description 字段中搜索所有存在“程序”的记录信息，执行结果如图 6-100 所示。

```
set @s = '程序';
set @english = to_english_fn(@s);
select to_chinese_fn(description) from course where match (description) against
(@english);
```

```
mysql> set @s = '程序';
Query OK, 0 rows affected (0.00 sec)

mysql> set @english = to_english_fn(@s);
Query OK, 0 rows affected (0.00 sec)

mysql> select to_chinese_fn(description) from course where match (description) against(@english);
+------------------------------------------------------------------------+
| to_chinese_fn(description)                                             |
+------------------------------------------------------------------------+
| Java是一种可以撰写跨平台应用软件的面向对象的程序设计语言。             |
| C语言是一种计算机程序设计语言，它既具有高级语言的特点，又具有汇编语言的特点。 |
| PHP简单易学且功能强大，是开发WEB应用程序理想的脚本语言。               |
+------------------------------------------------------------------------+
3 rows in set (0.00 sec)
```

图 6-100 InnoDB 表的全文检索

上述方法是对 MySQL 中文全文检索的一种“模拟”实现，原因在于，这种方法仅仅实现了中文词组的“按字全文检索”。例如，搜索关键字是“数据库”的词组时，该实现方法将“数据库”隔开成为（“数”空格“据”空格“库”），当对“数据库”中文词组进行全文检索时，会将所有包含“数”、“据”以及“库”的单词记录返回（按字全文检索）。

如果希望 MySQL 支持中文词组（例如搜索“数据库”词组）的全文检索（按词组全文检索），则需要使用“分词技术”对中文句子进行单词分组。下面的句子使用不同的分词技术会得到不同的词组，如果在不同的词组上添加全文索引，那么检索时产生的结果也不尽相同。例如，使用第二种分词技术建立全文索引，查询“数据库”关键字时，该中文句子就不能与“数据库”关键字匹配，从而造成漏查。可以看到，中文全文检索实现的关键技术在于分词技术能否全面表示中文句子的含义。

第一种分词技术：数据库|类型|转换|函数

第二种分词技术：数据|库|类型|转换|函数

目前，有许多开源的全文搜索引擎实现了中文分词技术，并且支持 MySQL 中文全文检索，例如 lucene、Sphinx、Coreseek（基于 Sphinx 的中文开源检索引擎）等。有关中文全文检索的知识，感兴趣的读者可以查看全文搜索引擎方面的资料。

习 题

1. 使用 select 语句输出各种数据类型的常量时，数据类型都是如何转换的？
2. 系统会话变量与用户会话变量有什么区别与联系？

3. 用户会话变量与局部变量有什么区别与联系？
4. 为用户会话变量或者局部变量赋值时，有哪些注意事项？
5. 编写 MySQL 存储程序时，为什么需要重置命令结束标记？
6. 创建本书涉及到的所有自定义函数，并进行调用。
7. 总结哪些日期、时间函数的执行结果与时区的设置无关。
8. 创建自定义函数有哪些注意事项？
9. 请分析下面的 getdate()函数完成的功能，创建该函数，并调用该函数。

```
delimiter $$
create function getdate(gdate datetime) returns varchar(255)
no sql
begin
declare x varchar(255) default '';
set x= date_format(gdate,'%Y年%m月%d日%h时%i分%s秒');
return x;
end
$$
delimiter ;
```

10. 通过本章知识的讲解，您是如何理解中文全文检索的？您觉得实现中文全文检索的核心技术是什么？

第 7 章 视图与触发器

作为常用的数据库对象，视图（view）为数据查询提供了一条捷径；触发器（trigger）为数据自动维护提供了便利。本章首先讲解视图以及触发器的管理及使用，然后结合“选课系统”分别介绍视图以及触发器在该系统中的应用。通过本章的学习，读者可以掌握如何使用视图简化数据查询操作，以及如何使用触发器实现表记录的自动维护、表之间复杂关系的自动维护。

7.1 视　　图

视图与表有很多相似的地方，视图也是由若干个字段以及若干条记录构成的，它也可以作为 select 语句的数据源。甚至在某些特定条件下，可以通过视图对表进行更新操作，如图 7-1 所示。然而，视图中的数据并不像表、索引那样需要占用存储空间，视图中保存的仅仅是一条 select 语句，其源数据都来自于数据库表，数据库表称为基本表或者基表，视图称为虚表。基表的数据发生变化时，虚表的数据也会随之变化。

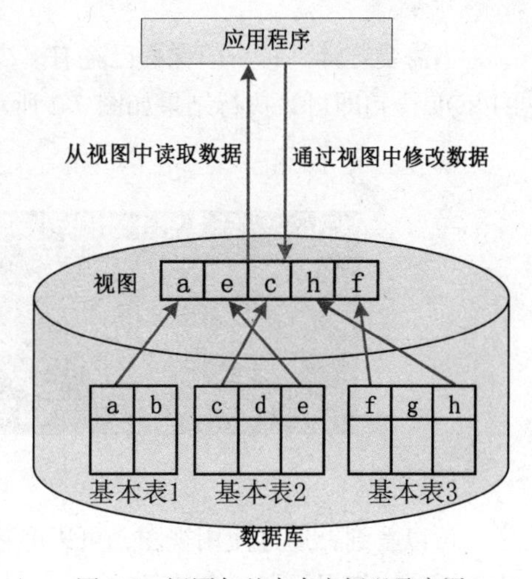

图 7-1　视图与基本表之间以及应用程序与视图的关系

7.1.1　创建视图

视图中保存的仅仅是一条 select 语句，该 select 语句的数据源可以是基表，也可以是另一个视图。创建视图的语法格式如下。

```
create view 视图名[ (视图字段列表) ]
as
select 语句
```

视图是数据库的对象，因此创建视图时，需要指定该视图隶属于哪个数据库。

视图字段列表中定义了视图的字段名，字段名之间使用逗号隔开。视图字段列表中的字段个数必须等于 select 语句字段列表中的字段个数。如果省略视图字段列表，则视图字段列表与 select 语句的字段列表相同。

为了区分视图与基本表，在命名视图时，建议在视图名中统一添加前缀“view_”或者后缀“_view”。

场景描述 1：对于经常使用的结构复杂的 select 语句，建议将其封装为视图。

为了“统计每一门课程已经有多少学生选修，还能供多少学生选修”，在“选课系统综合查询”章节中，使用了一条结构复杂的 select 语句获取了该统计信息。由于该统计信息经常使用，并且其对应的 select 语句结构复杂，因此有必要将其封装为视图。

例如，下面的 SQL 语句在 choose 数据库中定义了名为 available_course_view 的视图，该视图中的 select 语句源自“选课系统综合查询”章节中的内容。该视图返回的信息是“每一门课程已经有多少学生选修，还能供多少学生选修”。

```
use choose;
create view available_course_view
as
select course.course_no,course_name,teacher_name,
up_limit,count(*) as student_num,up_limit-count(*) available
from choose join course on choose.course_no=course.course_no
join teacher on teacher.teacher_no=course.teacher_no
group by course_no
union all
select course.course_no,course_name,teacher_name,up_limit,0,up_limit
from course join teacher on teacher.teacher_no=course.teacher_no
where not exists (
select * from choose where course.course_no=choose.course_no
);
```

当需要统计“每一门课程已经有多少学生选修，还能供多少学生选修”时，只需要执行下面的 SQL 语句即可，执行结果如图 7-2 所示。

```
select * from available_course_view;
```

```
mysql> select * from available_course_view;
+-----------+----------------+--------------+----------+-------------+-----------+
| course_no | course_name    | teacher_name | up_limit | student_num | available |
+-----------+----------------+--------------+----------+-------------+-----------+
|         1 | java语言程序设计 | 张老师       |       60 |           3 |        57 |
|         2 | MySQL数据库     | 李老师       |      150 |           3 |       147 |
|         3 | c语言程序设计   | 王老师       |      230 |           2 |       228 |
|         6 | PHP程序设计     | 马老师       |       60 |           0 |        60 |
+-----------+----------------+--------------+----------+-------------+-----------+
4 rows in set (0.00 sec)
```

图 7-2　查询视图中的“数据”

可以看到，通过使用视图，可以屏蔽数据库表设计的复杂性，简化数据库开发人员的操作，为数据的查询提供了一条捷径。

7.1.2　查看视图的定义

查看视图的定义是指查看数据库中已存在视图的定义、状态和语法等信息，可以使用下面 4 种方法查看视图的定义。

（1）在 choose 数据库中成功地创建了视图 available_course_view 后，该视图的定义默认保存在数据库目录（例如 choose 目录）下，文件名为 available_course_view.frm。使用记事本打开该文件，即可查看该视图的定义（例如该视图使用的 select 语句）。该文件中的信息列举如下。

① TYPE=VIEW：表示 available_course_view.frm 文件为视图定义文件。

② query=select 语句：创建视图时使用的 select 语句。

③ md5=ddff88b5afc1990b448fbfa6cc2313ae：该视图的 md5 验证码。

④ updatable=0：创建该视图后视图结构修改的次数。值为 0 表示视图结构没有被修改过。

⑤ algorithm=0：该视图使用的算法是 undefined。如果值为 1，表示视图使用的算法是 temptable；如果值为 2，表示视图使用的算法是 merge。其中，undefined 算法为默认算法；temptable 算法会将视图的查询结果置于临时表中；merge 算法会将视图引用的语句与视图定义的语句合并起来，merge 算法要求视图中的行和基表中的行具有一对一的关系。

⑥ definer_user=root：该视图由哪个数据库账户定义。

⑦ definer_host=%：该视图可以在哪台 MySQL 客户机定义、修改。

⑧ suid=2：用于实现视图的权限管理。

⑨ with_check_option=0：当不使用 with check option 子句时，with_check_option 的值为 0，表示视图为普通视图。值为 1 时表示 local 检查视图；值为 2 时表示 cascade 检查视图，有关检查视图的概念稍后讲解。

⑩ timestamp= 2013-02-01 01:40:40：创建该视图时的 UTC 时间。

⑪ create-version=1：该视图的版本号。

⑫ source= select 语句：创建该视图时使用的 select 语句。

⑬ client_cs_name=gbk：MySQL 客户机的字符集信息。

⑭ connection_cl_name=gbk_chinese_ci：MySQL 服务器连接的字符集、字符序信息。

⑮ view_body_utf8= select 语句：创建该视图时使用的 select 语句。

由于视图与表的结构文件扩展名都是 frm，因此，在创建视图时，视图名与表名不能重名。由于视图与表实现的功能基本相同，因此，在命名视图时，建议在视图名中统一添加“view_”前缀或者“_view”后缀。

（2）视图是一个虚表，可以使用查看表结构的方式查看视图的定义。例如，可以使用下面的命令查看视图 available_course_view 的定义。

```
desc available_course_view;
```

还可以使用命令“show create view available_course_view;”或者“show create table available_course_view;”查看视图 available_course_view 的定义。

（3）MySQL 命令“show tables;”命令不仅显示当前数据库中所有的基表，也会将所有的视图罗列出来。

（4）MySQL 系统数据库 information_schema 的 views 表存储了所有视图的定义，使用下面的 select 语句可以查看所有视图的详细信息。

```
select * from information_schema.views\G
```

7.1.3　视图在“选课系统”中的应用

在之前的章节中，为了减少数据维护的工作量，暂时选用了“选课系统”的方案二实现了学生选课功能（请参看数据库设计概述章节的内容）。为了更好地将触发器、存储过程、事务、锁机制等概念融入“选课系统”，从现在开始，将选择“方案一”实现学生选课功能。方案一与方案二的唯一区别在于，方案一中的课程 course 表比方案二中的课程 course 表多了一个“剩余的学生名额”available 字段。

场景描述 2：使用 available_course_view 视图，对 course 表的 available 字段值进行初始化。

① 使用下面的 SQL 语句向课程 course 表中新增 available 字段，默认值为 0。

```
alter table course add available int default 0;
```

② 执行下面的 select 语句，查询课程 course 表的相关信息，执行结果如图 7-3 所示。其中，available 的字段值初始化为默认值 0。

```
select course_no,course_name,up_limit,available from course;
```

```
mysql> select course_no,course_name,up_limit,available from course;
+-----------+----------------+----------+-----------+
| course_no | course_name    | up_limit | available |
+-----------+----------------+----------+-----------+
|         1 | java语言程序设计 |       60 |         0 |
|         2 | MySQL数据库     |      150 |         0 |
|         3 | c语言程序设计    |      230 |         0 |
|         6 | PHP程序设计     |       60 |         0 |
+-----------+----------------+----------+-----------+
4 rows in set (0.00 sec)
```

图 7-3　将 available 的字段值初始化为默认值 0

③ 使用下面的 update 语句将每一门课程的 available 字段值设置为“剩余的学生名额”。available 字段值可以从 available_course_view 视图中获取，执行结果如图 7-4 所示。

```
update course set available=up_limit-(select student_num from available_course_view
where available_course_view.course_no=course.course_no);
```

```
mysql> update course set available=up_limit-(select student_num from available_course_view where
ailable_course_view.course_no=course.course_no);
Query OK, 4 rows affected, 1 warning (0.03 sec)
Rows matched: 4  Changed: 4  Warnings: 1
```

图 7-4　重置 available 字段值

④ 执行下面的 select 语句，查询课程 course 表的相关信息，执行结果如图 7-5 所示。可以看到，使用 available_course_view 视图可以轻松地为 course 表的 available 字段赋值。

```
select course_no,course_name,up_limit,available from course;
```

```
mysql> select course_no,course_name,up_limit,available from course;
+-----------+----------------+----------+-----------+
| course_no | course_name    | up_limit | available |
+-----------+----------------+----------+-----------+
|         1 | java语言程序设计 |       60 |        57 |
|         2 | MySQL数据库     |      150 |       147 |
|         3 | c语言程序设计    |      230 |       228 |
|         6 | PHP程序设计     |       60 |        60 |
+-----------+----------------+----------+-----------+
4 rows in set (0.00 sec)
```

图 7-5　验证 available 字段值是否重置

7.1.4　视图的作用

与直接从数据库表中提取数据相比，视图的作用可以归纳为以下几点。

1. 使操作变得简单

使用视图可以简化数据查询操作，对于经常使用，但结构复杂的 select 语句，建议将其封装为一个视图。

2. 避免数据冗余

由于视图保存的是一条 select 语句，所有的数据保存在数据库表中，因此，这样就可以由一个表或多个表派生出来多种视图，为不同的应用程序提供服务的同时，避免了数据冗余。

3. 增强数据安全性

同一个数据库表可以创建不同的视图，为不同的用户分配不同的视图，这样就可以实现不同的用户只能查询或修改与之对应的数据，继而增强了数据的安全访问控制。

4. 提高数据的逻辑独立性

如果没有视图，应用程序一定是建立在数据库表上的；有了视图之后，应用程序就可以建立在视图之上，从而使应用程序和数据库表结构在一定程度上逻辑分离（如图 7-1 所示）。视图在以下两个方面使应用程序与数据逻辑独立。

（1）使用视图可以向应用程序屏蔽表结构，此时即便表结构发生变化（例如表的字段名发生变化），只需重新定义视图或者修改视图的定义，无需修改应用程序即可使应用程序正常运行。

（2）使用视图可以向数据库表屏蔽应用程序，此时即便应用程序发生变化，只需重新定义视图或者修改视图的定义，无需修改数据库表结构即可使应用程序正常运行。

7.1.5　删除视图

如果某个视图不再使用，可以使用 drop view 语句将其删除，语法格式如下。

drop view 视图名

例如，删除 available_course_view 视图，可以使用下面的 SQL 语句，执行结果如图 7-6 所示。

```
mysql> drop view available_course_view;
Query OK, 0 rows affected (0.02 sec)
```

图 7-6　删除视图

```
drop view available_course_view;
```

由于视图保存的是一条 select 语句，没有保存表数据，当视图中定义的 select 语句需要修改时，可以使用 drop view 语句暂时将该视图删除，然后使用 create view 语句重新创建相同名字的视图即可。

7.1.6　检查视图

视图是一个基于基表的虚表，数据库开发人员不仅可以通过视图检索数据，还可以通过视图修改数据，这就好比数据库开发人员不仅可以通过“窗户”查看房屋内的布局，还可以通过“窗户”修改房屋内的布局，这种视图称为普通视图。创建视图时，没有使用“with check option”子句的视图都是普通视图，之前创建的 available_course_view 视图就是一个普通视图。

场景描述 3：普通视图与更新操作。

下面的 SQL 语句创建了一个查看成绩不及格（成绩**小于** 60 分）的选修视图 choose_1_view，由于该视图没有使用“with check option”子句，因此该视图也是普通视图。

```
create view choose_1_view as select * from choose where score<60;
```

使用下面的 insert 语句通过 choose_1_view 视图向 choose 表插入选课信息（成绩**大于** 60 分），然后检索 choose 表的数据，最后删除该选课信息，执行结果如图 7-7 所示。从执行结果可以看出，通过普通视图更新数据库表记录时，普通视图并没有对更新语句进行条件检查（例如 score<60 的条件检查）。

为了避免 insert 语句导致数据不一致问题的发生（剩余的学生名额+已选学生人数≠课程的人数上限），最后使用 delete 语句删除了该选课信息。

```
insert into choose_1_view values (null,'2012003',2,100,now());
select * from choose;
delete from choose where student_no='2012003' and course_no=2;
```

```
mysql> insert into choose_1_view values (null,'2012003',2,100,now());
Query OK, 1 row affected (0.02 sec)

mysql> select * from choose;
+-----------+------------+-----------+-------+---------------------+
| choose_no | student_no | course_no | score | choose_time         |
+-----------+------------+-----------+-------+---------------------+
|         1 | 2012001    |         2 |    40 | 2013-05-08 23:07:42 |
|         2 | 2012001    |         1 |    50 | 2013-05-08 23:07:42 |
|         3 | 2012002    |         3 |    60 | 2013-05-08 23:07:42 |
|         4 | 2012002    |         2 |    70 | 2013-05-08 23:07:42 |
|         5 | 2012003    |         1 |    80 | 2013-05-08 23:07:42 |
|         6 | 2012004    |         2 |    90 | 2013-05-08 23:07:42 |
|         7 | 2012005    |         3 |  NULL | 2013-05-08 23:07:42 |
|         8 | 2012005    |         1 |  NULL | 2013-05-08 23:07:42 |
|         9 | 2012003    |         2 |   100 | 2013-05-08 23:07:56 |
+-----------+------------+-----------+-------+---------------------+
9 rows in set (0.00 sec)

mysql> delete from choose where student_no='2012003' and course_no=2;
Query OK, 1 row affected (0.00 sec)
```

图 7-7　普通视图不具备“检查”功能

MySQL 为数据库开发人员提供了另外一种视图：检查视图。通过检查视图更新基表数据时，只有满足检查条件的更新语句才能成功执行。创建检查视图的语法格式如下。

create view 视图名[(视图字段列表)]

as

select 语句

with [local | cascaded] check option

创建视图时，没有使用 with check option 子句时，即 with_check_option 的值为 0，表示视图为普通视图；使用 with check option 子句或者 with cascaded check option 子句时，表示该视图为 cascaded 视图；使用 with local check option 子句，表示该视图为 local 视图。

场景描述 4：检查视图与更新操作。

例如，下面的 SQL 语句创建了查看不及格学生的视图 choose_2_view，该视图为检查视图。且 with_check_option 的值为 1（local 视图）。

```
create view choose_2_view as select * from choose where score<60 with local check option;
```

向 choose_2_view 视图中插入如下选课信息（**score>60**）后，执行结果如图 7-8 所示。

```
insert into choose_2_view values (null,'2012004',2,100,now());
```

```
mysql> insert into choose_2_view values (null,'2012004',2,100,now());
ERROR 1369 (HY000): CHECK OPTION failed 'choose.choose_2_view'
```

图 7-8　检查视图具备“检查”功能

从执行结果可以看出，通过检查视图更新基表数据时，检查视图对更新语句进行了先行检查，如果更新语句不满足检查视图定义的检查条件，则检查视图抛出异常，更新失败。

7.1.7　local 与 cascade 检查视图

对检查视图进行更新操作时，只有满足检查条件的更新操作才能顺利执行。检查视图分为 local 检查视图与 cascade 检查视图。

with_check_option 的值为 1 时表示 local（local 视图），通过检查视图对表进行更新操作时，只有满足了视图检查条件的更新语句才能够顺利执行；值为 2 时表示 cascade（级联视图，在视图的基础上再次创建另一个视图），通过级联视图对表进行更新操作时，只有满足所有针对该视图的所有视图的检查条件的更新语句才能够顺利执行。local 与 cascaded 的区别如图 7-9 所示。

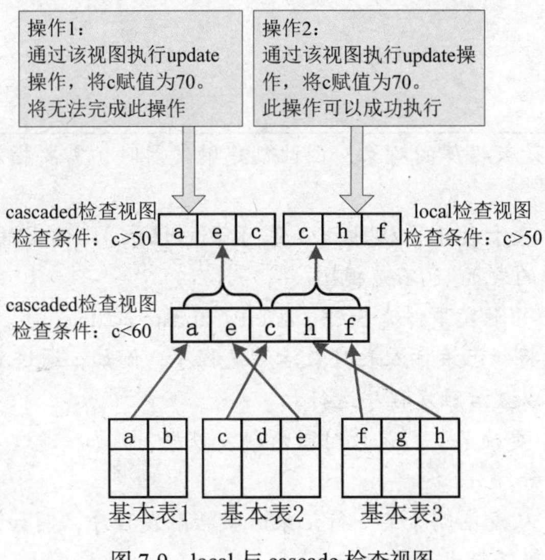

图 7-9　local 与 cascade 检查视图

7.2　触　发　器

触发器是 MySQL 5.0 新增的功能。触发器定义了一系列操作，这一系列操作称为触发程序，当触发事件发生时，触发程序会自动运行。

触发器主要用于监视某个表的 insert、update 以及 delete 等更新操作，这些操作可以分别激活该表的 insert、update 或者 delete 类型的触发程序运行（如图 7-10 所示），从而实现数据的自动维护。触发器可以实现的功能包括：使用触发器实现检查约束，使用触发器维护冗余数据，使用触发器模拟外键级联选项等。

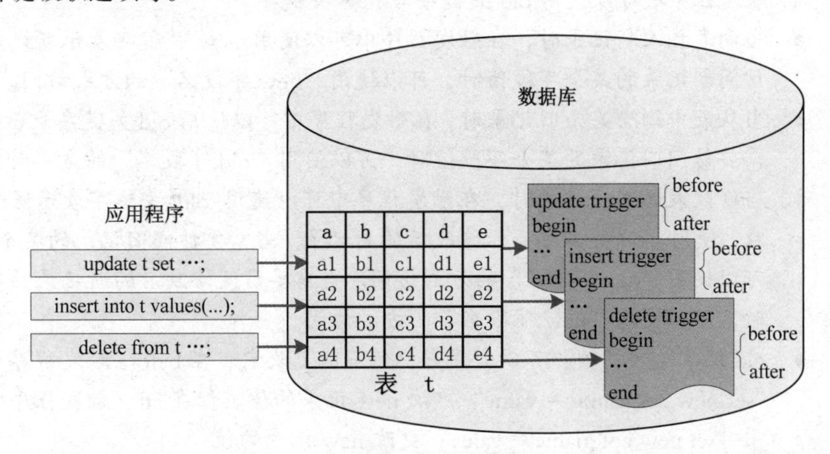

图 7-10　触发器种类

7.2.1 准备工作

使用 create trigger 语句可以创建一个触发器，语法格式如下。

```
create trigger 触发器名 触发时间 触发事件 on 表名 for each row
begin
触发程序
end;
```

① 触发器是数据库的对象，因此创建触发器时，需要指定该触发器隶属于哪个数据库。

② 触发器基于表（严格地说是基于表的记录），这里的表是基表，不是临时表（temporary 类型的表），也不是视图。

③ MySQL 的触发事件有 3 种：insert、update 及 delete。

- insert：将新记录插入表时激活触发程序，例如，通过 insert、load data 和 replace 语句可以激活触发程序运行。
- update：更改某一行记录时激活触发程序，例如，通过 update 语句可以激活触发程序运行。
- delete：从表中删除某一行记录时激活触发程序，例如，通过 delete 和 replace 语句可以激活触发程序运行。

④ 触发器的触发时间有两种：before 与 after。

before 表示在触发事件发生之前执行触发程序，after 表示在触发事件发生之后执行触发程序。因此，严格意义上讲，一个数据库表最多可以设置 6 种类型的触发器，在命名这 6 种触发器时，建议使用“表名_insert_before_trigger”（或者“表名_before_insert_trigger”）等命名方式，以便区分某一种触发器的触发事件及触发时间。

⑤ for each row 表示行级触发器。

目前，MySQL 仅支持行级触发器，不支持语句级别的触发器（例如 create table 等语句）。for each row 表示更新（insert、update 或者 delete）操作影响的每一条记录都会执行一次触发程序。

⑥ 触发程序中的 select 语句不能产生结果集（这一点与函数相同）。

⑦ 触发程序中可以使用 old 关键字与 new 关键字。

- 当向表插入新记录时，在触发程序中可以使用 new 关键字表示新记录。当需要访问新记录的某个字段值时，可以使用“new.字段名”的方式访问。
- 当从表中删除某条旧记录时，在触发程序中可以使用 old 关键字表示旧记录。当需要访问旧记录的某个字段值时，可以使用“old.字段名”的方式访问。
- 当修改表的某条记录时，在触发程序中可以使用 old 关键字表示修改前的旧记录，使用 new 关键字表示修改后的新记录。当需要访问旧记录的某个字段值时，可以使用“old.字段名”的方式访问。当需要访问修改后的新记录的某个字段值时，可以使用“new.字段名”的方式访问。
- old 记录是只读的，可以引用它，但不能更改它。在 before 触发程序中，可使用“set new.col_name = value”更改 new 记录的值。但在 after 触发程序中，不能使用“set new.col_name = value”更改 new 记录的值。

7.2.2　使用触发器实现检查约束

前面曾经提到，MySQL 可以使用复合数据类型 set 或者 enum 对字段的取值范围进行检查约束，也可以实现对离散的字符串数据的检查约束，对于数值型的数不建议使用 set 或者 enum 实现检查约束，可以使用触发器实现。

场景描述 5：使用触发器实现检查约束，确保课程的人数上限 up_limit 字段值在（60,150,230）范围内。

下面的 create trigger 语句创建了名字为 course_insert_before_trigger 的触发器，该触发器实现的功能是：向 course 表插入记录前（before），首先检查 up_limit 字段值是否在（60,150,230）范围内。如果检查不通过，则向一个不存在的数据库表中插入一条记录。

```
delimiter $$
create trigger course_insert_before_trigger before insert on course for each row
begin
if(new.up_limit=60 || new.up_limit=150 || new.up_limit=230) then
set new.up_limit = new.up_limit;
else insert into mytable values(0);
end if;
end;
$$
delimiter ;
```

下面的两条 insert 语句对该触发器进行了简单的测试。第一条 insert 语句向 teacher 表插入一条记录；第二条 insert 语句向 course 表插入一条记录，且将上课人数上限 up_limit 字段值设置为 20。第二条 insert 语句首先激活 course_insert_before_trigger 触发器运行，由于触发程序中 new.up_limit 的值为 20，因此导致触发程序中的“insert into mytable values(0);”语句的运行。由于 choose 数据库中不存在 mytable 表，因此，触发程序被迫终止运行，最终避免将 20 插入到 course 表的 up_limit 字段，从而实现了 course 表中 up_limit 字段的检查约束，执行结果如图 7-11 所示。

```
insert into teacher values('005','田老师','00000000000');
insert into course values(null,'高等数学',20,'暂无','已审核','005',20);
```

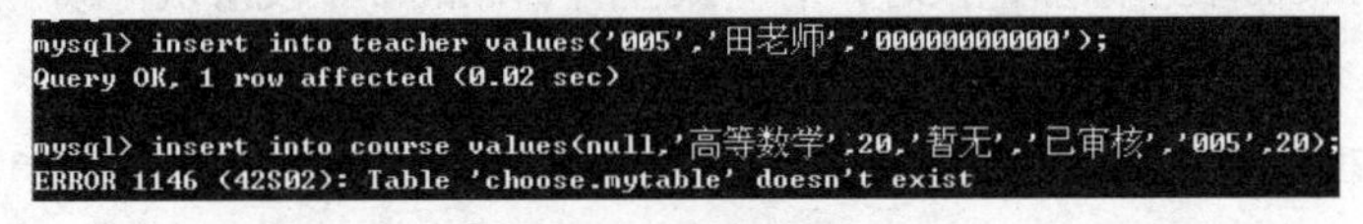

图 7-11　触发器测试（1）

该场景描述触发器的触发时机非常重要，如果将触发时机 before 修改为 after，则无法实现 course 表中 up_limit 字段的检查约束。

与其他商业数据库管理系统不同，使用触发器实现检查约束时，MySQL 触发器暂不支持撤销 undo、退出 exit 等操作，触发程序正常运行期间无法中断其正常执行。为了阻止触发程序继续执行，可以在触发程序中定义一条出错的语句或者不可能完成的 SQL 语句。

course_insert_before_trigger 触发器仅仅实现了“插入”检查，下面的 SQL 语句创建了 course_update_before_trigger 触发器，负责进行“修改”检查。

```
delimiter $$
```

```
create trigger course_update_before_trigger before update on course for each row
begin
if(new.up_limit!=60 || new.up_limit!=150 || new.up_limit!=230) then
    set new.up_limit = old.up_limit;
end if;
end;
$$
delimiter ;
```

当需要更改某个字段值时，由于触发器中的 for each row 表示更新操作影响的每一条记录都会执行一次触发程序，因此可以直接使用“set new.字段名 = 新值;”的方法修改当前记录的字段值(见灰色底纹代码)。在触发程序中修改记录时，尽量不要使用 update 语句（因为 update 语句会再次激活该表的 update 触发器，可能导致陷入死循环）。

使用下面的 update 语句将所有课程的 up_limit 值修改为 10，执行结果如图 7-12 所示。从执行结果可以看出，0 条记录发生了变化，这就说明触发器已经起到了检查约束的作用。

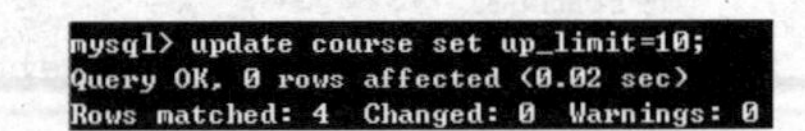

图 7-12 触发器测试（2）

```
update course set up_limit=10;
```

对于“选课系统”中 choose 表的成绩 score 字段要求在 0 到 100 之间取值，同样可以使用触发器实现，这里不再赘述。

7.2.3 使用触发器维护冗余数据

冗余的数据需要额外的维护。维护冗余数据时，为了避免数据不一致问题的发生（例如，剩余的学生名额+已选学生人数≠课程的人数上限），冗余的数据应该尽量避免交由人工维护，建议交由应用系统（例如触发器）自动维护。

场景描述 6：使用触发器自动维护课程 available 的字段值。

例如，某位学生选修了某门课程时，该课程 available 的字段值应该执行减一操作；某位学生放弃选修某门课程时，该课程的 available 字段值应该执行加一操作。

下面的 create trigger 语句创建了名字为 choose_insert_before_trigger 的触发器，该触发器实现的功能是：当向 choose 表中添加记录时，对应课程的 available 字段值执行减一操作。

```
delimiter $$
create trigger choose_insert_before_trigger before insert on choose for each row
begin
update course set available=available-1 where course_no=new.course_no;
end;
$$
delimiter ;
```

在该触发程序中虽然使用了 update 语句，但不会陷入死循环。原因在于，触发器定义在了 choose 表上，而 update 语句修改的是 course 表的记录。

下面的 create trigger 语句创建了名字为 choose_delete_before_trigger 的触发器，该触发器实现的功能是：当删除 choose 表中的某条记录时，对应课程的 available 字段值执行加一操作。

```
delimiter $$
create trigger choose_delete_before_trigger before delete on choose for each row
```

```
begin
update course set available=available+1 where course_no=old.course_no;
end;
$$
delimiter ;
```

7.2.4　使用触发器模拟外键级联选项

对于 InnoDB 存储引擎的表而言，由于支持外键约束，在定义外键约束时，通过设置外键的级联选项 cascade、set null 或者 no action（restrict），外键约束关系可以交由 InnoDB 存储引擎自动维护。

场景描述 7：使用 InnoDB 存储引擎维护外键约束关系。

例如，在“选课系统”中，管理员可以删除选修人数少于 30 人的课程信息，课程信息删除后，与该课程相关的选课信息也应该随之删除，以便相关学生可以选修其他课程。为了实现 InnoDB 表级联删除的功能，可以向 choose 子表中的 course_no 字段添加外键约束，当删除父表 course 表中的某条课程信息时，级联删除与之对应的选课信息。

下面的 SQL 语句首先删除 choose 表与 course 表已有的外键约束关系 choose_course_fk，然后重新创建外键约束关系 choose_course_fk，并添加级联删除选项。

```
alter table choose drop foreign key choose_course_fk;
alter table choose add constraint choose_course_fk foreign key (course_no) references
course(course_no) on delete cascade;
```

添加级联删除选项后，一旦删除 course 表中的课程信息，与之对应的选课信息也将被自动删除。使用级联选项可以轻而易举地实现 InnoDB 存储引擎表之间的外键约束关系。

场景描述 8：使用触发器模拟外键级联选项。

如果 InnoDB 存储引擎的表之间存在外键约束关系，但不存在级联选项；或者使用的数据库表为 MyISAM（MyISAM 表不支持外键约束关系），此时可以使用触发器模拟实现“外键约束”之间的“级联选项”。

例如，下面的 SQL 语句分别创建了组织 organization 表（父表）与成员 member 表（子表）。

这两个表之间虽然创建了外键约束关系，但不存在级联删除选项。

```
create table organization(
o_no int not null auto_increment,
o_name varchar(32) default '',
primary key (o_no)
) engine=innodb;
create table member(
m_no int not null auto_increment,
m_name varchar(32) default '',
o_no int,
primary key (m_no),
constraint organization_member_fk foreign key (o_no) references organization(o_no)
) engine=innodb;
```

使用下面的 insert 语句分别向两个表中插入若干条测试数据。

```
insert into organization(o_no, o_name) values
(null, 'o1'),
(null, 'o2');
insert into member(m_no,m_name,o_no) values
(null, 'm1',1),
(null, 'm2',1),
(null, 'm3',1),
(null, 'm4',2),
(null, 'm5',2);
```

接着使用 create trigger 语句创建了名字为 organization_delete_before_trigger 的触发器，该触发器实现的功能是：删除 organization 表中的某条组织信息前，首先删除成员 member 表中与之对应的信息。

```
delimiter $$
create trigger organization_delete_before_trigger before delete on organization for each row
begin
delete from member where o_no=old.o_no;
end;
$$
delimiter ;
```

下面的 SQL 语句首先使用 select 语句查询 member 表中的所有记录信息。然后使用 delete 语句删除 o_no=1 的组织信息。最后使用 select 语句重新查询 member 表中的所有记录信息，如图 7-13 所示。

```
select * from member;
delete from organization where o_no=1;
select * from member;
```

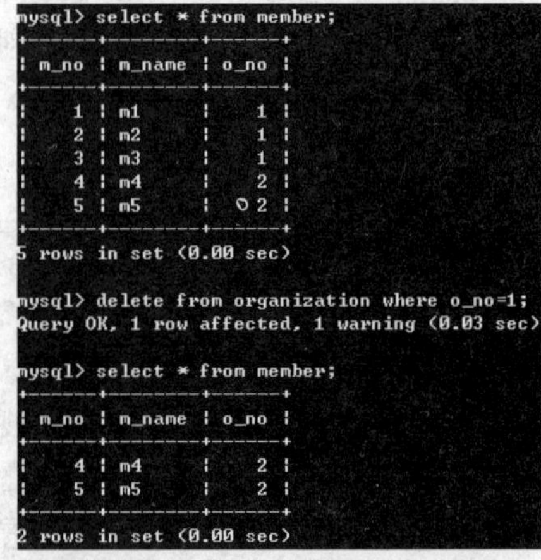

图 7-13　使用触发器模拟外键级联选项

7.2.5　查看触发器的定义

查看触发器的定义是指查看数据库中已存在的触发器的定义、权限和字符集等信息，可以使用下面 4 种方法查看触发器的定义。

① 使用 show triggers 命令查看触发器的定义。

使用“show triggers\G”命令可以查看当前数据库中所有触发器的信息。用这种方式查看触发器的定义时，可以查看当前数据库中所有触发器的定义。如果触发器较多，可以使用“show trigger like 模式\G”命令查看与模式模糊匹配的触发器信息。

② 通过查询 information_schema 数据库中的 triggers 表，可以查看触发器的定义。

MySQL 中所有触发器的定义都存放在 information_schema 数据库下的 triggers 表中，查询 triggers 表时，可以查看数据库中所有触发器的详细信息，查询语句如下。

```
select * from information_schema.triggers\G
```

③ 使用“show create trigger”命令可以查看某一个触发器的定义。

例如，使用“show create trigger organization_delete_before_trigger\G”命令可以查看触发器 organization_ delete_before_trigger 的定义。

④ 成功创建触发器后，MySQL 自动在数据库目录下创建 TRN 以及 TRG 触发器文件（如

图 7-14 所示），以记事本方式打开这些文件，可以查看触发器的定义。

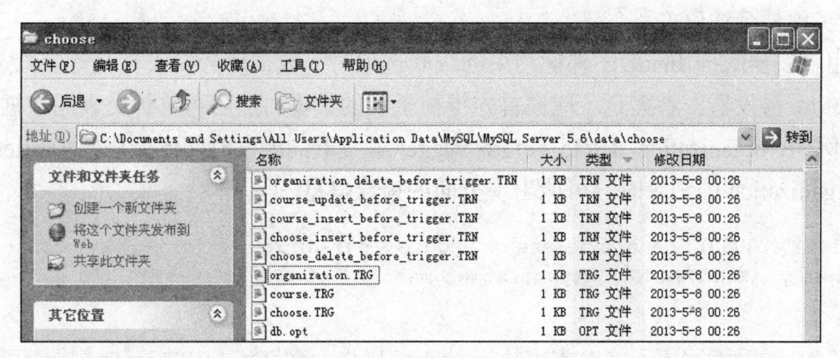

图 7-14　触发器定义文件

7.2.6　删除触发器

如果某个触发器不再使用，则可以使用 drop trigger 语句将其删除，语法格式如下。

drop trigger 触发器名

例如，删除 organization_delete_before_trigger 触发器可以使用下面的 SQL 语句，执行结果如图 7-15 所示。

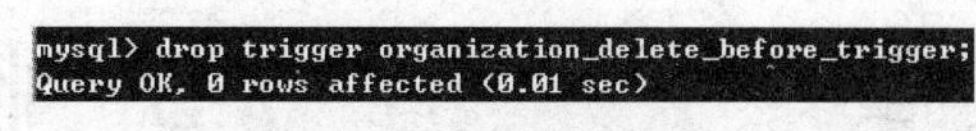

图 7-15　删除触发器

```
drop trigger organization_delete_before_trigger;
```

由于触发器保存的是一条触发程序，没有保存用户数据，当触发器的触发程序需要修改时，可以使用 drop trigger 语句暂时将该触发器删除，然后使用 create trigger 语句重新创建触发器即可。

7.2.7　使用触发器的注意事项

MySQL 从 5.0 版本才开始支持触发器，与其他成熟的商业数据库管理系统相比，无论功能还是性能，触发器在 MySQL 中的使用还有待完善。在 MySQL 中使用触发器时有一些注意事项。

① 如果触发程序中包含 select 语句，则该 select 语句不能返回结果集。

② 同一个表不能创建两个相同触发时间、触发事件的触发程序。

③ 触发程序中不能使用以显式或隐式方式打开、开始或结束事务的语句，如 start transaction、commit、rollback 或者 set autocommit=0 等语句。

④ MySQL 触发器针对记录进行操作，当批量更新数据时，引入触发器会导致批量更新操作的性能降低。

⑤ 在 MyISAM 存储引擎中，触发器不能保证原子性，例如，当使用一个更新语句更新一个表后，触发程序实现另外一个表的更新，若触发程序执行失败，则不会回滚第一个表的更新。InnoDB 存储引擎支持事务，使用触发器可以保证更新操作与触发程序的原子性，此时触发程序和更新操作是在同一个事务中完成的，例如，如果 before 类型的触发器程序执行失败，那么更新语句不会执行；如果更新语句执行失败，那么 after 类型的触发器不会执行；如果 after 类型的触发器程序执行失败，那么更新语句执行后也会被撤销（或者回滚），以便保证事务的原子性。

⑥ InnoDB 存储引擎实现外键约束关系时，建议使用级联选项维护外键数据；MyISAM 存储

引擎虽然不支持外键约束关系，但可以使用触发器实现级联修改和级联删除，进而模拟维护外键数据，模拟实现外键约束关系。

⑦ 使用触发器维护 InnoDB 外键约束的级联选项时，数据库开发人员究竟应该选择 after 触发器还是 before 触发器？答案是：应该首先维护子表的数据，然后再维护父表的数据，否则可能出现错误。例如，organization_delete_before_trigger 触发器的触发时间不能修改为 after，否则直接删除父表 organization 的记录时，可能出现下面的错误信息。

```
ERROR 1451 (23000): Cannot delete or update a parent row: a foreign key constraint fails
('tt'.'member', CONSTRAINT 'organization_member_fk' FOREIGN KEY ('o_no') REFERENCES
'organization' ('o_no'))
```

⑧ MySQL 的触发程序不能对本表执行 update 操作。触发程序中的 update 操作可以直接使用 set 命令替代，否则可能出现错误信息，甚至陷入死循环。

⑨ 在 before 触发程序中，auto_increment 字段的 new 值为 0，不是实际插入新记录时自动生成的自增型字段值。

⑩ 添加触发器后，建议对其进行详细的测试，测试通过后再决定是否使用触发器。

7.3 临 时 表

按照 MySQL 临时表的存储位置，可以将其分为内存临时表（in-memory）以及外存临时表（on-disk）。按照 MySQL 临时表的创建时机，可以将其分为自动创建的临时表以及手工创建的临时表。

7.3.1 临时表概述

当“主查询”中包含派生表，或者当 select 语句中包含 union 子句，或者当 select 语句中包含对一个字段的 order by 子句（对另一个字段的 group by 子句）时，MySQL 为了完成查询，则需要自动创建临时表存储临时结果集，这种临时表由 MySQL 自行创建、自行维护，称为自动创建的临时表。对于自动创建的临时表而言，由于内存临时表的性能更为优越，MySQL 总是首先使用内存临时表，而当内存临时表变得太大，达到某个阈值的时候，内存临时表被转存为外存临时表。也就是说，外存临时表是内存临时表在存储空间上的一种“延伸”。 内存临时表转存为外存临时表的阈值由系统变量 max_heap_table_size 和 tmp_table_size 的较小值决定。

另外，数据库开发人员也可以根据自身需要，手工创建临时表完成复杂功能，本章主要讲解手工创建临时表的使用方法。手工创建临时表后，MySQL 将自动在 MySQL 服务器硬盘上创建 frm 表结构定义文件（临时表的 frm 文件默认保存在 C:\WINDOWS\temp 目录下），保存该临时表的结构信息。如果临时表的存储引擎是 InnoDB，临时表的表记录以及索引信息默认保存在共享表空间 ibdata1 文件中；如果临时表的存储引擎是 MyISAM，临时表的表记录以及索引信息默认保存在 C:\WINDOWS\temp 目录下的 MYD 数据文件与 MYI 索引文件中。

7.3.2 临时表的创建、查看与删除

手动创建临时表时，临时表与基表的使用方法基本上没有区别，它们之间的不同之处在于，临时表的生命周期类似于会话变量的生命周期，临时表仅在当前 MySQL 会话中生效，关闭当前

MySQL 服务器连接后，临时表中的数据将被清除，临时表也将消失。

1. **手工创建临时表**

手工创建临时表很容易，给正常的 create table 语句加上 temporary 关键字即可。例如，下面的 MySQL 语句创建了 temp 临时表，然后向其添加了测试数据，并进行了查询，执行结果如图 7-16 所示。

```
create temporary table temp(name char(100));
insert into temp values('test');
select * from temp;
```

临时表是数据库的对象，因此创建临时表时，需要指定该临时表隶属于哪个数据库。

手工创建的临时表是"会话变量"，仅在当前服务器连接中有效。打开另一个 MySQL 服务器连接，访问临时表时，将会出现图 7-17 所示的错误信息。

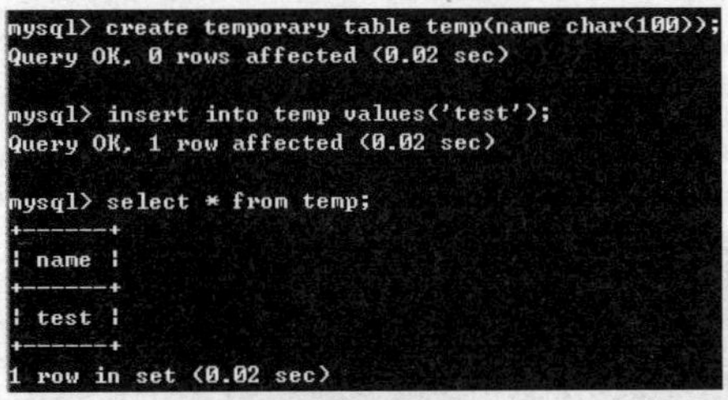

```
mysql> create temporary table temp(name char(100));
Query OK, 0 rows affected (0.02 sec)

mysql> insert into temp values('test');
Query OK, 1 row affected (0.02 sec)

mysql> select * from temp;
+------+
| name |
+------+
| test |
+------+
1 row in set (0.02 sec)
```

图 7-16　临时表的使用

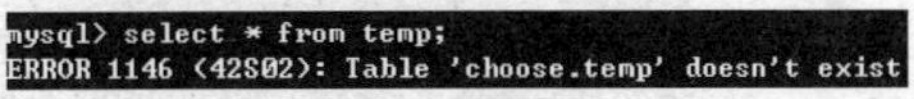

```
mysql> select * from temp;
ERROR 1146 (42S02): Table 'choose.temp' doesn't exist
```

图 7-17　临时表基于当前 MySQL 会话

2. **查看临时表的定义**

查看临时表的定义可以使用 MySQL 语句"show create table 临时表名;"。例如，"show create table temp\G"的执行结果如图 7-18 所示。从执行结果可以看到临时表的字符集、存储引擎等信息。

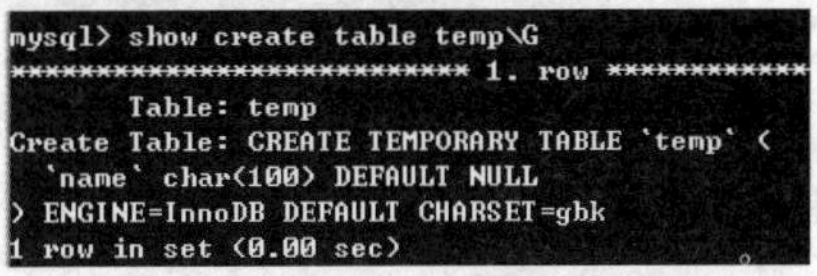

```
mysql> show create table temp\G
*************************** 1. row ***********
       Table: temp
Create Table: CREATE TEMPORARY TABLE `temp` (
  `name` char(100) DEFAULT NULL
) ENGINE=InnoDB DEFAULT CHARSET=gbk
1 row in set (0.00 sec)
```

图 7-18　查看临时表的定义

3. **删除临时表**

断开 MySQL 服务器的连接，临时表 frm 表结构定义文件以及表记录将被清除。使用 drop 命令也可以删除临时表，语法格式如下。

drop **temporary** table 临时表表名

7.3.3　"选课系统"中临时表的使用

场景描述 9： 制作"选课系统"时，需要为学生设置账号信息（例如密码），以便学生登录"选课系统"完成选课功能。"选课系统"的管理员如何将所有学生的密码初始化？例如，将学生的密码初始化为学生本人学号 md5 加密后产生的加密字符串。

使用下面的 SQL 语句向学生 student 表以及教师 teacher 表添加密码 password 字段，数据类型为 char(32)。

```
alter table student add password char(32) not null after student_no;
alter table teacher add password char(32) not null after teacher_no;
```

将学生表或者教师表（这里以学生表为例）的密码初始化为学号 md5 加密后产生的加密字符串，有两种解决方法：一种方法是使用临时表，这种方法较为复杂，但却容易理解。另一种方法是使用派生表（稍后讲解），这种方法较为简单，却不容易理解。

（1）下面的 SQL 语句负责创建临时表 password_temp，该表共有两个字段 s_no 以及 pwd，并将学生表中所有学号 student_no 字段值及学生学号 md5 加密后的加密字符串值置入其中。

```
create temporary table password_temp select student_no s_no, md5(student_no) pwd from student;
```

（2）下面的 update 语句负责修改学生 student 表的 password 字段的值，并对该字段值进行初始化。

```
update student set password=(
select pwd
from password_temp
where student_no=s_no
);
```

需要在同一个 MySQL 客户机中创建 password_temp 临时表，并执行上述 update 语句。

（3）查询学生 student 表的所有记录，执行结果如图 7-19 所示。

```
mysql> select * from student;
+------------+----------------------------------+--------------+-----------------+----------+
| student_no | password                         | student_name | student_contact | class_no |
+------------+----------------------------------+--------------+-----------------+----------+
| 2012001    | 17bb26ebcb7c07aa1caedef7f4e1342a | 张三         | 15000000000     |        1 |
| 2012002    | 3bcd9a2eb0bf9c1d18f0552a3be9b383 | 李四         | 16000000000     |        1 |
| 2012003    | 1ce4e770ad638fc2b20e9f2dd9fb86d3 | 王五         | 17000000000     |        3 |
| 2012004    | ee7a4dad3b5661a884123b58af666d10 | 马六         | 18000000000     |        2 |
| 2012005    | 19ff22755e2b53e716380a6f3daa3bc5 | 田七         | 19000000000     |        2 |
| 2012006    | 106dbd48e235095ca524bdfd8d469662 | 张三丰       | 20000000000     |     NULL |
+------------+----------------------------------+--------------+-----------------+----------+
6 rows in set (0.00 sec)
```

图 7-19　重置 student 表的 password 字段

7.3.4　使用临时表的注意事项

使用存储程序可以实现表数据的复杂加工处理，有时需要将 select 语句的查询结果集临时地保存到存储程序（例如函数、存储过程）的变量中。不过，目前 MySQL 并不支持表类型变量。临时表可以模拟实现表类型变量的功能。

临时表是数据库的对象，因此创建临时表时，需要指定该临时表隶属于哪个数据库。

手工创建的临时表只在当前 MySQL 服务器连接上可见，连接关闭时，临时表会自动删除。这就意味着可以在两个不同的 MySQL 服务器连接上创建名字相同的临时表，并且不会冲突。

临时表如果与基表重名，那么基表将被隐藏，除非删除临时表，基表才能被访问。

MyISAM、Merge 或者 InnoDB 存储引擎都支持临时表。临时表的默认存储引擎由系统变量 default_tmp_storage_engine 决定。

临时表不支持聚簇索引、触发器。

show tables 命令不会显示临时表的信息。

不能用 rename 来重命名一个临时表。但可以使用 alter table 重命名临时表。

在同一条 select 语句中，临时表只能引用一次。例如，下面的 select 语句将抛出“ERROR 1137 (HY000): Can't reopen table: 't1'”错误信息。

```
select * from temp as t1, temp as t2;
```

7.4　派生表（derived table）

派生表类似于临时表，但与临时表相比，派生表的性能更优越。派生表与视图一样，一般在 from 子句中使用，其语法格式如下（粗体字代码为派生表代码）。

....from **(select 子句) 派生表名**....

派生表必须是一个有效的表，因此它必须遵守以下规则。

每个派生表必须有自己的表名。

派生表中的所有字段必须要有名称，字段名必须唯一。

场景描述 10：制作"选课系统"时，系统管理员有必要将所有教师的密码进行初始化，例如，将教师的密码初始化为教师工号 md5 加密后产生的字符串。

下面的一条 update 语句就可以实现教师 teacher 表中 password 字段的初始化，其中粗体字代码产生了派生表 u。

```
update teacher s set s.password =(
  select md5(u.teacher_no)
  from
  (select teacher_no from teacher) u
  where s.teacher_no=u.teacher_no
);
```

查询教师 teacher 表的所有记录，执行结果如图 7-20 所示。

```
mysql> select * from teacher;
+------------+----------------------------------+--------------+-----------------+
| teacher_no | password                         | teacher_name | teacher_contact |
+------------+----------------------------------+--------------+-----------------+
| 001        | dc5c7986daef50c1e02ab09b442ee34f | 张老师       | 11000000000     |
| 002        | 93dd4de5cddba2c733c65f233097f05a | 李老师       | 12000000000     |
| 003        | e88a49bccde359f0cabb40db83ba6080 | 王老师       | 13000000000     |
| 004        | 11364907cf269dd2183b64287156072a | 马老师       | 10000000000     |
| 005        | ce08becc73195df12d99d761bfbba68d | 田老师       | 00000000000     |
+------------+----------------------------------+--------------+-----------------+
5 rows in set (0.00 sec)
```

图 7-20　重置 teacher 表的 password 字段

7.5　子查询、视图、临时表、派生表

子查询需要嵌套在另一个主查询语句（例如 select、insert、update 或者 delete 语句）中。子查询分为相关子查询与非相关子查询（请参看表记录的检索章节的内容）。子查询一般在主查询语句中的 where 子句或者 having 子句中使用。

视图中保存的仅仅是一条 select 语句，并且该 select 语句是一条独立的 select 语句，这就意味着该 select 语句可以单独运行。非相关子查询虽然是一条独立且能单独运行的 select 语句，但是，通常情况下，不会将非相关子查询封装为一个视图，原因在于视图与子查询的使用场景不同。子查询主要在主查询语句中的 where 子句或者 having 子句中使用，而视图通常在主查询语句中的 from 子句中使用。由于视图本质是一条 select 语句，执行的是某一个数据源的某个字段的查询操

作，如果视图的“主查询”语句是 update 语句、delete 语句或者 insert 语句，且“主查询”语句执行了该字段的更新操作，那么主查询语句将出错。原因非常简单，在对某个表的某个字段进行操作时，查询操作（select 语句）不能与更新操作（update 语句、delete 语句或者 insert 语句）同时进行。

举例来说，对于上面的学生密码的重置问题，能否将临时表 temp 替换成视图，实现相同的功能？下面的 SQL 语句创建了一个视图 temp_view，该视图的数据与临时表 temp 的数据完全相同。

```
create view temp_view as select student_no s_no, md5(student_no) pwd from student;
```

然后使用下面的 update 语句修改学生 student 表的 password 字段的值，并对该字段值进行初始化（粗体字代码是改动部分，其他代码不变），执行结果如图 7-21 所示。

```
update student set password=(
select pwd
from temp_view
where student_no=s_no
);
```

```
mysql> create view temp_view as select student_no s_no, md5(student_no) pwd from student;
Query OK, 0 rows affected (0.02 sec)

mysql> update student set password=(
    -> select pwd
    -> from temp_view
    -> where student_no=s_no
    -> );
ERROR 1443 (HY000): The definition of table 'temp_view' prevents operation UPDATE on table
nt'.
```

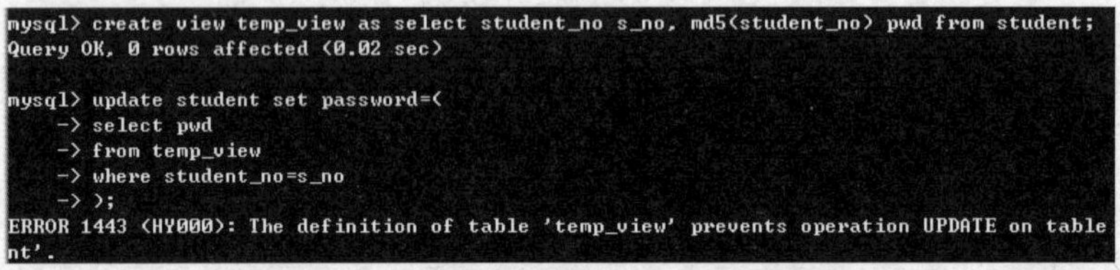

图 7-21　视图执行期间为表记录施加读锁

产生错误的原因在于，视图中“select student_no s_no, md5(student_no) pwd from student”执行的是 student 表的 password 字段的“查询”操作，而 update 语句执行的是 password 字段的更新操作，password 字段“查询”操作执行的同时，不允许执行该字段的“更新”操作。

视图与临时表通常在 from 子句中使用，就这一点而言，临时表与视图相似。临时表与视图的区别在于：视图是虚表，视图中的源数据全部来自于数据库表；临时表不是虚表，临时表的数据需要占用一定的储存空间，要么存在于内存，要么存在于外存。正因为这样，本章场景描述 9 中，“临时表”的“主查询”语句（例如 update、delete 或者 insert 语句）执行字段的更新操作时，不会产生图 7-21 所示的“ERROR 1443 (HY000)”错误。

派生表与临时表的功能基本相同，它们之间的最大区别在于生命周期不同。如果临时表是手工创建的，那么临时表的生命周期在 MySQL 服务器连接过程中有效；而派生表的生命周期仅在本次 select 语句执行的过程中有效，本次 select 语句执行结束，派生表立即清除。因此，如果希望延长查询结果集的生命周期，可以选用临时表；反之亦然。

另外，通过视图虽然可以更新基表的数据，但本书并不建议这样做。原因在于，通过视图更新基表数据，并不会触发触发器的运行。例如，使用下面的 insert 语句通过视图 choose_1_view 向 choose 表添加了记录，而该 insert 语句并不会触发 choose 表的触发器 choose_insert_before_trigger 的运行，这样就会导致数据不一致问题的发生（剩余的学生名额+已选学生人数≠课程的人数上限）。

```
insert into choose_1_view values (null,'2012003',2,100,now());
```

习　　题

1. 视图与基表有什么区别和联系？视图与 select 语句有什么关系？
2. 什么是检查视图？什么是 local 检查视图与 cascaded 检查视图？
3. 请用触发器实现检查约束：一个学生某门课程的成绩 score 要求在 0 到 100 之间取值。
4. MySQL 触发器中的触发事件有几种？触发器的触发时间有几种？
5. 创建触发器时，有哪些注意事项？
6. 使用触发器可以实现哪些数据的自动维护？
7. 您是如何理解临时表的？临时表与基表有什么关系？
8. 您是如何理解视图、子查询、临时表、派生表之间的关系的？

第 8 章 存储过程与游标

MySQL 存储过程实现了比 MySQL 函数更为强大的功能,数据库开发人员可以将功能复杂、使用频繁的 MySQL 代码封装成 MySQL 存储过程，从而提高 MySQL 代码的重用性。本章主要讲解如何在 MySQL 中使用存储过程，内容包括存储过程的创建以及调用、MySQL 异常处理机制、游标以及 MySQL 预处理等方面的知识，并结合“选课系统”讲解这些知识在该系统中的应用，最后本章对存储程序做了总结。本章为读者将来编写更为复杂的业务逻辑代码奠定了坚实的基础。

8.1 存 储 过 程

与函数一样，存储过程也可以看作是一个“加工作坊”，这个“加工作坊”接收“调用者”传递过来的“原料”（实际上是存储过程的 in 参数），然后将这些“原料”“加工处理”成“产品”（实际上是存储过程的 out 参数或 inout 参数），再把“产品”返回给“调用者”。

8.1.1 创建存储过程的语法格式

创建存储过程时，数据库开发人员需提供存储过程名、存储过程的参数以及存储过程语句块（一系列的操作）等信息。创建存储过程的语法格式如下。

create procedure 存储过程名（参数 1，参数 2，…）

[存储过程选项]

begin

存储过程语句块;

end;

存储过程选项可能由以下一种或几种存储过程选项组合而成。有关存储过程选项的说明请参看自定义函数语法格式中的说明，这里不再赘述。

存储过程选项由以下一种或几种选项组合而成。

```
language sql
| [not] deterministic
| { contains sql | no sql | reads sql data | modifies sql data }
| sql security { definer | invoker }
| comment '注释'
```

存储过程是数据库的对象，因此创建存储过程时，需要指定该存储过程隶属于哪个数据库。同一个数据库内，存储过程名不能与已经存在的存储过程名重名，建议在存储过程名中统一添加前缀“proc_”或者后缀“_proc”。

与函数相同之处在于，存储过程的参数也是局部变量，也需要提供参数的数据类型；与函数不同的是，存储过程有 3 种类型的参数：in 参数、out 参数以及 inout 参数。其中，in 代表输入参数（默认情况下为 in 参数），表示该参数的值必须由调用程序指定；out 代表输出参数，表示该参数的值经存储过程计算后，将 out 参数的计算结果返回给调用程序；inout 代表既是输入参数，又是输出参数，表示该参数的值既可以由调用程序指定，又可以将该参数的计算结果返回给调用程序。in 参数、out 参数以及 inout 参数的具体用法请参看后续的示例程序。

存储过程如果没有参数，使用空参数“()”即可。

前面的章节曾经创建了一个名字为 get_choose_number_fn()的函数，该函数实现的功能是根据学生 student_no 获取该生选修了几门课程。下面的 SQL 语句创建了名字为 get_choose_number_proc()的存储过程，实现了相同的功能。该存储过程中 student_no1 是 in 参数，choose_number 是 out 参数，它们都是局部变量。

```
delimiter $$
create procedure get_choose_number_proc(in student_no1 int,out choose_number int)
reads sql data
begin
    select count(*) into choose_number from choose where student_no=student_no1;
end
$$
delimiter ;
```

8.1.2　存储过程的调用

调用存储过程需使用 call 关键字，另外，还要向存储过程传递 in 参数、out 参数或者 inout 参数。例如，调用 get_choose_number_proc()存储过程的 MySQL 命令如下，执行结果如图 8-1 所示。

```
set @student_no = '2012001';
set @choose_number = 0;
call get_choose_number_proc(@student_no,@choose_number);
select @choose_number;
```

由于存储过程 get_choose_number_proc()中的 in 参数与 out 参数的数据类型都为整数，因此，也可以将这两个参数简化为一个 inout 参数。下面的 SQL 语句创建了一个名字为 get_choose_number1_proc()的存储过程，实现了与存储过程 get_choose_number_proc()相同的功能。

```
delimiter $$
create procedure get_choose_number1_proc(inout number int)
reads sql data
begin
     select count(*) into number from choose where student_no=number ;
end
$$
delimiter ;
```

调用 get_choose_number1_proc()存储过程的 MySQL 命令如下。由于@number 是会话变量，在整个会话期间一直有效，因此，存储过程 get_choose_number1_proc()不仅可以读取该会话变量的值，而且还可以修改该会话变量的值，执行结果如图 8-2 所示。

```
set @number = '2012001';
call get_choose_number1_proc(@number);
select @number;
```

MySQL 客户机调用存储过程时，如果希望得到存储过程的返回值，则必须为存储过程的 out 参数或者 inout 参数传递会话变量（例如@choose_number 以及@number 都是会话变量）。在网上选课系统的开发章节中，本书使用了 PHP 程序调用了 MySQL 存储过程，如果 PHP 程序希望获取 MySQL 存储过程的返回值，那么必须为 MySQL 存储过程传递会话变量，具体用法读者可以参看网上选课系统的开发章节中的内容。

```
mysql> set @student_no = '2012001';
Query OK, 0 rows affected (0.00 sec)

mysql> set @choose_number = 0;
Query OK, 0 rows affected (0.00 sec)

mysql> call get_choose_number_proc(@student_no,@choose_number);
Query OK, 1 row affected (0.03 sec)

mysql> select @choose_number;
+----------------+
| @choose_number |
+----------------+
|              2 |
+----------------+
1 row in set (0.01 sec)
```

图 8-1　in 参数、out 参数存储过程的使用

```
mysql> set @number = '2012001';
Query OK, 0 rows affected (0.00 sec)

mysql> call get_choose_number1_proc(@number);
Query OK, 1 row affected (0.00 sec)

mysql> select @number;
+---------+
| @number |
+---------+
|       2 |
+---------+
1 row in set (0.00 sec)
```

图 8-2　inout 参数存储过程的使用

8.1.3　“选课系统”的存储过程

“选课系统”中需要进行一些信息统计工作，这些统计工作可以交由存储过程来完成。

场景描述 1：给定一个学生（例如 student_no= '2012001'），统计该生已经选修了哪些课程，可以使用存储过程完成该统计工作。下面的 SQL 语句创建了名字为 get_student_course_proc()的存储过程，该存储过程接收学生学号（s_no）为输入参数，经过存储过程一系列地处理，返回该生所有选修课程的相关信息。

该存储过程使用的 select 语句请参看表记录的检索以及 MySQL 编程基础章节的内容。

```
delimiter $$
create procedure get_student_course_proc(in s_no char(11))
reads sql data
  begin
  select
  choose.course_no,course_name,teacher_name,teacher_contact,to_chinese_fn(description)
description
  from choose join course on course.course_no=choose.course_no
  join teacher on teacher.teacher_no=course.teacher_no
  where student_no=s_no;
  end
  $$
  delimiter ;
```

调用 get_student_course_proc()存储过程的 MySQL 命令如下，执行结果如图 8-3 所示。

```
set @s_no = '2012001';
```

```
call get_student_course_proc(@s_no)\G
```

```
mysql> set @s_no = '2012001';
Query OK, 0 rows affected (0.00 sec)

mysql> call get_student_course_proc(@s_no)\G
*************************** 1. row ***************************
      course_no: 2
    course_name: MySQL数据库
   teacher_name: 李老师
teacher_contact: 12000000000
    description: MySQL是一个中型关系型数据库管理系统，由瑞典MySQL AB公司开发，目前属于Oracl
e公司。
*************************** 2. row ***************************
      course_no: 1
    course_name: java语言程序设计
   teacher_name: 张老师
teacher_contact: 11000000000
    description: Java是一种可以撰写跨平台应用软件的面向对象的程序设计语言。
2 rows in set (0.06 sec)

Query OK, 0 rows affected (0.11 sec)
```

图 8-3　存储过程的调用（1）

存储过程可以使用 select 语句返回结果集；而函数不能使用 select 语句返回结果集，否则将出现图 8-4 所示的错误信息。

```
ERROR 1415 (0A000): Not allowed to return a result set from a function
```

图 8-4　函数不能产生结果集

同样的道理，给定一个教师的工号（例如'001'），统计该教师已经申报了哪些课程，可以使用下面的存储过程 get_teacher_course_proc()完成该统计工作，代码如下。

```
delimiter $$
create procedure get_teacher_course_proc(in t_no char(11))
reads sql data
begin
select
course_no,course_name,teacher_name,teacher_contact,status,to_chinese_fn(description)
description
from teacher join course on course.teacher_no=teacher.teacher_no
where teacher.teacher_no=t_no;
end
$$
delimiter ;
```

场景描述 2：给定一门课程（例如 course_no=1 的课程），统计哪些学生选修了这门课程，查询结果先按院系排序，院系相同的按照班级排序，班级相同的按照学号排序。下面的 SQL 语句创建了名字为 get_course_student_proc()的存储过程，可以完成该统计工作。该存储过程接收课程课号（c_no）为输入参数，经过存储过程一系列的处理，返回选修该课程的所有学生的相关信息。

该存储过程使用的 select 语句请参看表记录的检索章节的内容。

```
delimiter $$
create procedure get_course_student_proc(in c_no int)
reads sql data
begin
select department_name,class_name,student.student_no,student_name,student_contact
from student join classes on student.class_no=classes.class_no
```

```
join choose on student.student_no=choose.student_no
where course_no=c_no
order by department_name,class_name,student_no;
end
$$
delimiter ;
```

调用 get_course_student_proc()存储过程的 MySQL 命令如下，执行结果如图 8-5 所示。

```
set @c_no = 1;
call get_course_student_proc(@c_no);
```

```
mysql> set @c_no = 1;
Query OK, 0 rows affected (0.00 sec)

mysql> call get_course_student_proc(@c_no);
+-----------------+---------------+------------+--------------+-----------------+
| department_name | class_name    | student_no | student_name | student_contact |
+-----------------+---------------+------------+--------------+-----------------+
| 机电工程学院    | 2012自动化1班 | 2012001    | 张三         | 15000000000     |
| 机电工程学院    | 2012自动化2班 | 2012005    | 田七         | 19000000000     |
| 机电工程学院    | 2012自动化3班 | 2012003    | 王五         | 17000000000     |
+-----------------+---------------+------------+--------------+-----------------+
3 rows in set (0.02 sec)

Query OK, 0 rows affected (0.03 sec)
```

图 8-5　存储过程的调用（2）

场景描述 3："选课系统"中，最为复杂的业务逻辑莫过于"学生选课"以及"学生调课"功能的实现。由于所有学生的选课业务流程完全相同，因此有必要将"选课"以及"调课"功能封装成存储过程，从而为每个学生提供"选课"以及"调课"服务，本章主要讲解"学生选课"功能的实现。

以 student_no='2012001'的学生选修 course_no=1 的课程为例，可以使用图 8-6 所示的程序流程图阐述该生的选课流程。从图中可以看到，为了实现"学生选课"功能，存储过程首先将局部变量 state 的值初始化为 0（state 标记选课的结果），将局部变量 status 的值初始化为'未审核'；接着判断 student_no=1 的学生是否已经选修了 course_no=1 课程，如果已经选修了 course_no=1 课程，则将状态值 state 设置为-1；接着判断 student_no='2012001'的学生已经选修了几门课程，如果已经选修了两门课程，则将状态值 state 设置为-2；然后判断 course_no=1 课程的状态是否已经审核，是否已经报满（available 字段值为 0 表示报满），如果课程未审核，或者课程已经报满（available 字段值为 0），则将状态值 state 设置为-3。只有状态值 state 的值等于 0 时，该生才可以选修 course_no=1 课程，并将状态值 state 设置为 choose

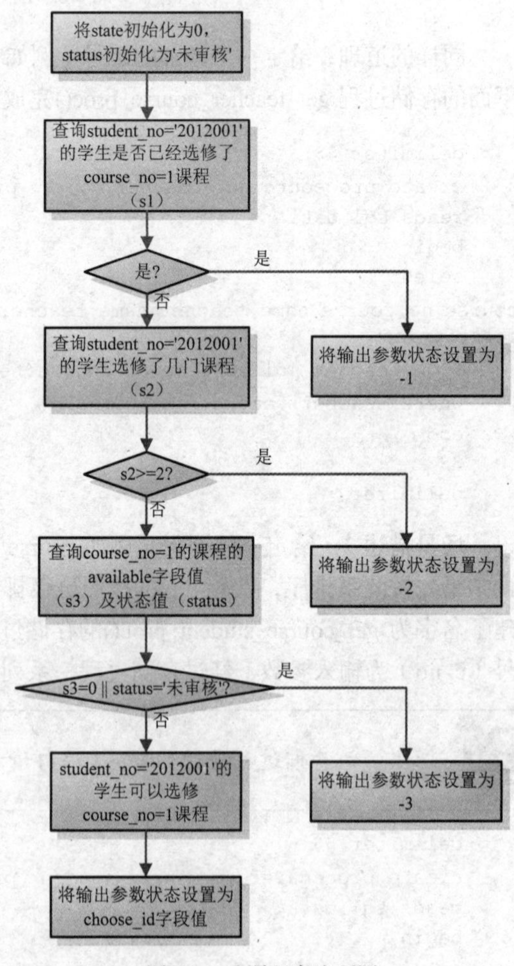

图 8-6　选课程序流程图

表的 last_insert_id()值。

下面的 SQL 语句创建了名字为 choose_proc()的存储过程，该存储过程接收学生学号（s_no）以及课程号（c_no）为输入参数，经过存储过程一系列的处理，返回状态 state 值。如果状态 state 的值大于 0，则说明学生选课成功；如果状态 state 的值等于-1，则意味着该生已经选修了该门课程；如果状态 state 的值等于-2，则意味着该生已经选修了两门课程；如果状态 state 的值等于-3，则意味着该门课程未通过审核或者已经报满。

```
delimiter $$
create procedure choose_proc(in s_no char(11),in c_no int,out state int)
modifies sql data
begin
    declare s1 int;
    declare s2 int;
    declare s3 int;
    declare status char(8);
    set state= 0;
    set status='未审核';
    select count(*) into s1 from choose where student_no=s_no and course_no=c_no ;
    if(s1>=1) then
        set state = -1;
    else
        select count(*) into s2 from choose where student_no=s_no;
        if(s2>=2) then
            set state = -2;
        else
            select state into status from course where course_no=c_no;
            select available into s3 from course where course_no=c_no;
            if(s3=0 || status='未审核') then
                set state = -3;
            else
                insert into choose values(null,s_no,c_no,null,now());
                set state = last_insert_id();
            end if;
        end if;
    end if;
end
$$
delimiter ;
```

下面的 MySQL 语句负责调用 choose_proc()存储过程，并对该存储过程进行简单的测试。首先查看 choose 表的所有记录，如图 8-7 所示。从图中可以看出，学号 2012003 的学生只选修了 course_no 等于 1 的课程（该课程已经审核）。

执行下面的 MySQL 代码，学号 2012003 的学生依次选修了 course_no 等于 1、2、3 的课程，返回的状态信息分别是-1、10、-2，如图 8-8 所示。

```
set @state = 0;
call choose_proc('2012003',1,@state);
select @state;
call choose_proc('2012003',2,@state);
select @state;
call choose_proc('2012003',3,@state);
```

```
select @state;
```

```
mysql> select * from choose;
```

choose_no	student_no	course_no	score	choose_time
1	2012001	2	40	2013-05-08 23:13:25
2	2012001	1	50	2013-05-08 23:13:25
3	2012002	3	60	2013-05-08 23:13:25
4	2012002	2	70	2013-05-08 23:13:25
5	2012003	1	80	2013-05-08 23:13:25
6	2012004	2	90	2013-05-08 23:13:25
7	2012005	3	NULL	2013-05-08 23:13:25
8	2012005	1	NULL	2013-05-08 23:13:25

```
8 rows in set (0.00 sec)
```

图 8-7　choose 表的所有记录

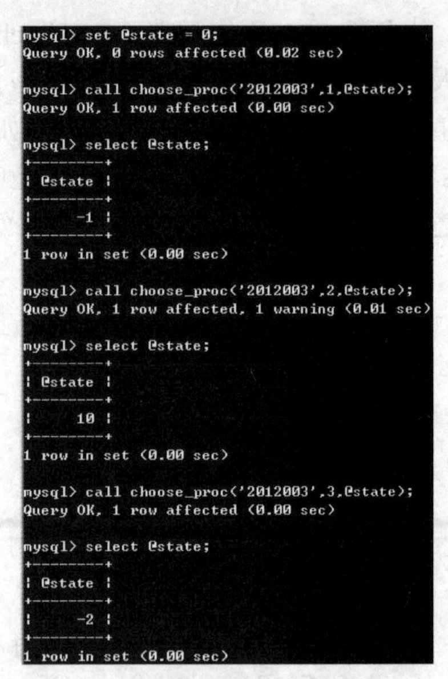

```
mysql> set @state = 0;
Query OK, 0 rows affected (0.02 sec)

mysql> call choose_proc('2012003',1,@state);
Query OK, 1 row affected (0.00 sec)

mysql> select @state;
+--------+
| @state |
+--------+
|     -1 |
+--------+
1 row in set (0.00 sec)

mysql> call choose_proc('2012003',2,@state);
Query OK, 1 row affected, 1 warning (0.01 sec)

mysql> select @state;
+--------+
| @state |
+--------+
|     10 |
+--------+
1 row in set (0.00 sec)

mysql> call choose_proc('2012003',3,@state);
Query OK, 1 row affected (0.00 sec)

mysql> select @state;
+--------+
| @state |
+--------+
|     -2 |
+--------+
1 row in set (0.00 sec)
```

图 8-8　选修存储过程的调用

如果某个学生成功选修了某门课程，那么 choose_proc()存储过程中的 insert 语句将被执行，该 insert 语句将触发 choose 表的 choose_insert_before_trigger 触发器运行，该触发器自动维护 course 表的 available 字段的值（有关该触发器的定义请参看视图与触发器章节的内容）。

8.1.4　查看存储过程的定义

可以使用下面 4 种方法查看存储过程的定义、权限、字符集等信息。

（1）使用 show procedure status 命令查看存储过程的定义

例如，使用“show procedure status\G”命令可以查看所有存储过程的信息。如果存储过程较多，可以使用“show procedure status like 模式\G”命令查看与模式模糊匹配的存储过程的定义。

（2）查看某个数据库（例如 choose 数据库）中的所有存储过程名，可以使用下面的 SQL 语句，如图 8-9 所示。

```
select name from mysql.proc where db = 'choose' and type = 'procedure';
```

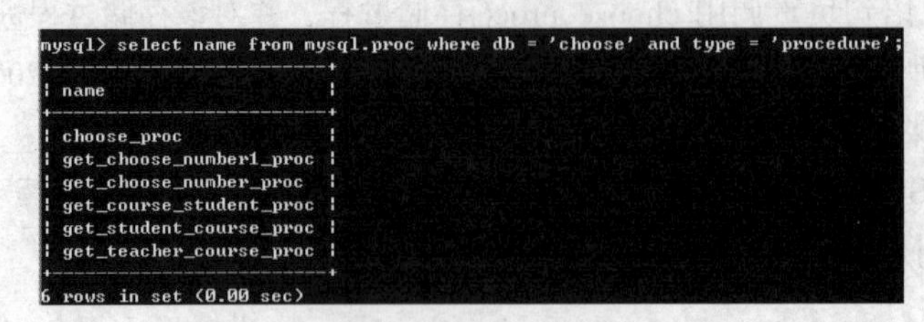

```
mysql> select name from mysql.proc where db = 'choose' and type = 'procedure';
+---------------------------+
| name                      |
+---------------------------+
| choose_proc               |
| get_choose_number1_proc   |
| get_choose_number_proc    |
| get_course_student_proc   |
| get_student_course_proc   |
| get_teacher_course_proc   |
+---------------------------+
6 rows in set (0.00 sec)
```

图 8-9　查看某个数据库中所有存储过程名

（3）使用 MySQL 命令“show create procedure 存储过程名;”可以查看指定数据库的指定存储过程的详细信息。例如，查看 get_choose_number_proc()存储过程的详细信息，可以使用“show create procedure get_choose_number_proc\G”，如图 8-10 所示。

```
mysql> show create procedure get_choose_number_proc\G
*************************** 1. row ***************************
           Procedure: get_choose_number_proc
            sql_mode: STRICT_TRANS_TABLES
    Create Procedure: CREATE DEFINER=`root`@`localhost` PROCEDURE `get_choose_number_proc`(
in student_no1 int,out choose_number int)
    READS SQL DATA
begin
        select count(*) into choose_number from choose where student_no=student_no1;
end
character_set_client: gbk
collation_connection: gbk_chinese_ci
  Database Collation: gbk_chinese_ci
1 row in set (0.00 sec)
```

图 8-10　查看指定数据库的指定存储过程的详细信息

（4）存储过程的信息保存在 information_schema 数据库中的 routines 表中，可以使用 select 语句查询存储过程的相关信息，例如，下面的 SQL 语句查看的是 get_choose_number_proc()存储过程的相关信息，如图 8-11 所示。其中，ROUTINE_TYPE 的值如果是 procedure，则表示存储过程；如果是 function，则表示函数。

```
select * from information_schema.routines where routine_name= 'get_choose_number_proc'\G
```

```
mysql> select * from information_schema.routines where routine_name= 'get_choose_number_proc'\G
*************************** 1. row ***************************
           SPECIFIC_NAME: get_choose_number_proc
         ROUTINE_CATALOG: def
          ROUTINE_SCHEMA: choose
            ROUTINE_NAME: get_choose_number_proc
            ROUTINE_TYPE: PROCEDURE
               DATA_TYPE:
CHARACTER_MAXIMUM_LENGTH: NULL
  CHARACTER_OCTET_LENGTH: NULL
       NUMERIC_PRECISION: NULL
           NUMERIC_SCALE: NULL
      DATETIME_PRECISION: NULL
      CHARACTER_SET_NAME: NULL
          COLLATION_NAME: NULL
          DTD_IDENTIFIER: NULL
            ROUTINE_BODY: SQL
      ROUTINE_DEFINITION: begin
        select count(*) into choose_number from choose where student_no=student_no1;
end
           EXTERNAL_NAME: NULL
       EXTERNAL_LANGUAGE: NULL
         PARAMETER_STYLE: SQL
        IS_DETERMINISTIC: NO
         SQL_DATA_ACCESS: READS SQL DATA
                SQL_PATH: NULL
           SECURITY_TYPE: DEFINER
                 CREATED: 2013-05-08 18:28:05
            LAST_ALTERED: 2013-05-08 18:28:05
                SQL_MODE: STRICT_TRANS_TABLES
         ROUTINE_COMMENT:
                 DEFINER: root@localhost
    CHARACTER_SET_CLIENT: gbk
    COLLATION_CONNECTION: gbk_chinese_ci
      DATABASE_COLLATION: gbk_chinese_ci
1 row in set (0.02 sec)
```

图 8-11　查看指定存储过程的详细信息

8.1.5　删除存储过程

如果某个存储过程不再使用，则可以使用 drop procedure 语句将其删除，语法格式如下。

drop procedure 存储过程名

例如，删除 get_choose_number_proc 存储过程可以使用下面的 SQL 语句，执行结果如图 8-12 所示。

```
mysql> drop procedure get_choose_number_proc;
Query OK, 0 rows affected (0.05 sec)
```

图 8-12　删除存储过程

```
drop procedure get_choose_number_proc;
```

由于存储过程保存的是一段存储程序，没有保存表数据，因此，当需要修改存储过程的定义时，可以使用 drop procedure 语句暂时将该存储过程删除，然后使用 create procedure 语句重新创建相同名字的存储过程即可。

8.1.6 存储过程与函数的比较

MySQL 的存储过程（stored procedure）和函数（stored function）统称为 stored routines，它们都可以看作是一个“加工作坊”。什么时候需要将“加工作坊”定义为函数？什么时候需要将“加工作坊”定义为存储过程？事实上并没有严格的区分，不过一般而言，存储过程实现的功能要复杂一点，而函数实现的功能针对性更强一点。存储过程与函数之间的共同特点有如下几点。

- 应用程序调用存储过程或者函数时，只需要提供存储过程名或者函数名，以及参数信息，无需将若干条 MySQL 命令或 SQL 语句发送到 MySQL 服务器上,从而节省了网络开销,如图 8-13 所示。

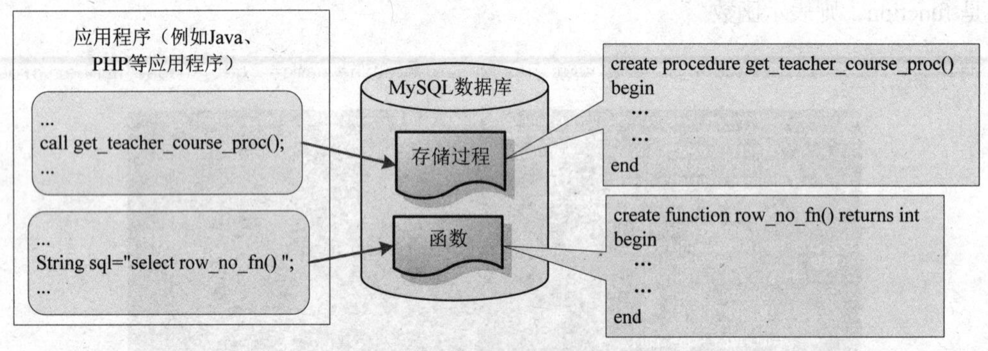

图 8-13 存储过程与函数的调用

- 存储过程或者函数可以重复使用，从而可以减少数据库开发人员，尤其是应用程序开发人员的工作量。
- 使用存储过程或者函数可以增强数据的安全访问控制。可以设定只有某些数据库用户才具有某些存储过程或者函数的执行权。

下面罗列了存储过程与函数之间的不同之处，以便读者能够在存储过程与函数之间做出正确的选择。

- 函数必须有且仅有一个返回值，且必须指定返回值的数据类型（返回值的类型目前仅仅支持字符串、数值类型）。存储过程可以没有返回值，也可以有返回值，甚至可以有多个返回值，所有的返回值需要使用 out 或者 inout 参数定义。
- 在函数体内可以使用 select...into 语句为某个变量赋值，但不能使用 select 语句返回结果（或者结果集）；存储过程则没有这方面的限制。正因为如此，本章实现的 get_course_student_proc() 存储过程不能写成函数。
- 函数可以直接嵌入到 SQL 语句（例如 select 语句中）或者 MySQL 表达式中，最重要的是函数可以用于扩展标准的 SQL 语句。存储过程一般需要单独调用，并不会嵌入到 SQL 语句中使用（例如 select 语句中），调用时需要使用 call 关键字。正因为如此，在 MySQL 编程基础章节中，实现中文全文检索的两个存储程序 to_english_fn()与 to_chinese_fn()写成函数。
- 函数中的函数体限制比较多，比如函数体内不能使用以显式或隐式方式打开、开始或结束事务的语句，如 start transaction、commit、rollback 或者 set autocommit=0 等语句；不能在函数体内使用预处理 SQL 语句（稍后讲解）。存储过程的限制相对就比较少，基本上所有的 SQL 语句或 MySQL 命令都可以在存储过程中使用，例如在存储过程中可以进行事务操作，可以使用预处理 SQL 语句。

- 应用程序（例如 Java、PHP 等应用程序）调用函数时，通常将函数封装到 SQL 字符串（如 select 语句）中进行调用；应用程序（例如 Java、PHP 等应用程序）调用存储过程时，必须使用 call 关键字进行调用。如果应用程序希望获取存储过程的返回值，应用程序必须给存储过程的 out 参数或者 inout 参数传递 MySQL 会话变量，这样应用程序才能通过该会话变量获取存储过程的返回值，详细内容可以参看网上选课系统的开发章节的内容。

8.2　错误触发条件和错误处理

下面的 MySQL 语句负责调用 choose_proc()存储过程（注意：学生表中不存在 student_no 等于'2012010'的记录），执行结果如图 8-14 所示。

```
set @state = 0;
call choose_proc('2012010',1,@state);
select @state;
```

```
mysql> set @state = 0;
Query OK, 0 rows affected (0.00 sec)

mysql> call choose_proc('2012010',1,@state);
ERROR 1452 (23000): Cannot add or update a child row: a foreign key constraint fails (`choo
se`.`choose`, CONSTRAINT `choose_student_fk` FOREIGN KEY (`student_no`) REFERENCES `student
` (`student_no`))
mysql> select @state;
+--------+
| @state |
+--------+
|      0 |
+--------+
1 row in set (0.00 sec)
```

图 8-14　选课存储过程抛出 1452 错误

从图 8-14 中可以看到，由于向 choose 表中插入的新记录（student_no='2012010'）违背了外键约束，因此存储过程在运行期间抛出“ERROR 1452 (23000): Cannot add or update a child row:”错误信息。其中，1452 表示 MySQL 的错误代码，23000 表示 ANSI 标准错误代码（MySQL 错误代码 1452 对应于 ANSI 标准错误代码 23000），错误代码的含义是不能插入或者修改子记录的。

默认情况下，在存储程序运行过程中（例如存储过程或者函数）发生错误时，MySQL 将自动终止存储程序的执行。然而，数据库开发人员有时希望自己控制程序的运行流程，并不希望 MySQL 自动终止存储程序的执行。MySQL 的错误处理机制可以帮助数据库开发人员自行控制程序流程。

8.2.1　自定义错误处理程序

MySQL 支持错误处理机制，数据库开发人员可以自定义错误处理机制，使得存储程序在遇到警告或者错误时能够继续执行，这样就可以增强存储程序错误处理的能力。MySQL 存储程序运行期间发生错误后，此时 MySQL 会将控制交由错误处理程序处理。自定义错误处理程序时需要使用 declare 关键字，语法格式如下。

declare 错误处理类型 handler for 错误触发条件　自定义错误处理程序;

一般情况下，自定义错误处理程序置于存储程序（例如存储过程或者函数）中才有意义。

错误处理程序的定义必须放在所有变量以及游标定义之后，并且放在其他所有MySQL表达式之前。错误处理类型的取值要么是continue，要么是exit。当错误处理类型是continue时，表示错误发生后，MySQL立即执行自定义错误处理程序，然后忽略该错误继续执行其他MySQL语句。当错误处理类型是exit时，表示错误发生后，MySQL立即执行自定义错误处理程序，然后立刻停止其他MySQL语句的执行。

错误触发条件：表示满足什么条件时，自定义错误处理程序开始运行，错误触发条件定义了自定义错误处理程序运行的时机。错误触发条件有3种取值：MySQL错误代码、ANSI标准错误代码以及自定义错误触发条件。例如，1452是MySQL错误代码，它对应于ANSI标准错误代码23000，自定义错误触发条件稍后讲解。

自定义错误处理程序：错误发生后，MySQL会立即执行自定义错误处理程序中的MySQL语句，自定义错误处理程序也可以是一个begin-end语句块。

场景描述4：自定义错误处理程序。

下面的SQL语句创建了名字为choose1_proc()的存储过程，实现了与choose_proc()存储过程相同的功能。两个存储过程的代码基本相同（粗体字部分为代码改动部分，其他代码不变），不同之处在于，choose1_proc()存储过程对“外键约束错误”进行了处理。

```
delimiter $$
create procedure choose1_proc(in s_no char(11),in c_no int,out state int)
modifies sql data
begin
    declare s1 int;
    declare s2 int;
    declare s3 int;
    declare status char(8);
    declare continue handler for 1452
        begin
        set @error1 = '外键约束错误!';
        end;
    set state= 0;
    set status='未审核';
    select count(*) into s1 from choose where student_no=s_no and course_no=c_no ;
    if(s1>=1) then
        set state = -1;
    else
        select count(*) into s2 from choose where student_no=s_no;
        if(s2>=2) then
            set state = -2;
        else
            select state into status from course where course_no=c_no;
            select available into s3 from course where course_no=c_no;
            if(s3=0 || status='未审核') then
                set state = -3;
            else
                insert into choose values(null,s_no,c_no,null,now());
                set state = last_insert_id();
            set @error2 = '错误虽然发生，程序依然继续运行!';
            end if;
```

```
        end if;
    end if;
end
$$
delimiter ;
```

代码片段“declare continue handler for 1452”可以替换成代码片段“declare continue handler for sqlstate '23000'”，这是由于 MySQL 错误代码 1452 实际上对应于 ANSI 标准错误代码 23000。

打开另一个 MySQL 客户机，执行下面的 MySQL 语句，调用 choose1_proc()存储过程（注意：学生表中不存在 student_no 等于 10 的记录），执行结果如图 8-15 所示。向 choose 表中插入的新记录虽然违背了外键约束原则，但由于 MySQL 处理该错误的类型为 continue，因此程序继续向前运行。

```
mysql> set @state = 0;
Query OK, 0 rows affected (0.00 sec)

mysql> call choose1_proc('2012010',1,@state);
Query OK, 0 rows affected, 1 warning (0.03 sec)

mysql> select @state,@error1,@error2;
+--------+--------------+--------------------------------+
| @state | @error1      | @error2                        |
+--------+--------------+--------------------------------+
|      0 | 外键约束错误! | 错误虽然发生，程序依然继续运行! |
+--------+--------------+--------------------------------+
1 row in set (0.00 sec)
```

图 8-15　错误处理机制的运行流程

```
set @state = 0;
call choose1_proc('2012010',1,@state);
select @state,@error1,@error2;
```

如果将 choose1_proc()存储过程中的代码“declare **continue** handler for 1452”修改为“declare **exit** handler for 1452”，重新调用 choose1_proc()存储过程，请读者自行分析其运行结果。

8.2.2　自定义错误触发条件

MySQL 为数据库开发人员提供了将近 500 个错误代码，如何记住并区分这些错误代码？最简单的方法就是为每个错误代码命名。这就好比打电话时，由于无法记住太多的电话号码，更多时候通过姓名拨打电话。自定义错误触发条件允许数据库开发人员为 MySQL 错误代码或者 ANSI 标准错误代码命名，语法格式如下。

declare 错误触发条件 condition　for　MySQL 错误代码或者 ANSI 标准错误代码;

例如，可以将 choose1_proc()存储过程中的代码片段：

```
…
declare continue handler for 1452
begin
set @error1 = '外键约束错误!';
end;
…
```

修改为如下的代码片段，实现相同的功能（粗体字部分为代码修改部分，其他代码不变；灰色底纹代码为自定义错误触发条件）。

```
…
declare foreign_key_error condition for sqlstate '23000';
declare continue handler for foreign_key_error
begin
set @error1 = '外键约束错误!';
end;
…
```

MySQL 预定义了 sqlexception、sqlwarning、not found 等错误触发条件，这些错误触发条件无需数据库开发人员定义，可以直接使用。

8.2.3 自定义错误处理程序说明

自定义错误触发条件以及自定义错误处理程序可以在触发器、函数以及存储过程中使用。

参与软件项目的多个数据库开发人员，如果每个人都自建一套错误触发条件以及错误处理程序，极易造成 MySQL 错误管理混乱。在实际开发过程中，建议数据库开发人员建立清晰的错误处理规范，必要时可以将自定义错误触发条件、自定义错误处理程序封装在一个存储程序中。

8.3 游 标

数据库开发人员在编写存储过程（或者函数）等存储程序时，有时需要存储程序中的 MySQL 代码扫描 select 结果集中的数据，并对结果集中的每条记录进行简单处理，通过 MySQL 的游标机制可以解决此类问题。

游标本质上是一种能从 select 结果集中每次提取一条记录的机制，因此游标与 select 语句息息相关。现实生活中，在电话簿中寻找某个人的电话号码时，可能会用"手"一条一条逐行扫过，以帮助我们找到所需的那个号码，对应于数据库来说，这就是游标的模型：电话簿类似于查询结果集，手类似于数据库中的游标。

8.3.1 使用游标

游标的使用可以概括为声明游标、打开游标、从游标中提取数据以及关闭游标，如图 8-16 所示。

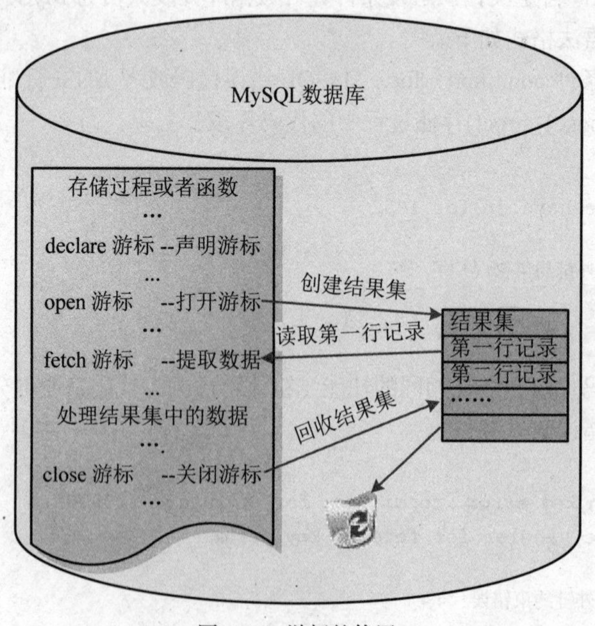

图 8-16 游标的使用

1．声明游标

声明游标需要使用 declare 语句，其语法格式如下。

declare 游标名 cursor for select 语句

使用 declare 语句声明游标后，此时与该游标对应的 select 语句并没有执行，MySQL 服务器内存中并不存在与 select 语句对应的结果集。

2．打开游标

打开游标需要使用 open 语句，其语法格式如下。

open 游标名

使用 open 语句打开游标后，与该游标对应的 select 语句将被执行，MySQL 服务器内存中将存放与 select 语句对应的结果集。

3．从游标中提取数据

从游标中提取数据需要使用 fetch 语句，其语法格式如下。

fetch 游标名 into 变量名 1,变量名 2,…

变量名的个数必须与声明游标时使用的 select 语句结果集中的字段个数保持一致。

第一次执行 fetch 语句时，fetch 语句从结果集中提取第一条记录，再次执行 fetch 语句时，fetch 语句从结果集中提取第二条记录，…，依此类推。fetch 语句每次从结果集中仅仅提取一条记录，因此 fetch 语句需要循环语句的配合，这样才能实现整个“结果集”的遍历。

当使用 fetch 语句从游标中提取最后一条记录后，再次执行 fetch 语句时，将产生“ERROR 1329 (02000): No data to FETCH”错误信息，数据库开发人员可以针对 MySQL 错误代码 1329 自定义错误处理程序，以便结束“结果集”的遍历。

游标的自定义错误处理程序应该放在声明游标语句之后。游标通常结合自定义错误处理程序一起使用，以便结束“游标”的遍历。

4．关闭游标

关闭游标使用 close 语句，其语法格式如下。

close 游标名

关闭游标的作用在于释放游标打开时产生的结果集，从而节省 MySQL 服务器的内存空间。游标如果没有被明确地关闭，那么它将在被打开的 begin-end 语句块的末尾关闭。

8.3.2　游标在“选课系统”中的使用

场景描述 5：某一门选修课程考试结束，教师录入学生的成绩后，出于某些原因（如试卷本身可能存在缺陷），教师需要将该课程所有的学生成绩加 5 分（但是总分不能超过 100 分），修改后的成绩如果介于 55 分～59 分之间，将这些学生的成绩修改为 60 分。

使用下面的代码创建了名字为 update_course_score_proc()的存储过程，该存储过程接收课程号（c_no）作为输入参数，该输入参数决定了需要修改哪一门课程的成绩。存储过程中声明了一个 score_cursor 的游标，存储过程的具体运行流程如图 8-17 所示。

```
delimiter $$
create procedure update_course_score_proc(in c_no int)
modifies sql data
begin
```

```
    declare s_no int;
    declare grade int;
    declare state char(20);
    declare score_cursor cursor for select student_no,score from choose where course_no=c_no;
    declare continue handler for 1329 set state = 'error';
    open score_cursor;
  repeat
        fetch score_cursor into s_no,grade;
        set grade = grade + 5;
        if(grade>100) then set grade = 100; end if;
        if(grade>=55 && grade<=59) then set grade = 60; end if;
        update choose set score=grade where student_no=s_no and course_no=c_no;
        until state = 'error'
  end repeat;
  close score_cursor;
  end
  $$
  delimiter ;
```

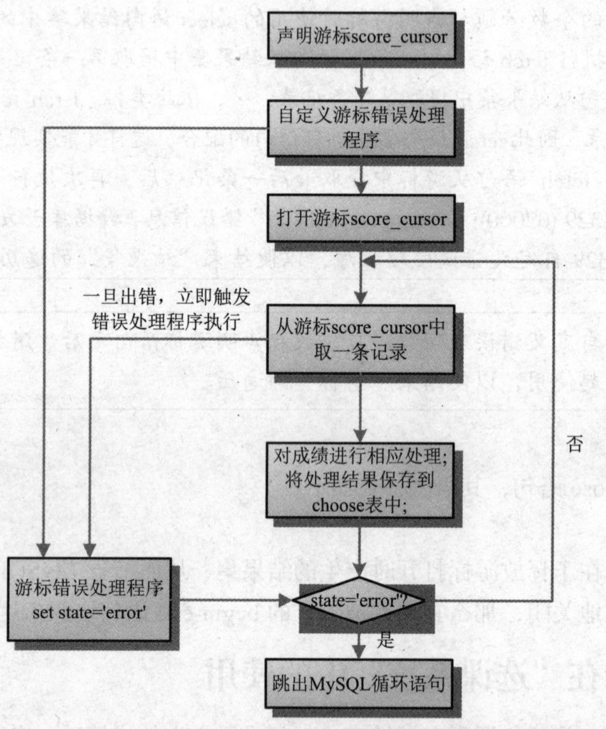

图 8-17　游标在“网络选课”系统中的使用

执行下面的 select 语句，查询课程 course_no=1 的所有学生的成绩，如图 8-18 所示。

```
select * from choose where course_no=1;
```

```
mysql> select * from choose where course_no=1;
+-----------+------------+-----------+-------+---------------------+
| choose_no | student_no | course_no | score | choose_time         |
+-----------+------------+-----------+-------+---------------------+
|         2 | 2012001    |         1 |    50 | 2013-05-08 23:13:25 |
|         5 | 2012003    |         1 |    80 | 2013-05-08 23:13:25 |
|         8 | 2012005    |         1 |  NULL | 2013-05-08 23:13:25 |
+-----------+------------+-----------+-------+---------------------+
3 rows in set (0.00 sec)
```

图 8-18　查询课程 course_no=1 的所有学生的成绩

调用 MySQL 语句“call update_course_score_proc(1);”之后，课程 course_no=1 的所有学生的成绩如图 8-19 所示。

```
mysql> call update_course_score_proc(1);
Query OK, 0 rows affected (0.02 sec)

mysql> select * from choose where course_no=1;
+-----------+------------+-----------+-------+---------------------+
| choose_no | student_no | course_no | score | choose_time         |
+-----------+------------+-----------+-------+---------------------+
|         2 | 2012001    |         1 |    60 | 2013-05-08 23:13:25 |
|         5 | 2012003    |         1 |    85 | 2013-05-08 23:13:25 |
|         8 | 2012005    |         1 |  NULL | 2013-05-08 23:13:25 |
+-----------+------------+-----------+-------+---------------------+
3 rows in set (0.00 sec)
```

图 8-19 修改后的学生成绩

8.4 预处理 SQL 语句

之前章节涉及到的所有 SQL 语句都是静态的 SQL 语句,这些静态 SQL 语句的结构是固定的，当 MySQL 服务实例解析静态的 SQL 语句时，整个 SQL 语句都是已知的，运行期间它们不能发生动态地变化。但是还存在另外一些情况，SQL 语句或 SQL 所带的参数在解析时并不知道，只有在运行时才能生成 SQL 语句，这种在运行时才能生成的 SQL 语句叫动态 SQL 语句，也叫预处理 SQL 语句。

8.4.1 预处理 SQL 语句使用步骤

MySQL 支持预处理 SQL 语句，预处理 SQL 语句的使用主要包含 3 个步骤：创建预处理 SQL 语句、执行预处理 SQL 语句以及释放预处理 SQL 语句。

1. 创建预处理 SQL 语句

创建预处理 SQL 语句的语法格式如下。

prepare 预处理 SQL 语句名 from **SQL 字符串**

例如，下面的 MySQL 命令创建了名字为 select_class_pre 的预处理 SQL 语句，执行结果如图 8-20 所示。

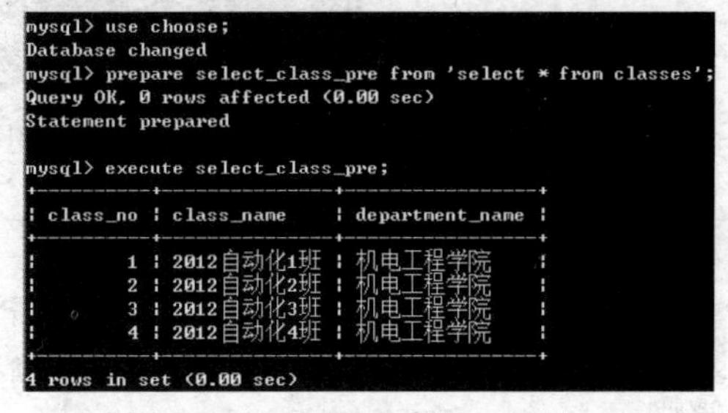

图 8-20 创建预处理 SQL 语句

```
prepare select_class_pre from 'select * from classes';
```

预处理 SQL 语句是数据库的对象，因此创建预处理 SQL 语句时，需要指定该预处理 SQL 语句隶属于哪个数据库。

创建预处理 SQL 语句时，SQL 字符串将被 MySQL 服务实例解析，只有解析成功，预处理 SQL 语句才被缓存到 MySQL 服务器内存中，等待 MySQL 客户机的执行，此后每次运行该预处理 SQL 语句时，无需解析，直到释放预处理 SQL 语句。

如果预处理 SQL 语句在某个 MySQL 客户机中创建，那么该预处理 SQL 语句是该客户机的“会话变量”，打开其他 MySQL 客户机，无法访问到该预处理 SQL 语句。

预处理 SQL 语句是一个 SQL 字符串，该 SQL 字符串可以是一个单独的字符串，也可以是多个子字符串的连接(请查看 MySQL 编程基础字符串连接函数章节的内容)。SQL 字符串可以包含若干个“?”问号占位符，每一个“?”问号占位符可以填充一个数据，但这并不是说“?”可以放在 SQL 字符串的任何地方。一般情况下，“?”问号占位符多位于 where 或者 having 条件表达式中。

例如，下面的 prepare 命令成功创建了 class_pre 预处理 SQL 语句。

```
prepare class_pre from 'select * from classes where class_no=?';
```

2. 执行预处理 SQL 语句

使用 execute 命令可以执行预处理 SQL 语句中定义的 SQL 语句，其语法格式如下。

execute 预处理名[using 填充数据[,填充数据...]]

例如，执行 select_class_pre 预处理 SQL 语句，可以使用下面的 MySQL 命令，执行结果如图 8-20 所示。

```
execute select_class_pre;
```

例如，执行 class_pre 预处理 SQL 语句，可以使用下面的 MySQL 命令，执行结果如图 8-21 所示。

```
set @class_no = 1;
execute class_pre using @class_no;
```

```
mysql> prepare class_pre from 'select * from classes where class_no=?';
Query OK, 0 rows affected (0.00 sec)
Statement prepared

mysql> set @class_no = 1;
Query OK, 0 rows affected (0.00 sec)

mysql> execute class_pre using @class_no;
+----------+--------------+-----------------+
| class_no | class_name   | department_name |
+----------+--------------+-----------------+
|        1 | 2012自动化1班 | 机电工程学院     |
+----------+--------------+-----------------+
1 row in set (0.00 sec)
```

图 8-21　预处理 SQL 语句的执行

using 语句用于将“填充数据”填充到 SQL 语句中对应位置的“?”问号占位符，“填充数据”的个数应该与 SQL 语句中“?”问号占位符的个数一致。

填充数据须是会话变量，不能是局部变量。原因在于，MySQL 客户机与保存在 MySQL 服务器内存的预处理 SQL 语句通常需要进行多次“交互”，预处理 SQL 语句需要接收 MySQL 客户机传递的会话变量（不能是局部变量）作为填充数据。

3. 释放预处理 SQL 语句

当预处理 SQL 语句不再使用时，可以使用 deallocate 语句将该预处理 SQL 语句释放。其语法格式如下。

deallocate prepare 预处理名

在 MySQL 客户机与 MySQL 服务器会话期间，保存在 MySQL 服务器内存的预处理 SQL 语句将一直存在，直到释放该预处理 SQL 语句。

8.4.2　“选课系统”中预处理 SQL 语句的使用

场景描述 6: 下面的 MySQL 命令创建了 get_class_proc()存储过程，该存储过程的功能是返回特定 class_no 的班级信息。

```
delimiter $$
create procedure get_class_proc(in class_no int)
reads sql data
begin
  set @str = concat('select * from classes where class_no=',class_no);
  prepare class_pre from @str;
  execute class_pre;
  deallocate prepare class_pre;
end
$$
delimiter ;
```

get_class_proc()存储过程代码中的 SQL 字符串变量“@str”须是会话变量（不能修改成局部变量），以便 MySQL 客户机与保存在 MySQL 服务器内存的预处理 SQL 语句能够进行多次“交互”。

下面的 MySQL 语句调用 get_class_proc()存储过程，得到 class_no=1 的班级信息，执行结果如图 8-22 所示。

```
call get_class_proc(1);
```

```
mysql> call get_class_proc(1);
+----------+---------------+-----------------+
| class_no | class_name    | department_name |
+----------+---------------+-----------------+
|        1 | 2012自动化1班 | 机电工程学院    |
+----------+---------------+-----------------+
1 row in set (0.00 sec)

Query OK, 0 rows affected (0.02 sec)
```

图 8-22　预处理 SQL 语句与存储过程

下面的 MySQL 命令创建了 get_class1_proc()存储过程，实现了与 get_class_proc()存储过程相同的功能（粗体字为代码改动部分，其他代码不变）。

```
delimiter $$
create procedure get_class1_proc(in class_no int)
reads sql data
begin
  set @class_no = class_no;
  prepare class_pre from 'select * from classes where class_no=?';
  execute class_pre using @class_no;
  deallocate prepare class_pre;
end
$$
delimiter ;
```

get_class1_proc()存储过程中的代码“set @class_no = class_no;”实现的功能是创建会话变量@class_no，并将存储过程的输入参数 class_no（局部变量）赋值给该会话变量。

使用 using 命令为 SQL 字符串中的“?”问号占位符赋值时，using 命令后如果是变量，必须是会话变量（例如@class_no），否则将出现如下错误信息。

```
ERROR 1064 (42000): You have an error in your SQL syntax; check the manual that corresponds
to your MySQL server version for the right syntax to use near 's_no;end' at line 6
```

8.4.3　预处理 SQL 语句的复杂应用

场景描述 7：将当前数据库中的某个数据库表复制到另一个数据库中，并为新产生的数据库表重命名。例如，将 choose 数据库中的 student 表复制到 test 数据库中，产生的新表命名为 stu 表。在 choose 数据库中创建 copy_table_proc()存储过程实现该场景描述。

下面的 MySQL 命令创建了名字为 copy_table_proc()的存储过程，该存储过程有 4 个输入参数，分别是源数据库、源数据库表名以及目的数据库、目的数据库表名。

```
delimiter $$
create procedure copy_table_proc(in from_db char(100), in from_table char(100), in to_db
char(100), in to_table char(100))
modifies sql data
begin
set @create_table = concat('create table ',to_db,'.',to_table,' like ',from_db,'.',
from_table);
set @insert_table = concat('insert into ',to_db,'.',to_table,' select * from ',from_db,'.',
from_table);
prepare s1 from @create_table;
execute s1;
prepare s2 from @insert_table;
execute s2;
deallocate prepare s1;
deallocate prepare s2;
end
$$
delimiter ;
```

调用该存储过程时，如果目的数据库不存在，则需要手工创建目的数据库。

上述 MySQL 代码中，首先使用 concat()函数连接多个字符串，从而组成新的字符串，然后将该新字符串赋值给会话变量@create_table（必须是会话变量，不能是局部变量）。

下面的 MySQL 语句调用 copy_table_proc()存储过程，将 choose 数据库中的 student 表复制到 test 数据库中，新表命名为 stu 表。

```
call copy_table_proc('choose','student','test','stu');
```

场景描述 8：复制指定数据库中的所有数据库表到另一个数据库中。

下面的 MySQL 命令创建了 copy_tables_proc()存储过程，该存储过程有两个输入参数，分别是 from_db（源数据库）以及 to_db（目的数据库）。为了得到源数据库的所有表名，存储过程使用了下面的 select 语句（见粗体字代码，其中 from_db 为局部变量）。

```
select table_name from information_schema.tables where table_type='base table' and
table_schema=from_db;
```

为了将源数据库中所有的数据库表复制到目的数据库中，存储过程使用了游标，并循环调用 copy_table_proc()存储过程。copy_tables_proc()存储过程的代码如下。

```
delimiter $$
create procedure copy_tables_proc(in from_db char(100),in to_db char(100))
modifies sql data
begin
declare state char(20);
declare name char(100);
declare table_cursor cursor for select table_name from information_schema.tables where
```

```
table_type='base table' and table_schema=from_db;
    declare exit handler for 1329 set state = 'error';
    open table_cursor;
    repeat
        fetch table_cursor into name;
        call copy_table_proc(from_db,name,to_db,name);
    until state = 'error'
    end repeat;
    close table_cursor;
    end
    $$
    delimiter ;
```

下面的 MySQL 语句调用 copy_tables_proc()存储过程，将 choose 数据库中的所有表复制到 test 数据库中。

```
call copy_tables_proc('choose', 'test');
```

8.4.4　静态 SQL 语句与预处理 SQL 语句

对于静态 SQL 语句而言，每次将其发送到 MySQL 服务实例时，MySQL 服务实例都会对其进行解析、执行，然后将执行结果返回给 MySQL 客户机，如图 8-23 所示。对于预处理 SQL 语句而言，预处理 SQL 语句创建后，第一次运行预处理 SQL 语句时，MySQL 服务实例会对其解析（如图 8-23 所示），解析成功后，将其保存到 MySQL 服务器缓存中，为今后**每一次**执行作好准备（今后无需再次解析）。

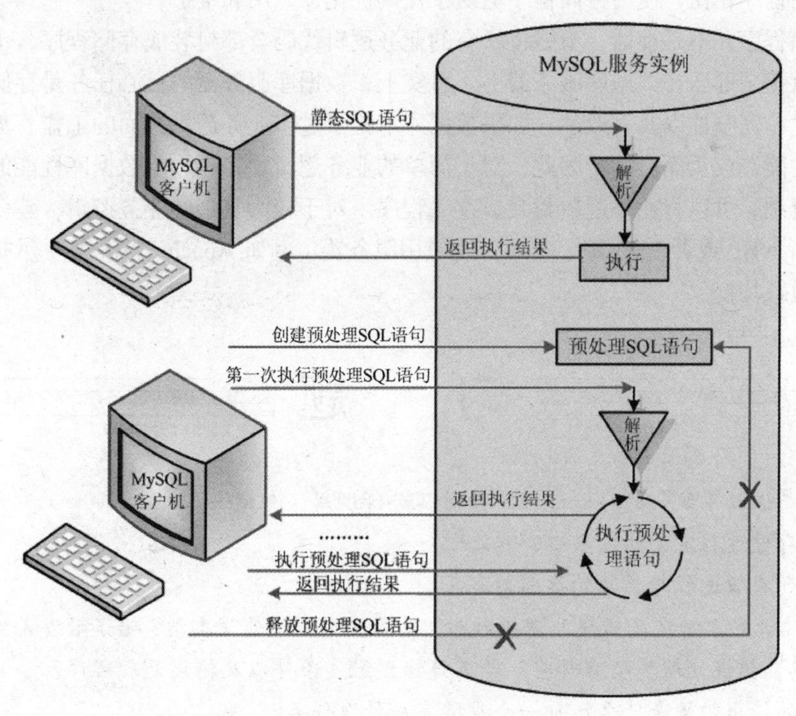

图 8-23　静态 SQL 语句与预处理 SQL 语句

对于需要执行多次的 SQL 语句来说，预处理 SQL 语句比静态 SQL 语句执行速度快，主要原因在于，预处理 SQL 语句仅仅需要进行一次解析操作，而静态 SQL 语句每执行一次都需要进行

一次解析操作，如图 8-23 所示。因此，对于某些 SQL 语句来说，如果满足“一次创建，多次执行”的条件，可以考虑将其封装为预处理 SQL 语句，发挥其“一次解析，多次执行”的性能优势。当然如果预处理 SQL 语句使用不当，也会导致性能下降，甚至不如静态 SQL 语句。

8.5 存储程序的说明

MySQL 的存储程序分为 4 类：函数、触发器、存储过程以及事件，它们都是数据库的对象，因此在创建存储程序时，一定要指定在哪个数据库中创建存储程序。

目前，本书已经依次介绍了函数、触发器以及存储过程等知识，数据库开发人员刚刚接触存储程序时，都会对存储程序的开发感到陌生、恐惧，原因是多方面的，可以简单概括为：对于 MySQL 而言，存储程序本身就是新生事物；与简单的 SQL 语句相比，存储程序本身的业务逻辑较为复杂；与高级语言集成开发环境 IDE（例如 Java 的 Eclipse、NetBeans 等）相比，编写存储程序的 IDE 工具并不成熟，调试存储程序、测试存储程序的步骤较为繁琐。基于上述原因，编写存储程序时，即便有经验的数据库开发人员尽量不要“一气呵成”，避免一次性地将存储程序中的所有代码编写完毕后，再进行测试。无论初学者还是有经验的数据库开发人员，都要对自己开发的存储程序进行严格的测试，并尽量保存测试步骤、测试数据以及测试结果。

与应用程序（Java 或者.NET 或者 PHP 等应用程序）相比，存储程序可维护性高，更改存储程序通常比更改、测试以及重新部署应用程序需要更少的时间和精力。与使用大量离散的 SQL 语句写出的应用程序相比，使用存储程序更易于代码优化、重用和维护。

当然存储程序并不是神话，不能将所有的业务逻辑代码全部封装成存储程序，也不能把业务处理的所有负担全部压在数据库服务器上。事实上，数据库服务器的核心任务是存储数据，保证数据的安全性、完整性以及一致性。如果数据库承担了过多业务逻辑方面的工作，势必会对数据库服务器的性能造成负面影响。因此，对于简单的业务逻辑，在不影响数据库性能的前提下，为了节省网络资源，可以将业务逻辑封装成存储程序。对于较为复杂的业务逻辑，建议使用高级语言（Java 或者.NET 或者 PHP 等）实现，让应用服务器（例如 Apache、IIS 等）承担更多的业务逻辑，保持负载均衡。

习　题

1. 编写“选课系统”的存储过程，并对其进行调用、测试。
2. 查看存储过程定义的方法有哪些？
3. 请罗列存储过程与函数的区别与联系。
4. 数据库开发人员定义错误处理机制时，需要提供错误处理类型、错误触发条件以及错误处理程序等信息，错误处理类型有哪些？什么是错误触发条件以及错误处理程序？
5. 游标的使用步骤是什么？每一个步骤完成什么任务？
6. 举例说明，如何遍历游标中的“结果集”。
7. 使用预处理 SQL 语句有哪些注意事项？预处理 SQL 语句与静态 SQL 语句有什么区别和联系？

第 9 章 事务机制与锁机制

数据库与文件系统的最大区别在于数据库实现了数据的一致性以及并发性。对于数据库管理系统而言事务机制与锁机制是实现数据一致性与并发性的基石。本章探讨了数据库中事务机制与锁机制的必要性，讲解了如何在数据库中使用事务机制与锁机制实现数据的一致性以及并发性，并结合“选课系统”讲解事务机制与锁机制在该系统中的应用。通过本章的学习，希望读者了解事务机制与锁机制的重要性，掌握使用事务机制以及锁机制实现多用户并发访问的相关知识。

9.1 事务机制

事务通常包含一系列更新操作，这些更新操作是一个不可分割的逻辑工作单元。如果事务成功执行，那么该事务中所有的更新操作都会成功执行，并将执行结果提交到数据库文件中，成为数据库永久的组成部分。如果事务中某个更新操作执行失败，那么事务中的所有更新操作均被撤销。简言之：事务中的更新操作要么都执行，要么都不执行，这个特征叫做事务的原子性。

本章所指的更新语句或更新操作主要是 update、insert 以及 delete 等语句。

由于 MyISAM 存储引擎暂时不支持事务，因此，本章如果不作特殊说明，使用的存储引擎为 InnoDB 存储引擎。

9.1.1 事务机制的必要性

对于银行系统而言，转账业务是银行最基本、最常用的业务，有必要将转账业务封装成存储过程，银行系统调用该存储过程后即可实现两个银行账户间的转账业务。

场景描述 1：假设某个银行存在两个借记卡账户（account）甲与乙，并且要求这两个借记卡账户不能用于透支，即两个账户的余额（balance）不能小于零。

步骤 1：创建 account 账户表，并将其设置为 InnoDB 存储引擎。account_no 字段是账户表的主键，其值由 MySQL 自动生成；account_name 字段是账户名；balance 字段是余额，由于余额不能为负数，将其定义为无符号数。

```
create table account(
account_no int auto_increment primary key,
```

```
account_name char(10) not null,
balance int unsigned
) engine=innodb;
```

步骤 2：添加测试数据。下面的 SQL 语句向账户 account 表中插入了“甲”和“乙”两条账户信息，余额都是 1000 元。

```
insert into account values(null,'甲',1000);
insert into account values(null,'乙',1000);
```

步骤 3：创建存储过程。下面的 MySQL 代码创建了 transfer_proc()存储过程，将 from_account 账户的 money 金额转账到 to_account 账户中，继而实现两个账户之间的转账业务。

```
delimiter $$
create procedure transfer_proc(in from_account int,in to_account int,in money int)
modifies sql data
begin
update account set balance=balance+money where account_no=to_account;
update account set balance=balance-money where account_no=from_account;
end
$$
delimiter ;
```

步骤 4：测试存储过程。下面的 MySQL 代码首先调用了 transfer_proc()存储过程，将账户“甲”的 800 元转账到了“乙”账户中。然后查询了账户表中的所有账户信息，执行结果如图 9-1 所示，此时两个账户的余额之和为 2000 元。

```
call transfer_proc(1,2,800);
select * from account;
```

步骤 5：再次测试存储过程。再次调用 transfer_proc()存储过程，将账户“甲”的 800 元转账到 “乙”账户中。由于账户余额不能为负数，甲的账户余额 200 元减去 800 元，产生了图 9-2 所示的错误代码 1690 对应的错误信息（稍后为该错误代码定义错误处理程序）。然后查询账户表中的所有账户信息，执行结果如图 9-2 所示。

```
call transfer_proc(1,2,800);
select * from account;
```

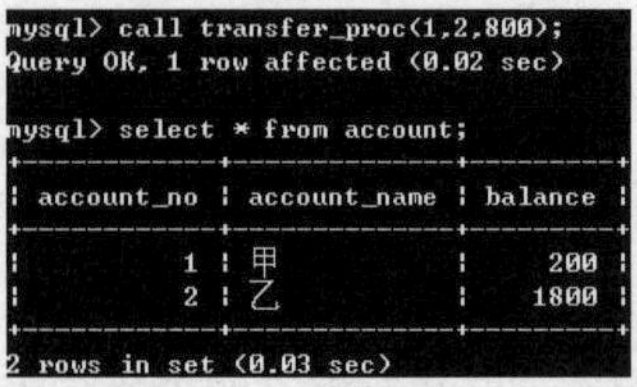

```
mysql> call transfer_proc(1,2,800);
Query OK, 1 row affected (0.02 sec)

mysql> select * from account;
+------------+--------------+---------+
| account_no | account_name | balance |
+------------+--------------+---------+
|          1 | 甲           |     200 |
|          2 | 乙           |    1800 |
+------------+--------------+---------+
2 rows in set (0.03 sec)
```

图 9-1 调用、测试存储过程（1）

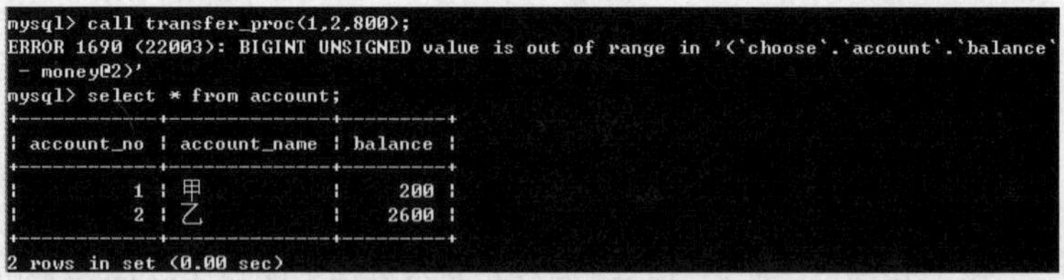

```
mysql> call transfer_proc(1,2,800);
ERROR 1690 (22003): BIGINT UNSIGNED value is out of range in '(`choose`.`account`.`balance` - money@2)'
mysql> select * from account;
+------------+--------------+---------+
| account_no | account_name | balance |
+------------+--------------+---------+
|          1 | 甲           |     200 |
|          2 | 乙           |    2600 |
+------------+--------------+---------+
2 rows in set (0.00 sec)
```

图 9-2 调用、测试存储过程（2）

结论：甲账户的余额没有丝毫变化，但是乙账户的余额却凭空多出 800 元。甲、乙账户的余额之和由转账前 2000 元，变成了转账后的 2800 元，由此产生了数据不一致问题。

为了避免出现数据不一致问题，需要在存储过程中引入事务的概念，将 transfer_proc()存储过程的两条 update 语句绑定到一起，让它们成为一个“原子性”的操作：两条 update 语句要么都执行，要么都不执行。

9.1.2　关闭 MySQL 自动提交

默认情况下，MySQL 开启了自动提交（auto_increment），这就意味着，之前章节编写的任意一条更新语句，一旦发送到 MySQL 服务器，MySQL 服务实例会立即解析、执行，并将更新结果提交到数据库文件中，成为数据库永久的组成部分。

以转账存储过程 transfer_proc()为例，该存储过程包含两条 update 语句，第一条 update 语句执行“加法”运算，第二条 update 语句执行“减法”运算。由于 MySQL 默认情况下开启了自动提交，因此第二条 update 语句无论执行成功还是失败，都不会影响第一条 update 语句的成功执行。如果第一条 update 语句成功执行，而第二条 update 语句执行失败，最终将导致数据不一致问题的发生。可以这样理解：产生上述数据不一致问题的根源在于 MySQL 开启了自动提交，并且没有引入事务的概念。

因此，对于诸如银行转账的业务逻辑而言，首要步骤是关闭 MySQL 自动提交，只有当所有的更新语句成功执行后，才提交（commit）所有的更新语句，否则回滚（rollback）所有的更新语句。关闭自动提交的方法有两种：一种是显示地关闭自动提交；另一种是隐式地关闭自动提交。

方法一：显示地关闭自动提交

使用 MySQL 命令“show variables like 'autocommit';”可以查看 MySQL 是否开启了自动提交。系统变量@@autocommit 的值为 ON 或者 1 时，表示 MySQL 开启自动提交，默认情况下，MySQL 开启了自动提交，如图 9-3 所示。系统变量@@autocommit 的值为 OFF 或者 0 时，表示 MySQL 关闭自动提交。使用 MySQL 命令“set autocommit=0;”可以显示地关闭 MySQL 自动提交。

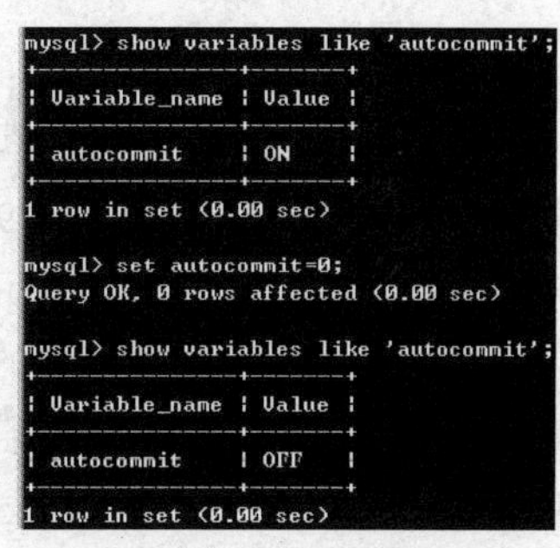

图 9-3　显示地关闭自动提交

系统变量@@autocommit 是会话变量，MySQL 客户机 A 对该系统会话变量的更改，不会影响到 MySQL 客户机 B 中该系统会话变量的值。

方法二：隐式地关闭自动提交

使用 MySQL 命令“start transaction;”可以隐式地关闭自动提交。隐式地关闭自动提交不会修改系统会话变量@@autocommit 的值。

对 MyISAM 存储引擎的表进行更新操作时，自动提交无论开启还是关闭，更新操作都将立即解析、执行，并将执行结果提交到数据库文件中，成为数据库永久的组成部分。

9.1.3　回滚

关闭 MySQL 自动提交后，数据库开发人员可以根据需要回滚（也叫撤销）更新操作。

场景描述 2：接场景描述 1 的步骤，当甲、乙账户的余额分别变为 200 元以及 2600 元后，打开 MySQL 客户机 A，然后输入下面的 MySQL 命令。该 MySQL 命令首先关闭 MySQL 的自动提交，接着修改乙账户（account_no=2）的余额（加 800 元），然后查询所有账户的余额，执行结果如图 9-4 所示。

```
set autocommit=0;
update account set balance=balance+800 where account_no=2;
select * from account;
```

从运行结果可以看到，乙账户的余额已经从 2600 元修改为 3400 元，事实果真如此？打开另一个 MySQL 客户机 B，选择当前的数据库为 choose 数据库，使用 select 语句再次查询所有账户的余额，执行结果如图 9-5 所示。

```
use choose;
select * from account;
```

```
mysql> set autocommit=0;
Query OK, 0 rows affected (0.00 sec)

mysql> update account set balance=balance+800 where account_no=2;
Query OK, 1 row affected (0.00 sec)
Rows matched: 1  Changed: 1  Warnings: 0

mysql> select * from account;
+------------+--------------+---------+
| account_no | account_name | balance |
+------------+--------------+---------+
|          1 | 甲           |     200 |
|          2 | 乙           |    3400 |
+------------+--------------+---------+
2 rows in set (0.00 sec)
```

图 9-4　关闭 MySQL 自动提交后修改数据

```
mysql> use choose;
Database changed
mysql> select * from account;
+------------+--------------+---------+
| account_no | account_name | balance |
+------------+--------------+---------+
|          1 | 甲           |     200 |
|          2 | 乙           |    2600 |
+------------+--------------+---------+
2 rows in set (0.00 sec)
```

图 9-5　使用另一个 MySQL 客户机查看数据

从 MySQL 客户机 B 的执行结果可以看到乙的余额依然是 2600 元，并没有增加 800 元。对于这个问题，可以通过图 9-6 进行解释。从图中可以得知：MySQL 客户机 A 的 update 操作影响的仅仅是内存中 new 记录的值，且该值并没有写入数据库文件；当 MySQL 客户机 A 执行 select 语句时，查询到的 3400 元实际上是 MySQL 服务器内存中 new 记录的字段值；MySQL 客户机 B 执行 select 语句时，看到的 2600 元是外存数据 2600 在服务器内存的一个副本。

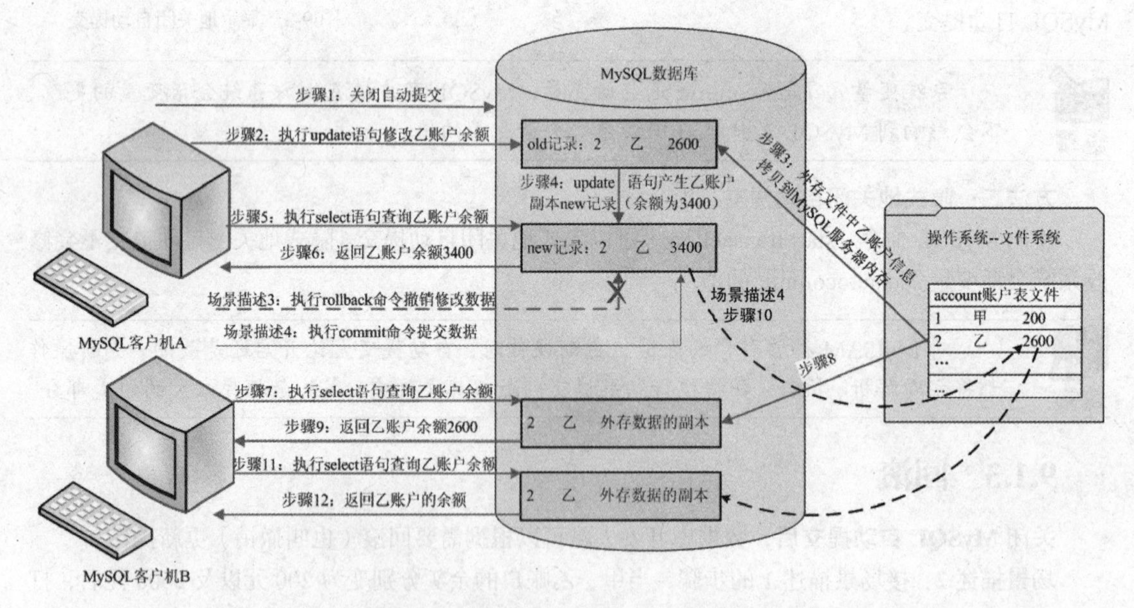

图 9-6　关闭 MySQL 自动提交，数据修改后，数据不一致问题

乙的最终余额究竟应该是多少元？这要取决于 MySQL 客户机 A 接下来的操作（可以分成两种情形：场景描述 3 与场景描述 4）。

场景描述 3：接场景描述 2 的步骤，在 MySQL 客户机 A 上执行 MySQL 命令“rollback;”，接着在 MySQL 客户机 A、MySQL 客户机 B 上执行 select 语句查询甲、乙账户的余额，两次执行结果相同（乙账户的余额均为 2600），如图 9-7 所示。

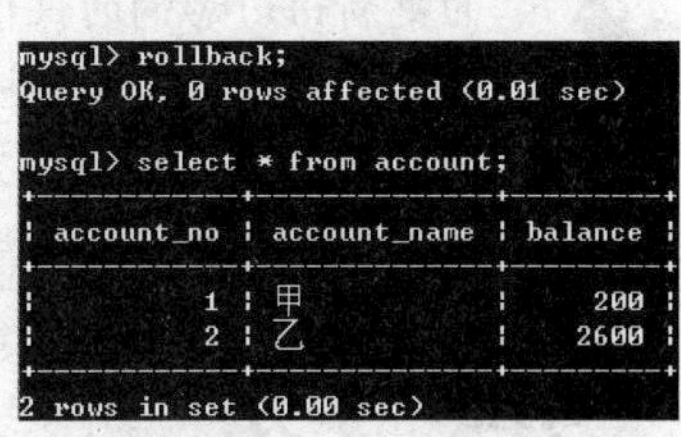

```
mysql> rollback;
Query OK, 0 rows affected (0.01 sec)

mysql> select * from account;
+------------+--------------+---------+
| account_no | account_name | balance |
+------------+--------------+---------+
|          1 | 甲           |     200 |
|          2 | 乙           |    2600 |
+------------+--------------+---------+
2 rows in set (0.00 sec)
```

图 9-7　关闭 MySQL 自动提交，数据修改后，撤销数据修改

可以这样理解：MySQL 客户机 A 关闭 MySQL 自动提交后，MySQL 客户机 A 执行的所有更新操作，都会在 MySQL 服务器内存中产生若干条 new 记录。如果在 MySQL 客户机 A 上执行了 rollback 命令，MySQL 服务器内存中，与 MySQL 客户机 A 对应的 new 记录将被丢弃，回滚了（也叫撤销了）MySQL 客户机 A 执行的更新操作。

insert 语句产生 new 记录，delete 语句产生 old 记录，update 语句产生 new 记录以及 old 记录，关于这方面的知识请参看视图与触发器章节的内容。

9.1.4　提交

MySQL 自动提交一旦关闭，数据库开发人员需要“提交”更新语句，才能将更新结果提交到数据库文件中，成为数据库永久的组成部分。自动提交关闭后，MySQL 的提交方式分为显示地提交与隐式地提交。

显示地提交：MySQL 自动提交关闭后，使用 MySQL 命令“commit;”可以显示地提交更新语句。

隐式地提交：MySQL 自动提交关闭后，使用下面的 MySQL 语句，可以隐式地提交更新语句。begin、set autocommit=1、start transaction、rename table、truncate table 等语句；数据定义（create、alter、drop）语句，例如 create database、create table、create index、create function、create procedure、alter table、alter function、alter procedure、drop database、drop table、drop function、drop index、drop procedure 等语句；权限管理和账户管理语句（例如 grant、revoke、set password、create user、drop user、rename user 等语句）；锁语句（lock tables、unlock tables）。举例来说，MySQL 客户机 A 关闭 MySQL 自动提交后，执行了若干条更新语句。此时如果 MySQL 客户机 A 执行了“create table test_commit(a int primary key);”语句，该语句成功创建 test_commit 表后，还会提交之前的所有更新语句。

为了有效地提交事务，推荐数据库开发人员尽可能地使用显示地提交方式，尽量不要使用（或者避免使用）隐式地提交方式。

场景描述 4：重做场景描述 2 中的所有操作，在 MySQL 客户机 A 上执行 MySQL 命令“commit;”，接着在 MySQL 客户机 A、MySQL 客户机 B 上执行 select 语句查询甲、乙账户的余额，两次执行结果相同（乙账户的余额增加了 800 元，变为 3400），如图 9-8 所示。

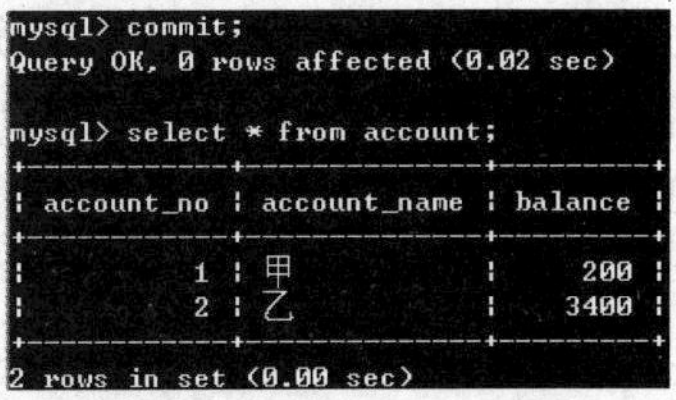

```
mysql> commit;
Query OK, 0 rows affected (0.02 sec)

mysql> select * from account;
+------------+--------------+---------+
| account_no | account_name | balance |
+------------+--------------+---------+
|          1 | 甲           |     200 |
|          2 | 乙           |    3400 |
+------------+--------------+---------+
2 rows in set (0.00 sec)
```

图 9-8　关闭 MySQL 自动提交，数据修改后，提交数据修改

从执行结果可以看出，MySQL 客户机 A 执行 commit 命令后，MySQL 服务器内存中的 new 记录被更新到数据库文件中，成为数据库永久的组成部分。

关闭 MySQL 的自动提交后，需要显示提交（或者隐式提交）更新语句，否则所有的更新语句影响的仅仅是 MySQL 服务器内存中的 new 记录，更新语句提交后，才会将 new 记录的值写入数据库文件。

无论开启自动提交，还是关闭自动提交，使用触发器时，InnoDB 存储引擎都会保证触发事件与触发程序的原子性操作。

9.1.5 事务

使用 MySQL 命令"start transaction;"可以开启一个事务，该命令开启事务的同时，会**隐式地**关闭 MySQL 自动提交。使用 commit 命令可以提交事务中的更新语句；使用 rollback 命令可以回滚事务中的更新语句。典型的事务处理使用方法如图 9-9 所示。

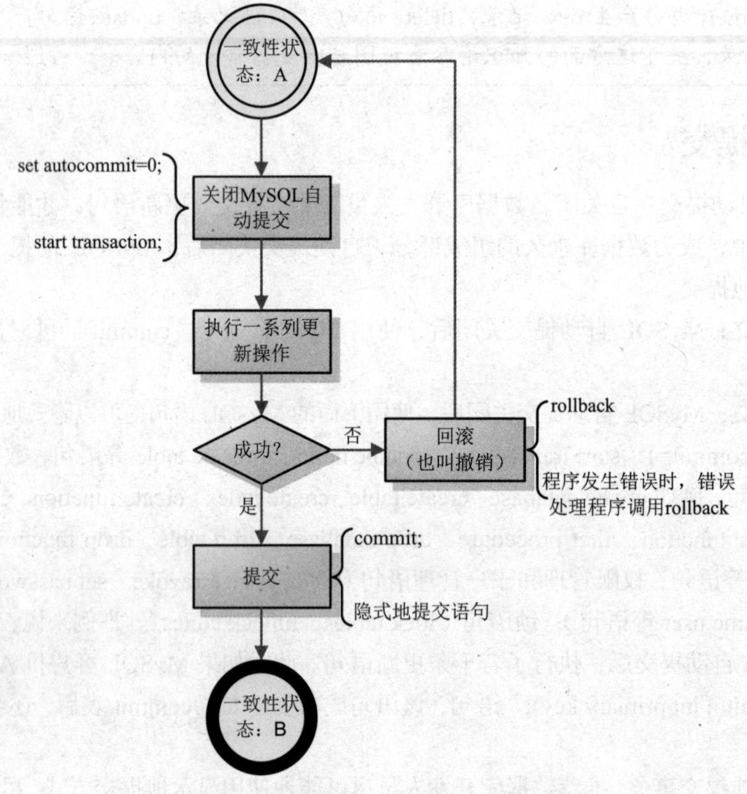

图 9-9 典型的事务处理使用方法

场景描述 5：银行转账业务的两条 update 语句是一个整体，如果其中任意一条 update 语句执行失败，则所有的 update 语句应该撤销，从而确保转账前后的总额不变。使用事务机制、错误处理机制可以避免银行转账时数据不一致问题的发生。

下面的 MySQL 代码，首先删除原有的 transfer_proc()存储过程，然后重建 transfer_proc()存储过程，并将代码修改为下面的代码（粗体字部分为代码改动部分，其他代码不变）。其中，"declare continue handler for 1690"负责处理 MySQL 错误代码 1690，当发生该错误时，执行回滚操作；"start transaction"负责开启事务，并隐式地关闭自动提交；"commit"负责提交事务。

```
drop procedure transfer_proc;
```

```
delimiter $$
create procedure transfer_proc (in from_account int,in to_account int,in money int)
modifies sql data
begin
declare continue handler for 1690
begin
   rollback;
end;
start transaction;
update account set balance=balance+money where account_no=to_account;
update account set balance=balance-money where account_no=from_account;
commit;
end
$$
delimiter ;
```

如果账户余额 balance 字段定义为整数（不是无符号整数），那存储过程 transfer_proc()也可以通过判断账户余额是否小于零，继而决定是否回滚（rollback）转账业务。

默认情况下，InnoDB 存储引擎既不会对异常进行回滚，也不会对异常进行提交，而这是十分危险的。异常发生后，数据库开发人员需要借助错误处理程序，显示地提交事务或者显示地回滚事务。可以这样理解：事务的提交与回滚，好比 if-else 语句中的 then 子句与 else 子句，两者只能选其一。

在实际的数据库开发过程中，不建议使用 MySQL 命令“set autocommit=0;”显示地关闭 MySQL 自动提交，建议选用“start transaction;”命令，该命令不仅可以开启新的事务，还可以隐式地关闭 MySQL 自动提交，而且“start transaction;”命令不会影响@@autocommit 系统会话变量的值。

9.1.6 保存点

默认情况下，事务一旦回滚，事务内的所有更新操作都将撤销。有些时候，仅仅希望撤销事务内的一部分更新操作，保存点（也称为检查点）可以实现事务的“部分”提交或者“部分”撤销。使用 MySQL 命令“savepoint 保存点名;”可以在事务中设置一个保存点，使用 MySQL 命令“rollback to savepoint 保存点名;”可以将事务回滚到保存点状态，如图 9-10 所示。当事务回滚到保存点后，那么数据库将进入到一致性状态 B。

场景描述 6：为了演示保存点的使用，下面两个存储过程 save_point1_proc()与 save_point2_proc()都试图在同一条事务中创建两个账号相同的银行账户。由于银行账号 account_no 是主键，两个银行账号不能相同，因此第二条 insert 语句会产生 MySQL 错误代码 1062。两个存储过程处理 MySQL 错误代码 1062 的方法截然不同。

办法一：下面的 MySQL 代码创建了 save_point1_proc()存储过程，该存储过程撤销了所有的 insert 语句。请读者注意粗体字代码。

```
delimiter $$
create procedure save_point1_proc()
modifies sql data
begin
declare continue handler for 1062
```

```
begin
    rollback to B;
    rollback;
end;
start transaction;
insert into account values(null,'丙',1000);
savepoint B;
insert into account values(last_insert_id(),'丁',1000);
commit;
end
$$
delimiter ;
```

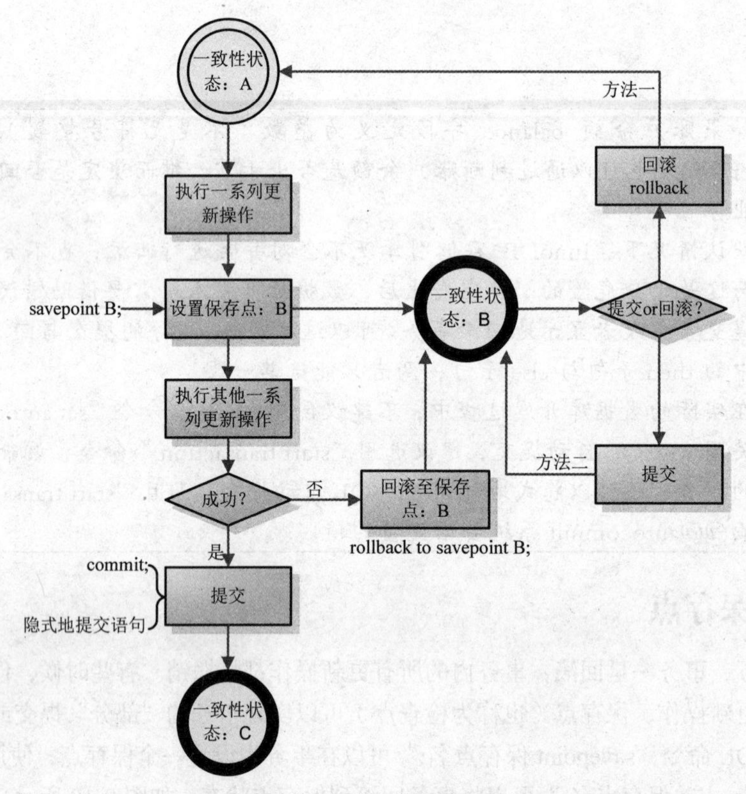

图 9-10　典型的事务保存点使用方法

存储过程 save_point1_proc()中，为了保证"丙"与"丁"两个账户的账号相同，创建"丁"账户的 insert 语句使用 last_insert_id()函数获取了"丙"账户的账号。第二条 insert 语句将抛出错误信息（ERROR 1062：主键不能相同），第二条 insert 语句出错后，错误处理程序将事务回滚到 B 保存点（rollback to B），然后回滚整个事务（rollback）如图 9-10 所示。

调用存储过程 save_point1_proc()，然后查询账户 account 表的所有记录，如图 9-11 所示。从查询结果可以看出，两条 insert 语句都被撤销。

```
call save_point1_proc();
select * from account;
```

方法二：下面的 MySQL 代码创建了 save_point2_proc()存储过程，该存储过程仅仅撤销第二

条 insert 语句，但提交了第一条 insert 语句。请读者注意粗体字代码。

```
delimiter $$
create procedure save_point2_proc()
modifies sql data
begin
declare continue handler for 1062
begin
    rollback to B;
    commit;
end;
start transaction;
insert into account values(null,'丙',1000);
savepoint B;
insert into account values(last_insert_id(),'丁',1000);
commit;
end
$$
delimiter ;
```

存储过程 save_point2_proc()中，第二条 insert 语句出错后，错误处理程序将事务回滚到 B 保存点（rollback to B），并提交事务（commit），导致第一条 insert 语句成功提交到数据库中，如图 9-10 所示。

调用存储过程 save_point2_proc()，然后查询账户 account 表的所有记录，如图 9-12 所示。从查询结果可以看出，第一条 insert 语句成功执行，第二条 insert 语句被撤销。

```
call save_point2_proc();
select * from account;
```

```
mysql> call save_point1_proc();
Query OK, 0 rows affected (0.00 sec)

mysql> select * from account;
+------------+--------------+---------+
| account_no | account_name | balance |
+------------+--------------+---------+
|          1 | 甲           |     200 |
|          2 | 乙           |    3400 |
+------------+--------------+---------+
2 rows in set (0.00 sec)
```

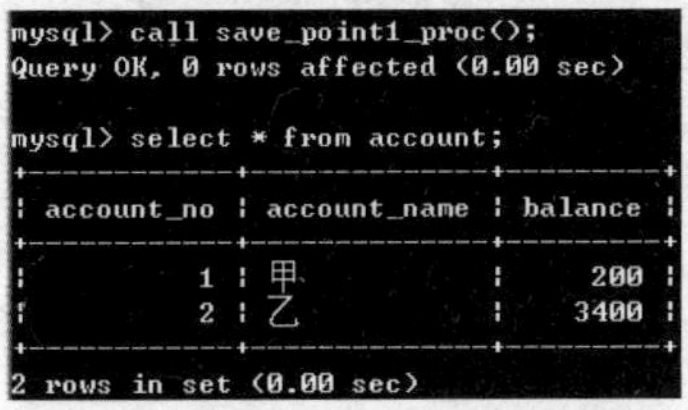

图 9-11　保存点的第一种使用方法

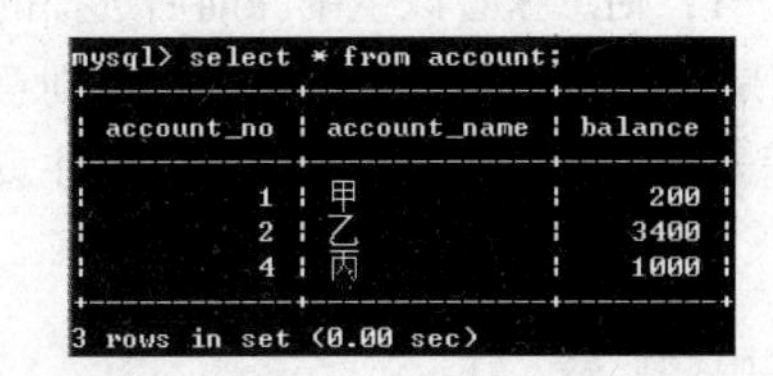

```
mysql> select * from account;
+------------+--------------+---------+
| account_no | account_name | balance |
+------------+--------------+---------+
|          1 | 甲           |     200 |
|          2 | 乙           |    3400 |
|          4 | 丙           |    1000 |
+------------+--------------+---------+
3 rows in set (0.00 sec)
```

图 9-12　保存点的第二种使用方法

"rollback to savepoint B"仅仅是让数据库回到事务中的某个"一致性状态 B"，而"一致性状态 B"仅仅是一个"临时状态"，该"临时状态"并没有将更新回滚，也没有将更新提交。事务回滚必须借助于 rollback（而不是"rollback to savepoint B"），而事务的提交需借助于 commit。

使用 MySQL 命令"release savepoint 保存点名;"可以删除一个事务的保存点。如果该保存点不存在，则该命令将出现错误信息：ERROR 1305 (42000): SAVEPOINT does not exist。如果当前的事务中存在两个相同名字的保存点，则旧保存点将被自动丢弃。

9.1.7　"选课系统"中的事务

"选课系统"中，最为复杂的业务逻辑莫过于"学生选课"以及"学生调课"功能的实现，之前的章节已经编写了 choose_proc()存储过程，实现了学生的选课功能。本章将借用事务的概念编写调课存储过程 replace_course_proc()，实现“选课系统”的调课功能。

场景描述 7: 使用存储过程实现“选课系统”的调课功能，图 9-13 所示的程序流程图阐述了某个学生的调课流程（其中，c_before 表示调课前的课程，c_after 表示目标课程或者调课后的课程）。从程序流程图中可以看到，调课时，首先要判断调课前的课程与目标课程是否相同，如果相同，则将调课的状态值 state 设置为-1；接着判断目标课程是否已经审核，是否已经报满，如果课程未审核或者课程 available 字段值为 0（课程报满），则将状态值 state 设置为-2；如果调课成功，则将状态值 state 设置为调课成功后的课程 course_no。由于调课涉及 3 条 update 语句，为了保证它们的原子性，必须将它们封装到事务中。

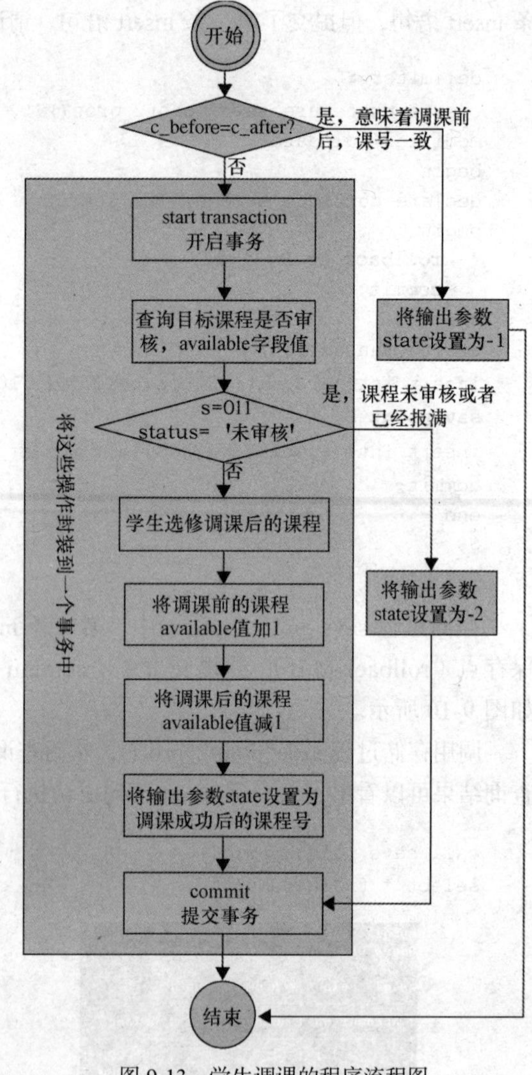

图 9-13　学生调课的程序流程图

下面的 SQL 语句创建了名字为 replace_course_proc()的存储过程，该存储过程接收学生学号（s_no）、课程号（c_before）以及课程号（c_after）为输入参数，经过存储过程一系列处理，返回调课 state 状态值。如果输出参数 state 的值大于 0，则说明学生调课成功；如果输出参数 state 的值等于-1，则意味着该生调课前后选择的课程相同；如果输出参数 state 的值等于-2，则意味着目标课程未审核或者已经报满。请读者注意粗体字代码。

```
delimiter $$
create procedure replace_course_proc(in s_no char(11),in c_before int,in c_after int,out state int)
  modifies sql data
  begin
    declare s int;
declare status char(8);
    set state = 0;
set status='未审核';
    if(c_before=c_after) then
        set state = -1;
    else
        start transaction;
        select state into status from course where course_no=c_after;
        select available into s from course where course_no=c_after;
        if(s=0 || status='未审核') then
            set state = -2;
        elseif(state=0) then
```

```
                update choose set course_no=c_after,choose_time=now() where student_no=s_no
and course_no=c_before;
                update course set available=available+1 where course_no=c_before;
                update course set available=available-1 where course_no=c_after;
                set state = c_after;
            end if;
            commit;
        end if;
    end
    $$
    delimiter ;
```

下面的 MySQL 语句负责调用 replace_course_proc()存储过程，对该存储过程进行简单的测试。首先使用下面的 select 语句查看学号 2012002 的选课信息，执行结果如图 9-14 所示。

```
select * from choose where student_no='2012002';
```

```
mysql> select * from choose where student_no='2012002';
+-----------+------------+-----------+-------+---------------------+
| choose_no | student_no | course_no | score | choose_time         |
+-----------+------------+-----------+-------+---------------------+
|         3 | 2012002    |         3 |    60 | 2013-05-09 12:52:53 |
|         4 | 2012002    |         2 |    70 | 2013-05-09 12:52:53 |
+-----------+------------+-----------+-------+---------------------+
2 rows in set (0.01 sec)
```

图 9-14　查看学号 2012002 的选课信息

接着将该生选修的课程号 3，调换为课程号 1，执行下面的 MySQL 命令，执行结果如图 9-15 所示。

```
set @s_no = '2012002';
set @c_before = 3;
set @c_after = 1;
set @state = 0;
call replace_course_proc(@s_no,@c_before,@c_after,@state);
select @state;
```

```
mysql> set @s_no = '2012002';
Query OK, 0 rows affected (0.00 sec)

mysql> set @c_before = 3;
Query OK, 0 rows affected (0.00 sec)

mysql> set @c_after = 1;
Query OK, 0 rows affected (0.00 sec)

mysql> set @state = 0;
Query OK, 0 rows affected (0.00 sec)

mysql> call replace_course_proc(@s_no,@c_before,@c_after,@state);
Query OK, 0 rows affected (0.02 sec)

mysql> select @state;
+--------+
| @state |
+--------+
|      1 |
+--------+
1 row in set (0.00 sec)
```

图 9-15　replace_course_proc()存储过程的调用

最后使用下面的 select 语句查看学号 2012002 最终的选课信息，验证调课是否成功，执行结果如图 9-16 所示。

```
select * from choose where student_no='2012002';
```

```
mysql> select * from choose where student_no='2012002';
+-----------+------------+-----------+-------+---------------------+
| choose_no | student_no | course_no | score | choose_time         |
+-----------+------------+-----------+-------+---------------------+
|         3 | 2012002    |         1 |    60 | 2013-05-09 21:36:32 |
|         4 | 2012002    |         2 |    70 | 2013-05-09 12:52:53 |
+-----------+------------+-----------+-------+---------------------+
2 rows in set (0.00 sec)
```

图 9-16　再次查看学号 2012002 的选课信息

学生选课以及学生调课是“选课系统”的核心功能。存储过程与游标章节编写的“选课存储过程”choose_proc()使用了触发器维护 course 表的 available 字段值。由于 InnoDB 存储引擎中，触发器已经保证了触发事件与触发程序的原子性，因此 choose_proc()存储过程可以保证 insert 语句与 insert 触发程序的原子性。而本章编写的“调课存储过程”replace_course_proc()使用事务的概念，将 3 条 update 语句封装到一个事务中，同样也可以保证 3 条 update 语句的原子性操作。在真正的项目案例中，推荐使用事务实现更新语句的原子性操作，不建议使用触发器。

一般情况下，一系列关系紧密的更新语句（例如 insert、delete 或者 update 语句）都需要封装到一个事务中。由于查询语句不会导致数据发生变化，因此一般不需要封装到事务中。细心的读者会发现，在 replace_course_proc()存储过程中，粗体字的 select 语句负责“查询目标课程的 available 字段值”，该 select 语句也封装到了事务中，具体原因在“锁机制”章节中进行讲解。

9.2　锁　机　制

在同一时刻，如果数据库仅仅为单个 MySQL 客户机提供服务，仅通过事务机制即可实现数据库的数据一致性。但更多时候，在同一时刻，多个并发用户往往需要同时访问（检索或者更新）数据库中的同一个数据，此时仅仅通过事务机制无法保证多用户同时访问同一数据的数据一致性（参看场景描述 2），因此有必要引入另一种机制实现数据的多用户并发访问。锁机制是 MySQL 实现多用户并发访问的基石。

9.2.1　锁机制的必要性

场景描述 2 中，MySQL 客户机 A 与 MySQL 客户机 B 执行同一条 SQL 语句“select * from account;”时产生的结果截然不同，继而产生数据不一致问题。这种数据不一致问题产生的深层次原因在于，内存中的数据与外存中的数据不同步造成的（或者说是由内存中的表记录与外存中的表记录之间存在“同步延迟”造成的）。

MySQL 客户机 A 访问数据时，如果能够对该数据“加锁”，阻塞（或者延迟）MySQL 客户机 B 对该数据访问，直到 MySQL 客户机 A 数据访问结束，内存与外存中的数据同步后，MySQL 客户机 A 对该数据“解锁”，“解锁”后，被阻塞的 MySQL 客户机 B“被唤醒”，继而可以继续访问该数据，这样就可以实现多用户下数据的并发访问，如图 9-17 所示。

简言之，内存数据与外存数据之间的同步延迟，可以通过锁机制将“并发访问”延迟，进而实现数据的一致性访问以及并发访问。

当然，单条更新语句运行期间也会产生同步延迟。例如，场景描述 2 中，MySQL 客户机 A 执行下面的 update 语句时，该 update 语句的执行过程可以简单描述为如下步骤，如图 9-18 所示。

```
update account set balance=balance+800 where account_no=2;
```

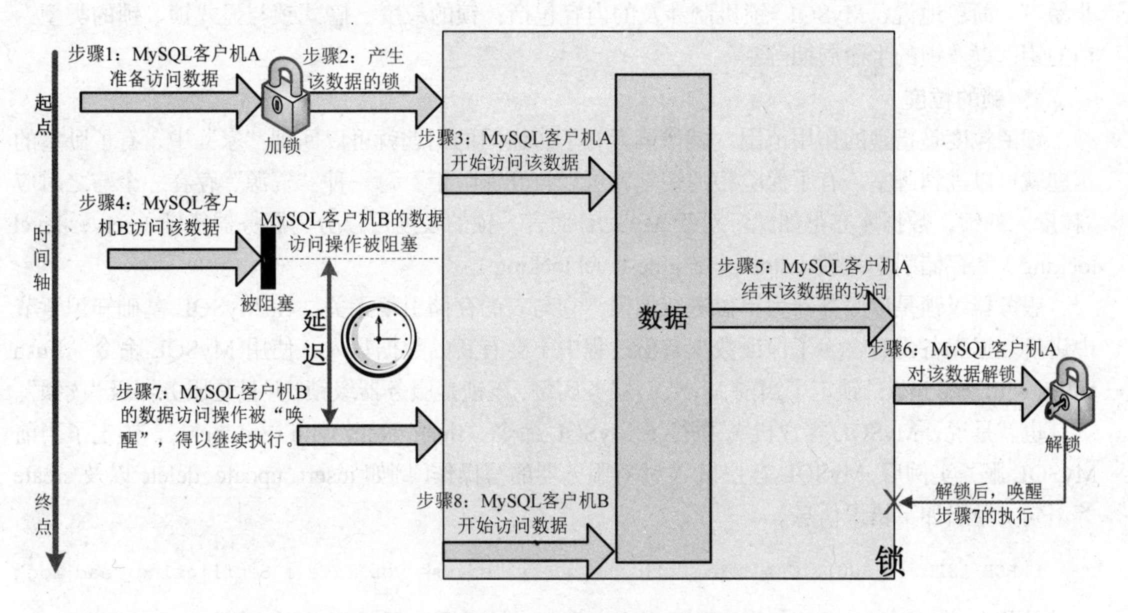

图 9-17　多用户下数据并发访问的实现原理

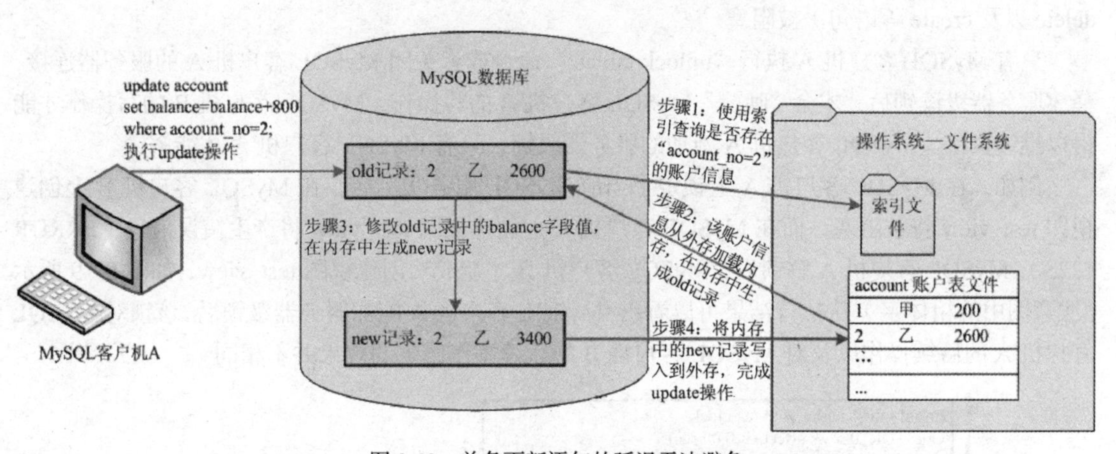

图 9-18　单条更新语句的延迟无法避免

步骤 1：使用索引查询是否存在"account_no=2"的账户信息。

步骤 2：若存在，将该账户信息从外存加载到内存，在内存中生成 old 记录。

步骤 3：修改 old 记录中的 balance 字段值，在内存中生成 new 记录。

步骤 4：将内存中的 new 记录写入到外存，完成 update 操作。

上述每一个步骤的执行都需要一定的时间间隔（虽然短暂）。单个 update 语句运行期间，从步骤 1 运行到步骤 4 同样会产生延迟，这种延迟根本就无法避免，数据库开发人员也无需理会这种延迟，毕竟单条 SQL 语句运行期间会作为一个"原子"操作运行。数据库开发人员需要考虑的问题是：如何借助锁机制，解决**多用户并发访问**可能引起的数据不一致问题？

9.2.2 MySQL 锁机制的基础知识

相对于其他数据库管理系统而言，MySQL 的锁机制较为简单，但即便如此，由于 MySQL 锁机制涉及存储引擎、多用户并发访问、事务以及索引等知识，初学者全面掌握 MySQL 锁机制并非易事。简单地说，MySQL 锁机制涉及的内容包括：锁的粒度、隐式锁与显式锁、锁的类型、锁的钥匙以及锁的生命周期等。

1. 锁的粒度

锁的粒度是指锁的作用范围。就像读者有了防盗门的钥匙就可以回到“家”中，有了卧室的钥匙就可以进到卧室，有了保险柜的钥匙就可以打开保险柜，每一种“资源”存在一个与之对应“粒度”的锁，数据库亦是如此。对于 MySQL 而言，锁的粒度可以分为服务器级锁（server-level locking）和存储引擎级锁（storage-engine-level locking）。

服务器级锁是以服务器为单位进行加锁，它与表的存储引擎无关。在 MySQL 基础知识章节中讲解数据库备份时，为了保证数据备份过程中不会有新的数据写入，使用 MySQL 命令“flush tables with read lock;”锁定了当前 MySQL 服务实例，该锁是服务器级锁，并且是服务器级“读锁”。

也就是说，MySQL 客户机 A 执行了 MySQL 命令“flush tables with read lock;”，锁定了当前 MySQL 服务实例后，MySQL 客户机 A 针对服务器的写操作（例如 insert、update、delete 以及 create 等语句）抛出如下错误信息。

```
ERROR 1223 (HY000): Can't execute the query because you have a conflicting read lock
```

其他 MySQL 客户机（例如 MySQL 客户机 B）针对服务器的写操作（例如 insert、update、delete 以及 create 等语句）被阻塞。

只有 MySQL 客户机 A 执行“unlock tables;”命令或者关闭 MySQL 客户机 A 的服务器连接，释放服务器级读锁后，才会“唤醒”MySQL 客户机 B 的写操作，MySQL 客户机 B 的写操作才能得以继续执行。MySQL 客户机 A 施加的服务器级锁，只有 MySQL 客户机 A 才能解锁。

例如，在 MySQL 客户机 A 上锁定了当前 MySQL 服务实例后，在 MySQL 客户机 B 上创建视图 test_view 将被阻塞，而在 MySQL 客户机 A 上创建视图 test_view 将产生错误信息（ERROR 1223）。MySQL 客户机 A 解锁后，MySQL 客户机 B 才能成功创建视图 test_view，如图 9-19 所示（注意图中的粗体字）。从执行结果可以看出，MySQL 客户机 A 施加服务器级锁后，该锁对 MySQL 客户机 A 的后续操作以及对 MySQL 客户机 B 的后续操作产生的效果并不相同。

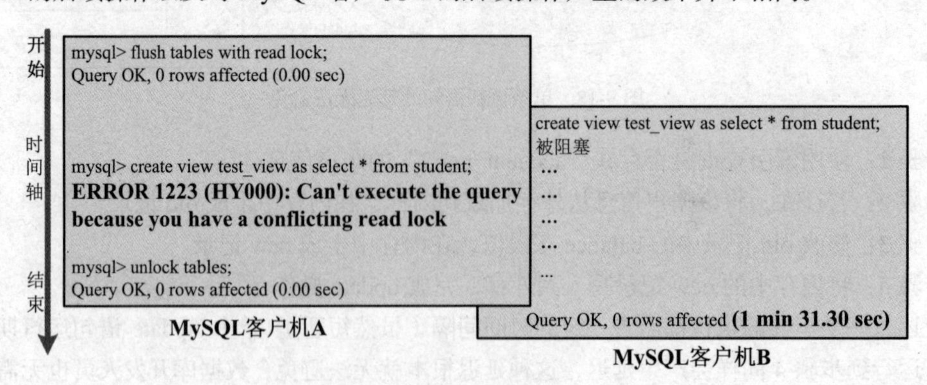

图 9-19　服务器级读锁的使用

存储引擎级锁分为表级锁以及行级锁。表级锁是以表为单位进行加锁，MyISAM 与 InnoDB

存储引擎的表都支持表级锁（稍后介绍）。行级锁是以记录为单位进行加锁，在 MyISAM 与 InnoDB 存储引擎中，只有 InnoDB 存储引擎支持行级锁。

小结：服务器级锁的粒度最大，表级锁的粒度次之，行级锁的粒度最小。锁粒度越小，并发访问性能就越高，越适合做并发更新操作（InnoDB 表更适合做并发更新操作）；锁粒度越大，并发访问性能就越低，越适合做并发查询操作（MyISAM 表更适合做并发查询操作）。另外，锁粒度越小，完成某个功能时所需要的加锁、解锁的次数就会越多，反而会消耗较多的服务器资源，甚至会出现资源的恶性竞争，甚至发生死锁问题。

对于“选课系统”而言，系统需要为上百名学生，甚至几百名学生同时提供选课、调课、退课服务。为了提高并发性能，“选课系统”将选用行级锁，这也是“选课系统”的各个数据库表使用 InnoDB 存储引擎的原因（InnoDB 存储引擎支持行级锁）。

2. 隐式锁与显式锁

MySQL 锁分为隐式锁以及显式锁。多个 MySQL 客户机并发访问同一个数据时，为保证数据的一致性，数据库管理系统会**自动地**为该数据加锁、解锁，这种锁称为隐式锁。隐式锁无需数据库开发人员维护（包括粒度、加锁时机、解锁时机等）。

如果应用系统存在多用户并发访问数据的行为，有时单靠隐式锁无法实现数据的一致性访问要求（例如多个学生同时选修同一门课程），此时需要数据库开发人员**手动地**加锁、解锁，这种锁称为显式锁。对于显式锁而言，数据库开发人员不仅需要确定锁的粒度，还需要确定锁的加锁时机（何时加锁）、解锁时机（何时解锁）以及锁的类型。

3. 锁的类型

锁的类型包括读锁（read lock）和写锁（write lock），其中读锁也称为共享锁，写锁也称为排他锁或者独占锁。

读锁（read lock）：如果 MySQL 客户机 A 对某个数据施加了读锁，加锁期间允许其他 MySQL 客户机（例如 MySQL 客户机 B）对该数据施加读锁，但会阻塞其他 MySQL 客户机（例如 MySQL 客户机 C）对该数据施加写锁，除非 MySQL 客户机 A 释放该数据的读锁。简言之，读锁允许**其他 MySQL 客户机**对数据同时“读”，但不允许**其他 MySQL 客户机**对数据任何“写”（如图 9-20 所示）。如果“数据”是表，则该读锁是表级读锁；如果“数据”是记录，则该读锁是行级读锁。

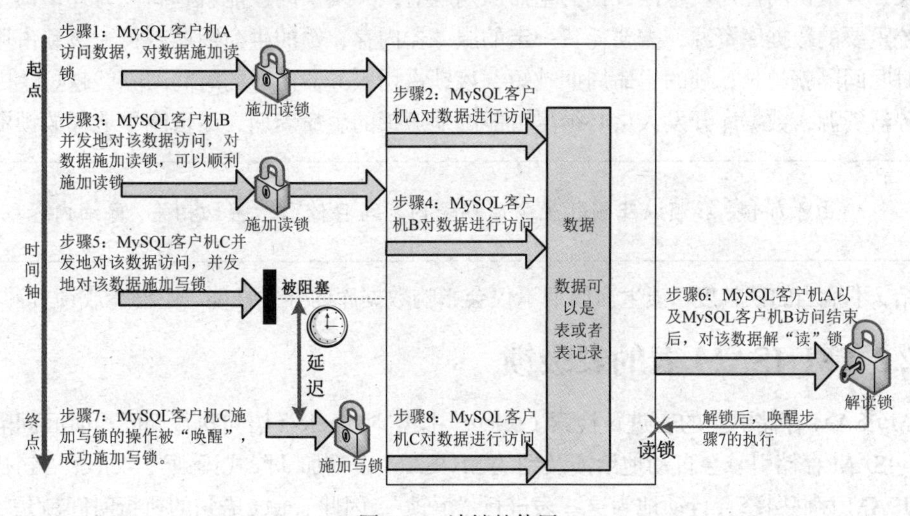

图 9-20　读锁的使用

写锁(write lock):如果MySQL客户机A对某个数据施加了写锁,加锁期间会阻塞其他MySQL客户机(例如 MySQL 客户机 B)对该数据施加读锁以及写锁,除非 MySQL 客户机 A 释放该数据的写锁。简言之,写锁不允许**其他 MySQL 客户机**对数据同时“读”,也不允许**其他 MySQL 客户机对数据**同时“写”(见图 9-21)。如果“数据”是表,则该写锁是表级写锁;如果“数据”是记录,则该写锁是行级写锁。

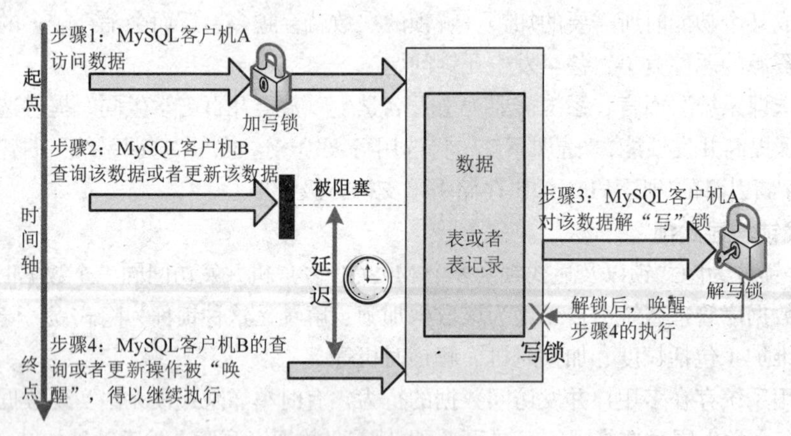

图 9-21 写锁的使用

说明

有关读锁与写锁更为详细的内容稍后进行讲解。

4. 锁的钥匙

多个 MySQL 客户机并发访问同一个数据时,如果 MySQL 客户机 A 对该数据成功地施加了锁,那么只有 MySQL 客户机 A 拥有这把锁的“钥匙”,也就是说,只有 MySQL 客户机 A 能够对该锁进行解锁操作。

5. 锁的生命周期

锁的生命周期是指在同一个 MySQL 会话内,对数据加锁到解锁之间的时间间隔。锁的生命周期越长,并发访问性能就越低;锁的生命周期越短,并发访问性能就越高。另外,锁是数据库管理系统重要的数据库资源,需要耗费一定的服务器内存,锁的生命周期越长,该锁占用服务器内存的时间间隔就越长;锁的生命周期越短,该锁占用服务器内存的时间间隔就越短。因此为了节省服务器资源,数据库开发人员必须尽可能的缩短锁的生命周期,尽可能早地释放锁资源。

说明

由于加锁、解锁以及锁的生命周期等内容与存储引擎密切相关,详细内容稍后讲解。

小结:不恰当的锁粒度、锁生命周期不仅会影响数据库的并发性能,还会造成锁资源的浪费。

9.2.3 MyISAM 表的表级锁

对 MyISAM 存储引擎的表进行检索(select)操作时,select 语句执行期间(时间间隔虽然短暂),MyISAM 存储引擎会自动地给涉及到的 MyISAM 表施加“隐式读锁”;select 语句执行完毕后,MyISAM 存储引擎会自动地为这些表进行“解锁”。因此 select 语句的执行时间就是“隐式读锁”的生命周期。

对 MyISAM 存储引擎的表进行更新（insert、update 以及 delete）操作时，更新语句（例如 insert、update 以及 delete）执行期间（时间间隔虽然短暂），MyISAM 存储引擎会自动地给涉及到的 MyISAM 表施加“隐式写锁”；更新语句执行完毕后，MyISAM 存储引擎会自动地为这些表进行解锁，更新语句的执行时间就是“隐式写锁”的生命周期。

可以看到，任何针对 MyISAM 表的查询操作或者更新操作，都会隐式地施加表级锁。隐式锁的生命周期非常短暂，且不受数据库开发人员的控制。

有时，应用系统要求数据库开发人员延长 MyISAM 表级锁的生命周期，MySQL 为数据库开发人员提供了显示地施加表级锁以及显示地解锁的 MySQL 命令，以便数据库开发人员能够控制 MyISAM 表级锁的生命周期，MySQL 客户机 A 施加表级锁以及解锁的 MySQL 命令的语法格式如图 9-22 所示。

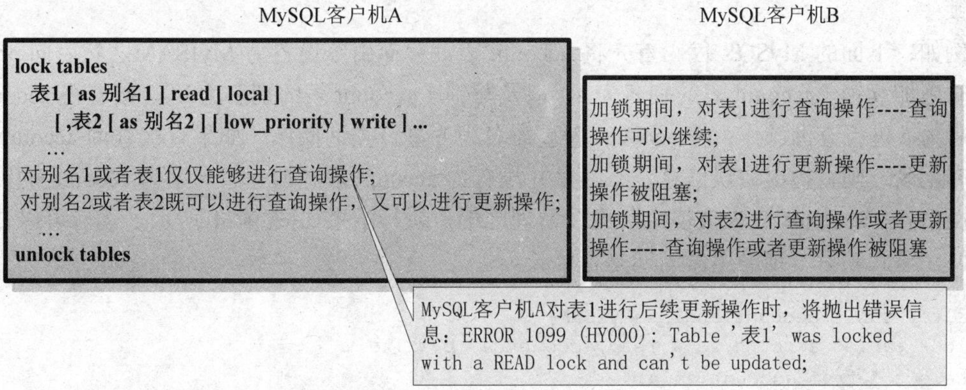

MySQL客户机A

lock tables
表1 [as 别名1] read [local]
[,表2 [as 别名2] [low_priority] write] ...
…
对别名1或者表1仅仅能够进行查询操作；
对别名2或者表2既可以进行查询操作，又可以进行更新操作；
…
unlock tables

MySQL客户机B

加锁期间，对表1进行查询操作----查询操作可以继续；
加锁期间，对表1进行更新操作----更新操作被阻塞；
加锁期间，对表2进行查询操作或者更新操作-----查询操作或者更新操作被阻塞

MySQL客户机A对表1进行后续更新操作时，将抛出错误信息：ERROR 1099 (HY000): Table '表1' was locked with a READ lock and can't be updated;

图 9-22　表级锁的使用

注意事项：

（1）上述语法格式主要针对 MyISAM 表显示地施加表级锁以及解锁，该语法格式同样适用于 InnoDB 表。只不过因为 InnoDB 表支持行级锁，在 InnoDB 表中表级锁的概念比较淡化。

（2）read 与 write 选项的功能在于说明施加表级读锁还是表级写锁。对表施加读锁后，MySQL 客户机 A 对该表的后续更新操作将出错，错误信息如图 9-22 所示；MySQL 客户机 B 对该表的后续查询操作可以继续进行，而对该表的后续更新操作将被阻塞。出错与阻塞是两个不同的概念。

MySQL 客户机 A 对表施加写锁后，MySQL 客户机 A 的后续查询操作以及后续更新操作都可以继续进行；MySQL 客户机 B 对该表的后续查询操作以及后续更新操作都将被阻塞。

MySQL 客户机 A 为某个表加锁后，加锁期间 MySQL 客户机 A 对该表的后续操作，MySQL 客户机 B 对该表的后续操作以及 MySQL 客户机 B 对该表加锁之间的关系如表 9-1 所示。

表 9-1　表级锁与后续操作之间的关系

关系	加锁期间 MySQL 客户机 A 对该表的后续操作		加锁期间 MySQL 客户机 B 对该表的后续操作		加锁期间 MySQL 客户机 B 对该表加锁	
	查询操作	**更新操作**	**查询操作**	**更新操作**	**读锁**	**写锁**
MySQL 客户机 A 对表施加读锁	继续执行	出错	继续执行	被阻塞	继续执行	被阻塞
MySQL 客户机 A 对表施加写锁	继续执行	继续执行	被阻塞	被阻塞	被阻塞	被阻塞

（3）MySQL 客户机 A 使用 lock tables 命令可以同时为多个表施加表级锁（包括读锁或者写锁），并且加锁期间，**MySQL 客户机 A** 不能对“没有锁定的表”进行更新及查询操作，否则将抛出“表未被锁定”的错误信息。例如，在 MySQL 客户机 A 上运行下面的 MySQL 代码，对 account 表施加读锁，加锁期间对 book 表的查询操作将抛出错误信息，如图 9-23 所示。读者可以自行分析，使用显式锁后，锁的生命周期是否延长。

```
alter table account engine=MyISAM;
alter table book engine=MyISAM;
lock tables account read;
select * from account;
select * from book;
unlock tables;
```

（4）如果需要为同一个表同时施加读锁与写锁，那么需要为该表起两个别名，以区分读锁与写锁。

例如，下面的 MySQL 代码首先将 account 表的存储引擎设置为 MyISAM。然后向 account 表同时施加读锁（account 表的别名为 a）以及写锁（account 表的别名为 b）。接着将 account 表重命名为 a 进行查询操作，将 account 表重命名为 b 进行查询操作。如果直接查询 account 表中的所有记录，则将抛出错误信息，原因是并没有为 account 表施加一个名字为 account 的锁，抛出错误信息“account 表未被锁定”也在情理之中，执行结果如图 9-24 所示。读者可以自行分析，使用显式锁后，锁的生命周期是否延长。

```
alter table account engine=MyISAM;
lock tables account as a read,account as b write;
select * from account as a;
select * from account as b;
select * from account;
unlock tables;
```

```
mysql> alter table account engine=MyISAM;
Query OK, 3 rows affected (0.03 sec)
Records: 3  Duplicates: 0  Warnings: 0

mysql> alter table book engine=MyISAM;
Query OK, 3 rows affected (0.09 sec)
Records: 3  Duplicates: 0  Warnings: 0

mysql> lock tables account read;
Query OK, 0 rows affected (0.00 sec)

mysql> select * from account;
+------------+--------------+---------+
| account_no | account_name | balance |
+------------+--------------+---------+
|          1 | 甲           |     200 |
|          2 | 乙           |    3400 |
|          4 | 丙           |    1000 |
+------------+--------------+---------+
3 rows in set (0.00 sec)

mysql> select * from book;
ERROR 1100 (HY000): Table 'book' was not locked with LOCK TABLES
mysql> unlock tables;
Query OK, 0 rows affected (0.00 sec)
```

图 9-23　表级锁使用的注意事项（1）

```
mysql> select * from account;
ERROR 1100 (HY000): Table 'account' was not locked with LOCK TABLES
mysql> unlock tables;
```

图 9-24　表级锁使用的注意事项（2）

为了便于理解，读者可以认为每个表的锁必须有锁名，且默认情况下锁名就是表名。当某个表既存在读锁又存在写锁时，需要为表名起多个别名，且每个别名对应一个锁名。

（5）read local 与 read 选项之间的区别在于，如果 MySQL 客户机 A 使用 read 选项为某个 MyISAM 表施加读锁，加锁期间，MySQL 客户机 A 以及 MySQL 客户机 B 都不能对该表进行插入操作。如果 MySQL 客户机 A 使用 read local 选项为某个 MyISAM 表施加读锁，加锁期间，MySQL 客户机 B 可以对该表进行插入操作，前提是新记录必须插入到表的末尾。对 InnoDB 表施加读锁时，read local 选项与 read 选项的功能完全相同。

场景描述 8： read local 与 read 选项之间的区别。

首先在 MySQL 客户机 A 上执行下面的 MySQL 命令，并为 account 表施加 local 读锁。

```
alter table account engine=MyISAM;
lock tables account read local;
```

然后打开 MySQL 客户机 B，在 MySQL 客户机 B 上执行下面的 insert 语句，向 account 表中添加一条记录，执行结果如图 9-25 所示。从执行结果可以看出，MySQL 客户机 A 为 account 表施加 local 读锁后，MySQL 客户机 B 可以向 account 表中添加记录。local 关键字使得 MyISAM 表最大限度地支持查询和插入的并发操作。

```
insert into account values(null,'丁',1000);
```

最后在 MySQL 客户机 A 上执行下面的 MySQL 命令，为 account 表解锁。

```
unlock tables;
```

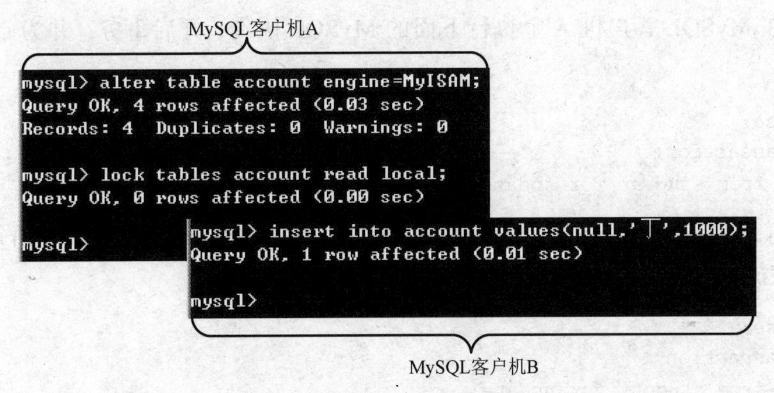

图 9-25　read local 选项的使用

（6）MySQL 客户机 A 对某个表施加读锁的同时，MySQL 客户机 B 对该表施加写锁，默认情况下会优先施加写锁，这是因为更新操作比查询操作更为重要。如果 MySQL 客户机 C...Z 对该表同时也施加了写锁，可能造成读锁“饿死”。为了避免读锁“饿死”，MySQL 客户机 B...Z 可以使用 low_priority write 选项降低写锁的优先级，以便 MySQL 客户机 A 及时取得读锁，不被饿死。

（7）unlock tables 用于解锁，它会解除当前 MySQL 服务器连接中所有 MyISAM 表的所有锁。

（8）lock tables 与 unlock tables 语句会引起事务的隐式提交。

（9）MySQL 客户机一旦关闭，unlock tables 语句将会被隐式地执行。因此，如果要让表锁定生效就必须一直保持 MySQL 服务器连接。

9.2.4　InnoDB 表的行级锁

InnoDB 表的锁比 MyISAM 表的锁更为复杂，原因在于 InnoDB 表既支持表级锁，又支持行级锁，又存在意向锁，再把事务掺入其中，会给初学者的学习带来不少麻烦。使用 lock tables 命令为 InnoDB 表施加表级锁与使用 lock tables 命令为 MyISAM 表施加表级锁的用法基本相同，不再赘述，这里主要讨论 InnoDB 行级锁以及意向锁的用法。

InnoDB 提供了两种类型的行级锁，分别是共享锁（S）以及排他锁（X），其中共享锁也叫读锁，排他锁也叫写锁。InnoDB 行级锁的粒度仅仅是受查询语句或者更新语句影响的那些记录。在查询（select）语句或者更新（insert、update 以及 delete）语句中，为受影响的记录施加行级锁的方法也非常简单。

方法 1：在查询（select）语句中，为符合查询条件的记录施加共享锁，语法格式如下所示。

select * from 表 where 条件语句 **lock in share mode**;

方法 2：在查询（select）语句中，为符合查询条件的记录施加排他锁，语法格式如下所示。

select * from 表 where 条件语句 **for update**;

方法 3：在更新（insert、update 以及 delete）语句中，InnoDB 存储引擎将符合更新条件的记录**自动**施加排他锁(隐式锁)，即 InnoDB 存储引擎自动地为更新语句影响的记录施加**隐式**排他锁。

方法 1 与方法 2 是显示地施加行级锁，方法 3 是隐式地施加行级锁。这 3 种方法施加的行级锁的生命周期非常短暂，为了延长行级锁的生命周期，最为通用的做法是开启事务。事务提交或者回滚后，行级锁才被释放，这样就可以延长行级锁的生命周期，此时事务的生命周期就是行级锁的生命周期。

场景描述 9：通过事务延长行级锁的生命周期。

步骤 1：在 MySQL 客户机 A 上执行下面的 MySQL 语句，开启事务，并为 student 表施加行级写锁。

```
use choose;
start transaction;
select * from student for update;
```

步骤 2：打开 MySQL 客户机 B，在 MySQL 客户机 B 上执行下面的 MySQL 语句，开启事务，并为 student 表施加行级写锁。此时，MySQL 客户机 B 被阻塞。

```
use choose;
start transaction;
select * from student for update;
```

步骤 3：在 MySQL 客户机 A 上执行下面的 MySQL 命令，为 student 表解锁。此时，MySQL 客户机 A 释放了 student 表的行级写锁，MySQL 客户机 B 被“唤醒”，得以继续执行。

```
commit;
```

可以看到，通过事务延长了 MySQL 客户机 A 针对 student 表的行级锁的生命周期。

结论：事务中的行级共享锁（S）以及行级排他锁（X）的生命周期从加锁开始，直到事务提交或者回滚，行级锁才会释放。

MySQL 客户机 A 使用“select * from 表 where **条件语句** lock in share mode;”为 InnoDB 表中**符合条件语句的记录**施加共享锁后，加锁期间，MySQL 客户机 A 可以对该表的**所有记录**进行查询以及更新操作。加锁期间，MySQL 客户机 B 可以查询该表的所有记录（甚至施加共享锁），可以更新**不符合条件语句的记录**，然而为**符合条件语句的记录**施加排他锁时将被阻塞。

MySQL 客户机 A 使用“select * from 表 where **条件语句** for update;”或者更新语句（例如 insert、update 以及 delete）为 InnoDB 表中**符合条件语句的记录**施加排他锁后，加锁期间，MySQL 客户机 A 可以对该表的**所有记录**进行查询以及更新操作。加锁期间，MySQL 客户机 B 可以查询该表的所有记录，可以更新**不符合条件语句的记录**，然而为**符合条件语句的记录**

施加共享锁或者排他锁时将被阻塞。

为了便于读者更好地理解共享锁以及排他锁之间的关系，可以参看表 9-2 所示的内容。

表 9-2　　行级锁与后续操作之间的关系

<table>
<tr><th rowspan="2">关系</th><th rowspan="2">加锁期间 MySQL 客户机 A 对该表进行后续查询或者更新操作</th><th colspan="4">加锁期间 MySQL 客户机 B 对这些记录进行后续操作</th><th rowspan="2">加锁期间 MySQL 客户机 B 对其他记录进行后续操作</th></tr>
<tr><th>仅仅查询操作</th><th>查询操作（共享锁）</th><th>查询操作（排他锁）</th><th>更新操作（排他锁）</th></tr>
<tr><td>MySQL 客户机 A 对某些记录施加共享锁</td><td rowspan="2">继续执行</td><td>继续执行</td><td>继续执行</td><td>被阻塞</td><td>被阻塞</td><td>继续执行</td></tr>
<tr><td>MySQL 客户机 A 对某些记录施加排他锁</td><td>继续执行</td><td>被阻塞</td><td>被阻塞</td><td>被阻塞</td><td>继续执行</td></tr>
</table>

9.2.5　“选课系统”中的行级锁

场景描述 10：实现调课功能的存储过程 replace_course_proc()存在功能缺陷。考虑这样的场景：张三与李四**“同时”**选择同一门目标课程，且目标课程就剩下一个席位（此时目标课程 available 的字段值为 1）。张三以及李四为了实现调课功能，**“同时”**调用存储过程 replace_course_proc()，假设两人“同时”执行存储过程中的 select 语句“查询目标课程 available 字段值”：

```
select available into s from course where course_no=c_after;
```

张三以及李四可能都读取到 available 的值为 1（大于零），最后的结果是张三与李四都选择了目标课程，如图 9-26 所示。

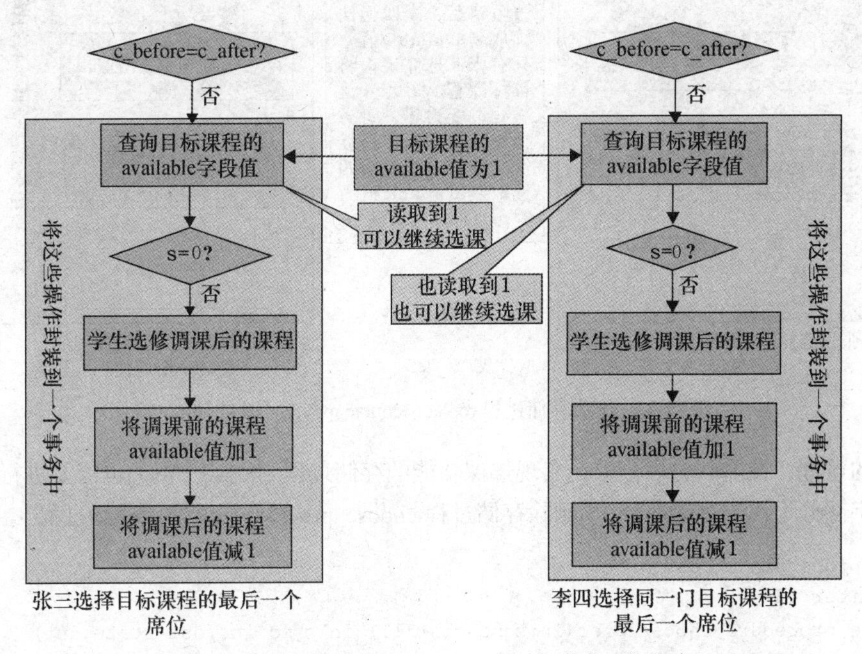

图 9-26　存储过程 replace_course_proc()存在功能缺陷

可以看出，存储过程 replace_course_proc()读取课程的 available 字段值时，有必要为张三与李四选择相同的目标课程施加排他锁，避免多名学生同时读取同一门课程的 available 字段值。将存储过程 replace_course_proc()中的代码片段：

```
select available into s from course where course_no=c_after;
```

修改为如下的代码片段（粗体字部分为代码改动部分，其他代码不变）：

```
select available into s from course where course_no=c_after for update;
```

为了延长行级排他锁的生命周期，将该 select 语句写在了 start transaction 语句后，封装到事务中。

此时，当张三、李四以及其他更多的学生同时“争夺”同一门目标课程的最后一个席位时，可以保证只有一个学生能够读取该席位，其他学生将被阻塞（如图 9-27 所示）。这样就可以防止张三与李四都选择了目标课程的最后一个席位。很多读者可能觉得：多个学生同时选择“最后一个席位”的可能性微乎其微，但如果最后的一个“席位”是春运期间某趟列车的最后一张火车票呢？现实生活中，类似的“资源竞争”问题还有很多（例如团购、秒杀等），使用锁机制可以有效解决此类“资源竞争”问题。

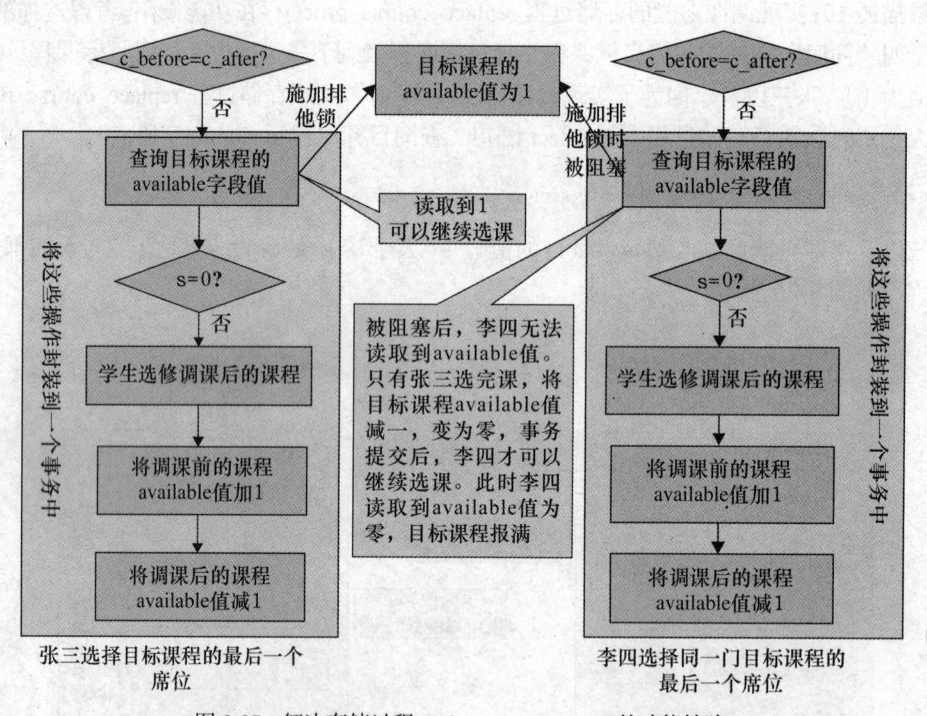

图 9-27 解决存储过程 replace_course_proc()的功能缺陷

同样的道理，在前面的章节中，实现选课功能的存储过程 choose_proc()也需要进行相应的修改（粗体字部分为代码改动部分）。删除存储过程 choose_proc()，并重建该存储过程。

```
drop procedure choose_proc;
delimiter $$
create procedure choose_proc(in s_no char(11),in c_no int,out state int)
modifies sql data
begin
```

```
    declare s1 int;
    declare s2 int;
    declare s3 int;
    declare status char(8);
    set state= 0;
    set status='未审核';
    select count(*) into s1 from choose where student_no=s_no and course_no=c_no ;
    if(s1>=1) then
        set state = -1;
    else
        select count(*) into s2 from choose where student_no=s_no;
        if(s2>=2) then
            set state = -2;
        else
            start transaction;
            select state into status from course where course_no=c_no;
            select available into s3 from course where course_no=c_no for update;
            if(s3=0 || status='未审核') then
                set state = -3;
            else
                insert into choose values(null,s_no,c_no,null,now());
                set state = last_insert_id();
            end if;
            commit;
        end if;
    end if;
end
$$
delimiter ;
```

9.2.6　InnoDB 表的意向锁

InnoDB 表既支持行级锁，又支持表级锁。考虑如下场景：MySQL 客户机 A 获得了某个 InnoDB 表中若干条记录的行级锁，此时，MySQL 客户机 B 出于某种原因需要向该表显式地施加表级锁（使用 lock tables 命令即可），为了获得该表的表级锁，MySQL 客户机 B 需要逐行检测表中是否存在行级锁，而这种检测需要耗费大量的服务器资源。

试想：如果 MySQL 客户机 A 获得该表若干条记录的行级锁之前，MySQL 客户机 A 直接向该表施加一个"表级锁"（这个表级锁是隐式的，也叫意向锁），MySQL 客户机 B 仅仅需要检测自己的表级锁与该意向锁是否兼容，无需逐行检测该表是否存在行级锁，这样就会节省不少服务器资源，如图 9-28 所示。

由此可以看出，引入意向锁的目的是为了方便检测表级锁与行级锁之间是否兼容。意向锁是隐式的表级锁，数据库开发人员向 InnoDB 表的某些记录施加行级锁时，InnoDB 存储引擎首先会自动地向该表施加意向锁，然后再施加行级锁，意向锁无需数据库开发人员维护。MySQL 提供了两种意向锁：意向共享锁（IS）和意向排他锁（IX）。

意向共享锁（IS）：向 InnoDB 表的某些记录施加行级共享锁时，InnoDB 存储引擎会自动地向该表施加意向共享锁（IS）。也就是说，执行"select * from 表 where 条件语句 **lock in share mode**;"后，InnoDB 存储引擎在为表中**符合条件语句的记录**施加共享锁前，InnoDB 会自动地为该表施加意向共享锁（IS）。

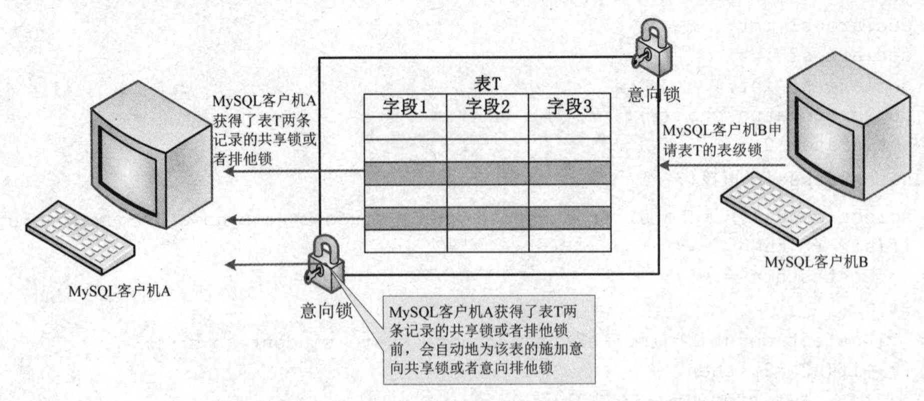

图 9-28 InnoDB 表的意向锁

意向排他锁（IX）：向 InnoDB 表的某些记录施加行级排他锁时，InnoDB 存储引擎会自动地向该表施加意向排他锁（IX）。也就是说，执行更新语句（例如 insert、update 或者 delete 语句）或者“select * from 表 where 条件语句 **for update**;”后，InnoDB 存储引擎在为表中**符合条件语句的记录**施加排他锁前，InnoDB 会自动地为该表施加意向排他锁（IX）。

意向锁虽是表级锁，但是却表示事务正在查询或更新某一行记录，而不是整个表，因此意向锁之间不会产生冲突。

每执行一条“select…lock in share mode”语句，该 select 语句在执行期间自动地施加意向共享锁，执行完毕后，意向共享锁会自动解锁，因此意向共享锁的生命周期非常短暂，且不受人为控制；意向排他锁也是如此。

某个 InnoDB 表已经存在了行级锁，此时其他 MySQL 客户机再向该表施加表级锁时，可能引发意向锁与表级锁之间的冲突。意向锁与意向锁之间以及意向锁与表级锁之间的关系如表 9-3 所示。

表 9-3 意向锁与表级锁之间的关系

关系	加锁期间 MySQL 客户机 B 对该表的某些记录施加行级锁		加锁期间 MySQL 客户机 B 对该表的某些记录施加表级锁	
	从而产生意向共享锁	从而产生意向排他锁	表级共享锁	表级排他锁
MySQL 客户机 A 对某些记录施加共享锁，隐式产生该表的意向共享锁	继续执行	继续执行	继续执行	被阻塞
MySQL 客户机 A 对某些记录施加排他锁，隐式产生该表的意向排他锁	继续执行	继续执行	被阻塞	被阻塞

9.2.7 InnoDB 行级锁与索引之间的关系

InnoDB 表的行级锁是通过对“索引”施加锁的方式实现的，这就意味着，只有通过索引字段检索数据的查询语句或者更新语句，才可能施加行级锁，否则 InnoDB 将使用表级锁，而使用表级锁势必会降低 InnoDB 表的并发访问性能。

场景描述 11：索引设置不当，降低 InnoDB 表的并发访问性能。

步骤 1：打开 MySQL 客户机 A，在 MySQL 客户机 A 上执行下面的 MySQL 命令，首先将 account 账户表的存储引擎设置为 InnoDB，接着关闭 MySQL 自动提交，最后对账户名为“甲”的记录施加行级排他锁，执行结果如图 9-29 所示。

```
mysql> alter table account engine=InnoDB;
Query OK, 4 rows affected (0.03 sec)
Records: 4  Duplicates: 0  Warnings: 0

mysql> set autocommit=0;
Query OK, 0 rows affected (0.00 sec)

mysql> select * from account where account_name='甲' for update;
+------------+--------------+---------+
| account_no | account_name | balance |
+------------+--------------+---------+
|          1 | 甲           |     200 |
+------------+--------------+---------+
1 row in set (0.02 sec)
```

图 9-29　对账户名为“甲”的记录施加行级排他锁

```
alter table account engine=InnoDB;
set autocommit=0;
select * from account where account_name='甲' for update;
```

步骤 2：打开 MySQL 客户机 B，在 MySQL 客户机 B 上执行下面的 MySQL 命令，首先关闭 MySQL 自动提交，对账户名为“乙”的记录施加行级排他锁时被阻塞，执行结果如图 9-30 所示。从 MySQL 客户机 B 的执行结果可以看出，MySQL 客户机 B 对“乙”账户施加排他锁时，出现了“锁等待”现象（被阻塞）。

```
set autocommit=0;
select * from account where account_name='乙' for update;
```

```
mysql> set autocommit=0;
Query OK, 0 rows affected (0.00 sec)

mysql> select * from account where account_name='乙' for update;
ERROR 1205 (HY000): Lock wait timeout exceeded; try restarting transaction
mysql> _
```

图 9-30　对账户名为“乙”的记录施加行级排他锁

按理 MySQL 客户机 A 仅仅对“甲”账户施加了排他锁，不会影响 MySQL 客户机 B 对“乙”账户施加排他锁，然而事实并非如此。原因在于，查询语句或者更新语句施加行级锁时，如果没有使用索引，查询语句或者更新语句会自动地对 InnoDB 表施加**表级锁**，最终导致出现了“锁等待”现象，降低了 InnoDB 表的并发访问性能。

使用 MySQL 命令“show variables like 'innodb_lock_wait_timeout';”可以查看锁 InnoDB 等待超时的时间（默认值为 50 秒，如图 9-31 所示）。当 InnoDB 锁等待的时间超过参数 innodb_lock_wait_timeout 的值时，将引发 InnoDB 锁等待超时错误异常（如图 9-30 所示）。

步骤 3：锁等待期间，在 MySQL 客户机 A 上执行 MySQL 命令“show full processlist\G”可以查看当前 MySQL 服务实例上正在运行的 MySQL 线程的状态信息，如图 9-32 所示。各个状态信息说明如下。

- Id 列：是一个标识，唯一标记了一个 MySQL 线程或者一个 MySQL 服务器连接。
- User 列：显示了当前的 MySQL 账户名。
- Host 列：显示每条 SQL 语句或者 MySQL 命令是从哪个 MySQL 客户机的哪个端口上发出。
- db 列：显示当前的 MySQL 线程操作的是哪一个数据库。
- Command 列：显示该线程的命令类型，命令类型的取值一般是休眠（sleep）、查询（query）或者连接（connect）。例如，命令类型的取值是 Sleep 时，表示当前的线程正在等待 MySQL 客户机向它发送一条新语句。

```
mysql> show variables like 'innodb_lock_wait_timeout';
+--------------------------+-------+
| Variable_name            | Value |
+--------------------------+-------+
| innodb_lock_wait_timeout | 50    |
+--------------------------+-------+
1 row in set (0.00 sec)
```

图 9-31　查看锁等待超时时间

```
mysql> show full processlist\G
*************************** 1. row ***************************
     Id: 49
   User: root
   Host: localhost:4118
     db: choose
Command: Query
   Time: 48
  State: Sending data
   Info: select * from account where account_name='乙' for update
*************************** 2. row ***************************
     Id: 50
   User: root
   Host: localhost:4119
     db: choose
Command: Query
   Time: 0
  State: init
   Info: show full processlist
2 rows in set (0.00 sec)
```

图 9-32　查看 MySQL 服务实例上正在运行的 MySQL 线程

● Time 列：显示了该线程执行时的持续时间，单位是秒。例如，time=48 时，意味着该线程执行的持续时间为 48 秒。

● State 列：显示了该线程的状态，状态取值一般是 init、update、sleep、sending data、空字符串或者 waiting for 锁类型 lock。例如，当状态取值是 Waiting for table metadata lock 时，表示当前的线程正在等待 MySQL 客户机获得元数据锁，即发生了锁等待现象；当状态取值是 sending data 时，表示当前的线程正在向 MySQL 服务器发送数据。如果处于某种状态（例如 sending data）的持续时间较长（例如 48 秒），可能出现了锁等待现象。

● Info 列：显示了 SQL 语句，因为长度有限，所以长的 SQL 语句仅仅显示一部分。

步骤 4：使用 MySQL 命令“kill 49;”即可杀死图 9-32 中状态持续时间较长的线程 49，并关闭与之对应的 MySQL 服务器连接。

对于数据库开发人员而言，如果不了解 InnoDB 行级锁是基于索引实现的这一特性，可能导致大量的锁冲突，从而影响并发性能：当“甲”账户在银行柜台前办理存款或者取款业务时，其他账户无法同时办理存款或者取款业务。

解决办法：使用下面的 SQL 语句为 account 表的 account_name 字段添加索引（索引名为 account_name_index）。添加索引后，读者可以再次尝试：MySQL 客户机 A 对“甲”账户施加了排他锁后，MySQL 客户机 B 对“乙”账户施加排他锁时，是否还会产生“InnoDB 锁等待”现象（被阻塞）。

```
alter table account add index account_name_index(account_name);
```

结论：InnoDB 表的行级锁是通过对索引施加锁的方式实现的，了解 InnoDB 行级锁的实现方式后，很多问题都可以找到答案。例如，当检索条件为某个区间（例如 account_no between 1 and 100）范围时，对该区间范围施加共享锁或排他锁后，满足该区间范围的记录（例如 account_no=1 或者 account_no=2 的记录）存在共享锁或排他锁；满足该区间范围，但表中不存在的记录（例如 account_no=50 或者 account_no=100 的记录）也会存在共享锁或排他锁，即行级锁会锁定相邻的键（next-key locking），这种锁机制就是所谓的间隙锁（next-key 锁），可以看出，间隙锁与索引密切相关。如果间隙锁使用得当，可以避免幻读现象（稍后介绍）；如果间隙锁使用不当，可能导致死锁问题（稍后介绍），有关间隙锁的使用请参看本章后续内容。

当事务的隔离级别设置为 repeatable read（这是 MySQL 默认的事务隔离级别，有关事务隔离级别的知识稍后介绍），此时为 InnoDB 表施加行级锁，默认情况下使用间隙锁。当事务的隔离级别设置为 read uncommitted 或者 read committed，此时为 InnoDB 表施加行级锁，默认情况下使用**记录锁**（record lock）。与间隙锁不同，记录锁仅仅为满足该查询范围的记录施加共享锁或排他锁。

数据库开发人员可以使用 explain 命令对查询语句进行分析，从而判断该查询语句是否使用了索引。虽然 explain 命令只能搭配 select 类型语句使用，如果想查看更新语句（例如 update、delete 语句）的索引效果，则保持更新条件不变，把更新语句替换成 select 即可。

即便在条件中使用了索引关键字，MySQL 最终是根据执行计划决定是否使用索引。

9.2.8　间隙锁与死锁

场景描述 12：MySQL 默认的事务隔离级别是 repeatable read（稍后介绍），此时如果 MySQL 客户机 A 与 MySQL 客户机 B 针对“符合查询条件但不存在记录”施加了共享锁或者排他锁（此时的锁实际上是**间隙锁**），那么 MySQL 客户机 A 与 MySQL 客户机 B 都会加锁成功。加锁期间，如果 MySQL 客户机 A 与 MySQL 客户机 B 都试图添加一条“符合查询条件的记录”，此时会进入死锁状态。

步骤 1：打开 MySQL 客户机 A，执行下面的 SQL 语句，首先将 account 表的存储引擎设置为 InnoDB，接着开启事务，查询 account 表中 account_no=20 的账户信息，并对该账户信息施加共享锁，执行结果如图 9-33 所示。从执行结果可以得知，account 表中不存在 account_no=20 的账户信息。

```
alter table account engine=InnoDB;
start transaction;
select * from account where account_no=20 lock in share mode;
```

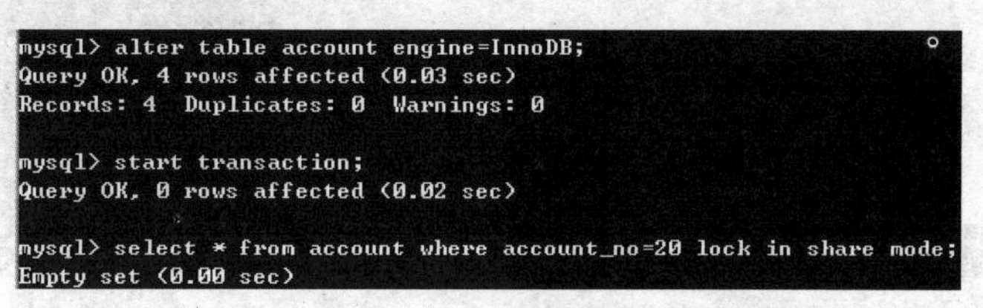

```
mysql> alter table account engine=InnoDB;
Query OK, 4 rows affected (0.03 sec)
Records: 4  Duplicates: 0  Warnings: 0

mysql> start transaction;
Query OK, 0 rows affected (0.02 sec)

mysql> select * from account where account_no=20 lock in share mode;
Empty set (0.00 sec)
```

图 9-33　对 account_no=20 的账户施加共享锁（1）

步骤 2：打开 MySQL 客户机 B，执行下面的 SQL 语句，然后开启事务，接着查询 account 表中 account_no=20 账户信息，并对该账户信息施加共享锁，执行结果如图 9-34 所示。从执行结果可以得知，account 表中不存在 account_no=20 的账户信息。

```
start transaction;
select * from account where account_no=20 lock in share mode;
```

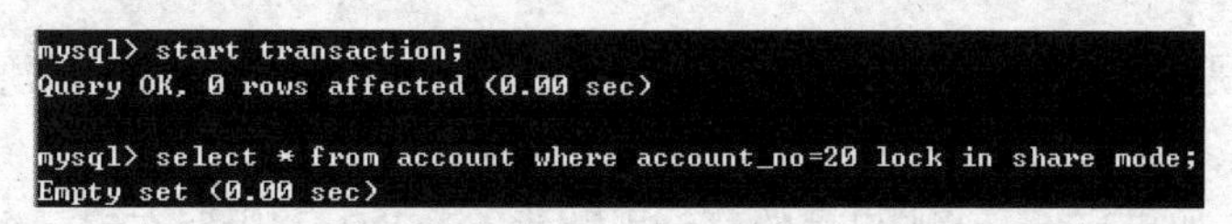

```
mysql> start transaction;
Query OK, 0 rows affected (0.00 sec)

mysql> select * from account where account_no=20 lock in share mode;
Empty set (0.00 sec)
```

图 9-34　对 account_no=20 的账户施加共享锁（2）

步骤 3：由于 MySQL 客户机 A 已经得知，account 表中不存在 account_no=20 的账户信息，因此 MySQL 客户机 A 可以使用下面的 insert 语句，向 account 表中添加一条 account_no=20 的账户信息。此时该 insert 语句被阻塞，进入锁等待状态。

```
insert into account values(20,'戊',5000);
```

步骤 4：由于 MySQL 客户机 B 已经得知，account 表中不存在 account_no=20 的账户信息，因此，MySQL 客户机 B 可以使用下面的 insert 语句，向 account 表中添加一条 account_no=20 的账户信息。但此时该 insert 语句导致死锁问题的发生，执行结果如图 9-35 所示。

```
insert into account values(20,'戊',6000);
```

```
mysql> insert into account values(20,'戊',6000);
ERROR 1213 (40001): Deadlock found when trying to get lock; try restarting transaction
```

图 9-35 间隙锁导致死锁问题

默认情况下 InnoDB 存储引擎会自动检测死锁，通过比较参与死锁问题的事务权重，继而选择权重值最小的事务进行回滚，并释放锁，以便其他事务获得锁，继续完成事务。每个事务的权重值存储在 information_schema 数据库的 INNODB_TRX 表的 trx_weight 字段中。

步骤 5：如果 MySQL 客户机 A 获得锁，此时 MySQL 客户机 A 上的 insert 语句成功执行，如图 9-36 所示（注意观察 insert 语句的执行时间）。

步骤 6：在 MySQL 客户机 A 上执行 commit 命令，提交 insert 语句，并解锁。然后执行 select 语句查询 account 表的所有记录，执行结果如图 9-37 所示。

```
mysql> insert into account values(20,'戊',5000);
Query OK, 1 row affected (21.45 sec)
```

图 9-36 MySQL 客户机 A 获得锁，继续完成事务

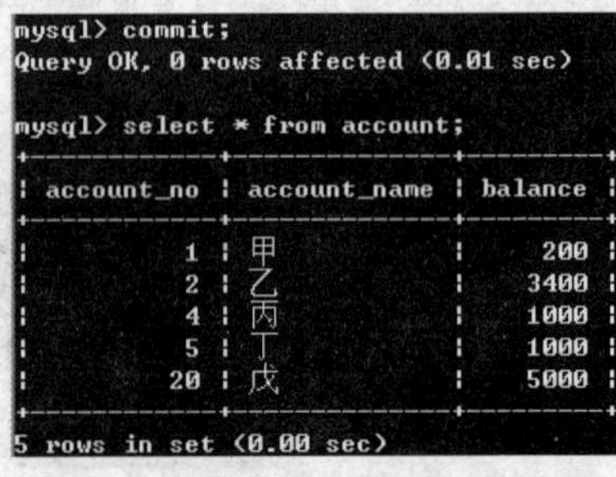

```
mysql> commit;
Query OK, 0 rows affected (0.01 sec)

mysql> select * from account;
+------------+--------------+---------+
| account_no | account_name | balance |
+------------+--------------+---------+
|          1 | 甲           |     200 |
|          2 | 乙           |    3400 |
|          4 | 丙           |    1000 |
|          5 | 丁           |    1000 |
|         20 | 戊           |    5000 |
+------------+--------------+---------+
5 rows in set (0.00 sec)
```

图 9-37 查询 account 表的所有记录

9.2.9 死锁与锁等待

给 MyISAM 表施加表级锁不会导致死锁问题的发生，这是由于 MyISAM 总是一次性地获得 SQL 语句的全部锁。给 InnoDB 表施加行级锁可能导致死锁问题的发生，这是由于执行 SQL 语句期间，可以继续施加行级锁。因此，这里讨论的死锁问题主要是 InnoDB 行级锁产生的死锁问题。

上面的死锁问题由间隙锁产生，间隙锁如果使用不当，可能导致死锁问题。不仅仅是间隙锁可以导致死锁问题，错误的加锁时机也会导致死锁问题的发生。

场景描述 13：如果 account 账户表的存储引擎为 InnoDB，“甲”在银行柜台前通过 MySQL

客户机 A 将“甲”账户（account_no=1）的部分金额（例如 1000 元）转账给“乙”账户的“同时”，“乙”在银行柜台前通过 MySQL 客户机 B 将“乙”账户（account_no=2）的部分金额（例如 500 元）转账给“甲”账户，通过 MySQL 客户机 A 以及 MySQL 客户机 B 实现转账业务时都需要调用 transfer_proc()存储过程。假设甲的转账存储过程与乙的转账存储过程的执行过程如图 9-38 所示，两个 transfer_proc()存储过程正在分时、并发、交替运行，请读者注意每条语句执行的先后顺序。

现实生活中，这种假设存在的可能性微乎其微，但即便这样，数据库开发人员也需要应对这种低概率事件的发生。

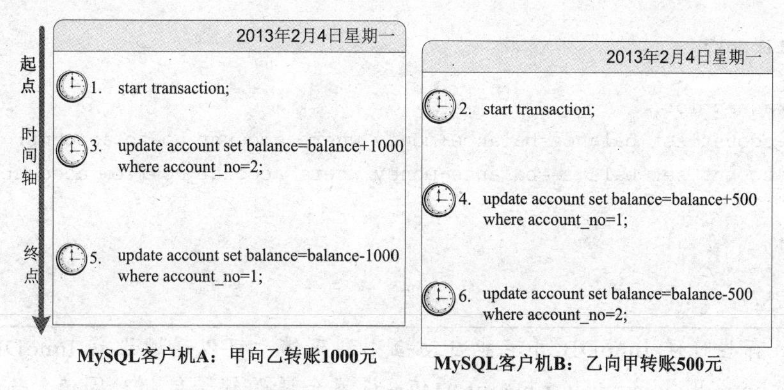

图 9-38　两个账户并发、互相转账

步骤 3 后，MySQL 客户机 A 首先获得了“乙”账户的排他锁，如图 9-39 所示（注意箭头的指向）；步骤 4 后，MySQL 客户机 B 获得了“甲”账户的排他锁。为了实现转账业务，MySQL 客户机 A 接着申请“甲”账户的排他锁（步骤 5），此时需要等待 MySQL 客户机 B 释放“甲”账户的排他锁，产生“锁等待”现象（被阻塞），注意：此时并没有产生死锁问题。为了实现转账业务，MySQL 客户机 B 接着申请“乙”账户的排他锁（步骤 6），当 MySQL 客户机 B 申请“乙”账户的排他锁时，形成一个“环路等待”，此时进入死锁状态。步骤 6 对应的 update 语句执行后将产生死锁问题，并抛出如下错误信息：

```
ERROR 1213 (40001): Deadlock found when trying to get lock; try restarting transaction
```

从图 9-39 中可以看到，锁等待与死锁是两个不同的概念。锁等待是为了保证事务可以正常地并发运行，锁等待不一定导致死锁问题的发生。而死锁问题的发生一定伴随着锁等待现象。

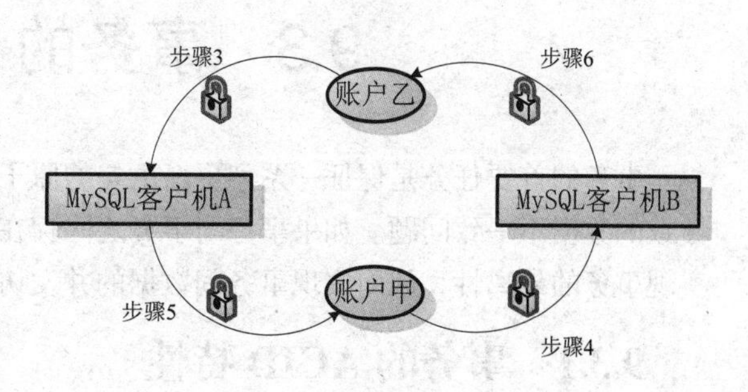

图 9-39　锁等待与死锁

默认情况下，InnoDB 存储引擎会自动检测死锁，通过比较参与死锁问题的事务权重，继而选择权重值最小的事务进行回滚，并释放锁，以便其他事务获得锁，继续完成事务。但即便如此，对于数据库开发人员而言，显式地处理死锁异常是一个好的编程习惯。下面的 MySQL 代码，首先删除原有的 transfer_proc()存储过程，然后重新创建 transfer_proc()存储过程，并将代码修改为下面的代码（粗体字部分为代码改动部分，其他代码不变）。粗体字部分的代码主要用于处理死锁异常，发生死锁异常问题后，回滚整个事务。

```
drop procedure transfer_proc;
delimiter $$
create procedure transfer_proc(in from_account int,in to_account int,in money int)
modifies sql data
begin
declare continue handler for 1690
begin
    rollback;
end;
declare continue handler for 1213
begin
    rollback;
end;
start transaction;
update account set balance=balance+money where account_no=to_account;
update account set balance=balance-money where account_no=from_account;
commit;
end
$$
delimiter ;
```

有些时候 InnoDB 并不能自动检测到死锁，可以通过设置 InnoDB 锁等待超时参数 innodb_lock_wait_timeout 的值，设置合适的锁等待超时阈值。当然锁等待超时参数 innodb_lock_wait_timeout 并不只用来解决死锁问题，在并发访问比较高的情况下，如果大量事务因无法立即获取所需的锁而被阻塞，会占用大量数据库服务器资源，降低数据库服务器性能，设置合适的锁等待超时阈值也可以解决锁占用时间过长等问题。

默认情况下，InnoDB 存储引擎一旦出现锁等待超时异常，InnoDB 存储引擎既不会提交事务，也不会回滚事务，而这是十分危险的。一旦发生锁等待超时异常，应用程序应该自定义错误处理程序，由程序开发人员选择是进一步提交事务还是回滚事务。

9.3 事务的 ACID 特性

事务的首要任务是保证一系列更新语句的原子性，锁的首要任务是解决多用户并发访问可能导致的数据不一致问题。如果事务与事务之间存在并发操作，此时可以通过事务之间的隔离级别实现事务的隔离性，从而实现事务间数据的并发访问。

9.3.1 事务的 ACID 特性

事务的 ACID 特性由原子性（atomicity）、一致性（consistency）、隔离性（isolation）和持久性(durabilily)4 个英文单词的首字母组成（如图 9-40 所示）。

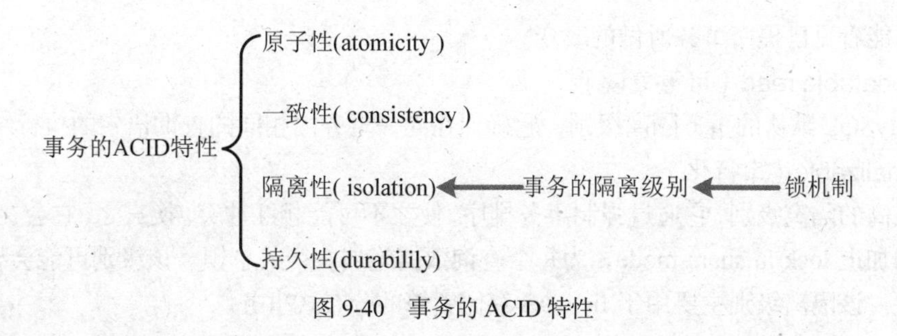

图 9-40　事务的 ACID 特性

1. 原子性（atomicity）

原子性用于标识事务是否完全地完成。一个事务的任何更新都要在系统上完全完成，如果由于某种原因出错，事务不能完成它的全部任务，那么系统将返回到事务开始前的状态。回顾银行转账业务，如果在转帐的过程中出现错误，那么整个事务将被回滚。只有事务中的所有修改操作成功执行，事务的更新才被写入外存（例如硬盘），并使更新永久化。

2. 一致性（consistency）

事务的一致性保证了事务完成后，数据库能够处于一致性状态。如果事务执行过程中出现错误，那么数据库中的所有变化将自动地回滚，回滚到另一种一致性状态。回顾银行转账业务，在转账前，两个账户处于某个初始状态（一致性状态），如果转账成功，则两个账户处于新的一致性状态。如果转账失败，那么事务将被回滚到初始状态（一致性状态）。

3. 隔离性（isolation）

同一时刻执行多个事务时，一个事务的执行不能被其他事务干扰。事务的隔离性确保多个事务并发访问数据时，各个事务不能相互干扰，好像只有自己在访问数据。事务的隔离性通过事务的隔离级别实现，而事务的隔离级别则是通过锁机制实现。不同种类的事务隔离级别使用的锁机制也不相同，可以这样认为，事务是对一系列更新操作的封装（保证了多个更新操作的原子性），事务的隔离级别是对锁机制的封装（保证了多个事务可以并发地访问数据）。

4. 持久性（durabilily）

持久性意味着事务一旦成功执行，在系统中产生的所有变化将是永久的。回顾银行转账业务，无论转账成功还是失败，资金的转移将永久地保存在数据库的服务器硬盘中。

9.3.2　事务的隔离级别与并发问题

事务的隔离级别是事务并发控制的整体解决方案，是综合利用各种类型的锁机制解决并发问题的整体解决方案。SQL 标准定义了 4 种隔离级别：read uncommitted（读取未提交的数据）、read committed（读取提交的数据）、repeatable read（可重复读）以及 serializable（串行化）。4 种隔离级别逐渐增强，其中，read uncommitted 的隔离级别最低，serializable 的隔离级别最高。

1. read uncommitted（读取未提交的数据）

在该隔离级别，所有事务都可以看到其他未提交事务的执行结果。该隔离级别很少用于实际应用，并且它的性能也不比其他隔离级别好多少。

2. read committed（读取提交的数据）

这是大多数数据库系统的默认隔离级别（**但不是 MySQL 默认的**）。它满足了隔离的简单定义：

一个事务只能看见已提交事务所做的改变。

3. repeatable read（可重复读）

这是 MySQL 默认的事务隔离级别，它确保在同一事务内相同的查询语句的执行结果一致。

4. serializable（串行化）

这是最高的隔离级别，它通过强制事务排序，使之不可能相互冲突。换言之，它会在每条 select 语句后自动加上 lock in share mode，为每个查询数据施加一个共享锁。该级别可能会导致大量的锁等待现象。该隔离级别主要用于 InnoDB 存储引擎的分布式事务。

表 9-4 事务的隔离级别与并发问题

隔离级别（从上到下依次增强）	脏读（dirty read）	不可重复读（non-repeatable read）	幻读（phantom read）
read uncommitted（读取未提交的数据）	√	√	√
read committed（读取提交的数据）	×	√	√
repeatable read（可重读）	×	×	√
serializable（串行化）	×	×	×

低级别的事务隔离可以提高事务的并发访问性能，却可能导致较多的并发问题（例如脏读、不可重复读、幻读等并发问题）；高级别的事务隔离可以有效避免并发问题，但会降低事务的并发访问性能，可能导致出现大量的锁等待，甚至死锁现象。如表 9-4 所示，read uncommitted 隔离级别可能导致脏读、不可重复读、幻读等并发问题；而 read committed 隔离级别解决了脏读问题，却无法解决不可重复读、幻读等并发问题；repeatable read 隔离级别可以解决脏读、不可重复读问题，却无法解决幻读问题；serializable 隔离级别可以解决脏读、不可重复读、幻读等并发问题，却可能导致大量的锁等待现象。4 种隔离级别逐渐增强，每种隔离级别解决一个并发问题。

脏读（dirty read）：一个事务可以读到另一个事务未提交的数据，脏读问题显然违背了事务的隔离性原则。

不可重复读（non-repeatable read）：同一个事务内，两条相同的查询语句的查询结果不一致。

幻读（phantom read）：同一个事务内，两条相同的查询语句的查询结果应该相同。但是，如果另一个事务同时提交了新数据，当本事务再更新时，就会"惊奇地"发现这些新数据，貌似之前读到的数据是"鬼影"一样的幻觉。

查看当前MySQL会话的事务隔离级别可以使用MySQL命令"select @@session.tx_isolation;"。查看 MySQL 服务实例全局的事务隔离级别可以使用 MySQL 命令"select @@global.tx_isolation;"。执行结果如图 9-41 所示，从图中可以看出，MySQL 默认的事务隔离级别为 repeatable read（可重复读）。

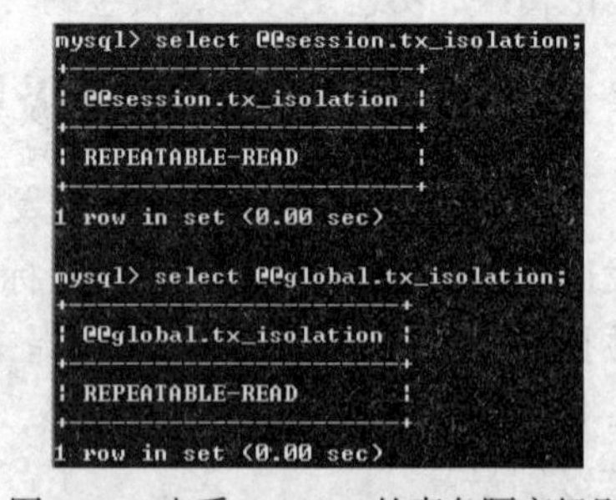

图 9-41 查看 MySQL 的事务隔离级别

9.3.3 设置事务的隔离级别

InnoDB 支持 4 种事务隔离级别，在 InnoDB 存储引擎中，可以使用以下命令设置事务的隔离级别。

```
set { global | session } transaction isolation level {
     read uncommitted | read committed | repeatable read | serializable
}
```

合理地设置事务的隔离级别，可以有效避免脏读、不可重复读、幻读等并发问题。

场景描述 14：脏读现象。

将事务的隔离级别设置为 read uncommitted 可能出现脏读、不可重复读以及幻读等问题，以脏读现象为例。

步骤 1：打开 MySQL 客户机 A，执行下面的 SQL 语句，首先将 account 表的存储引擎设置为 InnoDB，然后将当前 MySQL 会话的事务隔离级别设置为 read uncommitted，接着开启事务，查询 account 表中的所有记录，执行结果如图 9-42 所示。

```
alter table account engine=InnoDB;
set session transaction isolation level read uncommitted;
select @@tx_isolation;
start transaction;
select * from account;
```

步骤 2：打开 MySQL 客户机 B，执行下面的 SQL 语句，首先将当前 MySQL 会话的事务隔离级别设置为 read uncommitted，然后开启事务，接着将 account 表中 account_no=1 的账户增加 1000 元钱。

```
set session transaction isolation level read uncommitted;
start transaction;
update account set balance=balance+1000 where account_no=1;
```

步骤 3：在 MySQL 客户机 A 上执行下面的 SQL 语句，查询 account 表中的所有记录，执行结果如图 9-43 所示。从图中可以看出，MySQL 客户机 A 看到了 MySQL 客户机 B **尚未提交**的更新结果，造成**脏读**现象。

```
select * from account;
```

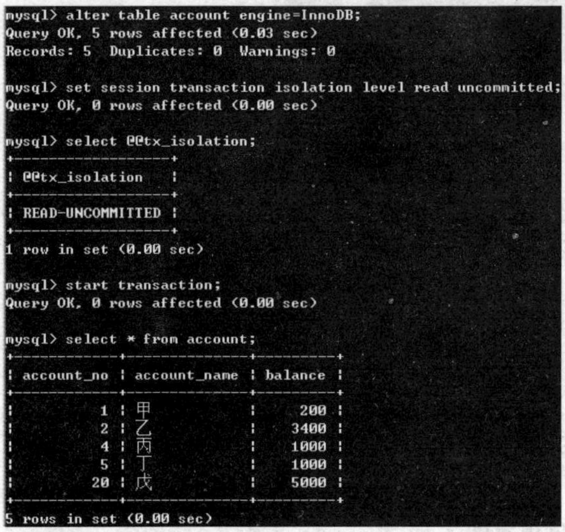

```
mysql> alter table account engine=InnoDB;
Query OK, 5 rows affected (0.03 sec)
Records: 5  Duplicates: 0  Warnings: 0

mysql> set session transaction isolation level read uncommitted;
Query OK, 0 rows affected (0.00 sec)

mysql> select @@tx_isolation;
+------------------+
| @@tx_isolation   |
+------------------+
| READ-UNCOMMITTED |
+------------------+
1 row in set (0.00 sec)

mysql> start transaction;
Query OK, 0 rows affected (0.00 sec)

mysql> select * from account;
+------------+--------------+---------+
| account_no | account_name | balance |
+------------+--------------+---------+
|          1 | 甲           |     200 |
|          2 | 乙           |    3400 |
|          4 | 丙           |    1000 |
|          5 | 丁           |    1000 |
|         20 | 戊           |    5000 |
+------------+--------------+---------+
5 rows in set (0.00 sec)
```

图 9-42 将事务的隔离级别设置为 read uncommitted

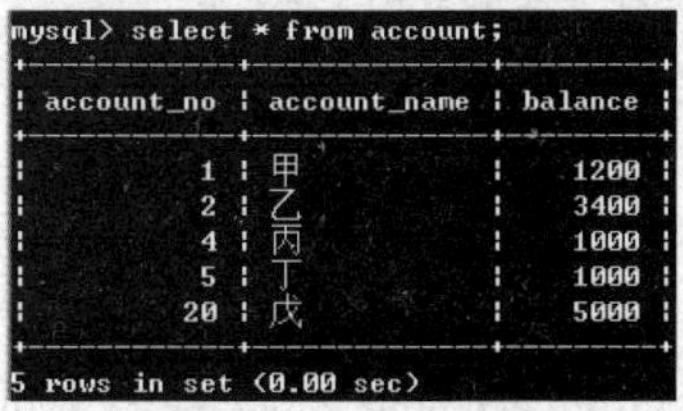

```
mysql> select * from account;
+------------+--------------+---------+
| account_no | account_name | balance |
+------------+--------------+---------+
|          1 | 甲           |    1200 |
|          2 | 乙           |    3400 |
|          4 | 丙           |    1000 |
|          5 | 丁           |    1000 |
|         20 | 戊           |    5000 |
+------------+--------------+---------+
5 rows in set (0.00 sec)
```

图 9-43 read uncommitted 隔离级别可能造成脏读问题

步骤 4：关闭 MySQL 客户机 A 与 MySQL 客户机 B，由于 MySQL 客户机 A 与 MySQL 客户机 B 的事务没有提交，因此，account 表中的数据没有发生变化，“甲”账户的余额依然是 200 元。

场景描述 15：不可重复读现象。

将事务的隔离级别设置为 read committed 可以避免脏读现象，但可能出现不可重复读以及幻读等现象，以不可重复读现象为例。

步骤 1：打开 MySQL 客户机 A，执行下面的 SQL 语句，首先将 account 表的存储引擎设置为 InnoDB，然后将当前 MySQL 会话的事务隔离级别设置为 read committed，接着开启事务，查询 account 表中的所有记录，执行结果如图 9-44 所示。

```
alter table account engine=InnoDB;
set session transaction isolation level read committed;
select @@tx_isolation;
start transaction;
select * from account;
```

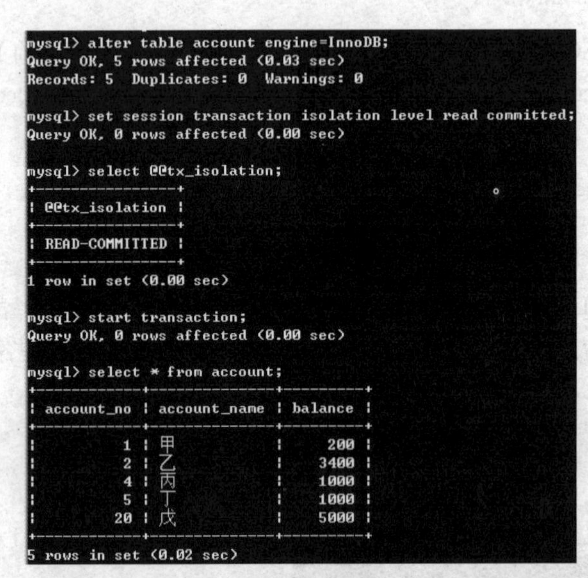

```
mysql> alter table account engine=InnoDB;
Query OK, 5 rows affected (0.03 sec)
Records: 5  Duplicates: 0  Warnings: 0

mysql> set session transaction isolation level read committed;
Query OK, 0 rows affected (0.00 sec)

mysql> select @@tx_isolation;
+----------------+
| @@tx_isolation |
+----------------+
| READ-COMMITTED |
+----------------+
1 row in set (0.00 sec)

mysql> start transaction;
Query OK, 0 rows affected (0.00 sec)

mysql> select * from account;
+------------+--------------+---------+
| account_no | account_name | balance |
+------------+--------------+---------+
|          1 | 甲           |     200 |
|          2 | 乙           |    3400 |
|          4 | 丙           |    1000 |
|          5 | 丁           |    1000 |
|         20 | 戊           |    5000 |
+------------+--------------+---------+
5 rows in set (0.02 sec)
```

图 9-44　将事务的隔离级别设置为 read committed

步骤 2：打开 MySQL 客户机 B，执行下面的 SQL 语句，首先将当前 MySQL 会话的事务隔离级别设置为 read committed，然后开启事务，接着将 account 表中 account_no=1 的账户增加 1000 元钱，**最后提交事务**。

```
set session transaction isolation level read committed;
start transaction;
update account set balance=balance+1000 where account_no=1;
commit;
```

步骤 3：在 MySQL 客户机 A 上执行下面的 SQL 语句，查询 account 表中的所有记录，执行结果如图 9-45 所示。两次查询结果对比可以看出，MySQL 客户机 A 在同一个事务中两次执行“select * from account;”的结果不相同，造成**不可重复读**现象。

```
select * from account;
```

不可重复读现象与脏读现象的区别在于，脏读现象是读取了其他事务未提交的数据；而不可重复读现象读到的是其他事务已经提交（commit）的数据。

步骤 4：关闭 MySQL 客户机 A 与 MySQL 客户机 B，由于 MySQL 客户机 B 的事务已经提交，因此，account 表中“甲”账户的余额从 200 元增加到 1200 元。

场景描述 16：幻读现象。

将事务的隔离级别设置为 repeatable read 可以避免脏读以及不可重复读现象，但可能出现幻读现象。

步骤 1：打开 MySQL 客户机 A，执行下面的 SQL 语句，首先将 account 表的存储引擎设置为 InnoDB，然后将当前 MySQL 会话的事务隔离级别设置为 repeatable read，接着开启事务，查询 account 表中是否存在 account_no=100 的账户信息，执行结果如图 9-46 所示。

```
alter table account engine=InnoDB;
set session transaction isolation level repeatable read;
select @@tx_isolation;
start transaction;
select * from account where account_no=100;
```

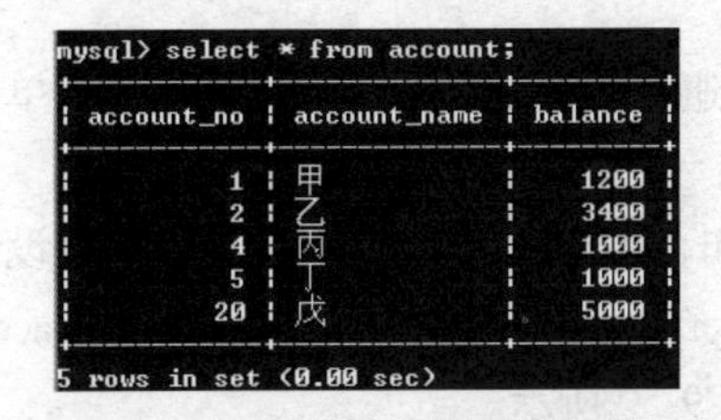

```
mysql> select * from account;
+------------+--------------+---------+
| account_no | account_name | balance |
+------------+--------------+---------+
|          1 | 甲           |    1200 |
|          2 | 乙           |    3400 |
|          4 | 丙           |    1000 |
|          5 | 丁           |    1000 |
|         20 | 戊           |    5000 |
+------------+--------------+---------+
5 rows in set (0.00 sec)
```

图 9-45　read committed 隔离级别可能造成不可重复读

```
mysql> alter table account engine=InnoDB;
Query OK, 6 rows affected (0.02 sec)
Records: 6  Duplicates: 0  Warnings: 0

mysql> set session transaction isolation level repeatable read;
Query OK, 0 rows affected (0.00 sec)

mysql> select @@tx_isolation;
+-----------------+
| @@tx_isolation  |
+-----------------+
| REPEATABLE-READ |
+-----------------+
1 row in set (0.00 sec)

mysql> start transaction;
Query OK, 0 rows affected (0.00 sec)

mysql> select * from account where account_no=100;
Empty set (0.00 sec)
```

图 9-46　事务的隔离级别设置为 repeatable read

步骤 2：打开 MySQL 客户机 B，执行下面的 SQL 语句，首先将当前 MySQL 会话的事务隔离级别设置为 repeatable read，接着开启事务，然后向 account 表中添加一条“己”账户信息，并将 account_no 赋值为 100，**最后提交事务**，执行结果如图 9-47 所示。

```
set session transaction isolation level repeatable read;
start transaction;
insert into account values(100,'己',5000);
commit;
```

```
mysql> set session transaction isolation level repeatable read;
Query OK, 0 rows affected (0.00 sec)

mysql> start transaction;
Query OK, 0 rows affected (0.00 sec)

mysql> insert into account values(100,'己',5000);
Query OK, 1 row affected (0.00 sec)

mysql> commit;
Query OK, 0 rows affected (0.01 sec)
```

图 9-47　向 account 表中添加一条“己”账户信息

步骤 3：接着在 MySQL 客户机 A 上执行下面的 SQL 语句，查询 account 表中是否存在 account_no=100 的账户信息，执行结果如图 9-48 所示。从图中可以看出，account 表中不存在 account_no=100 的账户信息。

```
select * from account where account_no=100;
```

步骤 4：由于 MySQL 客户机 A 检测到 account 表中不存在 account_no=100 的账户信息，因此 MySQL 客户机 A 就可以向 account 表中插入一条 account_no=100 的账户信息。在 MySQL 客户机 A 上执行下面的 insert 语句，向 account 表中添加一条“庚”的账户信息，并将 account_no 赋值为 100，执行结果如图 9-49 所示。

```
insert into account values(100,'庚',5000);
```

```
mysql> select * from account where account_no=100;
Empty set (0.00 sec)
```

图 9-48　查询 account 表中是否存在 account_no=100 的账户信息

```
mysql> insert into account values(100,'庚',5000);
ERROR 1062 (23000): Duplicate entry '100' for key 'PRIMARY'
```

图 9-49　repeatable read 隔离级别可能造成幻读问题

从运行结果可以看出，account 表中确实存在 account_no=100 的账户信息，但由于 repeatable read（可重复读）隔离级别使用了“障眼法”，使得 MySQL 客户机 A 无法查询到 account_no=100 的账户信息，这种现象称为**幻读**现象。

幻读现象与不可重复读现象不同之处在于，幻读现象读不到其他事务已经提交（commit）的数据，而不可重复读现象读到的是其他事务已经提交（commit）的数据。

场景描述 17：并发访问性能问题

避免幻读现象的方法有两个。

方法一：保持事务的隔离级别 repeatable read 不变，利用间隙锁的特点，对查询结果集施加共享锁（lock in share mode）或者排他锁（for update）。这种方法要求数据库开发人员了解间隙锁的特点。

方法二：将事务的隔离级别设置为 serializable，可以避免幻读现象，这种方法最为简单，先以方法二为例。

步骤 1：打开 MySQL 客户机 A，执行下面的 SQL 语句，首先将 account 表的存储引擎设置为 InnoDB，然后将当前 MySQL 会话的事务隔离级别设置为 serializable，接着开启事务，查询 account 表中是否存在 account_no=200 的账户信息，执行结果如图 9-50 所示。

```
alter table account engine=InnoDB;
set session transaction isolation level serializable;
select @@tx_isolation;
start transaction;
select * from account where account_no=200;
```

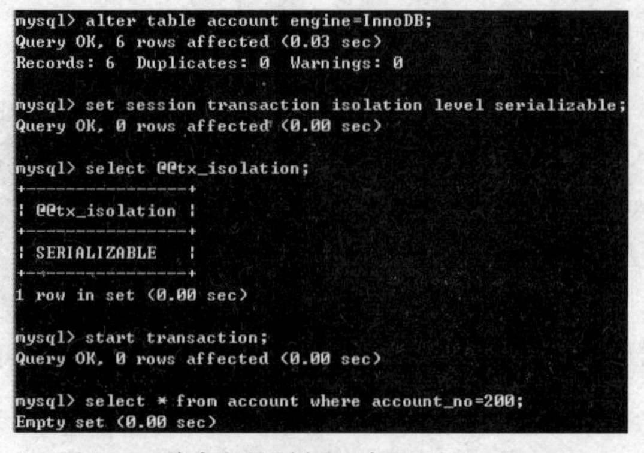

```
mysql> alter table account engine=InnoDB;
Query OK, 6 rows affected (0.03 sec)
Records: 6  Duplicates: 0  Warnings: 0

mysql> set session transaction isolation level serializable;
Query OK, 0 rows affected (0.00 sec)

mysql> select @@tx_isolation;
+----------------+
| @@tx_isolation |
+----------------+
| SERIALIZABLE   |
+----------------+
1 row in set (0.00 sec)

mysql> start transaction;
Query OK, 0 rows affected (0.00 sec)

mysql> select * from account where account_no=200;
Empty set (0.00 sec)
```

图 9-50　将事务的隔离级别设置为 serializable

步骤 2：打开 MySQL 客户机 B，执行下面的 SQL 语句，首先将当前 MySQL 会话的事务隔离级别设置为 serializable，然后开启事务，接着向 account 表中添加一条“庚”的账户信息，并将 account_no 赋值为 200，执行结果如图 9-51 所示。从图中可以看出，MySQL 客户机 B 发生锁等待现象，降低了事务间的并发访问性能（虽然解决了幻读问题）。

```
set session transaction isolation level serializable;
start transaction;
insert into account values(200,'庚',5000);
```

```
mysql> set session transaction isolation level serializable;
Query OK, 0 rows affected (0.00 sec)

mysql> start transaction;
Query OK, 0 rows affected (0.00 sec)

mysql> insert into account values(200,'庚',5000);
ERROR 1205 (HY000): Lock wait timeout exceeded; try restarting transaction
```

图 9-51　serializable 隔离级别可以防止幻读问题

由于 InnoDB 存储引擎发生了锁等待超时引发的错误异常，InnoDB 存储引擎回滚引发了该错误异常的事务，因此，“庚”的账户信息并没有添加到 accoun 表中。

将事务隔离级别设置为 serializable，可以有效避免幻读现象。然而，serializable 隔离级别会降低 MySQL 的并发访问性能，因此，不建议将事务的隔离级别设置为 serializable。

9.3.4　使用间隙锁避免幻读现象

MySQL 默认的事务隔离级别为 repeatable read。为了保持事务的隔离级别 repeatable read 不变，利用间隙锁的特点对查询结果集施加共享锁（lock in share mode）或者排他锁（for update），同样可以避免幻读现象，同时也不至于降低 MySQL 的并发访问性能。当然这种方法首先要求数据库开发人员了解 InnoDB 间隙锁的特点。

场景描述 18：将事务的隔离级别设置为 repeatable read，可以避免脏读以及不可重复读现象，但可能出现幻读现象。通过引入间隙锁，可以避免幻读现象。

步骤 1：打开 MySQL 客户机 A，执行下面的 SQL 语句，首先将 account 表的存储引擎设置为 InnoDB，然后将当前 MySQL 会话的事务隔离级别设置为 repeatable read，接着开启事务，查询 account 表中是否存在 account_no=200 的账户信息，执行结果如图 9-52 所示。

```
mysql> alter table account engine=InnoDB;
Query OK, 6 rows affected (0.02 sec)
Records: 6  Duplicates: 0  Warnings: 0

mysql> set session transaction isolation level repeatable read;
Query OK, 0 rows affected (0.00 sec)

mysql> select @@tx_isolation;
+-----------------+
| @@tx_isolation  |
+-----------------+
| REPEATABLE-READ |
+-----------------+
1 row in set (0.00 sec)

mysql> start transaction;
Query OK, 0 rows affected (0.00 sec)

mysql> select * from account where account_no=200 lock in share mode;
Empty set (0.00 sec)
```

图 9-52　将事务的隔离级别设置为 repeatable read

```
alter table account engine=InnoDB;
set session transaction isolation level repeatable read;
select @@tx_isolation;
start transaction;
select * from account where account_no=200 lock in share mode;
```

虽然 account 表中不存在 account_no=200 的账户信息，但最后一条 select 语句为 account_no=200 的账户信息施加了间隙锁（共享锁）。

步骤 2：打开 MySQL 客户机 B，执行下面的 SQL 语句，首先将当前 MySQL 会话的事务隔离级别设置为 repeatable read，接着开启事务，然后向 account 表中添加一条“庚”的账户信息，并将 account_no 赋值为 200。insert 语句将被阻塞，执行结果如图 9-53 所示。

```
set session transaction isolation level repeatable read;
start transaction;
insert into account values(200,'庚',5000);
```

```
mysql> set session transaction isolation level repeatable read;
Query OK, 0 rows affected (0.00 sec)

mysql> start transaction;
Query OK, 0 rows affected (0.00 sec)

mysql> insert into account values(30,'午',5000);
ERROR 1205 (HY000): Lock wait timeout exceeded; try restarting transaction
mysql>
```

图 9-53　使用间隙锁锁定 account_no=200 的账户，insert 语句被阻塞

步骤 3：接着在 MySQL 客户机 A 上执行下面的 SQL 语句，查询 account 表中是否存在 account_no=200 的账户信息，执行结果如图 9-54 所示。从图中可以看出，account 表中不存在 account_no=200 的账户信息。

```
select * from account where account_no=200;lock in share mode
```

步骤 4：由于 MySQL 客户机 A 检测到 account 表中不存在 account_no=200 的账户信息，因此 MySQL 客户机 A 就可以向 account 表中插入一条 account_no=200 的账户信息。在 MySQL 客户机 A 上执行下面的 insert 语句，向 account 表中添加一条“庚”的账户信息，并将 account_no 赋值为 200，执行结果如图 9-55 所示。

```
insert into account values(200,'庚',5000);
```

```
mysql> select * from account where account_no=200 lock in share mode;
Empty set (0.00 sec)
```

图 9-54　查询 account 表中是否存在 account_no=200 的账户信息

```
mysql> insert into account values(200,'庚',5000);
Query OK, 1 row affected (0.00 sec)
```

图 9-55　成功添加 account_no=200 的账户信息

从运行结果可以看出，当 MySQL 的事务隔离级别是 repeatable read 时，数据库开发人员可以利用间隙锁的特点，避免幻读现象。

9.4　事务与锁机制注意事项

至此，读者已经可以使用事务与锁机制处理绝大多数并发问题，使用事务与锁机制还应该注意以下内容。

- 锁的粒度越小，应用系统的并发性能就越高。由于 InnoDB 支持行级锁，如果需要提高应用系统的并发性能，建议选用 InnoDB 存储引擎。
- 如果事务的隔离级别无法解决事务的并发问题，数据库开发人员只有在完全了解锁机制的情况下，才能在 SQL 语句中手动设置锁，否则应该使用事务的隔离级别。
- 使用事务时，尽量避免在一个事务中使用不同存储引擎的表。
- 尽量缩短锁的生命周期。例如，在事务中避免使用长事务，可以将长事务拆分成若干个短事务。在事务中避免使用循环语句。
- 优化表结构，优化 SQL 语句，尽量缩小锁的作用范围。例如，可以将大表拆分成小表，从而缩小锁的作用范围。
- InnoDB 默认的事务隔离级别是 repeatable read，而 repeatable read 隔离级别使用间隙锁实现 InnoDB 的行级锁。不合理的索引可能导致行级锁升级为表级锁，从而引发严重的锁等待问题。
- 对于 InnoDB 行级锁而言，设置锁等待超时参数为合理范围，编写锁等待超时异常处理程序，解决发生锁等待问题（甚至死锁）。
- 为避免死锁，一个事务对多条记录进行更新操作时，当获得所有记录的排他锁后，再进行更新操作。
- 为避免死锁，一个事务对多个表进行更新操作时，当获得所有表的排他锁后，再进行更新操作。
- 为避免死锁，确保所有关联事务均以相同的顺序访问表和记录。
- 必要时，使用表级锁来避免死锁。
- 避免在一个单独事务中混合使用存储引擎。在服务器级别，MySQL 不能管理事务，事务是由存储引擎实现的，尽量避免在一个单独事务中混合使用存储引擎。如果在一个单独事务中混合了事务表和非事务表，若一切正常，这个事务就没有问题；但是如果执行回滚操作，非事务表改变的数据并不会回滚。若数据库的一致性遭到了破坏，则很难恢复和呈现完整的事务。

习　题

1. 请简单描述事务的必要性。
2. 关闭 MySQL 自动提交的方法有哪些？您推荐数据库开发人员使用哪一种方法？
3. 关闭 MySQL 自动提交后，提交更新语句的方法有哪些？您推荐数据库开发人员使用哪一种方法？
4. 请简单描述典型的事务处理使用方法。
5. 请简单描述典型的事务保存点使用方法。您是如何理解保存点是“临时状态”这句话的？
6. 请简单描述锁机制的必要性。
7. 为 MyISAM 表施加表级锁的语法格式是什么？
8. 为 MyISAM 表施加表级锁时，read local 与 read 选项有什么区别？
9. 您是如何理解锁的粒度、隐式锁与显式锁、锁的类型、锁的钥匙以及锁的生命周期等概念的？
10. 您如何理解锁的粒度、锁的生命周期与数据库的并发性能之间的关系？
11. 您如何理解锁的粒度、锁的生命周期与服务器资源之间的关系？
12. “选课系统”应该使用哪种粒度的锁机制？为什么？

13. 为 InnoDB 表施加行级锁的语法格式是什么？

14. 请列举现实生活中的“资源竞争”问题，如何使用锁机制解决此类“资源竞争”问题？

15. 完成调课功能的 replace_course_proc()存储过程以及完成选课功能 choose_proc()存储过程使用了行级锁解决了“资源竞争”问题，能不能将存储过程中下面的 select 语句写在“start transaction;”语句之前，以便缩短行级锁的生命周期？

```
select state into status from course where course_no=c_no;
```

16. InnoDB 什么时候使用间隙锁，什么时候使用记录锁？间隙锁与记录锁之间的区别是什么？

17. 锁等待与死锁之间是什么关系？

18. 请解释事务的 ACID 特性。

19. MySQL 支持哪些事务隔离级别？默认的事务隔离级别是什么？

20. 每一种事务隔离级别可能引发什么问题？

21. 脏读现象、不可重复读现象以及幻读现象之间有什么区别？

22. 您如何理解事务、锁机制、事务的隔离级别之间的关系？

第四篇 综合实训

网上选课系统的开发

PHP 预备知识

软件开发生命周期 SDLC

网上选课系统的系统规划

网上选课系统的系统分析

网上选课系统的系统设计

网上选课系统的系统实施

界面设计与 MVC 模式

网上选课系统的测试

第 10 章 网上选课系统的开发

结合之前章节开发的“选课系统”数据库，借助软件工程的思想，本章选用 PHP 脚本语言开发网上选课系统。通过本章的讲解，希望读者更清楚地了解应用程序的开发流程以及数据库在应用程序中举足轻重的地位。

与前面的章节不同，本章是前面所有章节的总结，不会涉及太多的数据库知识。为便于读者自学本章的内容，网上选课系统涉及的 PHP 核心代码，本章都进行了详细讲解以及解释说明。学习本章的内容时，读者只需按照本章提供的步骤上机操作，即可轻松实现网上选课系统的核心功能。

10.1 PHP 预备知识

PHP 是 PHP:Hypertext Preprocessor 单词组合的首字母缩写，是一种被广泛应用的、免费开源的、服务器端的、跨平台的、HTML 内嵌式的多用途脚本语言，PHP 通常嵌入到 HTML 中，尤其适合 Web 开发。

10.1.1 为何选用 B/S 结构以及 PHP 脚本语言

B/S 结构，即 Browser/Server（浏览器/服务器）结构，是一种图 10-1 所示的三层架构。选用 B/S 结构开发“选课系统”（此时称为网上选课系统），原因有以下几点。

- 受众更广。学生、教师只需知道网址，即可使用电脑、智能手机、平板电脑随时随地浏览以及操作业务数据。
- 客户端的开发、维护成本较低。浏览器用户只需安装一个 Web 浏览器，如 Internet Explorer 浏览器、Firefox 浏览器甚至 UC 浏览器，即可享受 Web 服务器的服务。应用程序开发人员只需要改变 Web 动态页面的代码或者静态页面的代码，即可实现所有浏览器用户的页面同步更新。

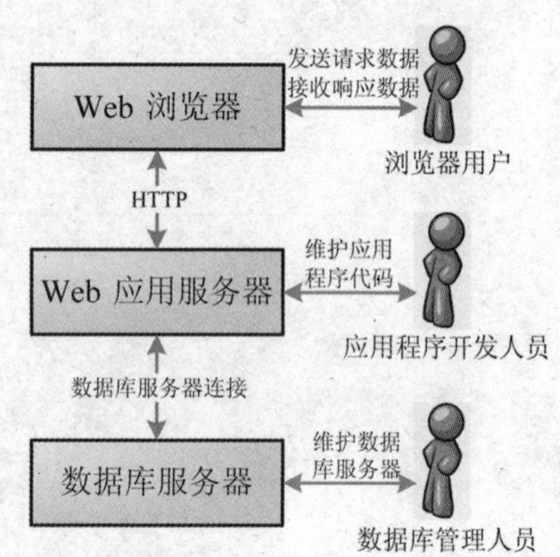

图 10-1 B/S 三层架构

- 业务扩展简单方便。开发人员只需在网站首页上添加新功能的超链接，开发新的 Web 页面，即可增强应用程序的功能。
- 网上选课系统选用 PHP 脚本语言的原因在于以下几点。

- PHP 开发环境易于部署。本章使用的集成安装环境 WampServer 不到 20M，几十秒的时间即可轻松部署开发环境，非常适合读者上机操作。
- PHP 易学好用。PHP 语言的风格类似于 C 语言，非常容易学习，读者了解一点儿 PHP 的基本语法和语言特色，就可以开始 PHP 编程之旅。
- 平台无关性（跨平台）。同一个 PHP 应用程序无需修改源代码，就可以运行在 Windows、Linux、UNIX 等绝大多数操作系统环境中。

良好的数据库支持。PHP 最强大最显著的优势是支持 Oracle、MS-Access、MySQL、Microsoft SQL Server 等大部分数据库，并且使用 PHP 编写数据库支持的 Web 动态网页非常简单。

10.1.2　PHP 脚本语言概述

PHP 是 HTML 内嵌式的脚本语言。PHP 脚本程序中可包含文本、HTML 代码以及 PHP 代码。例如，PHP 脚本程序 helloworld.php 的代码如下，其执行结果如图 10-2 所示（运行 PHP 脚本程序前，需要部署 Web 应用服务器以及 PHP 预处理器，稍后介绍）。

```
这是我的第一个 PHP 程序：
<br/>
<?php
echo "hello world!";
?>
<br/>
<?php
echo date("Y 年 m 月 d 日 H 时 i 分 s 秒");
?>
```

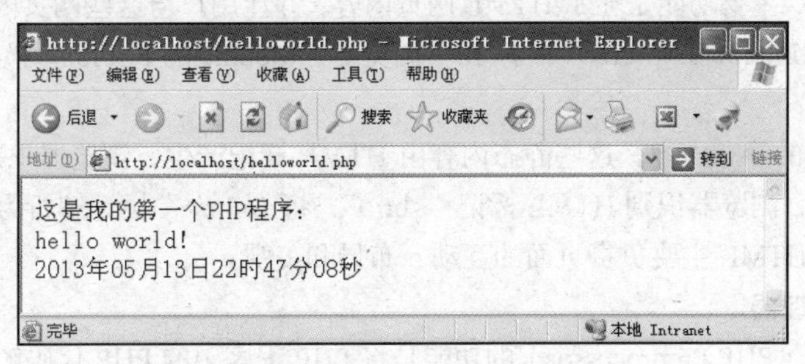

图 10-2　helloworld.php 程序的执行结果

PHP 脚本程序 helloworld.php 中：

PHP 脚本程序文件的扩展名通常为 php。

“这是我的第一个 PHP 程序：”是一段文本信息；“<br/>”是 HTML 代码。文本信息以及 HTML 代码属于 PHP 脚本程序的“静态代码”，静态代码无需 PHP 预处理器处理，直接被 Web 应用服务器输出到 Web 浏览器。

Web 浏览器接收到 HTML 代码后，会对该 HTML 代码解释执行，例如，Web 浏览器接收到“
”后，将在 Web 浏览器产生一次换行。

灰色底纹代码为 PHP 代码段，“<?php”用于标记 PHP 代码段的开始，“?>”用于标记 PHP 代码段的结束。一个 PHP 脚本程序可以有多个 PHP 代码段。“<?php”与“?>”分别叫做 PHP 的开始标记和结束标记。

PHP 代码段中的代码为 PHP 代码，例如，“echo "hello world!";”和“echo date("Y 年 m 月 d

日 H 时 i 分 s 秒");”是两条 PHP 代码，所有的 PHP 代码都要经 PHP 预处理器解释执行。PHP 预处理器解释这两条 PHP 代码时，会将这两条代码解释为文本信息“hello world!”和 Web 服务器主机的当前时间（例如“2013 年 05 月 13 日 22 时 47 分 08 秒”），然后再将这些文本信息输出到 Web 浏览器，显示在 Web 浏览器上。

date()函数是 PHP 提供的日期时间函数，该函数的功能类似于 MySQL 提供的 now()函数。不同之处在于，PHP 提供的 date()函数用于获取 Web 应用服务器当前的日期时间；MySQL 提供的 now()函数用于获取数据库服务器当前的日期时间。数据库服务器与 Web 应用服务器可能位于不同的两台机器上，此时它们的日期时间不一定相同。

PHP 提供的 date()函数需要一个字符串参数，例如"Y 年 m 月 d 日 H 时 i 分 s 秒"，Y 是 year 的第一个字母，m 是 month 的第一个字母，d 是 day 的第一个字母，H 是 hour 的第一个字母，i 是 minute 的第二个字母，s 是 second 的第一个字母，分别代表 Web 应用服务器当前的年、月、日、时、分、秒。

10.1.3 PHP 脚本程序的工作流程

运行 PHP 脚本程序必须借助 PHP 预处理器、Web 应用服务器（以下简称为 Web 服务器）和 Web 浏览器，必要时还需借助数据库服务器。其中，Web 服务器的功能是解析 HTTP；PHP 预处理器的功能是解释 PHP 代码；Web 浏览器的功能是显示执行结果；数据库服务器的功能是保存业务数据和执行结果。

1. Web 浏览器

Web 浏览器（Web Browser）也叫网页浏览器（以下简称为浏览器）。浏览器是网络用户最为常用的客户机程序，主要功能是显示 HTML 网页内容，并让用户与这些网页内容产生互动。常见的浏览器有微软的 Internet Explorer（简称 IE）浏览器、Mozilla 的 Firefox 浏览器等。

2. HTML 简介

HTML 是网页的静态内容，这些静态内容由 HTML 标记产生，浏览器识别这些 HTML 标记并解释执行。例如，浏览器识别 HTML 标记“
”，将“
”标记解析为一个换行。在 PHP 程序开发过程中，HTML 主要负责页面的互动、布局和美观。

3. PHP 预处理器

PHP 预处理器（PHP Preprocessor）的功能是将 PHP 程序中的 PHP 代码解释为文本信息，这些文本信息中可以包含 HTML 标记。

4. Web 服务器

Web 服务器也称为 WWW（World Wide Web）服务器，其功能是解析 HTTP。Web 服务器首先接收浏览器 HTTP 静态请求以及 HTTP 动态请求，然后进行如下处理。

在浏览器地址栏中输入诸如“http://www.baidu.com/index.html”的页面请求，是 HTTP 静态请求（静态请求页面的扩展名通常是 html、htm 等）；在浏览器地址栏中输入诸如“http://www.baidu.com/index.php”的页面请求，是 HTTP 动态请求（动态请求页面的扩展名通常是 php、jsp 等）。

- 当 Web 服务器接收到浏览器的一个 HTTP 静态请求时，Web 服务器直接将静态页面的内容返回给浏览器，从而完成浏览器与 Web 服务器之间的一次请求/响应。
- 当 Web 服务器接收到浏览器的一个 HTTP 动态请求时，Web 服务器会将动态页面的 PHP

代码段交由 PHP 预处理器解释执行，PHP 预处理器将这些 PHP 代码段解析成文本信息后，由 Web 服务器返回给浏览器。

- 如果 PHP 代码段中包含访问数据库的 PHP 代码，PHP 预处理器与数据库服务器交互完成后，PHP 预处理器再将交互结果返回给 Web 服务器，最后由 Web 服务器返回给浏览器。

常见的 Web 服务器有美国微软公司的 Internet Information Server（IIS）服务器、美国 IBM 公司的 WebSphere 服务器、开源的 Apache 服务器等。Apache 具有免费、速度快且性能稳定等特点，目前已成为最受欢迎的 Web 服务器。本章使用 Apache 服务器部署 PHP 程序。

5. 数据库服务器

数据库服务器（dataBase server）是安装有数据库管理系统的一套主机系统（内存、CPU、硬盘、网络设备等）。数据库服务器可以为应用系统（例如网上选课系统）提供一套数据管理服务，这些服务包括数据管理服务（例如数据的添加、删除、修改、查询）、事务管理服务、索引服务、高速缓存服务、查询优化服务、安全及多用户存取控制服务等。常见的数据库管理系统有美国甲骨文公司的 Oracle 以及 MySQL、美国微软公司的 SQL Server、美国 IBM 公司的 DB2 以及 Infomix、德国 SAP 公司的 Sybase。由于 MySQL 具有体积小、速度快、免费等特点，许多中小型的 Web 应用系统将 MySQL 作为首选数据库管理系统。

PHP 程序的工作流程如图 10-3 所示，具体步骤如下。

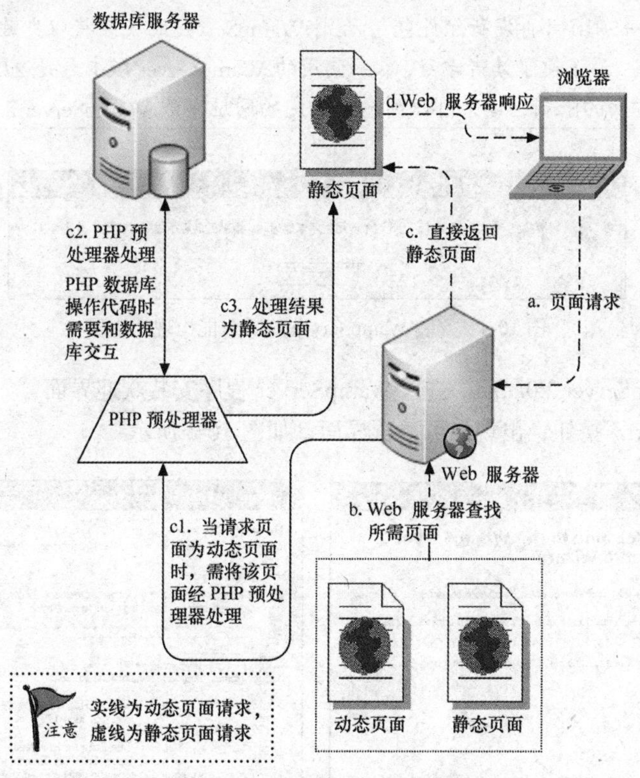

图 10-3　PHP 程序的工作流程

（1）用户在浏览器地址栏中输入要访问的页面地址（形如 http://localhost/choose/index.php），回车后就会触发该页面请求，并将请求传送给 Web 服务器（步骤 a）。

（2）Web 服务器接收到该请求后，根据请求页面文件名在 Web 服务器主机中查找对应的页面文件（步骤 b），并根据请求页面文件名的后缀（例如.html 或.php），判断当前请求为静态页面请求还是动态页面请求。

当请求页面为静态页面时（例如请求页面文件名后缀为.html 或.htm），直接将 Web 服务器中的静态页面返回（步骤 c），并将该页面作为响应发送给浏览器（步骤 d）。

当请求页面为动态页面时（例如请求页面文件名后缀为.php），此时 Web 服务器委托 PHP 预处理器将该动态页面中的 PHP 代码段解释为文本信息（步骤 c1）；如果动态页面中存在数据库操作代码，则 PHP 预处理器和数据库服务器完成信息交互（步骤 c2）后，再将动态页面解释为静态页面（步骤 c3）；最后由 Web 服务器将该静态页面作为响应发送给浏览器（步骤 d）。

10.1.4 Web 服务器的部署

对于初学者而言，Apache、MySQL 以及 PHP 预处理器的安装和配置较为复杂，这里选择 WAMP（Windows + Apache + MySQL + PHP）集成安装环境 WampServer 快速安装、部署网上选课系统的 Web 应用服务器，以便读者将所有精力集中于网上选课系统应用程序的开发。WampServer 软件由德国人开发，下载网址为：http://www.wampserver.com/en/。下载了 WampServer 安装程序，就可以开始部署 Web 服务器。

截至目前，WampServer 最新的版本号为 2.2E，由于 WampServer 2.2E.exe 是基于 Visual C++ 2010 SP1 开发的，安装 WampServer 2.2E.exe 前，读者主机的操作系统首先需要下载、安装“VC++2010 可再发行组件包”，否则 WampServer 的安装将以失败告终，并出现图 10-4 所示的错误。为了便于读者学习，本书使用的 WampServer 版本号是 2.0i，而 WampServer 2.0i 却不受这方面的限制，读者可以到本书指定的网址下载 WampServer 2.0i。

图 10-4　安装 WampServer 2.2E 可能出现的错误

（1）双击 WampServer 2.0i.exe，进入 WampServer 程序安装欢迎界面，如图 10-5 所示。

（2）单击“Next”按钮，出现许可条款界面，如图 10-6 所示。

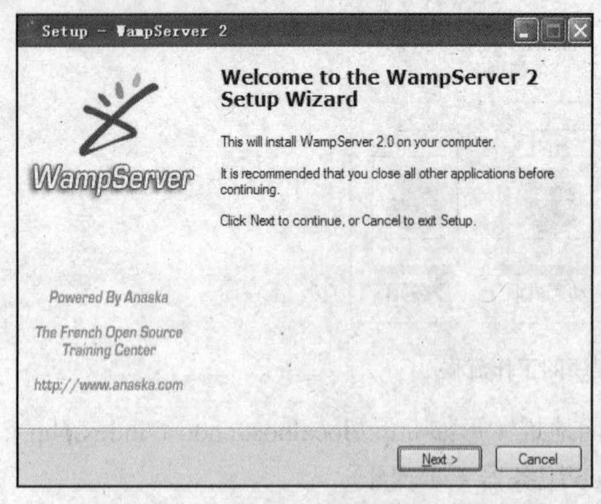

图 10-5　WampServer 程序安装欢迎界面

Setup - WampServer 2
License Agreement
Please read the following important information before continuing.
Please read the following License Agreement. You must accept the terms of this agreement before continuing with the installation.
WampServer
by Romain Bourdon - romain@anaska.com
GNU GENERAL PUBLIC LICENSE
Version 2, June 1991
Copyright (C) 1989, 1991 Free Software Foundation, Inc.
59 Temple Place, Suite 330, Boston, MA 02111-1307 USA
Everyone is permitted to copy and distribute verbatim copies
I accept the agreement
I do not accept the agreement
< Back　Next >　Cancel

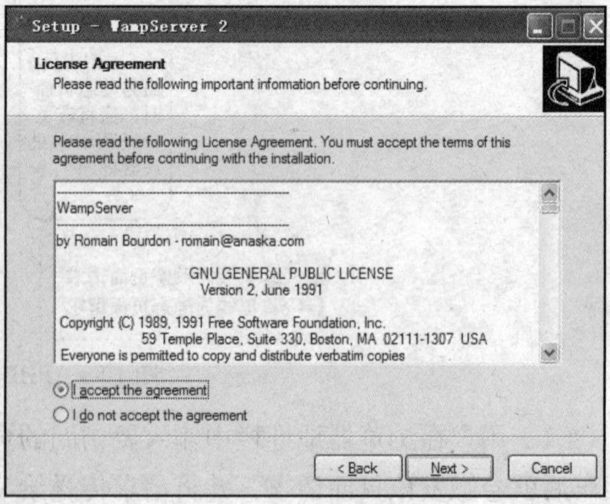

图 10-6　许可条款界面

（3）选中“I accept the agreement”（我同意条款）单选按钮，单击“Next”按钮，出现选择安装路径界面，如图 10-7 所示。WampServer 默认的安装路径是“C:\wamp”，单击“Browse…”（浏览）按钮选择安装路径，这里使用默认安装路径。

（4）单击“Next”按钮，出现创建快捷方式选项界面，如图 10-8 所示，其中，第一个复选框负责在快速启动栏中创建快捷方式，第二个复选框负责在桌面上创建快捷方式。

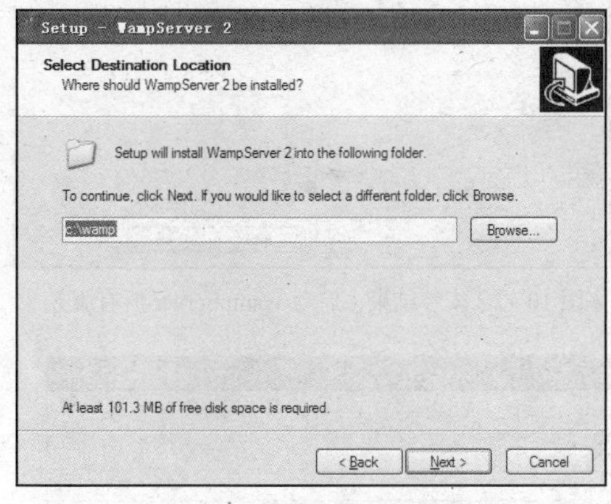

图 10-7　选择安装路径

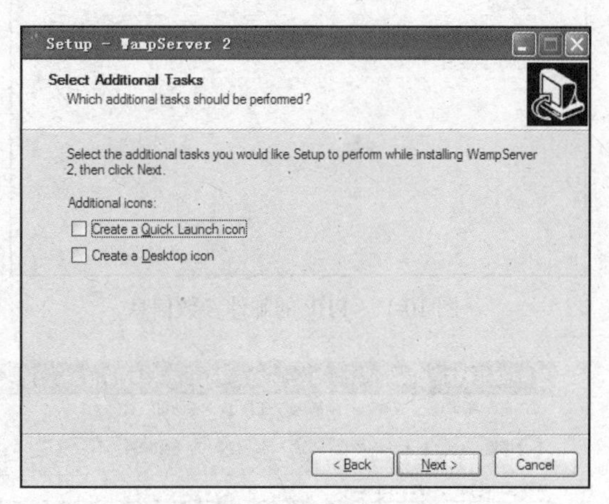

图 10-8　创建快捷方式

（5）单击“Next”按钮，出现信息确认界面，如图 10-9 所示。

（6）信息确认无误后，单击“Install”（安装）按钮，安装接近尾声时会提示选择默认的浏览器，如果不确定使用哪一款浏览器，单击“打开”按钮就可以了，此时将 Windows 操作系统的 IE 浏览器选作默认的浏览器，如图 10-10 所示。

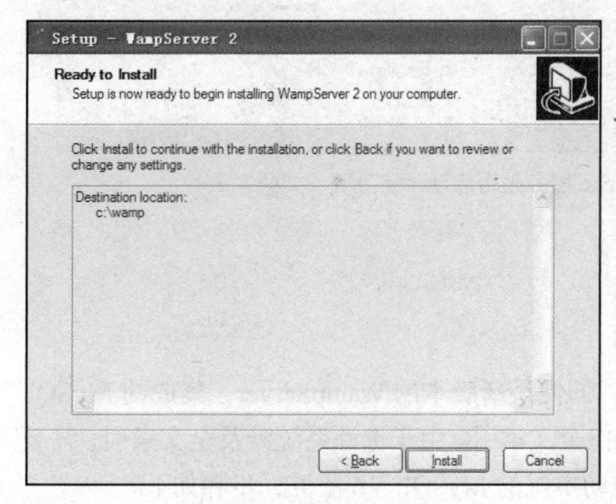

图 10-9　信息确认界面

图 10-10　选择 Apache 服务默认的浏览器

（7）后续操作会提示输入一些 PHP 的邮件参数信息，这里保留默认的内容就可以了，如图 10-11 所示。单击“Next”按钮将进入完成 WampServer 安装界面，如图 10-12 所示。

（8）当选中“Launch Wamp Server 2 now”复选框时，单击“Finish”按钮后完成所有安装步骤，然后自动启动 WampServer 所有服务，并且任务栏的系统托盘中增加了 WampServer 图标。

（9）打开 IE 浏览器，在地址栏中输入“http://localhost/”或“http://127.0.0.1/”后按“回车”键，若出现图 10-13 所示的界面，说明 Web 服务器安装并成功启动（图 10-13 所示的界面对应的是“C:\wamp\www”目录下的 index.php 程序）。

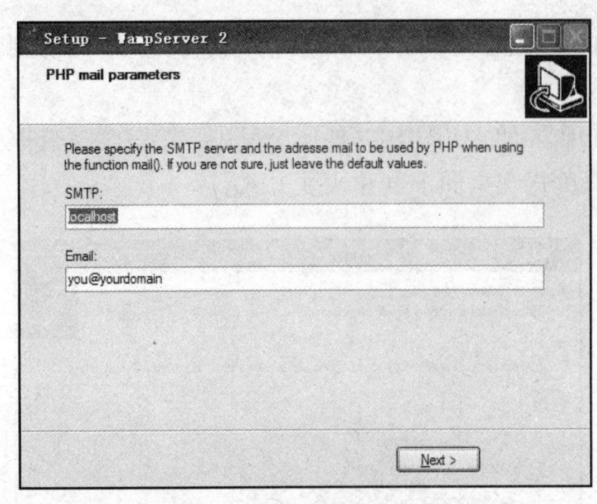

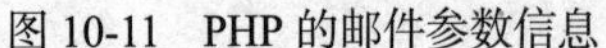
图 10-11 PHP 的邮件参数信息

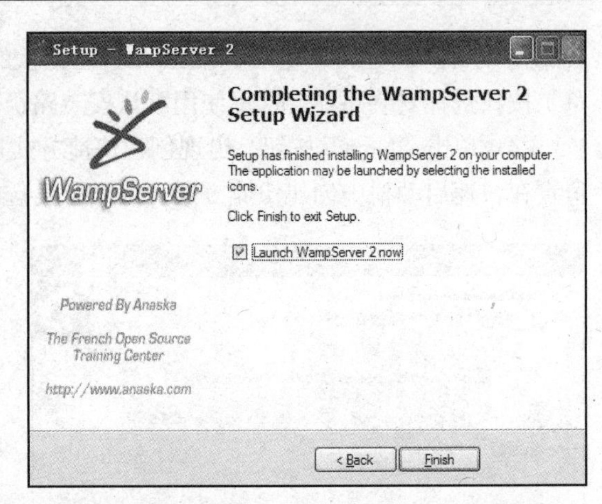

图 10-12 安装结束，启动 WampServer 所有服务

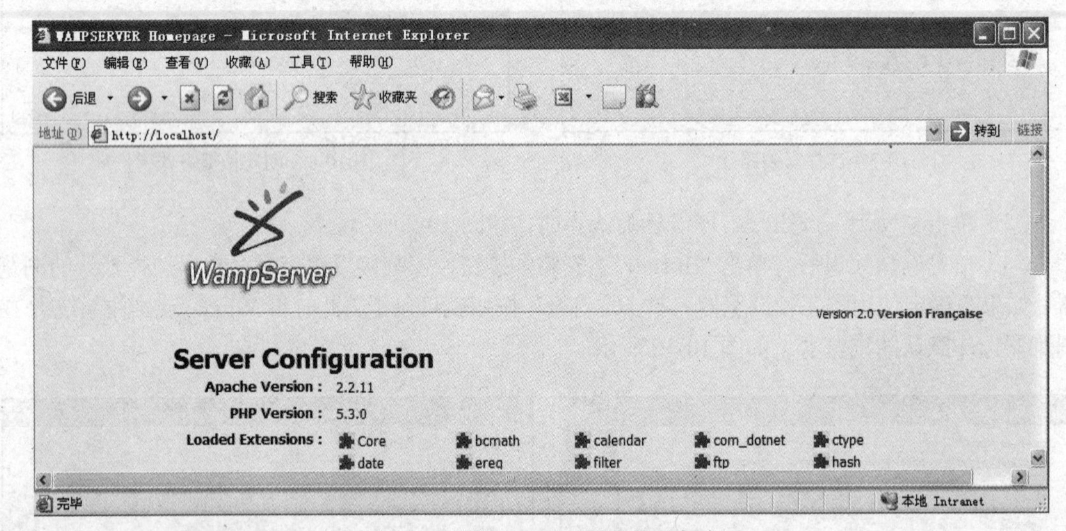

图 10-13 测试 Apache 服务是否启动

10.1.5 注意事项

1. 启动本机的 MySQL 5.6 服务

WampServer 2.0i 集成的 MySQL 为 5.1 版本，即便最新版本的 WampServer，集成的 MySQL 仅仅是 5.5 版本，该版本下的 InnoDB 表仍然不支持全文索引。由于选课系统涉及全文索引，需要读者停止 WampServer 中自带的 MySQL 服务，启动本机的 MySQL 5.6 服务，步骤如下。

① 单击任务栏系统托盘中的 WampServer 图标，选择 MySQL→Service→Stop Service 停止 WampServer 中的 MySQL 服务。

② 通过 MySQL 基础知识章节的内容，启动本机的 MySQL 5.6 服务，这里不再赘述。

2. 开启 WampServer 自带的 Apache 服务

默认情况下，Apache 占用 Web 服务器主机的 80 端口号为其他浏览器主机提供 HTTP 服务。如果 80 端口号已经被其他应用程序占用（例如 IIS 服务或者迅雷下载软件占用），会导致 Apache 无法启动。解决方法有两个：一种方法是修改 Apache 默认端口号（例如将 80 修改为 8080），另一种方法是停止 IIS 服务（这里以第二种方法为例）。

右键单击我的电脑，找到管理→服务和应用程序→服务，在图 10-14 所示的服务名称中找到 IIS 服务，停止 IIS 服务。然后单击任务栏系统托盘中的 WampServer图标，选择 Apache→Service→Start/Resume Service 即可启动 WampServer 中的 Apache 服务。

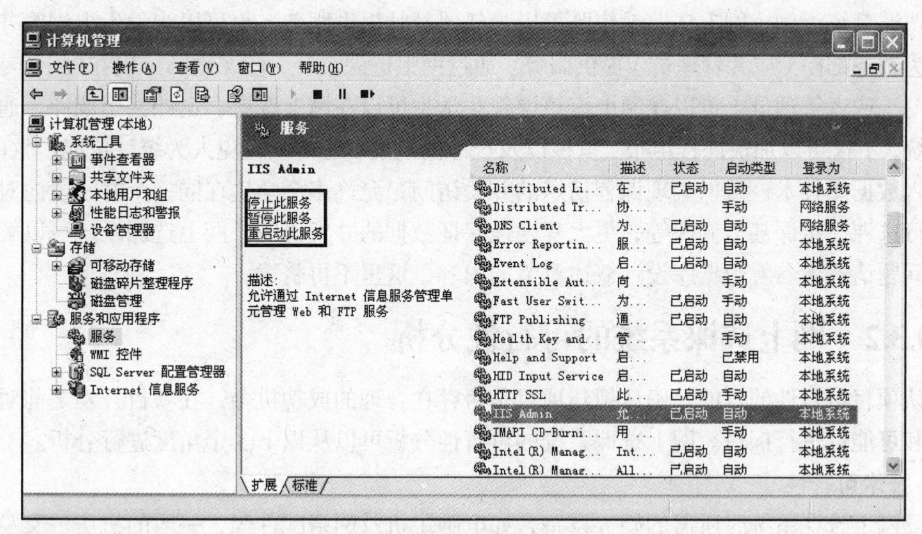

图 10-14　端口号冲突问题的解决方法

3. 部署数据库服务器与 Web 服务器

开发阶段，为了便于项目移植以及随身携带，建议数据库服务器与 Web 服务器位于同一台主机上。项目开发完成后，发布项目时，可以将数据库服务器与 Web 服务器部署到两台主机上。

10.2　软件开发生命周期 SDLC

对于初学者而言，可能总会觉得：软件开发过程中最大的障碍是编写应用程序代码，然而事实并非如此。事实上，软件的开发并非一蹴而就的，真正的软件项目一般采用软件工程的思想进行开发。软件工程将软件的开发流程共分为 5 个阶段：系统规划、系统分析、系统设计、系统实施（编码）以及系统测试（如图 10-15 所示），每个阶段目标不同，任务也不相同，这 5 个阶段共同构成了软件开发生命周期（SDLC，Systems Development Life Cycle）。编码环节对于整个软件开发生命周期而言仅仅是冰山之一角，软件开发最大的难度在于如何对系统进行规划、分析、设计。下面以网上选课系统为例讲解各个阶段应该完成的任务。

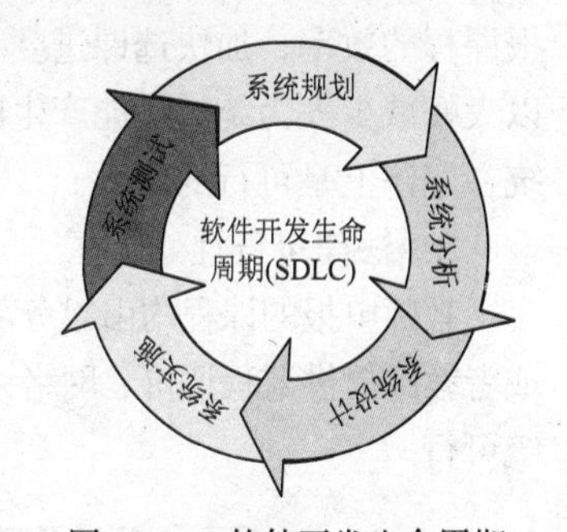

图 10-15　软件开发生命周期

10.3　网上选课系统的系统规划

系统规划的目标是规划项目范围并做出项目计划。系统规划的主要任务是定义目标，确认项目可行性，制定项目的进度表以及人员分工等。

10.3.1 网上选课系统的目标

定义目标的目的是准确地定义要解决的商业问题，它是软件开发过程中最重要的活动之一。以网上选课系统为例，网上选课系统既可以为任课教师提供服务，也可以为学生提供服务，同时又可以为教务部门（或者管理员）提供服务。通过网上选课系统，任课教师可以在网上申报课程；教务部门（或者管理员）可以在网上审核课程；学生可以在网上选课、退课甚至调课。通过网上选课系统，不仅可以加快课程申报、审核以及选课的进度，还可以避免人为统计可能产生的错误。通过引入数据库技术，可以实现课程信息的并发访问，允许多个学生在同一个时间段内对同一门课程进行选课、退课甚至调课等，更大程度地保证数据的并发访问。网上选课系统可以解决的具体商业问题请读者参看数据库设计概述章节的内容，这里不再赘述。

10.3.2 网上选课系统的可行性分析

确认项目可行性的目的是确认拟建项目是否存在合理的成功机会，在项目开发之前对项目的必要性和可能性进行探讨。网上选课系统的可行性分析可以从以下 3 个角度进行分析。

1. 技术可行性

开发网上选课系统时所需的硬件设备，如电脑主机及网络配件等，一般的机房、实验室均可满足硬件方面的需求；开发该系统时所需的软件，如数据库管理系统、Web 应用服务器软件、开发语言等均选用开源免费的软件，数据库管理系统选用 MySQL，Web 服务器软件选用 Apache，开发语言选用 PHP，这些软件、语言在软件项目中已被大量应用。开发网上选课系统所需的硬件和软件环境在技术上都比较成熟。总之，开发网上选课系统在技术上是可行的。

2. 经济可行性

网上选课系统开发过程中所需的软件资源均为开源软件，对于所需的硬件资源，一般的机房、实验室均可满足要求。另外，由于网上选课系统的功能需求比较简单，开发周期较短，投入的人力成本较少，因此，开发网上选课系统所需投入的资金较少。系统开发成功后，该系统可以为教务部门、全校学生、教师提供服务，不仅可以提升教师申报课程、教务部门审核课程以及学生选报课程的效率，加快选课进度，还可以避免人工选课带来的人员配备不足等问题的发生，同时可以大幅减少人为统计可能产生的错误。从效益、资金投入以及回报等方面考虑，开发网上选课系统在经济上是可行的。

3. 法律可行性

教师申报的课程均由教务部门（或者管理员）审核通过后才能发布。另外，该系统没有为学生或者教师提供课程评价、网络评论等功能，这些举措可以有效避免非法信息的散发，法律上看该系统可行。

10.3.3 网上选课系统的项目进度表

目前，软件的复杂度越来越高，软件开发生命周期在不同的软件项目中也不相同。例如，对于简单的软件项目，可以使用瀑布模型进行开发；对于复杂的软件项目，可以使用迭代的 SDLC 进行开发；对于工期有一定要求的软件项目，可以使用快速应用程序开发（RAD）加快开发进程。工期之所以有一定要求，一方面是因为客户对软件有强烈的依赖性，另一方面是因为技术及商业环境日新月异，如果耗费很长时间开发系统，软件不能为企业带来更多的预期效益。

对于网上选课系统而言，由于其功能较为简单，并且功能一旦确定，随着时间的推移，系统功能基本不会发生大的变化，因此本书选用瀑布模型开发网上选课系统，即严格地按照软件开发生命周期开发该系统，只有当前阶段所有任务完成后，才进行下一阶段的任务（不能返回），直到整个项目完成为止（如图 10-16 所示）。

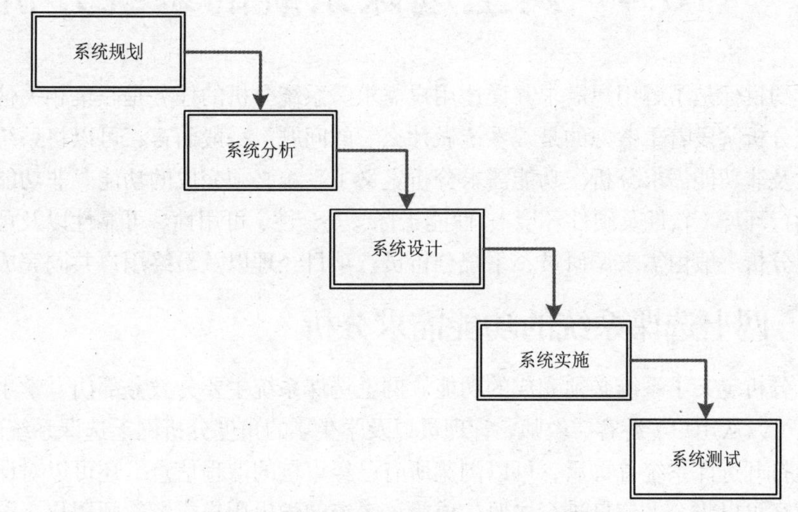

图 10-16　使用瀑布模型开发网上选课系统

10.3.4　网上选课系统的人员分工

真正的软件项目往往需要很多人（例如需求调研员、系统分析员、数据库管理员、项目经理、项目组长、程序开发人员、界面美工人员、测试人员等）的合作，花费几个月，甚至数年的时间才能完成。为了提高软件项目效率，保证项目质量，软件开发人员的组织、分工与管理成为一项十分重要和复杂的工作，它直接影响了软件项目的成功与失败。对于大多数的软件项目，建议选用树状结构组织、管理软件开发人员。树的根是项目经理，树的结点是软件开发小组，软件开发小组的人数一般是 3～5 人。

由于网上选课系统功能较为单一，读者可以一个人完成软件开发生命周期的所有任务。也可以由经验丰富的开发人员担任项目经理，安排 3～5 人为一个软件开发小组，每组指定一名组长统筹项目开发过程中遇到的所有问题；组长指定一名小组成员为需求调研员，负责收集网上选课系统的功能需求等信息；指定一名界面开发人员、一名程序开发人员、一名数据库管理员以及若干测试人员，共同参与网上选课系统的开发。

- 需求调研员：与客户交流，准确获取客户需求。
- 系统分析员：根据客户的需求，编写软件需求及功能文档。
- 数据库管理员：database administrator，简称 DBA，是项目组中唯一能对数据库进行直接操作和日常维护的人，也是对项目中与数据库相关的所有重要的事做最终决定的人。根据业务需求和系统性能分析、建模，设计数据库，完成数据库操作，确保数据库操作的正确性、安全性。
- 项目经理：项目经理负责人员安排和项目分工，保证按期完成任务，对项目的各个阶段进行验收，对项目参与人员的工作进行考核，管理项目开发过程中的各种文档。
- 项目组长：通常 3～5 个开发人员组成一个开发小组，由项目组长带领进行开发活动。项目组长由小组内技术和业务比较好的成员担任。
- 程序开发人员：根据设计文档进行具体编码工作，并对自己的代码进行基本的单元测试。
- 界面美工人员：负责公司软件产品的美工设计和页面制作。

- 测试人员：制定测试方案、设计测试用例、部署测试环境、执行测试并书写测试报告的人。

10.4 网上选课系统的系统分析

系统分析的目标是了解用户需求并详述用户需求。系统分析的任务是收集相关信息并确定系统需求，系统分析阶段着重考虑的是“系统做什么”的问题。一般而言，可以将系统分析分为功能需求分析以及非功能需求分析。功能需求分析定义了系统必须完成的功能。非功能需求分析定义了系统的运行环境（软件及硬件环境）、性能指标、安全性、可用性、可靠性以及可扩展性等需求分析。系统分析一般由需求调研员、系统分析员、项目经理以及最终用户共同完成。

10.4.1 网上选课系统的功能需求分析

功能需求分析定义了系统必须完成的功能。网上选课系统主要为教务部门、学生以及教师提供服务，因此可以从用户（游客、教师、管理员以及学生）的角度分析网上选课系统的功能需求。

游客成功打开选课系统首页后，可以浏览所有已经审核的课程信息，还可以对课程信息进行全文检索。游客可以将个人信息进行注册，成为该系统的学生用户或者教师用户。游客成功登录系统后，由游客角色变为学生、教师或者管理员角色，如图 10-17 所示。

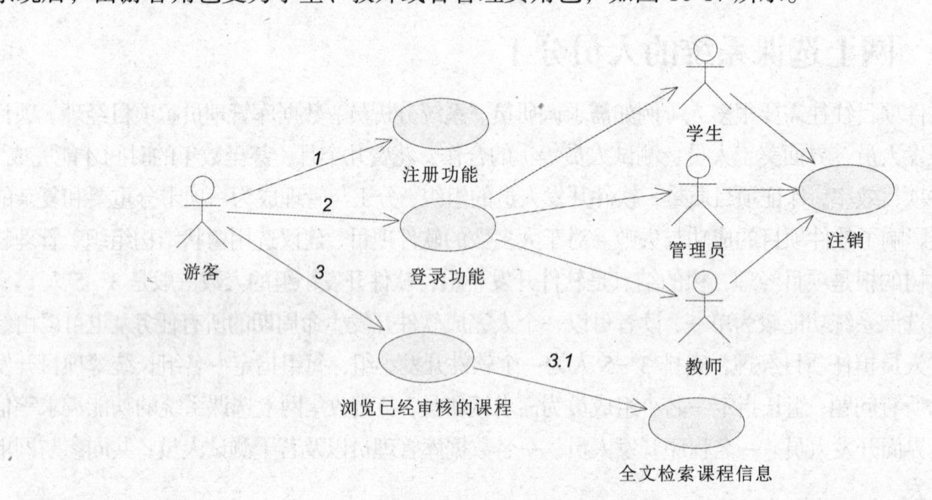

图 10-17 游客的功能需求分析

教师成功登录系统后，首先需要申报课程。接着教师可以浏览自己申报的课程；如果自己申报的课程没有通过审核，教师可以删除未经审核的课程；如果自己申报的课程通过审核，教师可以浏览该课程的选课学生。另外，教师还可以浏览所有已经审核的课程信息，并可以对课程信息进行全文检索，如图 10-18 所示。

学生成功登录系统后，首先浏览所有已经审核的课程，对课程信息进行全文检索；接着选修已经审核的课程。学生可以查看自己选修的课程，并可以取消已经选修的课程，调换已经选修的课程，如图 10-19 所示。

教务部门（或者管理员）可以添加班级信息；浏览所有课程信息（包括未经审核的课程），并对未经审核的课程进行审核、删除，对经过审核的课程可以取消审核，也可以查看已审核课程的学生信息；管理员可以浏览选修人数少于 30 人的课程，并可以删除这些课程；另外，管理员还可以重置学生或者教师的密码，如图 10-20 所示。

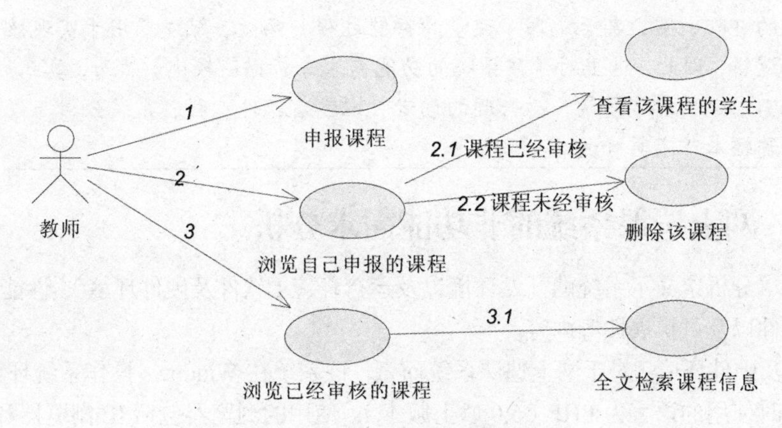

图 10-18　教师的功能需求分析

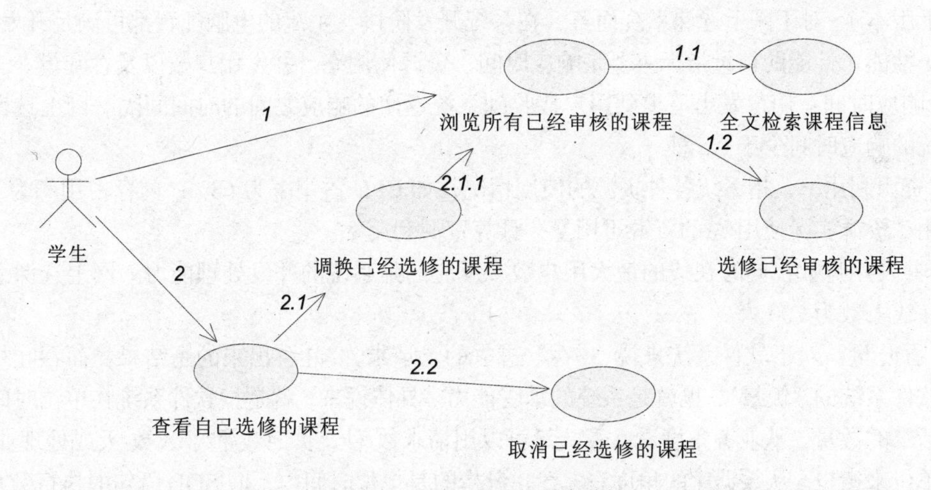

图 10-19　学生的功能需求分析

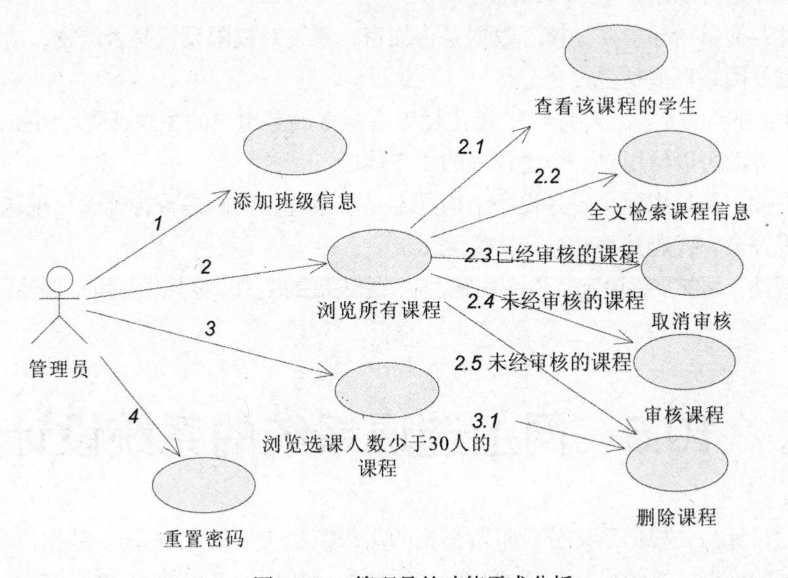

图 10-20　管理员的功能需求分析

由于之前已经花费了大量的篇幅描述网上选课系统的功能需求，并且已经制作了该系统的 E-R 图，甚至编写了大量的存储过程、函数、触发器用于实现该系统大部分的业务逻辑，因此，这里对于该系统的功能需求分析描述较少。然而，真正的软件项目中，功能需求分析非常复杂，感兴趣的读者可以参看软件工程、系统分析与设计类的书籍，限于篇幅本节不再赘述。

10.4.2 网上选课系统的非功能需求分析

非功能需求分析定义了系统的开发环境以及运行环境（软件及硬件环境）、性能、安全性、可用性、可维护性以及可扩展性等内容。

（1）软件及硬件环境：对于网上选课系统而言，该系统在 Windows 操作系统环境下开发和运行，系统开发时使用的语言为 PHP（5.0 以上版本），使用的浏览器包括 IE 浏览器和 Firefox 浏览器，使用的数据库管理系统为 MySQL（且版本号须为 5.6 以上版本），使用的 Web 服务器为 Apache（2.0 以上版本）。对于网上选课系统而言，在系统开发阶段，主流的电脑配置都可满足开发要求。

（2）性能：性能的衡量指标主要是响应时间、资源使用率、并发用户数以及吞吐量。

- 响应时间：用户发出请求到用户接收到系统返回的响应之间的时间间隔。网上选课系统要求系统的响应时间少于 0.5 秒。
- 资源利用率：指系统各种资源的使用情况，如 CPU 占用率为 68%，内存占用率为 55%，一般使用“资源实际使用/总的资源可用量”计算资源利用率。
- 并发用户数：同时在线的最大用户数，反应的是系统的并发处理能力。网上选课系统要求同时在线人数为 200 人。
- 吞吐量：对于软件系统来说，“吞”进去的是请求，“吐”出来的是结果，而吞吐量反映的就是软件系统的“饭量”，也就是系统的承受能力。具体说来，就是指软件系统在单位时间内处理用户请求的数量。从业务角度看，吞吐量可以用请求数/秒、页面数/秒、人数/天或处理业务数/小时等单位来衡量。从数据库的角度看，吞吐量指的是单位时间内不同 SQL 语句的执行数量。从网络角度看，吞吐量可以用字节/秒来衡量。

（3）安全性：衡量指标主要是核心数据是否加密，系统对权限设置是否严密，应用服务器、数据库服务器以及网络环境是否安全。

（4）可用性：强调的是“以人为本”，可用性考虑最多的是用户的主观感受。例如，简单大方、格式统一的用户界面可以给用户一个比较好的用户体验。

（5）可维护性：衡量指标主要是程序结构是不是有条理，代码是否符合编写规范，注释是否清晰，文档是否齐全，代码是否经过严格的测试。

（6）可扩展性：可扩展性决定了软件系统适应未来发展的能力。要想做好可扩展性，首先要做好可维护性。

10.5 网上选课系统的系统设计

系统设计的目标是：根据系统分析阶段得到的需求模型（例如 E-R 图、数据流程图等），建立系统解决方案的模型。系统设计的任务是阐述系统如何使用计算机技术、信息技术、网络技术构建系统的解决方案。系统设计阶段着重考虑的是“系统怎么做”的问题。

系统设计包括应用程序结构的设计、程序流程的设计、数据库规范化设计、图形用户界面的设计、网络模型的设计、系统接口的设计等内容。系统设计使用到的模型主要包括系统流程图、程序流程图、数据库物理模型、图形用户界面、网络拓扑图等模型。由于网上选课系统的网络拓扑图（B/S 三层结构）比较简单，之前的章节已经对该系统进行了数据库规范化设计，并创建了选课系统的数据库表，而且对复杂的业务逻辑绘制了程序流程图，因此，这些内容这里不再赘述。这里仅仅以系统流程图为例，从宏观的角度，描述网上选课系统各个应用程序之间的依赖关系。

系统流程图描述了系统内计算机程序之间所有的控制流程。根据网上选课系统的功能需求分析可以得到网上选课系统的各种用户的系统流程图，如图 10-21、图 10-22、图 10-23 和图 10-24 所示。这些系统流程图不仅详细描述了 PHP 程序之间所有的控制流程，而且描述了每个 PHP 程序实现的功能，以及某一种角色的用户能够访问的 PHP 程序，从而为将来的系统实施做好准备。

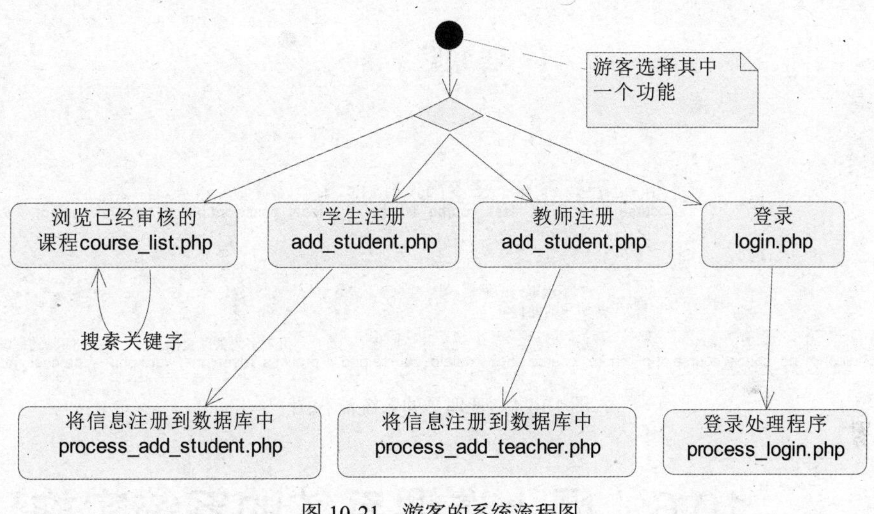

图 10-21　游客的系统流程图

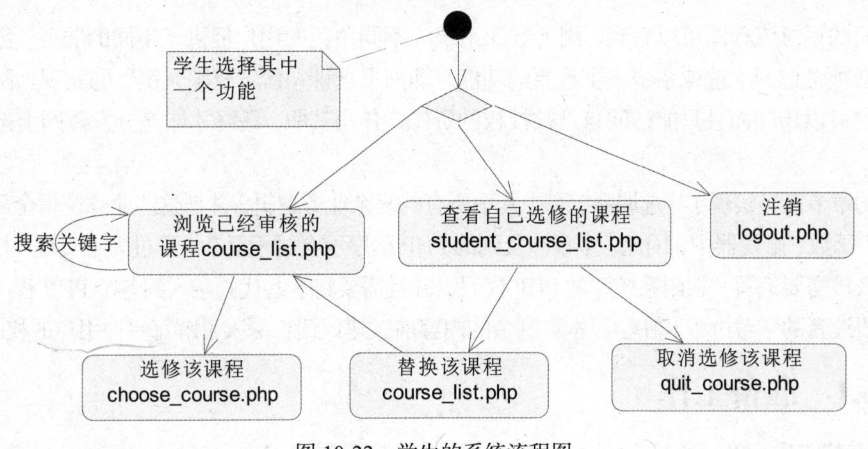

图 10-22　学生的系统流程图

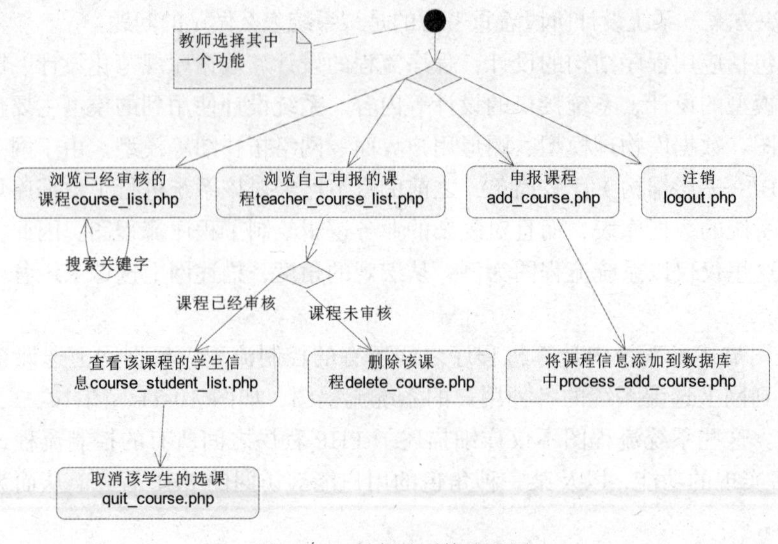

图 10-23　教师的系统流程图

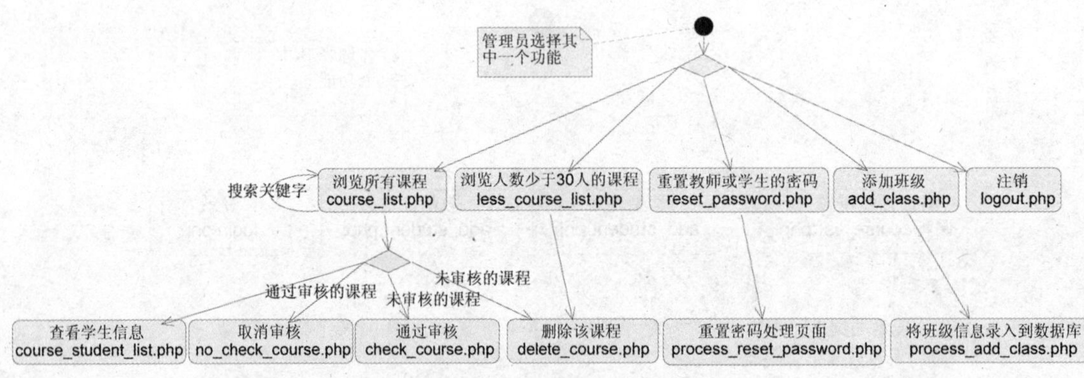

图 10-24　管理员的系统流程图

10.6　网上选课系统的系统实施

从上面的系统流程图可以看到，网上选课系统为不同角色的用户提供了不同的服务，因此，程序开发人员必须考虑网上选课系统一个重要的功能，即网上选课系统“权限系统”的实现。网上选课系统各种用户可以访问而且只能访问自己被授权的资源，各司其职，最终才能充分发挥网上选课的全部功能。

之前的章节已经实现了“选课系统”中几乎所有的复杂业务逻辑，并把这些业务逻辑全部封装到了存储过程、函数、触发器中，因此，本章涉及到的 PHP 程序不会过于复杂。不过为了实现“权限系统”，程序开发人员需要编写“权限系统”的 PHP 代码，并且需要将这些代码融入到各个 PHP 程序中，这样反而会阻碍读者的学习进程。在学习本章剩余的内容前，建议读者深入了解每一种用户的权限。

10.6.1　准备工作

默认安装 WampServer 后，在 C:\wamp\www 目录下创建 choose 目录，将之前章节中所有有关选课系统的 SQL 语句制作成 SQL 脚本文件（例如 choose.sql），并放入 choose 目录下，有关选课系统的所有 PHP 程序全部放在该目录下，如图 10-25 所示。

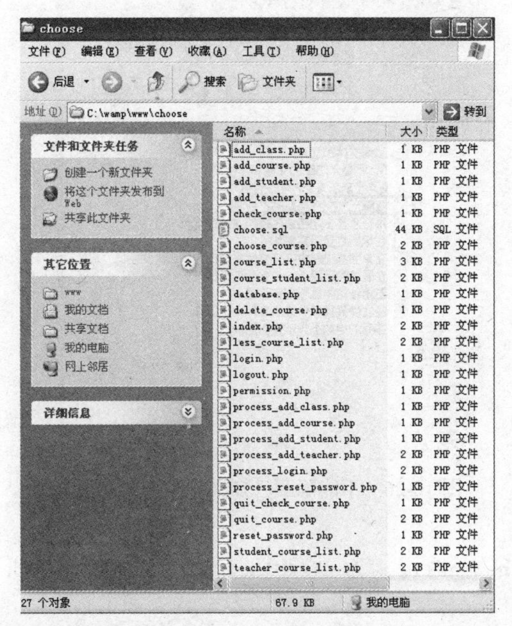

图 10-25　网上选课系统的 SQL 脚本文件和 PHP 脚本文件

为了便于学习，读者也可以到本书指定的网址下载 choose.sql 脚本文件以及各个 PHP 程序源代码。

下面的 SQL 语句负责创建 admin 表，并向该表插入管理员信息：账号为 admin，密码为 admin，账户名为“管理员”。

```
create table admin(
admin_no char(10) primary key,
password char(32) not null,
admin_name char(10)
);
insert into admin values('admin',md5('admin'),'管理员');
```

将上述 SQL 语句也放入 choose.sql 脚本中，运行 choose.sql 脚本中的 SQL 语句，创建网上选课系统数据库以及表、存储过程、视图、触发器、函数、全文索引等数据库对象。

10.6.2　制作 PHP 连接 MySQL 服务器函数

由于 PHP 程序需要经常和 MySQL 服务器进行交互，而数据库服务器连接又是非常宝贵的系统资源，为了方便管理数据库服务器连接，建议制作一个 PHP 函数，专门管理数据库服务器连接，步骤如下。

在 choose 目录下创建 database.php 文件，使用记事本打开该文件，向该文件输入下面的 PHP 代码，然后保存、关闭该文件。

在创建 database.php 文件等 PHP 程序时，一定不能隐藏已知文件类型的扩展名，如图 10-26 所示。

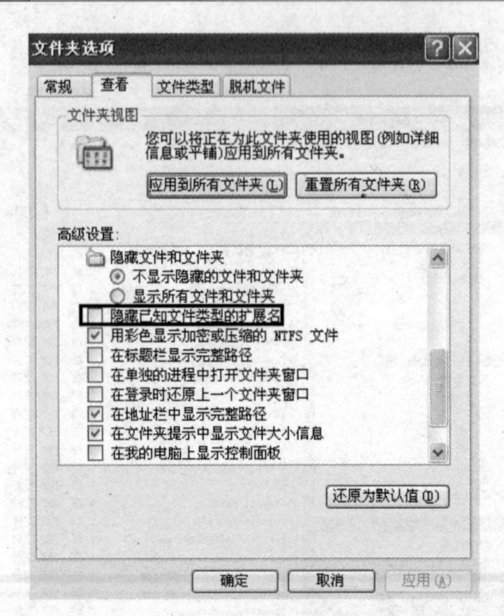

图 10-26　不能隐藏已知文件类型的扩展名

```
<?php
$database_connection = null;          //MySQL 服务器连接，全局变量
function get_connection(){
    $hostname = "localhost";          //数据库服务器主机名,可以用 IP 代替
    $database = "choose";             //数据库名
    $username = "root";               //MySQL 账户名
    $password = "root";               //root 账号的密码
    global $database_connection;      //使用该函数外的全局变量$database_connection
    $database_connection = @mysql_connect($hostname, $username, $password) or exit
(mysql_error()); //连接数据库服务器
    mysql_query("set names 'gbk'");//设置字符集
    @mysql_select_db($database, $database_connection) or exit(mysql_error());
}
function close_connection(){
    global $database_connection;//使用该函数外的全局变量$database_connection
    $database_connection = null;//将全局变量$database_connection 设置为 null，关闭数据
库服务器连接
}
?>
```

database.php 程序说明如下。

（1）PHP 的变量名前必须加上“$”，例如$database_connection。

（2）database.php 脚本程序中定义了全局变量$database_connection（参见灰色底纹代码），该全局变量是一个 MySQL 服务器连接。

（3）database.php 脚本程序中定义了两个用户自定义函数 get_connection()以及 close_connection()，这两个 PHP 自定义函数中，PHP 代码“global $database_connection;”中的关键字 global 的功能是使用函数外定义的全局变量$database_connection。

（4）PHP 自定义函数 get_connection()用于实现 PHP 程序与 MySQL 服务器之间的连接，PHP 自定义函数 close_connection()用于关闭 PHP 程序与 MySQL 服务器之间的连接。

- PHP 程序连接 MySQL 服务器时，需要调用 PHP 系统函数 mysql_connect()，并且需要为该函数传递 3 个参数：MySQL 服务器主机名（或者 IP 地址）、数据库账户名及密码。

- 关闭 MySQL 服务器连接时，只需将 MySQL 服务器连接$database_connection 的值设置为 null，PHP 预处理器会适时回收该服务器连接。

（5）PHP 系统函数 mysql_connect()用于实现 PHP 程序与 MySQL 服务器的连接，当连接失败时，该函数会打印出错信息。产生错误信息后，程序开发人员并不想将错误信息显示在网页上时，可以使用错误抑制运算符“@”。将“@”运算符放置在 PHP 表达式之前，该表达式产生的任何错误信息将不会输出。这样做有两个好处：安全，避免错误信息外露，造成系统漏洞；美观，避免浏览器页面出现错误信息，影响页面美观。

（6）对于 database.php 程序而言，PHP 系统函数 mysql_connect()用于实现 PHP 程序与 MySQL 服务器的连接，当连接失败时，该函数的执行结果为 false，此时将执行 or 后面的 exit()函数。PHP 系统函数 exit("字符串信息")用于终止 PHP 程序的运行，并将字符串信息显示在网页上。PHP 系统函数 mysql_error()用于返回 SQL 语句执行过程中的错误信息。

（7）PHP 系统函数 mysql_query("SQL 字符串")用于向 MySQL 服务器发送 SQL 语句。

（8）PHP 系统函数 mysql_select_db("数据库名")用于选择当前操作的数据库，功能类似于 MySQL 中的“use”命令。

10.6.3　制作 PHP 权限系统函数

网上选课系统一个重要的功能就是：为正确的用户提供正确的功能，并让正确的用户访问正确的数据。为此，网上选课系统提供了用户注册、用户登录功能，并能够对成功登录的用户进行跟踪。Web 应用程序经常使用 SESSION 实现用户的跟踪，实现功能、数据的安全访问控制。

在 choose 目录下创建 permission.php 文件，使用记事本打开该文件，向该文件输入下面的 PHP 代码。permission.php 程序中定义了 4 个函数，调用这 4 个函数前，需要使用 PHP 的系统函数 session_start()开启 SESSION。每个函数完成的功能请参看代码中的注释。

```
<?php
function is_login(){//判断用户是否登录
    if(empty($_SESSION["role"])){
        return false;
    }else{
        return true;
    }
}
function is_student(){//判断登录用户是否是学生
    if(is_login() && $_SESSION["role"]=="student"){
        return true;
    }else{
        return false;
    }
}
function is_teacher(){//判断登录用户是否是教师
    if(is_login() && $_SESSION["role"]=="teacher"){
        return true;
    }else{
        return false;
    }
}
```

```
function is_admin(){//判断登录用户是否是管理员
    if(is_login() && $_SESSION["role"]=="admin"){
        return true;
    }else{
        return false;
    }
}
?>
```

$_SESSION 是一个 PHP 全局数组，并且是系统变量（无需定义，可以直接使用）。

10.6.4 首页 index.php 的开发

在 choose 目录下创建 index.php 文件，使用记事本打开该文件，向该文件输入下面的 PHP 代码。

```
<?php
session_start();//开启一个会话或者使用同一个会话（重要）
include_once("permission.php");//引用权限系统 permission.php 定义的函数
if(is_teacher()){//为教师提供的功能
?>
    <a href="index.php?url=course_list.php">浏览通过审核的课程</a>
    <a href="index.php?url=teacher_course_list.php">浏览自己申报的课程</a>
    <a href="index.php?url=add_course.php">申报课程</a>
    <a href="index.php?url=logout.php">注销</a>
<?php
    echo "欢迎您，教师：".$_SESSION["account_name"]."! <br/>";
}elseif(is_student()){//为学生提供的功能
?>
    <a href="index.php?url=course_list.php">浏览通过审核的课程</a>
    <a href="index.php?url=student_course_list.php">查看自己选修的课程</a>
    <a href="index.php?url=logout.php">注销</a>
<?php
    echo "欢迎您，学生：".$_SESSION["account_name"]."! <br/>";
}elseif(is_admin()){//为管理员提供的功能
?>
    <a href="index.php?url=course_list.php">浏览所有课程</a>
    <a href="index.php?url=add_class.php">添加班级</a>
    <a href="index.php?url=less_course_list.php">浏览选课人数少于 30 人的课程</a>
    <a href="index.php?url=reset_password.php">重置教师或者学生的密码</a>
    <a href="index.php?url=logout.php">注销</a>
<?php
    echo "欢迎您，".$_SESSION["account_name"]."! <br/>";
}else{//为游客提供的功能
?>
    <a href="index.php?url=course_list.php">浏览课程</a>
    <a href="index.php?url=add_student.php">学生注册</a>
    <a href="index.php?url=add_teacher.php">教师注册</a>
    <a href="index.php?url=login.php">登录</a>
<?php
```

```
	echo "您的身份是游客! <br/>";
}
?>
<hr>
<?php
if(isset($_GET["message"])){//显示处理的状态
	echo "<font color='red'>".$_GET["message"]."</font>";
}
if(isset($_GET["url"])){//显示业务数据
	include_once($_GET["url"]);
}else{
	include_once("course_list.php");//默认显示课程列表页面
}
?>
```

首页 index.php 的代码主要由两部分代码构成，其中，粗体字代码为不同的用户提供了不同的超链接，灰色底纹代码用于显示业务数据。

粗体字代码为不同的用户提供了不同的超链接：首页 index.php 为游客提供浏览课程、学生注册、教师注册以及登录等超链接；教师成功注册，并成功登录网上选课系统后，首页 index.php 为该教师提供浏览自己申报的课程、浏览通过审核的课程、申报课程以及注销等超链接；管理员成功登录网上选课系统后，首页 index.php 为管理员提供浏览所有课程、添加班级、浏览选课人数少于 30 人的课程、重置教师或者学生的密码以及注销等超链接；学生成功注册，并成功登录网上选课系统后，首页 index.php 为该生提供查看自己选修的课程、浏览通过审核的课程以及注销等超链接。

灰色底纹代码用于显示业务数据：所有的业务数据显示在首页 index.php 中（默认显示的是课程列表显示页面 course_list.php）。其中，PHP 变量$url 定义了“要显示的页面”，PHP 变量$url 的默认值是课程列表显示页面 course_list.php；PHP 变量$message 定义了“处理的状态”信息。

浏览器用户第一次打开 index.php 页面时，首先运行 PHP 函数 session_start()，该函数会自动在 Web 服务器 C:\wamp\tmp 目录中创建一个文件名诸如 sess_0u6abc41me2rf1ju3oibvkb837 的 SESSION 文件，大小为 0KB。该 SESSION 文件与该浏览器用户一一对应，继而实现 Web 服务器对浏览器用户的跟踪，并且 Web 服务器内存中$_SESSION 数组中的数据与 SESSION 文件中的数据一一对应。

网上选课系统的首页 index.php 不包含任何业务逻辑代码，即便界面设计人员没有 PHP 编程经验，也可以对网上选课系统的首页进行美工设计。

10.6.5　教师注册模块的开发

前面的 PHP 代码并没有实现网上选课系统的任何业务逻辑。本节先从最简单的业务逻辑教师注册功能入手，讲解 form 表单的使用方法。教师注册模块包含两个 PHP 程序：教师注册页面 add_teacher.php 以及教师注册处理程序 process_add_teacher.php，它们之间的关系如图 10-27 所示。

在 choose 目录下创建教师注册页面 add_teacher.php，使用记事本打开该文件，并向该文件输入下面的 HTML 代码。教师注册页面 add_teacher.php 的显示效果如图 10-28 所示。

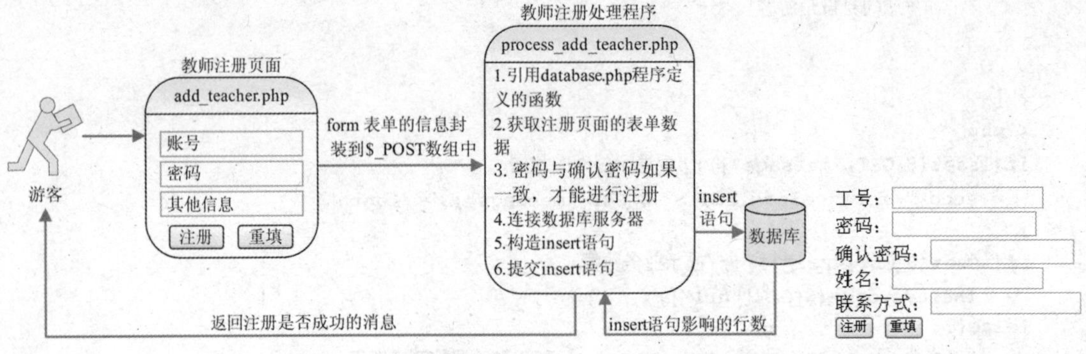

图 10-27　教师注册模块的开发　　　　图 10-28　教师注册页面

```
<form action="process_add_teacher.php" method="post">
工号：<input type="text" name="teacher_no"/><br/>
密码：<input type="password" name="password"/><br/>
确认密码：<input type="password" name="re_password"/><br/>
姓名：<input type="text" name="teacher_name"/><br/>
联系方式：<input type="text" name="teacher_contact"/><br/>
<input type="submit" value="注册"/>
<input type="reset" value="重填"/>
</form>
```

add_teacher.php 脚本程序中没有 PHP 代码，因此该页面是静态页面，也可以将 add_teacher.php 文件名修改为 add_teacher.html。

add_teacher.php 脚本程序中的 form 表单由以下 3 部分内容组成。

（1）form 表单标签：其中的 action 属性定义了表单处理程序，method 属性定义了数据提交方式（此处设置成 POST 提交方式）。

（2）表单控件：包括 3 个单行文本框（type="text"）和两个密码框（type="password"），它们的共同特征是使用 name 属性对每个表单控件命名、标识。

（3）表单按钮：包括一个提交按钮（type="submit"）和一个复位按钮（type="reset"）。

在 choose 目录下创建教师注处理册程序 process_add_teacher.php，使用记事本打开该文件，并向该文件输入下面的 PHP 代码。

```
<?php
include_once("database.php");//引用 database.php 程序定义的函数
$password = $_POST["password"];//获取 form 表单密码信息
$re_password = $_POST["re_password"];//获取 form 表单确认密码信息
$teacher_no = $_POST["teacher_no"];//获取 form 表单工号信息
$teacher_name = $_POST["teacher_name"];//获取 form 表单教师名信息
$teacher_contact = $_POST["teacher_contact"];//获取 form 表单联系方式信息
$message = "";
if($password==$re_password){//密码与确认密码如果一致，才进行注册
    //构造 insert 语句
    $insert_sql = "insert into teacher values ('$teacher_no',md5('$password'),'$teacher_
name', '$teacher_contact')";
```

```
    get_connection();//PHP 程序连接 MySQL 服务器
    mysql_query($insert_sql);//向 MySQL 服务器发送 insert 语句
    $affected_rows = mysql_affected_rows();//获取 insert 语句影响的行数
    close_connection();//关闭 MySQL 服务器连接
    if($affected_rows>0){
        $message = "教师添加成功！";
    }else{
        $message = "教师添加失败！";
    }
}else{//密码与确认密码如果不一致，不能进行注册
    $message = "密码与确认密码不一致，注册失败！";
}
header("Location:index.php?message=$message");//将页面重定向到首页，并向首页传递消息
?>
```

在 PHP 中构造 SQL 字符串时，如果 SQL 语句中存在字符串参数，一定要使用单引号将字符串参数括起来。

PHP 的系统函数 header("Location:URL")的功能是页面重定向，如图 10-29 所示。浏览器用户访问 a.php 页面，a.php 程序从第一行代码（PHP 语句 A）开始运行，直到页面重定向函数 header("Location:b.php")，此时 a.php 程序将页面重定向到 b.php，运行 b.php 代码，并将 b.php 程序的执行结果返回给浏览器用户。需要注意的是，b.php 程序运行期间，a.php 程序页面重定向函数 header("Location:b.php") 后面的代码（例如 PHP 语句 B）会继续运行。为了避免 header("Location:URL")后续的代码继续运行，header("Location:URL")后面通常紧跟 return 语句。

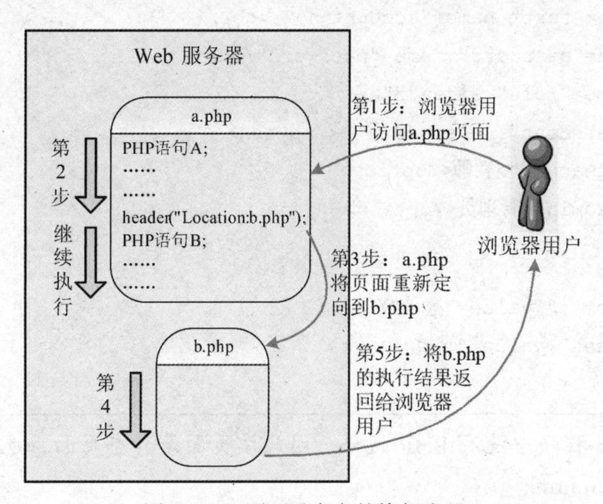

图 10-29 页面重定向的执行流程

如果页面重定向函数 header("Location:URL")是 PHP 程序（例如 a.php 程序）的最后一行代码，其后无需添加 return 语句。

至此，教师注册模块基本开发完毕，读者可以打开浏览器，在地址栏中输入 http://localhost/choose/，打开网上选课系统的首页，单击“教师注册”超链接，打开教师注册页面，然后填入测试数据，单击提交按钮，观看运行结果是否和期望结果一致。

10.6.6 登录模块的开发

登录模块包含两个 PHP 程序：登录页面 login.php 以及登录处理程序 process_login.php，它们之间的关系如图 10-30 所示。

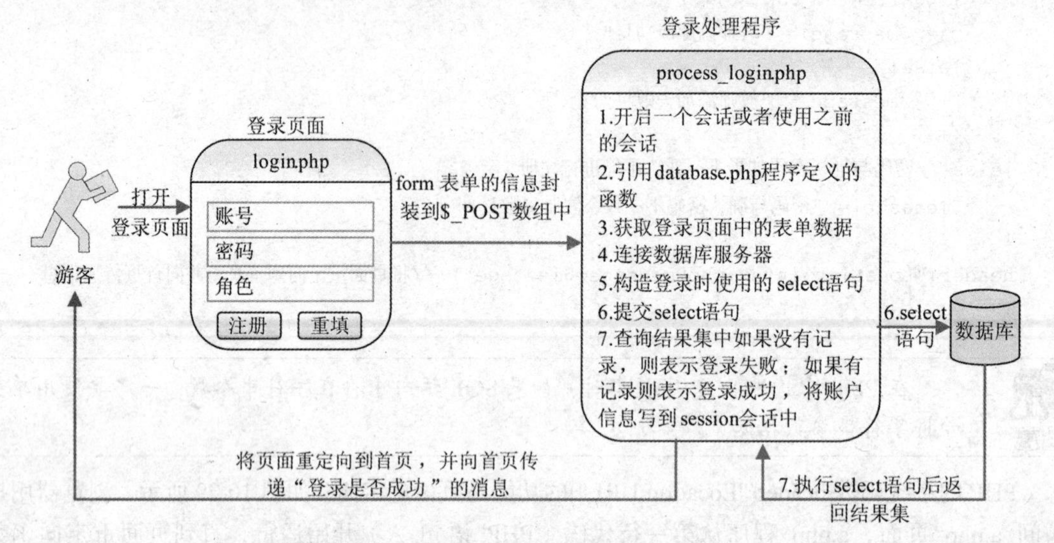

图 10-30 登录模块的开发

在 choose 目录下创建登录页面 login.php，使用记事本打开该文件，并向该文件输入下面的 HTML 代码。登录页面的显示效果如图 10-31 所示。

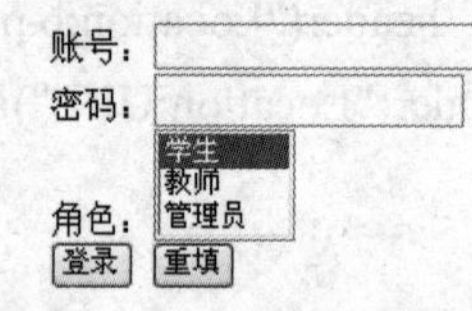

图 10-31 登录页面

```
<form action="process_login.php" method="post">
账号：<input type="text" name="account_no"/><br/>
密码：<input type="password" name="password"/><br/>
角色：<select name="role" size="3">
<option value="student" selected>学生</option>
<option value="teacher">教师</option>
<option value="admin">管理员</option>
</select>
<br/>
<input type="submit" value="登录"/>
<input type="reset" value="重填"/>
</form>
```

login.php 程序中没有 PHP 代码，因此该页面是静态页面，也可以将 login.php 文件名修改为 login.html。

login.php 脚本程序中的 form 表单由以下 3 部分内容组成。

（1）form 表单标签：其中的 action 属性定义了表单处理程序，method 属性定义了数据提交方式（此处设置成 POST 提交方式）。

（2）表单控件：包括一个单行文本框（type="text"）、一个密码框（type="password"）以及一个下拉选择框<select>，它们的共同特征是使用 name 属性对每个表单控件命名、标识。其中，下拉选择框<select>中的 size 属性指定下拉选择框的高度，默认值为 1。下拉选择框中的 option 子标签用于定义下拉选择框中的一个选项，它放在<select></select>标签对之间。option 子标签的 value 属性指定每个选项的值，如果 value 属性没有定义，则选项的值为<option>和</option>之间的内容。selected 属性指定初始状态时，该选项是选中状态。

（3）表单按钮：包括一个提交按钮和一个复位按钮。

在 choose 目录下创建登录处理程序 process_login.php，使用记事本打开该文件，并向该文件输入下面的 PHP 代码。

```
<?php
session_start();//开启一个会话或者使用之前的会话（重要）
include_once("database.php");//引用 database.php 定义的函数
$account_no = $_POST["account_no"];//获取表单中的账号信息
$password = $_POST["password"];//获取表单中的密码信息
$role = $_POST["role"];//获取表单中的角色信息
get_connection();//PHP 程序连接 MySQL 服务器
//按照角色的不同，构造不同的 select 语句
if($role=="student"){
    $sql = "select * from student where student_no='$account_no' and password=md5 ('$password')";
}else if($role=="teacher"){
    $sql = "select * from teacher where teacher_no='$account_no' and password=md5 ('$password')";
}else if($role=="admin"){
    $sql = "select * from admin where admin_no='$account_no' and password=md5('$password')";
}
//提交 select 语句，将 select 语句的结果集赋值给$result_set 变量
$result_set = mysql_query($sql);
$rows = mysql_num_rows($result_set);//查看查询结果集的行数
if($rows==0){
    //登录失败，将页面重定向到首页，并传递登录失败的消息
    header("Location:index.php?message=账号、密码有误！");
    return;
}else{
    //从查询结果集中取出第一行记录，并将该行记录赋值给$account 数组变量
    $account = mysql_fetch_array($result_set);
    //将角色、账号、账号名等信息放入 session 会话中
    $_SESSION["role"] = $role;
    $_SESSION["account_no"] = $account[0];
    $account_name = $account[2];
    $_SESSION["account_name"] = $account_name;
    ////登录成功，将页面重定向到首页，并传递登录成功的消息
    header("Location:index.php?message=登录成功！");
    return;
}
close_connection();//关闭 MySQL 服务器连接
?>
```

前面曾经讲过，浏览器用户打开 index.php 页面后，首先会运行 index.php 程序中的 PHP 函数 session_start()，该函数会自动在 Web 服务器的 C:\wamp\tmp 目录中创建一个文件名诸如 sess_0u6abc41me2rf1ju3oibvkb837 的 SESSION 文件，大小为 0KB。该 SESSION 文件与该浏览器用户一一对应，继而实现 Web 服务器对浏览器用户的跟踪。

当“同一个”浏览器用户通过点击 index.php 页面“登录”超链接，打开图 10-31 所示的 login.php 登录页面后，输入刚刚注册的教师账号、密码，选择教师角色，然后单击“登录”按钮，此时程序 login.php 页面触发登录处理程序 process_login.php 的运行。登录处理程序 process_login.php 首先会运行该程序中的 PHP 函数 session_start(),此时该函数会直接使用名字为 sess_0u6abc41me2rf1ju3oibvkb837 的 SESSION 文件（使用旧的 SESSION 文件，不再创建新的 SESSION 文件）。

登录处理程序 process_login.php 中的 PHP 代码“$_SESSION["role"] = $role”的功能是：以键值对的方式将浏览器用户的角色信息写入该浏览器用户对应的 SESSION 文件中，以便下一个 PHP 页面通过 $_SESSION["键"]的方式获取 SESSION 文件中的值，继而实现数据在不同 PHP 页面之间的数据传递，例如，permission.php 程序提供的自定义函数使用$_SESSION["role"]获取 SESSION 文件中当前浏览器用户的角色。

成功登录后，读者可以使用记事本打开 Web 服务器的 C:\wamp\tmp 目录中的文件，查看其中的内容，所有成功登录系统的学生、教师、管理员的 SESSION 信息分别保存在该目录下各自的 SESSION 文件中。

10.6.7 注销模块的开发

注销模块仅仅包含 logout.php 程序。在 choose 目录下创建注销程序 logout.php，使用记事本打开该文件，并向该文件输入下面的 PHP 代码。

```
<?php
session_unset();//删除 Web 服务器内存的 SESSION 信息以及 SESSION 文件中的 SESSION 信息
session_destroy();//删除 Web 服务器的 SESSION 文件
header("Location:index.php?message=注销成功！");//将页面重定向到首页
?>
```

注销成功后，读者会发现 C:\wamp\tmp 目录中与该用户对应的 SESSION 文件随之被删除。

10.6.8 添加班级模块的开发

添加班级模块包含两个 PHP 程序：添加班级页面 add_class.php 以及添加班级处理程序 process_add_class.php。添加班级模块的代码类似于教师注册模块中的代码，不同之处在于，只有具有管理员身份的用户才可以访问添加班级模块的功能（参见粗体字代码）。

在 choose 目录下创建添加班级页面 add_class.php，使用记事本打开该文件，并向该文件输入下面的 PHP 代码。添加班级页面 add_class.php 程序的执行结果如图 10-32 所示。

班级名：
院系名： 信息工程学院
添加班级 重填

图 10-32　添加班级页面

```
<?php
include_once("permission.php");
if(!is_admin()){
    echo "请以管理员身份登录！";
    return;
}
?>
<form action="process_add_class.php" method="post">
班级名：<input type="text" name="class_name"/><br/>
```

```
院系名:
<select name="department_name">
<option value="信息工程学院" selected>信息工程学院</option>
<option value="机电工程学院">机电工程学院</option>
</select>
<br/>
<input type="submit" value="添加班级"/>
<input type="reset" value="重填"/>
</form>
```

在 choose 目录下创建添加班级处理程序 process_add_class.php，使用记事本打开该文件，并向该文件输入下面的 PHP 代码。

```
<?php
include_once("database.php");
$class_name = $_POST["class_name"];
$department_name = $_POST["department_name"];
$insert_sql = "insert into classes values (null,'$class_name','$department_name')";
get_connection();
mysql_query($insert_sql);
$affected_rows = mysql_affected_rows();
close_connection();
if($affected_rows>0){
    $message = "班级添加成功！";
}else{
    $message = "班级添加失败！";
}
header("Location:index.php?message=$message");
?>
```

管理员使用 admin 账号成功登录网上选课系统后，添加班级信息，为学生注册模块的开发添加测试数据。

10.6.9 学生注册模块的开发

学生注册模块包含两个 PHP 程序：学生注册页面 add_student.php 以及学生注册处理程序 process_add_student.php。学生注册模块的代码类似于教师注册模块中的代码，不同之处在于，学生注册页面 add_student.php 新增了从班级 classes 表中获取班级信息，并生成下拉选择框的代码（参加粗体字代码）。

在 choose 目录下创建学生注册页面 add_student.php，使用记事本打开该文件，并向该文件输入下面的 PHP 代码。学生注册页面 add_student.php 的执行结果如图 10-33 所示。粗体字代码首先使用 while 循环以及 PHP 函数 mysql_fetch_array()遍历查询结果集 $result_set（PHP 中遍历查询结果集的方法类似于 MySQL 遍历游标），然后生成下拉选择框。

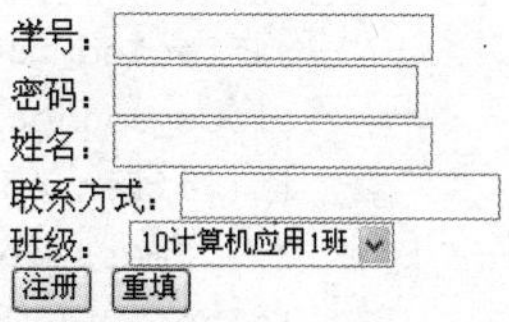

学号：
密码：
姓名：
联系方式：
班级： 10计算机应用1班
注册 重填

图 10-33 学生注册页面

```
<form action="process_add_student.php" method="post">
学号：<input type="text" name="student_no"/><br/>
```

```
密码：<input type="password" name="password"/><br/>
确认密码：<input type="password" name="re_password"/><br/>
姓名：<input type="text" name="student_name"/><br/>
联系方式：<input type="text" name="student_contact"/><br/>
班级：
<select name="class_id">
<?php
include_once("database.php");
get_connection();
$result_set = mysql_query("select * from classes");
close_connection();
while($row=mysql_fetch_array($result_set)){
?>
<option value="<?php echo $row['class_no'];?>"><?php echo $row['class_name'];?></option>
<?php
}
?>
</select>
<br/>
<input type="submit" value="注册"/>
<input type="reset" value="重填"/>
</form>
```

在 choose 目录下创建学生注册处理程序 process_add_student.php，使用记事本打开该文件，并向该文件输入下面的 PHP 代码。

```
<?php
include_once("database.php");
$student_no = $_POST["student_no"];
$password = $_POST["password"];
$re_password = $_POST["re_password"];
$message = "";
if($password==$re_password){
    $student_name = $_POST["student_name"];
    $student_contact = $_POST["student_contact"];
    $class_id = $_POST["class_id"];
    $insert_sql = "insert into student values ('$student_no',md5('$password'),'$student_
name', '$student_contact',$class_id)";
    get_connection();
    mysql_query($insert_sql);
    $affected_rows = mysql_affected_rows();
    close_connection();
    if($affected_rows>0){
        $message = "学生添加成功！";
    }else{
        $message = "学生添加失败！";
    }
}else{
    $message = "密码与确认密码不一致，注册失败！";
}
```

```
header("Location:index.php?message=$message");
?>
```

10.6.10 密码重置模块

管理员通过密码重置模块可以重置学生或者教师的密码，防止学生、教师密码丢失后无法登录系统。密码重置模块包含两个 PHP 程序：密码重置页面 reset_password.php 与密码重置处理程序 process_reset_password.php。

在 choose 目录下创建密码重置页面 reset_password.php，使用记事本打开该文件，并向该文件输入下面的 PHP 代码。密码重置页面 reset_password.php 程序的执行结果如图 10-34 所示。粗体字代码用于权限控制，只有管理员才能打开图 10-34 所示的密码重置页面。

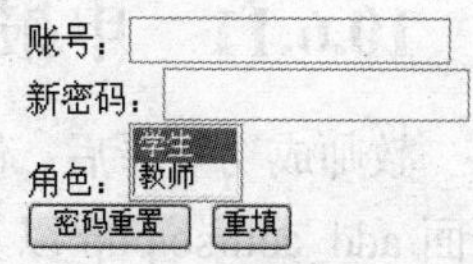

图 10-34 密码重置页面

```
<?php
include_once("permission.php");
if(!is_admin()){
    echo "请以管理员身份登录！";
    return;
}
?>
<form action="process_reset_password.php" method="post">
账号：<input type="text" name="account_no"/><br/>
新密码：<input type="password" name="password"/><br/>
角色：<select name="role" size="2">
<option value="student" selected>学生</option>
<option value="teacher">教师</option>

</select>
<br/>
<input type="submit" value="密码重置"/>
<input type="reset" value="重填"/>
</form>
```

在 choose 目录下创建密码重置处理程序 process_reset_password.php，使用记事本打开该文件，并向该文件输入下面的PHP代码。粗体字代码用于构造重置学生密码或者教师密码的update语句。

```
<?php
include_once("database.php");
$account_no = $_POST["account_no"];
$new_password = $_POST["password"];
$role = $_POST["role"];
get_connection();
if($role=="student"){
    $sql = "update student set password=md5($new_password) where student_no='$account_no'";
}else if($role=="teacher"){
    $sql = "update teacher set password=md5($new_password) where teacher_no='$account_no'";
}
$result_set = mysql_query($sql);
$affected_rows = mysql_affected_rows();
close_connection();
```

```
if($affected_rows>0){
    $message = "账号$account_no"."的密码修改失败！<br/>";
}else{
    $message = "账号$account_no"."的密码修改成功！<br/>";
}
header("Location:index.php?message=$message");
?>
```

10.6.11　申报课程模块

教师成功登录后，仅仅可以申报一门课程。教师申报课程模块包括两个 PHP 程序：申报课程页面 add_course.php 以及申报课程处理程序 process_add_course.php。教师申报课程模块的代码与添加班级模块中的代码类似，不同之处在于，申报课程时，需要从 SESSION 文件中提取教师的工号，以标记哪个老师申报了这门课程（参见粗体字代码）。

在 choose 目录下创建申报课程页面 add_course.php，使用记事本打开该文件，并向该文件输入下面的 PHP 代码。申报课程页面 add_course.php 程序的执行结果如图 10-35 所示，注意："工号"单行文本框不可编辑。

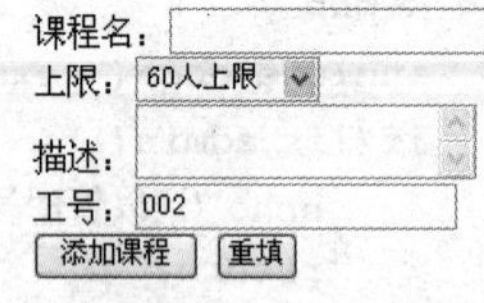

图 10-35　课程申报页面

```
<?php
include_once("permission.php");
if(!is_teacher()){
    echo "请以教师身份登录！";
    return;
}
$account_no = $_SESSION["account_no"];
?>
<form action="process_add_course.php" method="post">
课程名：<input type="text" name="course_name"/><br/>
上限：<select name="up_limit">
<option value="60">60 人上限</option>
<option value="150">150 人上限</option>
<option value="230">230 人上限</option>
</select>
<br/>
描述：<textarea name="description"/></textarea><br/>
工号：<input type="text" name="teacher_no" value="<?php echo $account_no;?>" readonly>
<br/>
<input type="submit" value="添加课程"/>
<input type="reset" value="重填"/>
</form>
```

在 choose 目录下创建申报课程处理程序 process_add_course.php，使用记事本打开该文件，并向该文件输入下面的 PHP 代码。粗体字代码用于将课程描述"中文信息"翻译成"英文信息"，以便实现全文检索（请参看 MySQL 编程基础章节的内容）。

```
<?php
include_once("database.php");
$course_name = $_POST["course_name"];
```

```
    $up_limit = $_POST["up_limit"];
    $description = $_POST["description"];
    $teacher_no = $_POST["teacher_no"];
    $available = $up_limit;
    $insert_sql = "insert into course values (null,'$course_name',$up_limit,to_english_fn
('$description'),'未审核','$teacher_no',$available)";
    get_connection();
    mysql_query($insert_sql);
    $affected_rows = mysql_affected_rows();
    close_connection();
    if($affected_rows>0){
        $message = "课程添加成功！";
    }else{
        $message = "课程添加失败！";
    }
    header("Location:index.php?message=$message");
    ?>
```

10.6.12　课程列表显示模块

课程列表显示模块仅仅包含一个 PHP 程序 course_list.php，然而该程序的代码最为复杂，原因有以下几点。

- 课程列表显示程序 course_list.php 需要提供课程信息的全文检索功能。
- course_list.php 程序需要同时为游客、学生、教师以及管理员提供服务。游客、学生、教师只能查看已经审核后的课程列表信息，管理员可以看到所有的课程列表信息。
- 遍历课程查询结果集中的记录比较复杂（有点儿类似于 MySQL 遍历游标）。
- 学生看到的课程列表页面应该提供“选修该课程”超链接。而管理员看到的课程列表页面比较复杂：如果课程已经审核，则应该提供“取消审核”超链接；如果课程没有审核，则应该提供“通过审核”以及“删除该课程”两个超链接。
- 课程列表显示页面 course_list.php 的入口比较多。通过全文检索可以进入该页面；通过“学生调课超链接”（该超链接在 student_course_list.php 程序中定义，该程序稍后介绍）可以进入该页面。“学生调课超链接”与 course_list.php 的粗体字代码有直接关系。

课程列表显示页面 course_list.php 制作过程如下。

首先创建视图 course_teacher_view，显示所有的课程信息（课程号、课程名、上限、描述、教师号、教师名、教师联系方式以及课程状态），运行该 SQL 语句，并把该 SQL 语句放入 choose.sql 脚本中。

```
    create view course_teacher_view as
    select  course_no,course_name,up_limit,to_chinese_fn(description)  description,teacher.
teacher_no, teacher_name,teacher_contact,available,status
    from course join teacher on course.teacher_no=teacher.teacher_no;
```

然后在 choose 目录下创建课程列表显示页面 course_list.php，使用记事本打开该文件，并向该文件输入下面的 PHP 代码。

```
    <form action="index.php?url=course_list.php" method="post">
    请输入关键字:<input type="text" name="keyword">
```

```
<input type="submit" value="全文检索">
</form>
<?php
include_once("permission.php");
include_once("database.php");
get_connection();
//构建全文检索的关键字
if(!empty($_POST["keyword"])){
    $keyword = $_POST["keyword"];
    $keyword_result = mysql_query("select to_english_fn('$keyword') keyword");
    $keyword_array = mysql_fetch_array($keyword_result);
    $keyword = $keyword_array["keyword"];
}
if(!is_login() || is_student() || is_teacher()){
    //假如是游客、学生、教师，则显示已经审核的课程信息
    $sql = "select * from course_teacher_view where status='已审核'";
    if(!empty($keyword)){//构造全文检索的 select 语句
        $sql = $sql." and course_no in (select course_no from course where match
(description) against('$keyword'))";
    }
}else if(is_admin()){
    //假如是管理员，则显示所有课程信息
    $sql = "select * from course_teacher_view";
    if(!empty($keyword)){//构造全文检索的 select 语句
        $sql = $sql." where course_no in (select course_no from course where match
(description) against('$keyword'))";
    }
}
$result_set = mysql_query($sql);
$rows = mysql_num_rows($result_set);
if($rows==0){
    echo "暂无课程记录！";
    return;
}
echo "<table><tr><th>课号</th><th>课程名</th><th>人数上限</th><th>任课教师</th><th>联系
方式</th><th>可选人数</th><th>课程状态</th><th>操作</th></tr>";
while($course_teacher=mysql_fetch_array($result_set)){//遍历结果集，类似于遍历游标
    echo "<tr>";
    $course_no = $course_teacher["course_no"];
    $course_name = $course_teacher["course_name"];
    $description = $course_teacher["description"];
    $status = $course_teacher["status"];
    echo "<td>".$course_no."</td>";
    echo "<td><a href='#' title=$description>".$course_name."</a></td>";
    echo "<td>".$course_teacher["up_limit"]."</td>";
    echo "<td>".$course_teacher["teacher_name"]."</td>";
    echo "<td>".$course_teacher["teacher_contact"]."</td>";
    echo "<td>".$course_teacher["available"]."</td>";
    echo "<td>".$status."</td>";
    if(is_admin()){
```

```
            if($status=="未审核"){
                echo "<td bgcolor='#F0F0F0'><a href=index.php?url=check_course.php&course_
no=$course_no>"."通过审核"."</a> <a href=index.php?url=delete_course.php&course_no=$course_
no>"."删除该课程"."</a></td>";
            }else{
                echo "<td><a href=index.php?url=quit_check_course.php&course_no=$course_
no>"."取消审核"."</a> <a href=index.php?url=course_student_list.php&course_no=$course_
no>"."查看学生信息"."</a></td>";
            }
        }elseif(is_student()){
            $account_no = $_SESSION["account_no"];
            if(isset($_GET["c_before"])){
                $c_before = $_GET["c_before"];
            }else{
                $c_before = "empty";
            }
            echo "<td><a href='index.php?url=choose_course.php&c_after=$course_no&c_before=$c_
before'>选修该课程</a></td>";
        }else{
            echo "<td>暂时无法操作</td>";
        }
        echo "</tr>";
    }
    close_connection();
    ?>
```

HTML 中的<table></table>标签对用于制作表格，其中，<tr></tr>标签对用于制作表的一行，<th></th>标签对用于制作表的表头，<td></td>标签对用于制作一个单元格。<th></th>标签对以及<td></td>标签对需要嵌套在<tr></tr>标签对中，<tr></tr>标签对需要嵌套在<table></table>标签对中。

course_list.php 程序是网上选课系统中最为复杂的程序，建议初学者直接“拿来主义”，复制本书提供的 course_list.php 程序源代码供自己使用，随着学习的深入，将来再仔细研究、理解 course_list.php 程序中的代码。

10.6.13 审核申报课程

管理员需要审核每一门课程，这样其他用户（例如学生、游客等用户）才可以浏览到这些课程信息。管理员使用 admin 账号成功登录网上选课系统后，打开课程列表显示页面 course_list.php，点击某一门课程后面的“通过审核”超链接，触发 check_course.php 程序的运行，该超链接向 check_course.php 程序传递需要审核的课程号 course_no 参数，由 check_course.php 程序修改该课程的状态信息，这样即可实现课程的审核。

在 choose 目录下创建审核课程程序 check_course.php，使用记事本打开该文件，并向该文件输入下面的 PHP 代码。

```
<?php
include_once("database.php");
include_once("permission.php");
if(!is_admin()){
```

```
        $message = "您无权审核课程! <br/>";
        header("Location:index.php?message=$message");
        return;
    }else{
        $course_no = $_GET["course_no"];//对哪一门课程审核
        $sql = "update course set status='已审核' where course_no=$course_no and status='未审核'";
        get_connection();
        mysql_query($sql);
        $affected_rows = mysql_affected_rows();
        close_connection();
        if($affected_rows>0){
            $message = "课程号为: ".$course_no."的课程已经成功审核! ";
        }else{
            $message = "课程号为: ".$course_no."的课程审核失败! ";
        }
    header("Location:index.php?message=$message");
    }
    ?>
```

10.6.14 取消已审核课程

对于通过审核的课程，管理员有权取消该课程的审核。管理员使用 admin 账号成功登录网上选课系统后，打开课程列表显示页面 course_list.php，单击已审核课程后面的“取消审核”超链接，触发 quit_check_course.php 程序的运行，该超链接向 quit_check_course.php 程序传递需要取消审核的课程号 course_no 参数，这样即可实现课程的取消审核。

在 choose 目录下创建取消审核课程程序 quit_check_course.php，使用记事本打开该文件，并向该文件输入下面的 PHP 代码。

```
<?php
include_once("database.php");
include_once("permission.php");
if(!is_admin()){
    $message = "您无权取消已经审核的课程! <br/>";
    header("Location:index.php?message=$message");
    return;
}else{
    $course_no = $_GET["course_no"];
    $sql = "update course set status='未审核' where course_no=$course_no and status='已审核'";
    get_connection();
    mysql_query($sql);
    $affected_rows = mysql_affected_rows();
    close_connection();
    if($affected_rows>0){
        $message = "课程号为: ".$course_no."的课程已经成功取消审核! ";
    }else{
        $message = "课程号为: ".$course_no."的课程取消审核失败! ";
    }
    header("Location:index.php?message=$message");
}
?>
```

10.6.15　浏览自己申报的课程

只有教师（本人）可以浏览自己申报的课程信息，如果课程没有审核，教师本人还可以将该课程删除；如果课程已经审核，教师本人可以查看选修这门课程的学生列表信息。

在 choose 目录下创建浏览自己申报的课程程序 teacher_course_list.php，使用记事本打开该文件，并向该文件输入下面的 PHP 代码。由于在存储过程与游标章节中已经创建了 get_teacher_course_proc()存储过程，因此，teacher_course_list.php 程序直接调用该存储过程即可得到教师本人申报的课程信息（参见粗体字代码）。

```
<?php
include_once("permission.php");
include_once("database.php");
if(!is_teacher()){
    $message = "您不是教师！";
    header("Location:index.php?message=$message");
    return;
}else{
    $account_no = $_SESSION["account_no"];
    get_connection();
    $sql = "call get_teacher_course_proc('$account_no');";
    $result_set = mysql_query($sql);
    $rows = mysql_num_rows($result_set);
    if($rows==0){
        $message = "您暂时没有申报课程！";
        header("Location:index.php?message=$message");
        return;
    }else{
        echo "<table><tr><th>课号</th><th>课程名</th><th>任课教师</th><th>联系方式
</th><th>状态</th><th>操作</th></tr>";
        while($course_teacher=mysql_fetch_array($result_set)){
            echo "<tr>";
            $course_no = $course_teacher["course_no"];
            $course_name = $course_teacher["course_name"];
            $teacher_name = $course_teacher["teacher_name"];
            $teacher_contact = $course_teacher["teacher_contact"];
            $description = $course_teacher["description"];
            $status = $course_teacher["status"];
            echo "<td>".$course_no."</td>";
            echo "<td><a href='#' title=$description>".$course_name."</a></td>";
            echo "<td>".$course_teacher["teacher_name"]."</td>";
            echo "<td>".$course_teacher["teacher_contact"]."</td>";
            echo "<td>".$status."</td>";
            if($status=="未审核"){
                echo "<td><a href='index.php?url=delete_course.php&course_no=$course_
no'>删除该课程</a></td>";
            }else{
                echo "<td><a href='index.php?url=course_student_list.php&course_no=
$course_no'>查看该课程的学生信息</a></td>";
            }
```

```
            echo "</tr>";
        }
    }
    close_connection();
}
?>
```

10.6.16 删除课程

管理员可以删除任何课程，而教师只能删除自己申报的且未经审核的课程。在 choose 目录下创建删除课程程序 delete_course.php，使用记事本打开该文件，并向该文件输入下面的 PHP 代码（粗体字代码为删除课程程序的核心代码）。

```
<?php
include_once("database.php");
include_once("permission.php");
$account_no = $_SESSION["account_no"];
$course_no = $_GET["course_no"];
if(is_admin()){
    $sql = "delete from course where course_no=$course_no";
}else if(is_teacher()){
    //下面的 delete 语句可以避免其他教师删除课程信息
    $sql = "delete from course where course_no=$course_no and status='未审核' and teacher_no=
$account_no";
}else{
    $message = "您无权删除该课程! <br/>";
    header("Location:index.php?message=$message");
    return;
}
get_connection();
mysql_query($sql);
$affected_rows = mysql_affected_rows();
close_connection();
if($affected_rows>0){
    $message = "课程号为: ".$course_no."的课程已经成功被删除! ";
}else{
    $message = "课程号为: ".$course_no."的课程删除失败! ";
}
header("Location:index.php?message=$message");
?>
```

说明

如果该课程已经审核，并且有部分学生已经选修了该课程，删除该课程后，该课程的选课信息也应该随之被删除，InnoDB 存储引擎的级联删除可以实现该功能要求（请参看视图与触发器章节的内容）。

10.6.17 学生选修或者调换已经审核的课程

如果学生选课，只需调用选课存储过程 choose_proc()，并向该存储过程提供学号、目标课程号（c_after）参数即可选课。如果学生调课（例如从课程号 c_before 调到课程号 c_after），只需调用调课存储过程 replace_course_proc()，并向该存储过程提供学号、调课前的课程号 c_before 以及调课后的课程号 c_after 即可调课。

在 choose 目录下创建选课、调课的程序 choose_course.php，使用记事本打开该文件，并向该文件输入下面的 PHP 代码。程序 choose_course.php 调用存储过程 choose_proc()实现了选课功能，调用存储过程 replace_course_proc()实现了调课功能。第一段粗体字代码用于实现选课、调课功能，第二段粗体字代码用于获取选修、调课的状态信息。

```
<?php
include_once("database.php");
include_once("permission.php");
if(!is_student()){
    $message = "您无权选修课程！<br/>";
    header("Location:index.php?message=$message");
    return;
}else{
    $account_no = $_SESSION["account_no"];
    $c_after = $_GET["c_after"];
    if($_GET["c_before"]=="empty"){
        //调用选课存储过程 choose_proc()
        $sql = "call choose_proc('$account_no',$c_after,@state);";
    }else{
        $c_before = $_GET["c_before"];
        //调用调课存储过程 replace_course_proc()
        $sql = "call replace_course_proc('$account_no',$c_before,$c_after,@state);";
    }
    get_connection();
    mysql_query("set @state = 0;");
    mysql_query($sql);
    $result_set = mysql_query("select @state as state");
    $result = mysql_fetch_array($result_set);
    $state = $result["state"];
    close_connection();
    if($state==-1){
        $message = "您已经选修过这门课程！";
    }elseif($state==-2){
        $message = "您已经选修了两门课程！";
    }elseif($state==-3){
        $message = "该课程已经报满，请选择其他课程！";
    }else{
        $message = "您已经成功地选修了这门课程！";
    }
    header("Location:index.php?message=$message");
}
?>
```

说明　真实的项目中不会提供“调换”的功能。例如，网购下错订单时，只需取消订单，重新下新订单即可实现“调换”的功能。网上选课系统提供了调课的功能，目的在于讲解事务以及锁等重要知识点。

10.6.18　查看自己选修的课程

只有学生（本人）可以浏览自己选修的课程。对于已经选修的课程，学生本人可以取消选修该课程，还可以调换该课程。在 choose 目录下创建查看自己选修课程的程序 student_course_list.php，使用记事本打开该文件，并向该文件输入下面的 PHP 代码。“学生查看自己选修的课程”的功能类似于“教师浏览自己申报的课程”的功能。由于在存储过程与游标章节中已经创建了 get_student_course_proc()存储过程，因此，直接在 student_course_list.php 程序中调用该存储过程即可得到学生本人选修的课程信息（参见粗体字代码）。

```
<?php
include_once("permission.php");
include_once("database.php");
if(!is_student()){
    $message = "您不是学生！";
    header("Location:index.php?message=$message");
    return;
}else{
    $account_no = $_SESSION["account_no"];
    get_connection();
    $sql = "call get_student_course_proc('$account_no');";
    $result_set = mysql_query($sql);
    $rows = mysql_num_rows($result_set);
    if($rows==0){
        $message = "您暂时没有选课！";
        header("Location:index.php?message=$message");
        return;
    }else{
        echo "<table><tr><th>课号</th><th>课程名</th><th>任课教师</th><th>联系方式
</th><th>操作</th></tr>";
        while($course_student=mysql_fetch_array($result_set)){
            echo "<tr>";
            $course_no = $course_student["course_no"];
            $course_name = $course_student["course_name"];
            $description = $course_student["description"];
            echo "<td>".$course_no."</td>";
            echo "<td><a href='#' title=$description>".$course_name."</a></td>";
            echo "<td>".$course_student["teacher_name"]."</td>";
            echo "<td>".$course_student["teacher_contact"]."</td>";
            echo "<td><a href='index.php?url=quit_course.php&course_no=$course_no'>取消
选修该课程</a> <a href='index.php?url=course_list.php&c_before=$course_no'>调换该课程</a></td>";
            echo "</tr>";
        }
    }
    close_connection();
}
?>
```

10.6.19 取消选修课程

学生本人可以取消选修课程，任课教师也可以取消某个学生的选修课程。教师要想取消某个学生的选修课程，必须证明自己是该课程的任课教师（参见粗体字代码）。在 choose 目录下创建取消选修课程程序 quit_course.php，使用记事本打开该文件，并向该文件输入下面的 PHP 代码。

```
<?php
include_once("permission.php");
include_once("database.php");
if(is_student() || is_teacher()){
    get_connection();
    $course_no = $_GET["course_no"];
    if(isset($_GET["student_no"])){//老师取消学生的选课
        $student_no = $_GET["student_no"];
        //获取教师的工号
        $teacher_no = $_SESSION["account_no"];
        //判断该教师是否任教这门课程
        $select_sql = "select course_no from course where course_no=$course_no and teacher_no='$teacher_no'";
        $result_set = mysql_query($select_sql);
        if(mysql_num_rows($result_set)==0){
            $message = "您不是任课教师！";
            header("Location:index.php?message=$message");
            return;
        }
    }else{//学生取消自己的选课
        $student_no = $_SESSION["account_no"];
    }
    $sql = "delete from choose where student_no=$student_no and course_no=$course_no";
    mysql_query($sql);
    $affected_rows = mysql_affected_rows();
    close_connection();
    if($affected_rows>0){
        $message = "成功退选该课程！";
    }else{
        $message = "退选该课程失败！";
    }
    header("Location:index.php?message=$message");
    return;
}else{
    $message = "您不是学生或者任课教师！";
    header("Location:index.php?message=$message");
}
?>
```

10.6.20　查看课程的学生信息列表

管理员可以查看所有课程的学生信息列表，而任课教师只能查看本人课程的学生信息列表。对于教师而言，若想查看某门课程的学生信息，该教师必须证明自己是该课程的任课教师（参见第一段粗体字代码）。由于在存储过程章节中已经创建了 get_course_student_proc()存储过程，因此，这里直接在 course_student_list.php 程序中调用该存储过程即可获取某门课程的学生信息列表（参见第二段粗体字代码）。在 choose 目录下创建查看课程的学生信息列表程序 course_student_list.php，使用记事本打开该文件，并向该文件输入下面的 PHP 代码。

```
<?php
include_once("permission.php");
```

```
include_once("database.php");
get_connection();
$course_no = $_GET["course_no"];
if(is_teacher()){
    $teacher_no = $_SESSION["account_no"];
    //判断该教师是否任教这门课程
    $select_sql = "select course_no from course where course_no=$course_no and teacher_no='$teacher_no'";
    $result_set = mysql_query($select_sql);
    if(mysql_num_rows($result_set)==0){
        $message = "您不是任课教师！";
        header("Location:index.php?message=$message");
        return;
    }
}
if(is_teacher() || is_admin()){
    $sql = "call get_course_student_proc($course_no);";
    $result_set = mysql_query($sql);
    $rows = mysql_num_rows($result_set);
    if($rows==0){
        $message = "这门课程暂无学生选修！";
        header("Location:index.php?message=$message");
        return;
    }else{
        echo "<table><tr><th>院系</th><th>班级</th><th>学号</th><th>学生姓名</th><th>
联系方式</th><th>操作</th></tr>";
        while($student=mysql_fetch_array($result_set)){
            echo "<tr>";
            $department_name = $student["department_name"];
            $class_name = $student["class_name"];
            $student_no = $student["student_no"];
            $student_name = $student["student_name"];
            $student_contact = $student["student_contact"];
            echo "<td>".$department_name."</td>";
            echo "<td>".$class_name."</td>";
            echo "<td>".$student_no."</td>";
            echo "<td>".$student_name."</td>";
            echo "<td>".$student_contact."</td>";
            echo "<td><a href='index.php?url=quit_course.php&student_no=$student_no&course_
no=$course_no'>取消该学生的选课</a></td>";
            echo "</tr>";

        }
    }
    close_connection();
}else{
    $message = "您无权查看！";
    header("Location:index.php?message=$message");
}
?>
```

10.6.21　查看选修人数少于 30 人的课程信息

只有管理员才能查看选修人数少于 30 人的课程信息（参见粗体字代码），并可以将这些课程信息删除。在 choose 目录下创建查看选修人数少于 30 人的课程信息程序 less_course_list.php，使用记事本打开该文件，并向该文件输入下面的 PHP 代码。

```
<?php
include_once("permission.php");
include_once("database.php");
if(is_admin()){
    $sql ="select * from course_teacher_view where up_limit-available<30";
    get_connection();
    $result_set = mysql_query($sql);
    $rows = mysql_num_rows($result_set);
    if($rows==0){
        $message = "暂无信息！";
        header("Location:index.php?message=$message");
        return;
    }else{
        echo "<table><tr><th>课号</th><th>课程名</th><th>人数上限</th><th>任课教师
</th><th>联系方式</th><th>可选人数</th><th>课程状态</th><th>操作</th></tr>";
        while($course_teacher=mysql_fetch_array($result_set)){
            echo "<tr>";
            $course_no = $course_teacher["course_no"];
            $course_name = $course_teacher["course_name"];
            $description = $course_teacher["description"];
            $status = $course_teacher["status"];
            echo "<td>".$course_no."</td>";
            echo "<td><a href='#' title=$description>".$course_name."</a></td>";
            echo "<td>".$course_teacher["up_limit"]."</td>";
            echo "<td>".$course_teacher["teacher_name"]."</td>";
            echo "<td>".$course_teacher["teacher_contact"]."</td>";
            echo "<td>".$course_teacher["available"]."</td>";
            echo "<td>".$course_teacher["status"]."</td>";
            echo "<td bgcolor='#F0F0F0'><a href=index.php?url=delete_course.php&course_
no=$course_no>"."删除该课程"."</a></td>";
            echo "</tr>";
        }
    }
}else{
    $message = "您不是管理员！";
    header("Location:index.php?message=$message");
}
?>
```

10.7 界面设计与 MVC 模式

浏览器用户为了享受网上选课系统提供的服务，只需点击首页 index.php 对应的超链接；然后由首页 index.php 调用其他 PHP 程序完成具体的功能；其他 PHP 程序与数据库进行交互，并将交互结果返回首页 index.php，最后返回给浏览器用户，如图 10-36 所示。

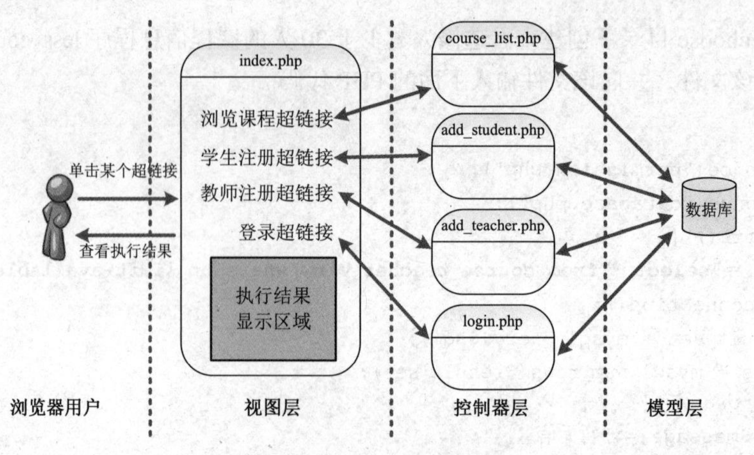

图 10-36　界面设计与 MVC 模式

可以这样理解，界面设计人员只需要关心首页 index.php 应该放置哪些超链接，执行结果需要放置在首页 index.php 的哪个位置，超链接与执行结果在 index.php 页面中是怎样的布局，界面设计人员无需开发、管理 PHP 程序。也就是说，首页 index.php 相当于网上选课系统的“皮肤”，界面设计人员只需要对“皮肤”进行设计，即可轻松地实现网上选课系统的界面设计。

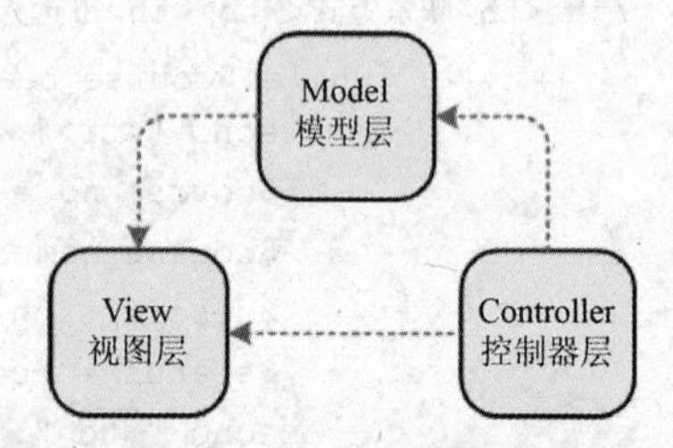

图 10-37　MVC 模式

网上选课系统的这种编程思想源于 MVC 模式，MVC 全名是 Model View Controller，是模型层-视图层-控制器层的缩写，如图 10-37 所示。MVC 模式是一种典型的软件设计模式，该软件设计模式用于实现业务逻辑与显式数据的分离。举例来说，当网上选课系统的功能需求发生变化，例如需要新增重置所有学生的密码、重置所有教师的密码的功能时，界面设计人员只需要在首页 index.php 上添加两个超链接，程序开发人员需要另行编写对应功能的 PHP 程序，即可完成网上选课系统的功能扩展，提高网上选课系统的可维护性。界面设计人员与程序开发人员各司其职，程序开发人员集中精力实现业务逻辑，界面设计人员集中精力实现表现形式，做到界面设计人员工作与程序开发人员工作的分离。

由于网上选课系统的功能较为单一，因此本书将网上选课系统中的所有业务逻辑交由存储过程、触发器、函数完成，数据库成为了网上选课系统的模型层。事实上，对于功能复杂的应用系统而言，很多业务逻辑需要应用程序完成（例如 Java 程序、PHP 程序、.NET 程序），此时应用程序成为了应用系统的模型层。更多 MVC 模式的知识，读者可以搜索关于 JavaEE 中 Struts、Spring 框架的介绍，或者 PHP 中 Smarty、ThinkPHP、CakePHP 框架的资料，这些框架是 MVC 模式的典型实现。

由于网上选课系统基于 MVC 模式的思想进行开发，因此网上选课系统的界面设计变成了首页 index.php 的界面设计。首页 index.php 的代码中，粗体字代码提供了首页的超链接，灰色底纹代码用于显示业务数据。界面设计人员可以将这些超链接以及业务数据融入到 HTML 的 DIV 中，通过 CSS，借助 Javascript，实现网上选课系统的页面布局以及页面美工，感兴趣的读者可以搜索 DIV+CSS 的相关资料，对网上选课系统的界面设计进行重新设计，限于篇幅，本书不再赘述。

本章的 PHP 程序之所以没有牵涉业务逻辑的代码，这要归功于读者学习前面章节时所付出的努力。为了讲解 MySQL 的相关知识，本书通过数据库技术几乎实现了选课系统所有的业务逻辑。然而，真正的软件开发需要开发人员做一些权衡：哪些业务逻辑适合在数据库服务器上实现？哪些业务逻辑适合在应用服务器上实现？

10.8 网上选课系统的测试

由于软件开发生命周期中每一个阶段（系统规划、系统分析、系统设计、系统实施）都有可能发生错误，随着开发阶段向前推进，纠错的开销将越来越大，因此在系统开发初期，就需要伴随着软件测试同时进行。

目前，网上选课系统的核心代码基本开发完毕，但这并不意味着该系统可以交付用户使用。在交付用户使用前，测试人员还需要对系统进行严格的测试，其中包括功能测试、性能测试、安全性测试、易用性测试等。

以功能测试为例，功能测试就是对系统的各功能进行验证，根据功能测试用例，逐项测试，检查系统是否达到用户要求的功能。功能测试的关键是如何确定测试用例，而这个过程是一段枯燥而且耗时的过程。测试用例（test case）是可以被独立执行的一个过程，这个过程是一个最小的测试实体，不能再被分解。测试用例也就是为了某个测试点而设计的测试操作过程序列、条件、期望结果及其相关数据的一个特定的集合。例如，测试“添加班级”的测试用例如下所示。

【示例：书写规范的测试用例】

测试用例 ID：130510010　　测试人员姓名：　　测试日期：

用例名称：　　添加班级

测试项：　　班级名为“2013 计算机科学与技术 1 班”

环境要求：　　Windows XP SP2 和 IE6

参考文档：　　需求文档

优先级：　　高

依赖的测试用例：130510001（管理员 admin 登录系统测试用例）

测试步骤：

（1）打开 IE 浏览器；

（2）在地址栏中输入：http://localhost/choose/index.php?url=add_class.php；

（3）班级名文本框输入“2013 计算机科学与技术 1 班”；

（4）点击“添加班级”按钮。

期望结果：　　**班级添加成功！**

实际运行结果：　　**班级添加成功！**

例如，测试“班级名不能重名”的测试用例如下所示。

【示例：书写规范的测试用例】

测试用例 ID：130510011　　测试人员姓名：　　测试日期：

用例名称：　　班级名不能重名

测试项：　　班级名为“2013 计算机科学与技术 1 班”

环境要求：　　Windows XP SP2 和 IE6

参考文档：　　需求文档

优先级：　　高

依赖的测试用例：130510001（管理员 admin 登录系统测试用例）、130510010（添加班级测试用例）

测试步骤：

（1）打开 IE 浏览器；

（2）在地址栏中输入：http://localhost/choose/index.php?url=add_class.php；

（3）班级名文本框输入“2013 计算机科学与技术 1 班”；

（4）点击“添加班级”按钮。

期望结果：　　　　**班级添加失败！**

实际运行结果：　　**班级添加失败！**

如果期望结果与实际运行结果相符，则说明该测试用例通过测试。如果期望结果与实际运行结果不符，说明该测试用例找到了系统存在的 bug，只有找到系统 bug 的测试用例才是成功的测试用例。使用同样的方法可以对网上选课系统的其他功能模块进行功能测试。

习　题

1. 选用 PHP 脚本语言开发网上选课系统的原因是什么？

2. 请简单描述 PHP 脚本程序的工作流程。

3. 什么是软件开发生命周期？对于一个真实的软件项目而言，您觉得编码阶段是软件开发生命周期中最难实现的环节吗？

4. 请简单描述网上选课系统的目标、可行性分析、项目进度、人员分工。

5. 请简单描述网上选课系统的功能需求分析与非功能需求分析。

6. 请简单描述网上选课系统的系统设计。

7. 按照本章要求、步骤实现网上选课系统。

8. 根据本章的知识，参看视图与触发器章节的内容，为网上选课系统添加两个新的功能模块：重置所有学生的密码，重置所有教师的密码。

9. 根据本章的知识，为网上选课系统添加新的功能模块：任课教师编辑未经审核的课程信息。

10. 什么是 MVC 模式，使用 MVC 模式开发程序有哪些优点？

11. 编写功能测试用例，测试网上选课系统其他功能模块。

参考文献

[1] 唐汉明，翟振兴，兰丽华，等．深入浅出 MySQL 数据库开发、优化与管理维护．北京：人民邮电出版社，2008.

[2] 姜承尧．MySQL 技术内幕：InnoDB 存储引擎．北京：机械工业出版社，2013.

[3] 简朝阳．MySQL 性能调优与架构设计．北京：电子工业出版社，2009.

[4] 孔祥盛．PHP 编程基础与实例教程．北京：人民邮电出版社，2011.

[5] 白尚旺，党伟超．PowerDesigner 软件工程技术．北京：电子工业出版社，2004.

[6] 黄缙华．MySQL 入门很简单．北京：清华大学出版社，2004.

[7] Satzinger, John W. Systems Analysis And Design In A Changing World. South-Western College Publishing，2011.

[8] Baron Schwartz，Peter Zaitsev，Vadim Tkachenko．高性能 MySQL（High Performance MySQL）．宁海元，周振兴，彭立勋，翟卫祥，译．北京：电子工业出版社，2013.

[9] 刘增杰，张少军．MySQL 5.5 从零开始学．北京：清华大学出版社，2012.

[10] Charles A.Bell．深入理解 MySQL（Expert MySQL）．杨涛，王建桥，杨晓云，译．北京：人民邮电出版社，2010.

[11] Robert Sheldon，Geoff Moes．Beginning MySQL．Wrox，2005.

[12] Paul DuBois，Stefan Hinz，Carsten Pedersen．MySQL 5.0 Certification Study Guide．Que Corporation，2005.

[13] http://dev.mysql.com/doc/refman/5.7/en/index.html

[14] http://dev.mysql.com/doc/refman/5.6/en/index.html

[15] Paul Dubois．MySQL.Cookbook．O'Reilly Media，2006.

[16] Ben Forta．Mysql Crash Course．Sams Publishing，2005.

[17] Guy Harrison，Steven Feuerstein．MySQL Stored Procedure Programming．O'Reilly Media，2006.

[18] Russell J.T.Dyer．MySQL 核心技术手册（MySQL in a Nutshell）．李红军，李冬梅，译．北京：机械工业出版社，2009.

[19] Hugh E. Williams，Saied Tahaghoghi．Learning MySQL．O'Reilly Media，2006.

[20] Charles Bell，Mats Kindahl，Lars Thalmann，Mark Callaghan．MySQL High Availability．O'Reilly Media，2010.

[21] Luke Welling，Laura Thomson．PHP 和 MySQL Web 开发（PHP and MySQL Web Development）．武欣，译．北京：机械工业出版社，2009.

[22] Ed Lecky-Thompson，Steven D.Nowicki，Thomas Myer．PHP 6 高级编程（Professional PHP6）．刘志忠，杨明军，译．北京：清华大学出版社，2010.

[23] 王珊，萨师煊．数据库系统概论．北京：高等教育出版社，2006.

[24] Leszek A.Maciaszek．需求分析与系统设计（Requirements Analysis and System Design）．马素霞，王素琴，谢萍，等，译．北京：机械工业出版社，2009.